AF347467

COURS

D'AGRICULTURE PRATIQUE

Paris. — Imprimerie de Ch. Lahure et Cⁱᵉ, rue de Fleurus, 9.

LES PLANTES FOURRAGÈRES

PAR

GUSTAVE HEUZÉ

Professeur d'agriculture à l'École impériale de Grignon
ancien Fermier et Sous-Directeur de l'Institut de Grand-Jouan
Membre de la Société d'Agriculture de Seine-et-Oise
Correspondant des Sociétés d'Agriculture de Paris, Clermont, Alger, Turin, etc.

Ouvrage couronné par la Société centrale d'Agriculture de France

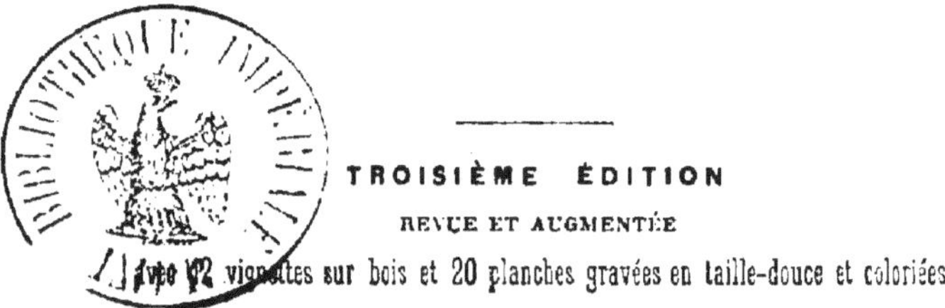

TROISIÈME ÉDITION

REVUE ET AUGMENTÉE

Avec 92 vignettes sur bois et 20 planches gravées en taille-douce et coloriées

PARIS

LIBRAIRIE DE L. HACHETTE ET Cie

RUE PIERRE-SARRAZIN, N° 14

1861

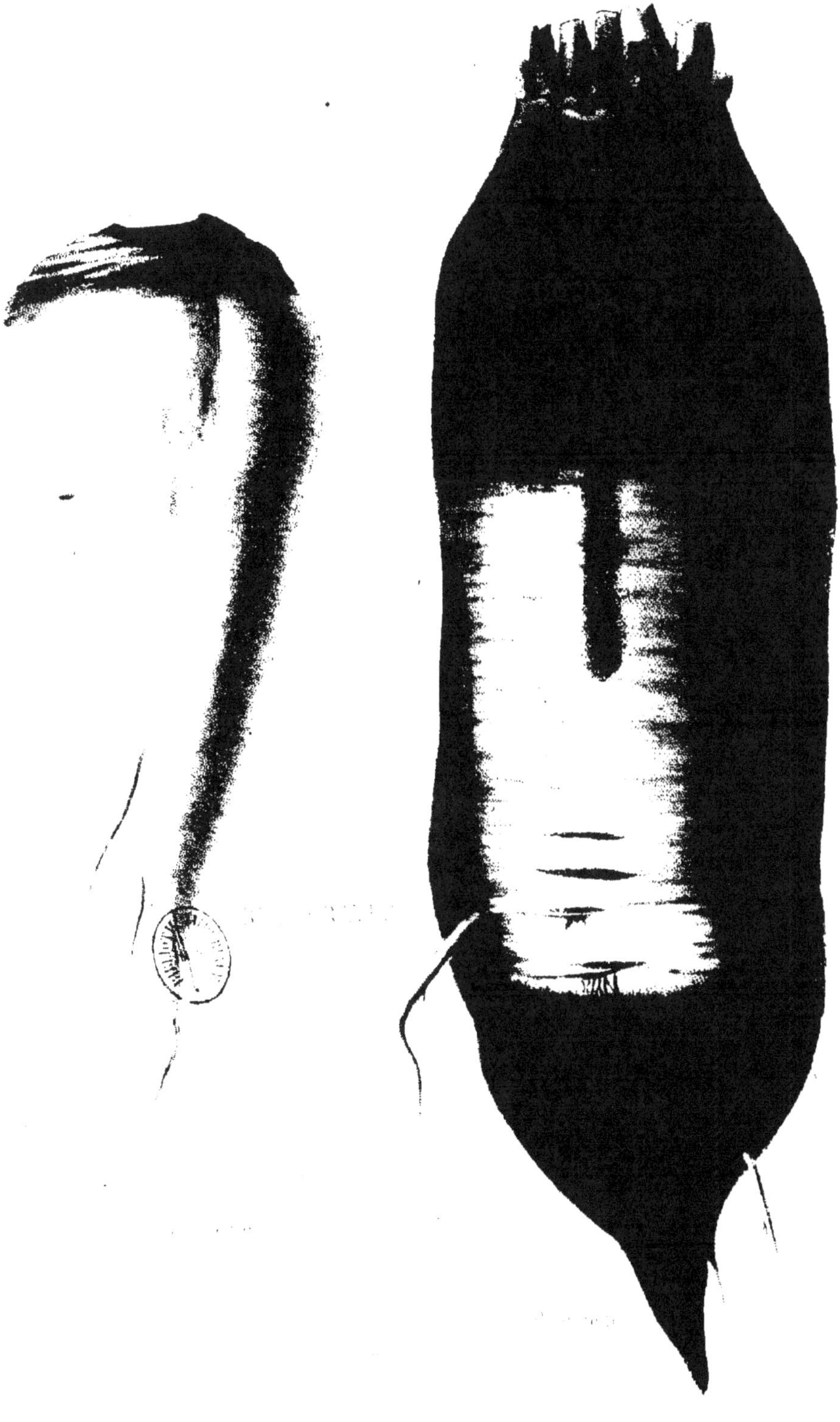

PLANCHES ET VIGNETTES

CONTENUES DANS CE VOLUME.

SOCIÉTÉ CENTRALE D'AGRICULTURE DE FRANCE.

Rapport lu en séance publique le 19 avril 1857.

M. G. Heuzé, professeur à l'institut agronomique de Grignon, ancien fermier de Grand-Jouan, auteur d'un COURS D'AGRICULTURE PRATIQUE, a déposé un volume intitulé *les Plantes fourragères*, dont il a demandé l'examen. — Cet ouvrage a été renvoyé à la section de grande culture qui a l'honneur de vous rendre compte de l'opinion qu'elle s'en est formée.

C'est un travail très-didactique, destiné à faire connaître toutes les plantes fourragères cultivées en France et en Europe, spécifiant bien les natures de terres qui conviennent à chacune d'elles, les quantités de fumier que leur végétation peut absorber, et conséquemment celles qu'il faut donner à la terre qui doit les produire; les labours et préparations de culture qu'elles nécessitent, celles d'entretien; les époques des semailles, celles des rapports et les meilleurs modes de les semer; la conservation des produits pour l'hiver ou leur conservation en vert; les quantités auxquelles on peut évaluer les récoltes dans les terres les moins fertiles, en s'élevant jusqu'aux plus fertiles et mieux fumées, et toutes ces assertions appuyées de l'autorité des maîtres les plus accrédités, ou résultant des propres observations de l'auteur.

Toutefois, M. Heuzé n'a pas manqué, en coordonnant les opinions des auteurs qu'il a cités dans son ouvrage, de faire ressortir les différences qui s'y rencontrent, et autant il se trouve de clarté dans ces rapprochements, autant M. G. Heuzé a mis de sagacité et de sain jugement à introduire son opinion, qui nous a paru le plus ordinairement rencontrer le point juste.

En général, l'ouvrage, écrit et pensé avec sagesse, va droit et sans ambages au but que son auteur se proposait d'atteindre, c'est-à-dire d'être *un guide sûr pour le cultivateur praticien*. Il n'est pas, comme pourrait l'être un livre imprimé ordinaire, le résultat de simples recherches de bibliothèques, il est le fruit de l'expérience que M. G. Heuzé a acquise dans l'exploitation qu'il a eue à diriger pour son compte et des études qu'il a dû faire pour son cours de Grignon.

Nous avons appris que M. G. Heuzé avait poussé si loin son désir d'arriver à la vérité, qu'il n'avait pas hésité à entreprendre un long voyage du nord au midi de la France, afin d'aller lui-même recueillir un fait agricole qui laissait de l'incertitude dans son esprit.

Votre section de grande culture a pensé que vous aviez à récompenser le service que M. G. Heuzé vient de rendre aujourd'hui aux cultivateurs, en leur communiquant dans son livre, *les Plantes fourragères*, le résultat de ses observations et de ses recherches; elle a, en conséquence, l'honneur de vous proposer d'accorder à M. G. Heuzé, pour son ouvrage, *les Plantes fourragères*, la MÉDAILLE D'OR A L'EFFIGIE D'OLIVIER DE SERRES.

DARBLAY aîné.

AVERTISSEMENT.

Ce livre est le fruit d'études nombreuses et suivies. J'en ai publié une partie, il y a vingt-cinq ans, dans *l'Écho de l'Agriculture*, alors que l'honorable M. Pommier daignait m'enseigner les premiers éléments de l'agriculture, et encourager mes débuts dans la carrière si difficile de la littérature agricole.

Cette nouvelle édition a été revue avec soin, afin qu'elle réponde à l'accueil si flatteur que la Société centrale d'agriculture de France, le Comice agricole de Valenciennes, la Société d'agriculture de Clermont, etc., etc, ont fait aux éditions précédentes.

Les nombreux voyages que j'ai faits, depuis 1858, en France, en Angleterre, en Écosse et en Algérie, m'ont permis d'y ajouter d'importantes observations.

Je n'ai pas indiqué la position que chaque plante fourragère doit occuper dans les *assolements*. J'ai traité cette question dans l'ouvrage spécial qu'on imprime en ce moment, et qui paraîtra dans quelques mois.

J'ai conservé, à cause de sa très-grande utilité, le *Calendrier Aide-Mémoire*, que j'ai rédigé d'après le conseil que M. de Sainte-Marie a bien voulu me donner.

Je rappellerai que je dois un grand nombre d'analyses à

l'obligeance de M. Le Corbeiller, ancien répétiteur de chimie
à l'École impériale d'agriculture de Grignon.

La publication des volumes qui composent, avec *les Plantes
fourragères*, le Cours d'agriculture pratique que j'ai entrepris, va désormais être poursuivie très-activement, grâce
au bienveillant concours de MM. L. Hachette et Cie. Les
Plantes alimentaires sont en préparation. Cet ouvrage d'a-
griculture sera unique dans son genre, j'ose le dire, par
l'exactitude et la beauté des dessins et des gravures représentant les blés, les orges, etc. Les dessins ont été exécutés
par M. Rouyer, dessinateur du ministère de l'agriculture,
du commerce et des travaux publics.

La troisième édition du volume intitulé : *les Climats*, *les
Régions et Terrains agricoles*, paraîtra cette année. Cet ouvrage
embrassera tous les départements de la France. Il renfermera
des cartes coloriées.

Je ne terminerai pas ces lignes sans remercier une fois
encore ceux qui daignent m'accorder leur bienveillance, et
encourager le travail difficile et même pénible que je me
suis imposé, dans l'espérance de laisser une œuvre utile.

Versailles, le 10 février 1861.

LES

PLANTES FOURRAGÈRES.

HISTORIQUE

DES PLANTES FOURRAGÈRES.

L'agriculture française, il y a deux siècles, possédait peu de plantes fourragères. A l'époque à laquelle vivait Olivier de Serres, elle ne connaissait que la luzerne, le sainfoin, la vesce, le pois gris et la jarrosse, plantes mentionnées dans les ouvrages de Varron et de Columelle.

L'Angleterre fut la première contrée européenne qui chercha à accroître ses ressources fourragères. En 1645 Richard Weston appela l'attention des agriculteurs de ce royaume sur les avantages que les *navets*, le *trèfle rouge* (TRIFOLIUM PRATENSE, L.) offraient aux cultivateurs de la Flandre. Ces deux plantes furent bientôt acceptées par les éleveurs anglais, et leur introduction précéda celle du *sainfoin* (ONOBRICHIS SATIVA, L.). Ce fut en 1659 que, sur l'avis d'Hartlib, on cultiva pour la première fois la *lupuline* (MEDICAGO LUPULINA, L.), qui végétait naturellement sur les montagnes calcaires du comté de Kent. Le *ray-grass* (LOLIUM PERENNE, L.), n'a été cultivé qu'en 1677. Ce fut le docteur Plot qui comprit le premier son utilité comme plante de prairies artificielles.

L'impossibilité pour les agriculteurs anglais de cultiver ces diverses plantes fourragères dans tous les terrains, les conduisit à expérimenter d'autres espèces. Celles qu'ils adoptèrent comme végétaux agricoles jusqu'à la fin du dix-huitième siècle sont très-nombreuses. On doit la culture du *timothy* (PHLEUM PRATENSE, L.) à Thimothy Hanson qui l'importa des États-Unis en Europe; celle du *vulpin des prés* (ALOPECURUS PRATENSIS, L.) à W. Indge; celle de la *houlque laineuse* (HOLCUS LANATUS, L.) à Marschall.

L'Allemagne s'occupa principalement de la culture des plantes légumineuses. Elle adopta d'abord la *luzerne* (MEDICAGO SATIVA, L.) que Crescentio ne signala pas dans l'ouvrage qu'il publia à Florence en 1478, quoiqu'elle ait été cultivée par les Romains; elle se préoccupa ensuite du *sainfoin*, que Moellinger introduisit dans le Palatinat, et du trèfle rouge que l'on doit à Schubart, élevé pour ce fait à la dignité de baron de Kleefeld (*prairie de trèfle*) par l'empereur Joseph II.

La France comprit aussi, vers la fin du règne de Louis XV, qu'elle devait augmenter le nombre des plantes fourragères qu'elle possédait. La Société d'agriculture, établie en 1757, par les États de Bretagne, proposa aux agriculteurs de l'Ouest de cultiver le *trèfle rouge*, le *ray-grass*, les *navets-turneps* et le *panais*. C'est pour favoriser la propagation de ces plantes que les États votèrent à diverses reprises des fonds de 3 000 et de 6 000 livres pour être distribués aux laboureurs de chaque évêché de la province qui avaient cultivé l'une de ces plantes sur la plus grande étendue.

De son côté, Duhamel du Monceau recommandait, en 1762,

la *spergule* (SPERGULA ARVENSIS, L.) et *l'ajonc marin* (ULEX EUROPÆUS, Sm.) comme plantes fourragères.

Vilmorin fut sans contredit l'un des hommes qui ont le plus secondé les efforts des Sociétés d'agriculture de Rennes, de Tours, de Rouen, etc., et qui, sous ce rapport, ont rendu les plus grands services à l'agriculture de notre pays. Non-seulement il introduisit d'Allemagne, en 1775, la *betterave champêtre* ou *disette*, sur laquelle l'abbé de Commerel publia un intéressant mémoire en 1786 ; mais en 1788, après la grêle terrible qui dévasta plusieurs départements, on le vit, rapporte Cadet de Vaux, aller au-devant des cultivateurs malheureux et leur distribuer gratuitement des graines de plantes fourragères. Cet acte de philanthropie valut à Vilmorin une médaille de la part de la Société centrale d'agriculture.

L'empressement des cultivateurs à multiplier la betterave disette conduisit, en 1784, Cretté de Palluel à proposer la *chicorée sauvage* (CICHORIUM INTYBUS, L.), plante introduite à la même époque en Angleterre dans la grande culture par Arthur Young ; il engagea aussi de Lasteyrie, en 1789, à emprunter à la Suède le *rutabaga*, et à la Prusse, en 1809, la *betterave de Silésie*, plante qui est devenue depuis l'une de nos principales plantes industrielles.

L'introduction de la betterave disette fut précédée par celle du *topinambour*, si vivement recommandé en 1762 par Duhamel et par celle de la *pomme de terre* que Parmentier propagea avec tant de bonheur en 1785, bien qu'elle eût été proposée aux agriculteurs en 1606, par Olivier de Serres, comme plante fourragère, en 1759 par Faignet de Villeneuve, et en 1774, par Turgot, comme plante destinée à devenir pour l'homme une ressource précieuse dans les années de disette.

A l'époque à laquelle le topinambour était proposé pour la première fois par Duhamel, de Lasalle de l'Étang demandait que le *trèfle rouge*, que Schrœder avait introduit en Alsace, en 1759, fût cultivé dans les provinces de France, surtout en champagne.

En 1778, de Mantes proposait la *pimprenelle* (POTERIUM SANGUISORBA, L.), que l'on cultivait en Angleterre depuis 1760, époque où Peter Wyche la recommanda comme plante fourragère. Gilbert, de son côté, insistait avec raison, en 1790, pour que le *fromental* (AVENA ELATIOR, L.) graminée sur laquelle Miroudot appela, en 1759, l'attention des agriculteurs, servît à utiliser les sols pierreux. A la même époque Rozier rappelait les résultats obtenus par les Suédois et de Servières avec l'*ortie dioïque* (URTICA DIOÏCA, L.), et Daubenton montrait les avantages que présente la culture des *choux à vaches*. En 1785, Le Breton cultiva pour la première fois le *seigle de la Saint-Jean*, comme plante fourragère.

En Angleterre, en 1757, Raynold recevait des graines de *choux raves* de Hollande où ils avaient été importés de Russie ; en 1761, Billing proposait aux agriculteurs de ce royaume de cultiver la *carotte*; en 1794, Millington introduisait à Ruhsfort la *serradelle* (ORNITHOPUS SATIVUS, Brot.), plante cultivée depuis très-longtemps en Portugal.

Toutes ces dotations ont précédé, en Angleterre et en France, l'introduction de diverses autres plantes fourragères, parmi lesquelles il y en a plusieurs qui doivent être regardées comme véritablement agricoles. Ainsi en 1804, John Elleman introduisit en Angleterre le *trèfle incarnat* (TRIFOLIUM INCARNATUM. L.), cultivé depuis longtemps en France dans les provinces du Sud-Ouest ; en 1831, Thompson y importa de Munich le *ray grass d'Italie* (LOLIUM ITALICUM, V.); en 1834, Georges Stephens y propagea le *trèfle hybride* (TRIFOLIUM HYBRIDUM, L.), qu'il avait reçu de Suède ; en 1841, M. P. Lawson recommanda à l'attention des agriculteurs le *brome Schrœder*

(BROMUS SCHROEDERI) que lui avait envoyé le directeur du jardin botanique de Berlin.

En France, nos acquisitions, depuis le commencement de ce siècle, ont été aussi très-importantes. Nous devons à M. Vilmorin père la *carotte blanche à collet vert*, qu'il avait reçue de Belgique en 1825 ; à M. Princepré de Buire, le *sainfoin à deux coupes*, très-répandu aujourd'hui dans la Picardie ; à M. Planchard, le *trèfle incarnat tardif*; à M. de Boëssière, le *chou de Lannilis*; à M. de Val, la *gesse velue* (LATYRUS HIRSUTUS, L.), espèce très-rustique et fourrageuse; à M. Galliot, le *trèfle élégant* (TRIFOLIUM ELEGANS, S.); à M. Bossin, la *spergule géante* (SPERGULA MAXIMA, Reich.) décrite par Thaër dans les premières années de ce siècle; à M. de Montigny, le *sorgho sucré* (HOLCUS SACCHARATUS, L.); à l'amiral Cécile, l'*igname de Chine* (DIOSCOREA BATATAS, D.); à M. de Gourcy, le *lupin jaune* (LUPINUS LUTEUS, L.); à M. Lejeune, le *trèfle incarnat à fleur blanche*.

Toutes ces plantes peuvent être cultivées avec succès en France, dans les localités qui leur conviennent et sur les terres qu'elles exigent. Je regrette que beaucoup d'entre elles soient encore si peu connues de nos agriculteurs et qu'elles n'occupent pas chaque année une étendue plus grande que celle qui leur est consacrée. Si l'agriculture anglaise a fait depuis un siècle de si grands progrès, c'est qu'elle sait apprécier toute l'importance des plantes cultivées pour les animaux domestiques; si elle possède plus d'espèces ou de variétés fourragères, et si elle est parvenue à avoir 14 variétés de rutabaga et 53 variétés de rave et de navet, c'est qu'elle comprend la nécessité de bien nourrir les animaux qu'elle élève, perfectionne et engraisse, et qu'elle a reconnu que, pour atteindre ce but, il lui faut des végétaux agricoles de plus en plus perfectionnés. En France, nous ne parvenons que bien rarement à obtenir une variété nouvelle, parce que les agriculteurs 1° ne s'occupent pas assez du perfectionnement des races végétales ; 2° emploient dans les semis des graines souvent chétives et rabougries ou récoltées sur des sujets ayant dégénéré; 3° ne cherchent pas à fixer les variétés dignes d'intérêt que les cultures permettent d'observer.

Espérons que nous ne sommes pas éloignés de l'époque à laquelle les plantes fourragères occuperont en France une étendue égale à celle qu'elles couvrent annuellement dans tous les comtés de l'Angleterre.

Puissent les pages qui vont suivre éclairer les agriculteurs sur les espèces ou les variétés qu'ils peuvent cultiver avec profit ! Puissent-elles les engager à accorder aux plantes destinées à l'alimentation du bétail, une surface aussi grande que celle qu'ils consacrent annuellement à la culture des plantes alimentaires et des plantes industrielles !

LIVRE I.

PLANTES CULTIVÉES POUR LEURS RACINES ET TUBERCULES.

Les plantes fourragères qui appartiennent à cette classe ont été désignées sous le nom de *plantes sarclées*, parce qu'elles exigent pendant leur croissance des sarclages, des binages ou des buttages.

Ces *plantes racines* ou *plantes tuberculeuses* sont avides d'engrais, mais elles ont l'avantage de résister aux plus fortes fumures.

Les unes et les autres occupent les terres où elles sont cultivées pendant une année, c'est-à-dire depuis la fin de l'hiver jusqu'au milieu de l'automne.

Ces plantes sont bisannuelles et aucune d'elles ne mûrit ses graines dans l'année où elle a été semée.

La *batate* ou *patate douce* est la seule plante sarclée qu'on ne cultive pas en plein champ dans les départements formant la région septentrionale.

Toutes ces plantes racines ou tuberculeuses, à l'exception des carottes et des navets cultivés en *culture dérobée*, exigent des terres bien préparées et des soins pour ainsi dire incessants pendant leur développement.

CHAPITRE I.

PLANTES A RACINES CHARNUES.

— · —

SECTION I.

Betterave.

(Du celtique *bett*, rouge ; allusion à la couleur de la racine.

BETA VULGARIS, L. — BETA RAPA, DU M.

Plante dicotylédone de la famille des Chénopodées.

Anglais. — Mangold Wurtzel.　　*Espagnol.* — Betarraga.
Allemand. — Runkelrübe.　　*Portugais.* — Betarava.
Italien. — Barba.

Historique. — Climat. — Végétation. — Variétés. — Composition. — Sol : nature, préparation et fertilité. — Quantité d'engrais à appliquer. — Semis : époque, en place à la main ou au semoir, en pépinière, sur couche : quantité de graines, trempage des semences, espacement des lignes. — Cultures d'entretien : sarclages, binages, éclaircissages et buttage. — Transplantation : époque, habillage des plants, mise en place. — Arrosage des plants. — Binages à la houe à cheval. — Insectes nuisibles. — Effeuillaison. — Récolte : époque, arrachage à la bêche, à la fourche, à la houe et à la charrue ; décolletage, mise en tas. — Transport à la ferme. — Conservation : en caves et en silos. — Rendement. — Poids de l'hectolitre et du mètre cube. — Quantité de feuilles. — Rapport entre les racines et les feuilles. — Porte-graines : choix, conservation, mise en terre, récolte des graines. — Quantité de graines. — Produits divers fournis par la betterave. — Valeur nutritive des racines et de la pulpe. — Préparation des racines. — Action de la betterave sur le bétail. — Emploi des feuilles. — Action des feuilles sur les animaux. — Action de la pulpe sur le bétail. — Valeur commerciale des racines et de la pulpe. — Bibliographie.

Historique. — La betterave est très-ancienne. Théophraste a décrit deux variétés : la *betterave rouge foncée* et la *betterave blanche*. Olivier de Serres rapporte qu'elle avait été introduite depuis peu d'Italie, mais il ne fait mention que de la *betterave rouge grosse* et observe que le jus qu'elle fournit ressemble au sirop. Cette variété a été introduite en Angleterre en 1548 ; la variété blanche n'y fut connue qu'en 1570.

C'est à Vilmorin, mort en 1804, que nous devons la *betterave disette*, que l'on croit être originaire d'Allemagne, et que Parkins introduisit en 1786 en Angleterre.

En 1782, suivant l'abbé Rozier, on connaissait déjà quatre variétés de betterave ; la petite et la grosse rouge ; la jaune et la blanche.

En 1747, Margraff, constatant de nouveau dans la betterave la présence d'une substance analogue au sucre, chercha à l'extraire par des procédés économiques, et il eut le bonheur de réussir ; mais c'est à Achard que revient l'honneur d'avoir créé, en 1790, la première fabrique de sucre indigène.

Chaptal, Mathieu de Dombasle et Crespel tentèrent en Europe, dans les premières années de ce siècle, d'extraire en grand le sucre que renferme la betterave de Silésie ; mais malgré leurs efforts, l'industrie saccharifère ne fit pas de progrès. Elle ne devint réellement importante qu'à dater de 1823, époque à laquelle Figuier proposa de substituer le noir animal au lait et au sang que l'on employait alors dans la clarification des sirops.

Depuis cette découverte, la fabrication du sucre indigène a fait, en France, des progrès considérables, grâce aux lumières de Mathieu de Dombasle, de M. Schutzembach, et de M. Payen. En 1831, la France ne produisait encore que 9 000 000 kil. de sucre de betterave ; en 1858-59, cette production avait atteint 132 651 000 kilog.

Climat. — La betterave réussit très-bien dans les climats froids de l'Europe ; on la cultive en Allemagne, en Angleterre, en Belgique et en Russie. Elle ne refuse pas de croître dans les contrées du Midi, mais si elle y souffre de la cha-

leur ou des sécheresses, sa racine reste petite, verte et n'es
pas très-saccharine. On a voulu, dans la Lombardie, rendre
sa végétation plus active en lui donnant pendant l'été de
nombreux arrosages, mais ces arrosements lui ont été fu-
nestes, et les cultivateurs ont été forcés de recourir à d'autres moyens pour assurer sa réussite.

On peut la cultiver en France sous toutes les latitudes, lorsque les terres répondent par leur nature à ses exigences.

Mode de végétation. — La betterave est une plante bisannuelle, à racine souterraine, fusiforme, charnue et saccharifère ; elle forme sa racine la première année et développe sa
tige l'année suivante ; celle-ci est anguleuse, glabre et rameuse ; ses feuilles sont pétiolées et entières ; ses fruits sont
rugueux, brun jaunâtre, sessiles, disposés en épi simple et
ont la grosseur d'un pois ; ils renferment deux à quatre graines rouge foncé, aplaties, déprimées, ayant un embryon em-
brassant l'albumen farineux.

Cette plante est rustique lorsqu'elle a deux ou trois feuilles :
mais elle souffre au printemps quand il survient des gelées
intenses et qu'elle n'a que ses cotylédons. Pendant l'été, elle
cesse pour ainsi dire de végéter lorsque les chaleurs sont élevées, mais elle ne périt pas. C'est sous l'influence des pluies
d'août et de septembre que sa racine atteint son développement maximum. On l'arrache en automme quand la tem
pérature moyenne du jour est descendue à + 10, parce
qu'alors il n'y a plus de végétation à espérer.

Elle exige, d'après les observations de M. de Gasparin, plus
de 5000 degrés de chaleur totale pour germer, végéter et
grossir sa racine.

Variétés. — On connaît aujourd'hui 24 variétés de betterave.
Celles que l'on cultive en grand sont au nombre de 10, savoir :

1° *Betterave disette* ou *champêtre*. — Racine très-développée,

fusiforme, obtuse au sommet, plus ou moins effilée à la base et sortant à moitié au moins hors de la terre ; peau rouge violacée sur la partie souterraine, rouge brun sur la partie hors de terre ; chair blanche veinée ou zonée de rouge ; feuilles vertes à pétioles colorés de rose.

Variété très-répandue et productive.

La sous-variété désignée sous les noms de *Betterave corne de vache*, *betterave corne de bœuf*, végète presque entièrement hors de terre. Sa racine est contournée, souvent sillonnée dans sa longueur et à chair blanc verdâtre zonée de rouge ; sa peau est rouge lie de vin. Ses feuilles sont dressées, peu développées ; ses pétioles sont rosés.

2° *Betterave disette blanche* ou *blanche à collet vert hors de terre* ou de *Puilboreau*. — Racine très-volumineuse, cylindrique, sortant à moitié hors de terre ; peau verte sur la partie aérienne et blanche sur la partie inférieure ; chair blanche.

Variété digne d'être propagée.

3° *Betterave rouge grosse* ou *rouge écarlate*. — Racine longue, cylindrique, régulière, sortant aux deux tiers hors de terre ; peau rouge noir ou rouge violacé ; chair ferme, sucrée, rouge foncé ; feuilles rouge très-foncé à pétioles rouge sang.

Variété souvent cultivée pour cuire.

4° *Betterave blanche de Silésie* ou *à sucre*. — Racine fusiforme, rétrécie au collet, régulière, presque enterrée ou offrant un petit collet vert ; peau et chair blanche très-sucrée.

C'est à cette variété que la prééminence en richesse saccharine a été conservée.

La betterave de Silésie dégénérée, c'est-à-dire celle qui développe sa racine en partie hors de terre, est désignée dans le département du Nord sous le nom de *betterave bouttoire*. D'après M. Vasse, cette sous-variété contient de 2 à 3 pour 100 moins de sucre que la betterave de Silésie pure.

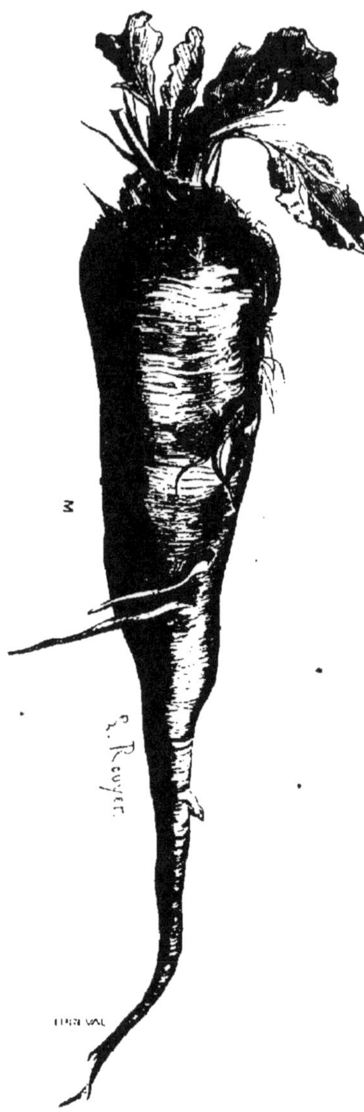

Fig 1. — Betterave blanche
de Magdebourg. — Au 6ᵉ.

La racine dite *betterave
de Silésie à peau* ou *à collet
rose*, si vivement recommandée par Mathieu de Dombasle, a les caractères de la betterave blanche de Silésie, sauf que sa racine est un peu plus petite et que sa partie supérieure est colorée de rose.

La sous-race, dite *betterave blanche de Magdebourg*, a une racine petite; racineuse, élargie au sommet et très-effilée, ses feuilles sont assez petites et ondulées ou frisées sur les bords.

Cette betterave (*fig.* 1) est très-estimée en Prusse; on la regarde comme plus saccharine que les autres betteraves de Silésie. Cette opinion est justifiée par les faits recueillis dans les sucreries. Ainsi, à Magdebourg, la betterave fournit 8 à 10 p. 100 de sucre et son jus marque de 8 à 10 degrés; en France, la betterave blanche de Silésie ne donne que 5 à 6 p. 100 de sucre et son jus n'a que 6 à 8 degrés.

L. Vilmorin, après plusieurs années d'études, a obtenu une betterave de Silésie qui contient 16, 18 et même 20 par 100 de sucre. Cette race est connue sous le nom de *betterave à sucre améliorée*. Sa racine n'a pas encore une forme régulière.

La *betterave impériale* de M. Knauer est plus régulière, mais elle est bien moins saccharine. Cette race n'est pas encore bien franche.

Ces deux betteraves développent leurs racines en terre, et leurs feuilles sont étalées. Leurs racines sont entièrement blanches.

5° *Betterave jaune grosse.* — Racine très-cylindrique avec des racines adventices dans sa partie inférieure, sortant hors de terre ; peau jaune légèrement orange ; chair jaune pâle, zonée de blanc, sucrée, mais un peu cassante ; feuilles vert blond à pétioles et nervures jaunes.

Variété estimée des nourrisseurs des environs de Paris.

6° *Betterave jaune d'Allemagne* ou *jaune à chair blanche.* — Racine cylindrique, longue, très-grosse, sortant hors de terre ; peau jaune sur la partie enterrée et brun verdâtre sur le collet ; chair blanche, rarement zonée de jaune ; feuilles d'un vert très-blond, à pétioles et nervures vert pâle.

Variété qui mérite d'être recommandée.

7° *Betterave globe jaune.* — Racine presque sphérique, volumineuse, sortant à moitié hors de terre ; peau jaune ou rouge orangé sur la partie souterraine et brun verdâtre ou jaunâtre sur la partie hors de terre ; chair blanche, serrée et sucrée.

Variété très-productive et répandue. Elle végète bien sur un sol de profondeur moyenne ; son arrachage est facile.

8° *Betterave jaune des Barres.* — Racine ovoïde ou elliptique très-régulière ; peau jaune très-légèrement orange ; chair blanche ; feuilles d'un vert blond, à pétioles vert pâle.

Variété obtenue par M. Vilmorin ; elle s'arrache facilement.

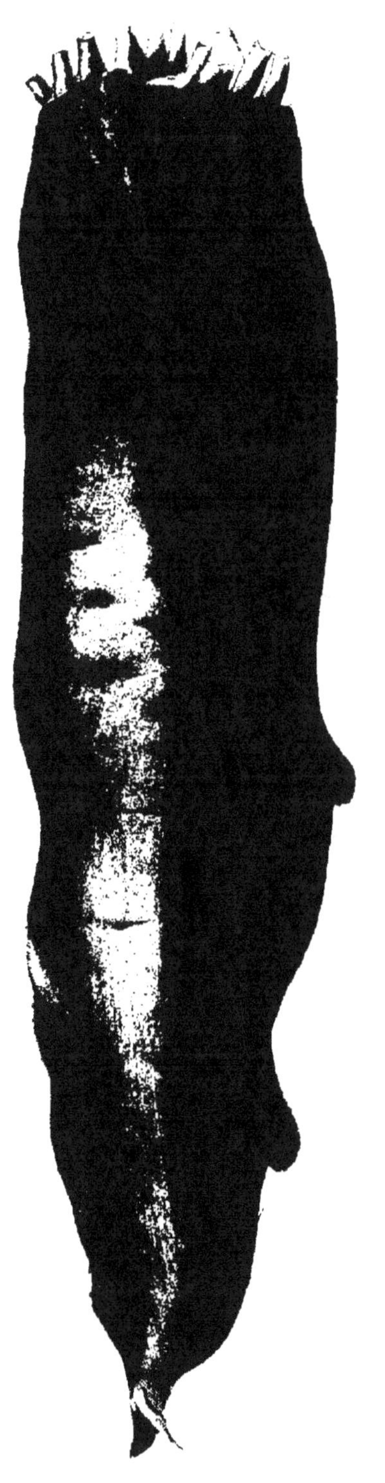

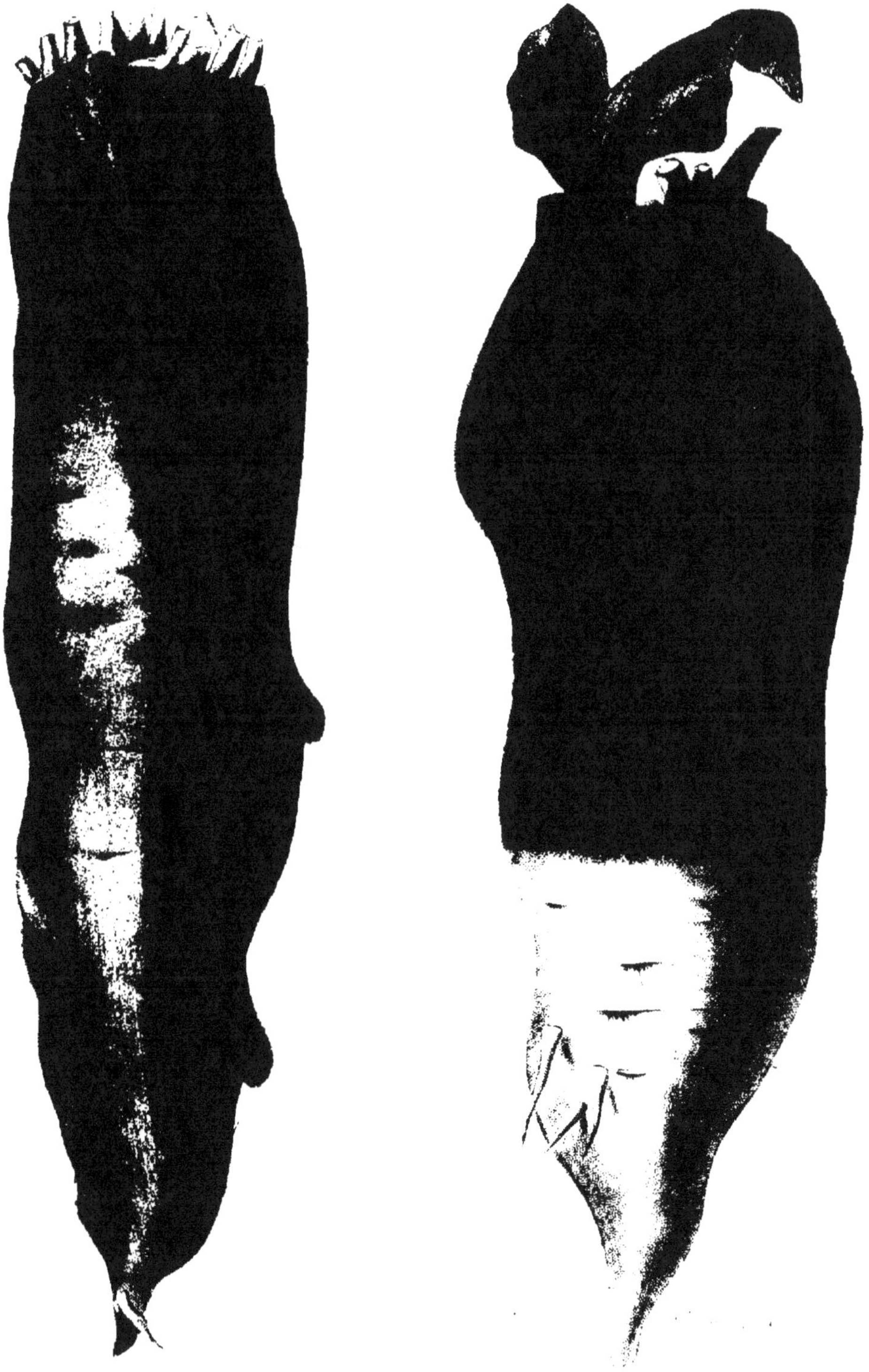

Cette belle race participe des qualités des betteraves jaune d'Allemagne et globe jaune ; elle est supérieure en valeur nutritive à la betterave disette.

9° *Betterave globe rouge*. — Racine de même forme que la précédente ; peau rose violacée sur la partie enterrée et brune sur celle hors de terre ; chair blanche souvent zonée de rose.

Fig. 2. — Betterave globe blanche. — Au 6ᵉ.

Variété moins estimée en France que la betterave globe jaune, mais très-appréciée en Angleterre où elle produit des racines très-développées dans des terres de bonne qualité.

10° *Betterave globe blanche (fig. 2)*. — Racine presque sphérique, très-grosse, régulière, en grande partie hors de terre, à peau et à chair blanches.

Variété productive obtenue par M. Gareau.

Les caractères principaux de ces variétés peuvent se résumer ainsi qu'il suit :

VARIÉTÉS.	RACINE.	VÉGÉTATION.	COLORATION.	
			partie enterrée.	chair.
1°	fusiforme.	2/3 hors de terre.	rose violacé.	blanche zonée de rose.
2°	cylindrique.	1/2 —	blanche.	blanche.
3°	cylindrique.	2/3 —	rouge noir.	rouge foncé.
4°	fusiforme.	enterrée.	blanche.	blanche.
5°	cylindrique.	1/2 hors de terre.	jaune orangé.	jaune zoné de blanc.
6°	cylindrique.	1/2 —	jaune.	blanche.
7°	sphérique.	1/2 —	rouge orangé.	blanche.
8°	ovoïde.	1/2 —	jaune orangé.	blanche.
9°	sphérique.	1/2 —·	rouge violacé.	blanche zonée de rose.
10°	sphérique.	1/2 —	blanche.	blanche.

Les variétés les plus méritantes comme plantes fourragères, sont celles inscrites sous les n°ˢ 1, 2, 6, 7 et 8.

Composition. — La betterave renferme de l'eau, du sucre, des substances nitrogénées, des matières inorganiques et de la fibre ligneuse.

Analysée par M. Péligot, elle a donné :

Sucre	10,6
Substances nitrogénées	2,8
Matière inorganique	1,1
Fibre ligneuse	3,9
Eau	81,6
	100,0

M. Payen a trouvé dans cette racine :

Sucre	10,5
Cellulose	0,8
Albumine, caséine et autres matières neutres azotées	1,5
Acide malique, substance gommeuse, matières grasses, aromatiques et colorantes; huile essentielle, chlorophylle, malamide; oxalate et phosphate de chaux, phosphate de magnésie, chlorhydrate d'ammoniaque; silicate, azotate, sulfate et oxalate de potasse; oxalate de soude, chlorure de sodium et de potassium; pectates et pectinates de chaux, de potasse et de soude; soufre, silice, oxyde de fer	3,7
Eau	83,5
	100,0

Voici, d'après MM. Baudement, Riche et J. Pierre, les quantités d'*eau*, de *sucre* et d'*azote* que contiennent, pour 100 parties, les principales variétés.

Variétés.	BAUDEMENT.		RICHE.	PIERRE.
	Eau.	Azote.	Sucre.	Azote.
Disette............ ..	82,814	0,178	6,665	0,21
— blanche.	78,694	0,244	5,909	0.20
Silésie..	81,600	0,185	13.610	» »
Jaune grosse...........	80,512	0,265	9,156	0,25
Globe jaune....	79,318	0,267	9,179	0,23
— rouge	80,048	0,416	8,677	0,25
Moyenne. .	80,497	0,259	8,865	0,22

Ainsi, les betteraves, quant à leur richesse saccharine, se classent comme il suit :

Betterave de Silésie et races dérivées.
—   jaune grosse.
—   globe jaune.
—   — rouge.
—   disette ordinaire
—   — blanche.

La betterave a un poids spécifique un peu plus grand que celui de l'eau, mais cette densité n'est pas toujours en rapport direct avec la quantité de sucre qu'elle contient. Voici les faits constatés par M. Lecorbeiller :

Variétés	Eau.	Sucre.	Densité.
Silésie........ .	81,81	12,05	1,0404
Globe jaune.....	84,60	9,35	1,0162
Disette	86,75	7,35	1,0231

La partie supérieure des racines a un poids spécifique un peu moindre et elle ne contient pas autant de sucre que la partie inférieure. Voici les résultats que l'on a obtenus :

	PARTIE INFÉRIEURE.	PARTIE SUPÉRIEURE.
Densité d'après M. Krocker.	1,045	1.827
— — —	1,033	1,020
Sucre d'après M. Payen.	8,90	8,08
— — —	8,52	7,02
Eau d'après M. Payen.	86,89	87,34
— — —	85,85	84,85

Diverses analyses faites par M. Lecorbeiller corroborent les résultats obtenus par M. Payen :

VARIÉTÉS.	SUCRE POUR 100.	
	Partie inférieure.	*Partie supérieure.*
B. de Magdebourg........	14,00	13,00
B. de Silésie............	9,00	7,60
B. rouge écarlate........	10,40	9,60
B. disette blanche........	8,70	7,80
Moyennes...	10,52	9,50

Cette particularité, constatée depuis plusieurs années par M. Decaisne, résulterait, d'après M. Payen, de ce que le tissu fibreux de la tête est serré et laisse peu de place au tissu saccharifère entourant les vaisseaux.

Ajoutons pour compléter les observations précédentes, les analyses suivantes :

	Octob.	*Nov.*	*Déc.*	*Janv.*	*Fév.*	*Mars.*
Collet	2,01	2,00	1,23	0,74	0,32	0,02
Tranche longitudinale.	8,74	8,94	8,61	8,13	7,34	5,02
— centrale	12,07	12,31	12,08	11,93	11,72	11,49
Partie inférieure......	10,47	10,89	10,65	10,05	10,49	10,32
Racines adventices. ..	5,41	7,34	7,20	6,79	6,30	5,94

M. Peligot a observé que le sucre augmente avec la maturité de la racine. Ce fait a été de nouveau constaté à Versailles, en 1852, par M. Riche. Voici les quantités de sucre que M. Riche a pu doser à la récolte, et un mois après cette opération :

Variétés.	*10 octobre.*	*5 novembre.*
Silésie.....	13,610	13,407
Jaune grosse.........	9,156	9,525
Globe jaune.	9,179	10,035
— rouge.....	8,677	9,371
Disette.............	6,665	8,544
— blanche........	5,900	7,577
Total	53,187	58,479

La différence en faveur de la seconde analyse est donc de 5,292 pour 100. Aussi est-ce avec raison que M. Pelouze a dit qu'on ne devait commencer l'extraction du sucre que lorsque les racines étaient arrivées à leur point de maturité.

Toutes choses égales d'ailleurs, les petites racines renferment plus de sucre que les grosses.

Terrain. — A. Nature. — La betterave est un peu difficile sur la nature du sol. Les terres qui lui conviennent le mieux sont les terres franches, les *loams*, les sols un peu tenaces ou argilo-siliceux, fertiles ou substantiels. Les terres argileuses un peu calcaires, dites *bonnes terres à blé*, lui sont très-favorables, surtout si sa racine est destinée à la fabrication du sucre.

Le sol doit être profond, à cause de la racine qui s'enfonce fortement dans la couche arable; en outre, il est nécessaire qu'il soit frais ou légèrement humide pendant l'été.

Sur les sols secs et maigres et les terres acides, les betteraves restent toujours petites.

Les terrains très-argileux ou très-calcaires ne leur conviennent pas. Il en est de même des sols trop humides, car si sur de semblables terrains les racines sont souvent très-volumineuses, elles contiennent beaucoup d'eau et sont peu sucrées.

Les terres silico-argileuses un peu calcaires ou qui ont été chaulées ou marnées et bien fumées, sont spécialement propres à la betterave à sucre.

B. Préparation. — Les terres que l'on consacre à la culture de la betterave doivent être très-bien préparées. Pour qu'elles soient très-meubles à l'époque des semis, on doit les labourer profondément et à grosses mottes, aussitôt après les ensemencements d'automne, afin de les exposer le plus possible à l'action bienfaisante des gelées à glace et des dégels. Ces labours d'hiver doivent avoir au moins 0^m,20 à 0^m,25 de profondeur.

Dans plusieurs exploitations on fait suivre les charrues ordinaires, soit par l'araire ou le brabant, soit par une charrue sous-sol. A l'aide de cette heureuse combinaison, on défonce la couche sur laquelle repose le sol à 0ᵐ,20 et 0ᵐ,25 de profondeur, sans mêler à la terre végétale des particules terreuses non fertilisées par l'air et les engrais.

Après les fortes gelées, on donne un second labour. Cette opération est exécutée à l'aide d'une seule charrue. Lorsque les terres sont un peu fortes, on leur donne souvent un troisième et quelquefois un quatrième labour. On doit avoir le soin de croiser entre elles ces façons d'ameublissement.

On complète la préparation du sol par l'emploi du rouleau squelette ou du *rouleau-Croskill*, et par l'action de la herse ordinaire ou de la *herse-Norvégienne*, selon la ténacité de la couche arable et les mottes qu'elle présente quelques semaines avant le moment où les semis doivent être exécutés. La herse de Norvége ou hérisson permet d'ameublir complétement la surface du sol, si on l'emploie par un beau temps.

Lorsque le sol manque de profondeur, on doit, comme on le fait aux environs de Magdebourg (Prusse), le labourer en planches étroites et légèrement convexes, ou le disposer en en petits billons.

Ce mode de culture a été expérimenté pour la première fois en 1786 par Lacuée de Cessac, aux environs d'Agen (Lot-et-Garonne); il a été adopté dans ces derniers temps par MM. Crombecq (Nord), Bodin (Ille-et-Vilaine), Giot (Seine-et-Marne). Voici comment on prépare le sol :

On laboure à plat, on herse et on conduit le fumier. Quand cet engrais a été distribué, on l'enterre en exécutant simplement des *endos* ou *ados*, ou *billons à deux raies* (voir *Pratique de l'agriculture*), avec un binot ou un buttoir. Plus tard, on laboure de nouveau en détruisant ou fendant les ados, puis on herse et on roule ; quelques jours avant la semaille , on réforme les billons au moyen du binot et on roule ensuite leur sommet avec un rouleau léger.

Les ados ou billons sont espacés les uns des autres de milieu en milieu , de $0^m,60$, $0^m,70$ à $0^m,80$, suivant la fécondité du sol et la variété de betterave qu'on doit cultiver.

Quelquefois , on sème directement sur les billons qu'on a formés à l'aide du labour qui suit la fumure.

La culture sur billons de $0^m,70$ de largeur est la seule possible dans le midi de l'Europe et dans les localités du centre de la France , où le sol est peu profond , peu fertile , où les betteraves peuvent souffrir des grandes chaleurs pendant l'été.

C. FERTILITÉ. — La betterave exige que le sol soit fertile , car son produit est toujours en raison directe de la richesse de la couche arable.

On maintient ou on élève la fécondité à l'aide du fumier, de la poudrette , des tourteaux ou du purin. On doit éviter d'appliquer des engrais salins, du nitrate de potasse par exemple , sur les terres où l'on doit cultiver la betterave de Silésie, car les sels , en passant dans les racines , rendent très-difficile l'extraction du sucre qu'elles contiennent, et ils nuisent à la clarification des sirops.

Les fumiers purs ou ceux auxquels on a ajouté des terres calcaires ou de la craie, sont les engrais qu'il faut employer de préférence, surtout s'ils sont à demi décomposés. Les fumiers longs ou pailleux rendent les racines très-fourchues et favorisent sur toute leur étendue l'apparition d'un chevelu très-abondant.

Lorsqu'on doit employer du fumier très-peu décomposé, il faut le conduire en décembre ou en janvier par des temps de gelées et l'enfouir aussitôt après le dégel.

Les fumiers courts, décomposés et terreux, sont les seuls
qu'on puisse appliquer en février ou en mars.

D. Quantité d'engrais a appliquer. — La quantité de fumier à appliquer par hectare varie suivant la fertilité naturelle des terrains et la quantité de racines que l'on peut
espérer récolter. Suivant :

De Dombasle 100 kilog. de fumier produisent 164 kilog. de racines.
Crud   100   —   —   200   —

Moyenne......   182   —

Ainsi, 100 kilog. de racines sont produits par 55 kilog.
de fumier.

Donc, une terre qui produirait en moyenne 30 000 kilog.
de racines, exigerait, pour les betteraves seulement, une
fumure de 17 000 kilog. de fumier dosant 68 kilog. d'azote.
Cette quantité d'azote est un peu inférieure à celle que renferment les 30 000 kilog. de racines.

J'ai reconnu qu'il fallait élever la quantité de fumier
à 65 kilog. Ainsi, la fumure absorbée par les betteraves au
lieu d'être de 17 000 kilog. serait au minimum de 20 000 kilogrammes.

Suivant M. de Gasparin, il faudrait appliquer 500 kilog.
de fumier normal dosant 0,40 d'azote par chaque 100 kilog.
de racines que le sol peut produire. Ainsi, dans l'exemple
précité, la fumure s'élèverait à 150 000 kilog. par hectare.
Ce résultat n'est ni pratique ni scientifique.

M. J. Pierre fait connaître de la manière suivante la
quantité d'azote que les betteraves enlèvent par hectare :

Variétés.	Racines.		Feuilles.		Totaux.	
Betterave disette blanche.	170 kil.	5	98 kil.	»	268 kil.	5
— globe jaune....	172	5	78	»	250	5
— — rouge ...	119	5	68	»	187	5
— disette.........	113	4	72	»	185	4
— jaune longue...	114	5	54	»	168	5
Moyennes....	138 kil.		74 kil.		212 kil.	

Les 138 kilog. d'azote représentent 61 500 kilog. de racines et les 74 kilog., 18 500 kilog. de feuilles.

Ces racines et ces feuilles, d'après leur teneur en azote, absorberont donc 34 000 kilog. de fumier.

L'expérience a prouvé qu'il n'y a pas avantage à fumer outre mesure les terres qui doivent supporter une culture de betterave à sucre. Lorsque la richesse du sol est excessive, les betteraves grossissent beaucoup, et cet accroissement de volume a lieu au détriment du sucre.

En Saxe, on applique du purin aux betteraves et on choisit de préférence, pour exécuter cet arrosage, un temps couvert. Cette méthode n'est pas très-usitée dans le nord de la France.

Semis. — A. Époque. — La betterave se sème du 15 février au 15 avril, quand les gelées blanches ne sont plus à craindre.

Dans le Nord, les semis se continuent jusqu'à la mi-mai.

Dans le Midi, on les commence vers la fin de février, pour les terminer avant le premier avril.

En Algérie, on sème les betteraves en janvier et février.

Le moment le **plus** favorable pour faire les semis en place, est lorsque la température moyenne de l'air a atteint $+ 8$ à $+ 10$ degrés.

En général, les semailles hâtives sont celles qui donnent les meilleurs résultats. Toutefois, lorsque l'on sème trop tôt, beaucoup de plantes montent à graine dans le courant de l'été.

Les betteraves montées n'ont pas de valeur agricole : elles produisent de mauvaises graines et leurs racines sont ligneuses et ne contiennent pas de sucre.

B. En place. —Les semis en place se font de deux manières :

1° *A la main*. — Autrefois, les semailles se pratiquaient

à la volée et à la main. Cette méthode, vivement recommandée par Chaptal, a été, dans ces dernières années, presque complétement abandonnée, parce qu'elle avait trop d'inconvénients. On l'a remplacée sur les petites exploitations, par les semis en lignes.

Pour semer à la main la betterave en lignes, on tend un cordeau sur l'un des bords du champ qui doit être ensemencé, et on trace ensuite un rayon à l'aide d'un *rayonneur à main*, sur la longueur de la ligne qu'il détermine. Une fois cette raie tracée, on déplace les piquets du cordeau pour les planter l'un et l'autre à la même distance de la rigole que l'on vient d'ouvrir, et on continue ainsi jusqu'à ce que toute la surface de la pièce soit rayonnée.

Au fur et à mesure que le premier ouvrier opère, une femme projette des graines dans les raies et un jeune homme les recouvre au moyen d'un râteau.

Un homme et deux femmes peuvent ensemencer 40 à 50 ares par jour.

Le travail n'est parfait que lorsque les lignes sont parallèles et régulièrement espacées les unes des autres. Les rayons ne doivent pas avoir plus de $0^m,03$ à $0^m,06$ de profondeur.

Lorsque l'étendue à ensemencer est considérable, on rayonne le sol avec un *rayonneur à cheval*, et on fait déposer les graines dans les rayons par des femmes. Les semences sont ensuite recouvertes au moyen d'une herse traînée par un cheval. Quatre femmes peuvent ensemencer un hectare en une journée.

On peut remplacer le travail des femmes en faisant répandre les graines de betterave, dans les rayons, par un homme conduisant le *semoir à brouette de Dombasle*.

Lorsqu'on sème la betterave sur des billons, on répand les graines au moyen d'un semoir ou on charge des femmes de les enfoncer avec le pouce sur le sommet des ados. Dans ce mode de culture suivie en France par M. Giot et en Angleterre par M. J. Heaton, les semences sont espacées de 0^m,25 à 0^m,40, selon la manière d'être des racines de la betterave qu'on cultive.

On peut aussi enterrer les graines sur le sommet des billons en se servant du plantoir imaginé par M. Portal de Moux.

On a proposé, il y a deux ans, de *semer les betteraves en poquets*, à l'aide du *semoir-Ledocte*, mais ce procédé, expérimenté dans diverses exploitations, n'a pas très-bien réussi. Il ne convient que pour de petites exploitations, existant sur des terres très-légères et fertiles.

2º *Au semoir à cheval*. — Les semis faits à l'aide d'un semoir à cheval, sont ceux que l'on exécute sur les exploitations qui cultivent chaque année plusieurs hectares de betterave.

Tout semoir doit être traîné par un cheval docile et dirigé par un homme intelligent, afin d'obtenir une parfaite régularité dans le parallélisme des lignes. Il doit répandre dans les rayons ouverts par les tubes de 10 à 15 graines par chaque mètre de longueur.

Lorsque le sol est couvert de mottes ou qu'il est sec, on fait suivre le semoir par un roulage dans le but de presser la terre contre la graine et hâter la germination.

Le *semoir à cuillers de Grignon* et le *semoir-Jacquet Robillard* sèment en moyenne 3 hectares par jour.

C. EN PÉPINIÈRE. — Les terres qui se tassent sous les pluies battantes et se durcissent ensuite à leur surface sous le moindre hâle, obligent à semer les graines de betterave en pépinière, pour opérer plus tard la transplantation des jeunes plantes.

M. Favret a comparé dans le Berry, pendant quatre années, la culture par semis à la culture par repiquage. Voici les résultats qu'il a obtenus en 1857 et 1858 :

	1857.	1858.
Betteraves semées..........	23 600 kil.	32 000 kil.
— repiquées	32 600	38 300

La différence en faveur du repiquage a donc été en

1857 de 8400 kilog. ou 28 pour 100.
1858 de 5700 — ou 15 —

Le sol sur lequel on veut faire une pépinière, doit être meuble, riche, bien fumé et avoir été labouré à la bêche. Il faut aussi qu'il soit bien exposé et abrité des vents du nord et de l'est. Les semis doivent y être faits de bonne heure.

Les betteraves blanches de Silésie et blanches à collet rose ne supportent pas très-bien le repiquage parce que leurs racines sont très-pivotantes.

Une pépinière bien garnie de jeunes betteraves et ayant un hectare d'étendue, doit fournir assez de plants pour transplanter 8 à 12 hectares.

On a soin de contre-balancer par des arrosages l'influence nuisible des hâles de mars et d'avril. On peut aussi empêcher les pluies de battre la surface de la pépinière en la couvrant aussitôt après le semis de fumier court ou de débris de paille. Ce *paillis* a encore l'avantage de maintenir dans le sol une plus grande fraîcheur pendant les jours chauds d'avril et de mai.

On éclaircit les plants, si cela est nécessaire, quand ils ont deux ou trois feuilles. Les betteraves trop serrées dans les pépinières *filent*, c'est-à-dire s'élèvent et grossissent difficilement.

D. SUR COUCHE. — M. Kœchlin a préconisé, il y a quelques

années, un nouveau mode de culture. Ce procédé consiste à semer la graine de betterave sur couche et sous châssis vers le 15 janvier pour repiquer les plants vers le 15 avril à 0^m,50 les uns des autres sur des lignes espacées de 1 mètre.

D'après M. Kœchlin, 40 mètres de châssis suffiraient pour élever les 20 000 plants nécessaires par hectare, et chaque betterave pèserait en moyenne 17 kilog. C'est donc un produit de plus de 300 000 kilog. que l'on obtiendrait par chaque hectare cultivé par ce procédé.

Ce mode de culture est-il possible en grand? Je ne le crois pas. Jusqu'à ce jour nul n'a dit l'avoir pratiqué sur plusieurs hectares.

Les agriculteurs qui l'ont expérimenté n'ont opéré que sur quelques ares. Pourquoi y ont-ils renoncé? C'est que quoi qu'on fasse et quelque précaution qu'on prenne, on constate toujours qu'un nombre plus ou moins grand de betteraves montent à graine vers le mois de juillet, et sont dès lors entièrement perdues pour le bétail.

E. QUANTITÉ DE GRAINES. — Lorsque les semis se font en place et en lignes, on répand par hectare de 5 à 6 kilog. de graines.

Les semis sur billons ou ados n'en exigent que 2 à 3 kilogrammes.

Un hectare de pépinière exige environ 30 kilog. de semence.

Un litre de semence de betterave pèse en moyenne 250 grammes et il contient environ 12 000 graines.

Ainsi, en semant sur un hectare 5 kilog. de semence, on répand près de 250 000 graines, c'est-à-dire cinq fois au moins le nombre de plants qu'il est nécessaire d'avoir.

Les graines doivent être placées de 0^m,02 à 0^m,04 de profondeur dans le sol.

F. Trempage des semences. — Dans un grand nombre de fermes on humecte les graines pendant 4 ou 5 jours avec de l'eau ordinaire ou du purin, ou on les fait tremper pendant quelques heures dans du vinaigre léger, ainsi que le pratique Mme Millet-Robinet. Cette pratique mérite d'être adoptée : elle hâte la germination des semences.

Quelques auteurs ont recommandé de les faire germer dans du sable humide, pour ne les semer que quand le germe est apparent. Ce conseil est mauvais, car pendant les semis, on détruit toujours un très-grand nombre de germes.

G. Espacement des lignes. — Les lignes doivent être plus ou moins éloignées les unes des autres, selon la fécondité du sol et le volume que doit prendre la variété que l'on cultive.

Les lignes des *semis en pépinière* doivent être écartées seulement de 0^m,10 à 0^m,15.

Les lignes des semis en place des *betteraves à sucre* doivent être espacées de 0^m,40 à 0^m,50.

Les lignes de *betteraves fourragères* sont toujours éloignées les unes des autres de 0^m,50 à 0^m,65.

Cultures d'entretien. — A. Sarclages. — La graine de betterave que l'on n'a point fait tremper reste longtemps en terre avant de germer. C'est pour ce motif qu'il est souvent utile de faire des sarclages dans les pépinières pour enlever les mauvaises herbes qui s'y sont développées. Ces sarclages sont confiés à des femmes ; on doit profiter des pluies pour les exécuter.

La betterave germe ordinairement entre le 12e et le 15e jour ; mais il n'est pas rare de voir les cotylédons n'apparaître que vers le 20e jour si la température se maintient au-dessous de + 9° ou + 10°. En germant, elle donne naissance à deux cotylédons lancéolés, un peu spatulés, arrondis à leur sommet et d'un vert intense lavé de rouge.

Les sarclages sont rarement pratiqués dans les semis en place.

B. PREMIER BINAGE. — Le premier binage, le plus important de tous, se fait à bras au moyen de la binette ou de la rasette flamande lorsque les plantes ont deux feuilles primordiales.

On doit le confier à des ouvriers intelligents, car il est utile qu'il soit fait avec beaucoup d'attention. Il ne faut l'opérer que par un temps sec.

Souvent on se contente de faire ameublir les intervalles des lignes, dans le but de ne pas détruire des betteraves.

Chaque homme se met à cheval sur la ligne qu'il bine.

Quand les ouvriers n'ameublissent ou ne nettoient que les espaces compris entre les lignes, on leur donne, dans les départements du Nord, de 8 à 10 fr. par hectare.

A Grignon, où le premier binage est complet, on donne par hectare 20 à 22 fr.

C. SECOND BINAGE. — Le second binage s'exécute 3 ou 4 semaines après le premier quand les betteraves ont 3 à 4 feuilles déjà développées et que les mauvaises herbes commencent à s'emparer de la couche arable.

Lorque les plantes ont été favorisées dans leur végétation par une température à la fois chaude et humide, on exécute quelquefois ce binage à l'aide de la houe à cheval.

Le deuxième binage se paye de 16 à 18 fr. l'hectare.

Un homme bine 10 à 15 ares par jour.

D. ÉCLAIRCISSAGE. — Lorsque les plants sont trop nombreux sur les lignes, on les éclaircit à main. Ce dédoublement se fait vers la fin de mai et dans le courant de juin. On ne doit pas dépasser cette dernière époque.

Il est bien utile de commencer l'éclaircissage lorsque les betteraves ont trois ou quatre feuilles.

Suivant la variété, on espace les plants de 0ᵐ,25, 0ᵐ,30 ou 0ᵐ,40.

Cette opération doit être surveillée. Il ne suffit pas d'enlever les plants qui sont trop nombreux sur une longueur déterminée, il faut aussi arracher une ou deux plantes parmi celles qui proviennent de la même graine, parce qu'elles se nuiraient réciproquement si elles étaient abandonnées à elles-mêmes.

Quand les betteraves sont jeunes, on coupe avec l'ongle au-dessus du collet celles qui doivent être détruites.

Voici le nombre de plants qu'on peut compter sur un hectare et la surface qu'ils y occupent :

Distance des lignes.	*Distance des plants.*	*Nombre.*	*Surface carrée.*
0,40	0,40	98 000	0,160
0,50	0,40	50 000	0,190
0,55	0,25	72 700	0,130
0,65	0,20	76 000	0,130
0,65	0,30	51 000	0,190
0,65	0,40	38 000	0,260
0,60	0,50	33 000	0,330

On profite souvent des éclaircissages pour combler les lacunes que présentent les lignes ou remplacer les plants qui ont péri.

E. Troisième binage. — Ce dernier binage s'exécute en juillet et août avant que les feuilles couvrent en grande partie la surface du sol.

Il se paye, exécuté à bras, 12 à 13 fr. l'hectare.

F. Binage a la houe a cheval. — Les binages que l'on donne en juin, juillet et août dans les betteraves semées en place ou repiquées, peuvent être exécutés au moyen d'une houe à cheval. Cet instrument est d'une conduite facile ;

lorsqu'il est traîné par un cheval docile et dirigé par un ouvrier habile, il permet de biner en un jour de 1 hectare 50 ares à 2 hectares.

On complète le travail de la houe à cheval en faisant biner par des tâcherons les intervalles qui existent sur les lignes entre les plants, espaces que cet instrument ne peut pas ameublir et nettoyer.

Ce binage complémentaire se paye de 6 à 8 fr. l'hectare.

G. BUTTAGE. — Schwerz a proposé, en 1823, de butter les betteraves qui végètent en partie hors de terre, afin de rendre cette même partie plus riche en matière saccharine. Cette opération a été pratiquée avec avantage dans le midi de la France et de l'Europe, où la betterave souffre souvent des fortes chaleurs, où la lumière verdit fortement la partie supérieure de la racine et la rend bien moins saccharifère.

Transplantation. — A. ÉPOQUE. — La transplantation des betteraves se fait dans la partie septentrionale de la France du 15 mai au 20 juin, sur des terres bien ameublies, lorsque les racines sont grosses comme un tuyau de plume.

On doit choisir, autant que possible, un temps pluvieux, car la sécheresse nuit beaucoup à la reprise des plants.

Cette opération n'est possible dans les contrées du Midi que sur les terrains arrosables.

Les plants de betterave sont bons quand leurs racines ont, près du collet, à peu près la grosseur du petit doigt.

A. ARRACHAGE DES PLANTS. — Lorsque le moment d'effectuer la mise en place des betteraves semées en pépinière est arrivé, on procède à l'arrachage en choisissant les plants les plus vigoureux. Ce travail doit être fait quelques heures seulement avant la transplantation. Si on l'exécute la veille du jour de la mise en place, les racines se fanent, perdent de leur humidité, et leur reprise est moins assurée.

Il faut aussi, quand l'arrachage a lieu par un beau temps, éviter de laisser les plants exposés à l'action du soleil.

L'arrachage des plants se fait à la main. On peut se servir de la bêche si la végétation des plantes est uniforme, si toutes peuvent être transplantées. Lorsque leur enlèvement présente quelques difficultés, quand les racines se cassent ou qu'elles ont une grande fixité dans le sol, on arrose copieusement l'étendue de la pépinière sur laquelle elles doivent être arrachées. Ces arrosages ramollissent la terre et rendent plus facile l'arrachage des betteraves.

G. Habillage des plants. — Aussitôt que les plants bons à mettre en place ont été arrachés, ou au fur et à mesure que leur enlèvement s'effectue, on procède à leur *habillage*. Cette opération consiste : 1° à supprimer avec l'ongle, ou mieux avec un couteau, l'extrémité flexible de la racine pour qu'elle ne se replie pas lorsqu'on enfonce celle-ci dans le trou fait par le plantoir ; 2° à couper les feuilles à 0^m,06 ou 0^m,08 du collet des plants. Cette suppression d'une partie des feuilles a l'avantage de diminuer d'une manière sensible les effets toujours fâcheux de l'évaporation de l'eau contenue dans les pétioles et les racines, et de faciliter dès lors la reprise des plants.

Dans le but d'empêcher l'air et le soleil d'agir défavorablement sur les racines, et de rendre leur reprise plus prompte, on trempe souvent les racines, aussitôt après leur habillage, dans un mélange liquide de bouse de bêtes bovines et de noir animal, ou de suie, ou de cendre. Cette bouillie doit avoir un peu de consistance, afin de bien abriter les racines des rayons du soleil. Dans l'Ouest, où la culture de la betterave par la transplantation est souvent la seule possible avantageusement, j'ai employé de 1 à 2 hectolitres de noir animal par hectare.

On a proposé de remplacer cette composition par une solution un peu épaisse de guano. Toutes les betteraves que j'ai fait transplanter de cette manière ont toujours péri.

D. MISE EN PLACE. — La transplantation se fait à l'aide du plantoir. Le sol doit avoir été préalablement rayonné au moyen d'un *rayonneur à cheval*, si le dernier labour a disposé la terre à plat.

Chaque ouvrier doit être accompagné d'une femme ou d'un enfant. Cet aide dispose les plantes sur les rayons que présente le sol.

Les ouvriers chargés de pratiquer la mise en place doivent éviter que les racines longues et déliées soient repliées sur elles-mêmes. Il faut aussi qu'ils placent les plants dans les trous, de manière que l'œil ou le cœur de chaque plante ne soit pas enterré.

Un plant est bien planté quand la terre presse parfaitement contre toute sa racine. On obtient ce résultat en *bornant* les plants par un second coup de plantoir. Ce travail n'est pas difficile, mais il exige de l'habitude pratique.

Lorsque M. Bodin repique la betterave sur des ados, il espace les plants de 0^m,45 à 0^m,50.

Les ouvriers chargés de transplanter cette plante sur la partie médiane des billons doivent marcher dans les sillons et éviter de tasser le sommet des ados.

Autrefois on transplantait la betterave à la charrue. Ce moyen n'est plus en usage en France.

Les betteraves, repiquées sur les places restées accidentellement vides dans les semis en place, ne reprennent bien et ne grossissent que lorsque la terre où la transplantation doit être faite a été préalablement ameublie à la bêche ou à la houe fourchue. Les repiquages opérés dans un semis en place sur un labour trop ancien ne réussissent jamais.

Un ouvrier arrache et plante par jour de 1800 à 2000 plants de betterave. On paye pour cette opération 1 fr. par chaque 1000.

Arrosage des plants. — La betterave souffre beaucoup s'il survient, après sa transplantation, des chaleurs intempestives et prolongées. C'est pour activer sa reprise qu'on l'arrose lorsque le sol est très-sec. Cette opération n'est pas toujours très-facile à exécuter, et elle occasionne souvent des dépenses assez élevées ; aussi ne doit-on la pratiquer en grande culture que lorsqu'elle est absolument nécessaire.

Dans le Midi, et lorsque la betterave est cultivée sur ados ou sur billons, on l'arrose, lorsque les circonstances le permettent, deux ou trois fois pendant l'été, en faisant circuler une faible quantité d'eau dans les sillons, ou en rendant celle-ci presque stagnante pendant vingt-quatre heures environ. Ces arrosages à eau ruisselante ou par infiltration ont toujours eu de bons résultats quand ils ont été pratiqués avec modération, et seulement pendant les grandes chaleurs de l'été.

Insectes nuisibles. — La betterave est attaquée, pendant sa croissance, par la larve du hanneton, appelée *ver blanc*, et par un très-petit insecte de l'ordre des coléoptères, observé pour la première fois, en 1839, par Armand Bazin.

Cet insecte, auquel on a donné le nom d'*atomaria linearis*, appartient à la famille des clavicornes ; il est étroit et long à peine

Fig. 4. — Atomaria linearis grossi 60 fois.

d'un millimètre et demi ; sa couleur varie du rouge ferrugineux au brun noir. La fig. 4 le représente grossi soixante fois.

Ce petit insecte se montre en mai et en juin. Alors, il s'attaque aux jeunes betteraves, ronge le pivot de leurs racines et mange leurs feuilles. C'est pendant le temps sec qu'il fait le plus de ravages.

La fig. 5 représente une jeune betterave ayant subi les ravages de l'atomaria : A, A indiquent des plaies; B rappelle

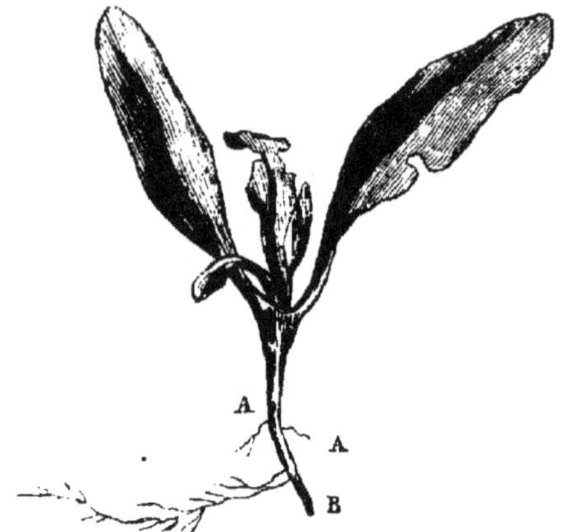

Fig. 5. — Betterave attaquée par l'atomaria.

que le pivot a été coupé. La fig. 6 montre une betterave ayant péri à la suite de l'attaque de cet insecte.

Fig. 6. — Betterave détruite par l'atomaria.

Les moyens qui ont le mieux réussi pour préserver les betteraves contre les ravages de l'atomaria, sont :

1° Plomber le sol avec un rouleau afin de comprimer la terre autour des jeunes plantes et les empêcher de mourir;

2° Fumer fortement le sol pour que les plantes végètent activement et qu'elles réparent par de nouvelles feuilles les pertes que lui font éprouver les insectes.

La plupart des jeunes betteraves attaquées par l'atomaria périssent quand on abandonne les semis à eux-mêmes.

On a essayé de saupoudrer les feuilles de cendres et de poussière de chaux, mais ce moyen n'a pas empêché les insectes de continuer leurs ravages.

Le *ver gris*, larve de la *noctuelle gamma* (NOCTUELLA GAMMA, Fab.), attaque la betterave à son collet et se nourrit aussi de ses feuilles.

La betterave a encore pour ennemis : 1° une mouche (*hylemia coarcata*) qui ronge ses feuilles ; 2° un coléoptère (*cryptophagus flavicornis*) qui attaque ses racines. Ces deux insectes ont été signalés par M. Blanchard.

Maladie. — La betterave est attaquée, depuis 1846, par une maladie à laquelle on a donné le nom de *pénétration brune*. Cette altération, dont la cause est encore inconnue, a été étudiée et décrite par M. Payen. Les betteraves sur lesquelles elle apparaît, ont leur chair marbrée de noir brun et leurs feuilles couvertes de taches brunes. Elle s'est principalement montrée dans les cultures de betteraves des départements du Nord et du Pas-de-Calais.

Effeuillaison. — Dans plusieurs contrées de la France on effeuille encore la betterave pendant le mois d'août et de septembre. Cet effeuillage n'est pas pratiqué sur les exploitations bien dirigées ; c'est qu'on le regarde avec juste raison comme pernicieux pour la betterave, en ce qu'il nuit à l'accroissement de la racine, facilite le développement du collet, et le rend plus fibreux, ce qui l'oblige, au moment de l'arrachage, comme l'a observé Yvart, à faire de larges plaies qui nuisent à la conservation des racines.

Schwerz a fait à cet égard des expériences qui lui ont permis de dire que l'effeuillage pratiqué :

Une seule fois diminue la récolfe de 7 pour 100 ;

Deux fois   —   —   de 36   —

et que les betteraves qu'on n'effeuille pas donnent deux fois autant de feuilles que si on avait fait deux effeuillaisons.

Des expériences ayant aussi pour but de savoir si l'effeuillage de la betterave devait être considéré comme nuisible, ont été faites en 1835 à l'école de Hohenheim. Voici les faits que l'on a constatés sur trois parcelles ayant chacune une étendue de 12 ares :

	Racines effeuillées.	Racines non effeuillées.
1er septembre... . ..	2943 kil.	3189 kil.
13 octobre	1789	1904
6 novembre.........	1112	1582
Totaux......	5844 kil.	6675 kil.

L'effeuillage a donc occasionné une perte de 13 pour 100.

Voici maintenant les résultats d'une expérience faite par Langenthal sur deux champs ayant l'un et l'autre 25 ares :

Époques des effeuillages.	Quantités de feuilles enlevées.
12 août...................... ..	2280 kil.
15 septembre...................	1840
29 octobre	2080
Total..........	6200 kil.

Cette partie a fourni 9540 kilog. de racines. Le champ qui n'avait point été effeuillé a donné 14 200 kilog. de racines et 3840 kilog. de feuilles.

Ainsi, l'effeuillage a diminué le poids des racines de 33 pour 100.

La seule circonstance dans laquelle l'effeuillage n'a pas de conséquences défavorables, c'est lorsqu'on se borne à enlever des racines les feuilles obliques ou horizontales déjà jaunissantes, quand on exécute cette opération huit jours seulement avant la récolte ou qu'on l'opère sur des betteraves végétant sur des terres d'une très-grande fécondité.

Quoi qu'il en soit, M. de Gasparin a constaté qu'une femme peut récolter en 10 heures de 180 à 200 kilog. de feuilles.

Arrachage. A. ÉPOQUE. — L'arrachage des betteraves a lieu du 15 septembre à la fin d'octobre, suivant les latitudes et la nature des terres. En général, on arrache plus tôt lorsque les terrains sont humides ou argileux, et plus tard quand ils sont secs ou légers. Lorsqu'on attend, pour opérer, que les pluies d'automne soient arrivées et qu'elles aient détrempé la couche arable, non-seulement on a à vaincre des difficultés plus grandes pour exécuter rapidement l'arrachage, le transport des betteraves et leur mise en silos, mais on emmagasine des racines chargées de beaucoup d'eau et susceptibles de mal se conserver. Mathieu de Dombasle a reconnu que si la densité du jus fourni par les racines de betteraves s'accroît d'un degré au moins quand il survient, à l'époque de l'arrachage, un très-beau temps, il diminue dans la même proportion si la terre, à cette époque, a été détrempée par les pluies.

Les betteraves qui ont leurs racines complétement enterrées sont moins sensibles aux premières gelées que les variétés dont les racines excèdent la couche arable de plusieurs décimètres; elles peuvent supporter, si elles n'ont pas été décolletées, des froids de — 4 à — 5°.

B. A LA BÈCHE OU AU LOUCHET. — La bêche est un instrument très-commode pour arracher les betteraves ; elle évite d'endommager les racines. C'est avec elle, ou le louchet, qu'on exécute l'arrachage des betteraves à sucre dans la plupart des fermes de la Flandre ou de la Picardie.

L'ouvrier qui opère implante le fer de l'instrument à une distance de 0ᵐ,10 environ de la plante qu'il veut arracher, et

abaisse le manche vers le sol, de manière à soulever la terre
et la racine. Au fur et à mesure qu'il agit, une femme ou un
enfant tire la betterave de bas en haut par les feuilles pour la
déraciner entièrement.

C. A LA FOURCHE A DENTS PLATES OU A LA HOUE FOURCHUE.
— Ces deux instruments ne valent pas la bêche, quoiqu'ils
soient souvent employés; ils blessent et déchirent les racines, ce qui les expose à se gâter dans les silos. Ils ne sont
réellement avantageux que lorsque les betteraves végètent
sur des sols pierreux.

D. A LA CHARRUE. — Mathieu de Dombasle a proposé d'arracher les betteraves au moyen d'un araire débarrassé de son
versoir, et armé d'une pièce en fer de $0^m,10$ de large fixée
obliquement sur les étançons, à partir de la partie postérieure
du soc. Ce moyen est peu en usage aujourd'hui en France,
mais en Bohême on le préfère à l'emploi de la bêche et de la
houe. Les agriculteurs français qui l'avaient adopté l'ont
abandonné, parce que les betteraves étaient trop endomma-
gées par la charrue et les pieds des animaux, et qu'elles
étaient, après l'arrachage, plus sensibles aux gelées.

E. DÉCOLLETAGE ET NETTOYAGE. — Les betteraves doivent
être décolletées aussitôt après qu'elles ont été arrachées.
Cette opération consiste à couper, à l'aide d'une serpe
moyenne, d'une faucille ou d'un bout de faux fixé à un
manche, la partie de la racine à laquelle tiennent les feuilles,
et sur laquelle on observe des bourgeons. Elle a pour but
d'empêcher le développement de nouvelles feuilles, d'arrêter, de suspendre en grande partie la vitalité de la racine.
Si la végétation continuait à se manifester d'une manière
sensible, si les jeunes feuilles pouvaient se développer, les
sucs nutritifs que contient la racine diminueraient en quantité de jour en jour. Des expériences faites à Caen, en 1848,

par **MM.** Durand et Manoury, confirment complétement cette
opinion, que partagent la plupart des fabricants de sucre indigène. Deux lots de betteraves, l'un composé de racines
entières, l'autre formé de racines décolletées, furent conservés avec toutes les précautions possibles jusqu'en février
1849. Le premier, qui avait montré des signes très-apparents
de végétation, donna un jus qui marquait 2 à 3 degrés seulement; le jus fourni par le second pesait 6 à 7 degrés, densité
semblable à celle que l'on avait constatée au mois de novembre précédent à l'arrachage des racines.

Tous les cultivateurs ne font pas décolleter les betteraves
qu'ils récoltent. Il en est plusieurs qui se bornent à faire
enlever seulement les feuilles; ils croient que les racines décolletées sont plus sujettes à se détériorer que celles qui sont
restées entières. Cette opinion est le résultat d'une erreur.
Il n'y a pas de danger de détérioration si on coupe seulement
le collet sans attaquer la racine proprement dite. Les faits
ont prouvé cent fois que la plaie qui résulte du décolletage
ne devient jamais une cause d'altération pouvant amener la
pourriture des racines, si elle s'est cicatrisée avant la mise
en silos, sous l'influence d'une température sèche de 12 à 15°.
Aussi est-ce toujours avec raison que l'on a recommandé de
ne procéder à l'arrachage de la betterave que par un beau
temps.

Le décolletage s'exécute de deux manières : à l'aide d'une
faucille avant l'arrachage des racines, au moyen d'une serpe
quand cette opération est faite. Dans le premier cas, la coupe
est oblique ou diamantée; on la regarde à bon droit comme
mauvaise. Dans le second, l'ouvrier prend la racine par la
main gauche, la tient horizontalement, et avec l'instrument
tranchant qu'il a dans sa main droite, et d'un seul coup, il
coupe le collet dans le plan perpendiculaire à l'axe de la

racine. La section doit être nette, régulière et peu étendue, car plus elle est petite et moins la racine est sujette à se décomposer.

Dans les environs de Lille, les collets sont enlevés au louchet; ce procédé est expéditif, mais il est bien imparfait.

Quoi qu'il en soit, l'enlèvement des collets n'est utile que lorsque les betteraves doivent être conservées pendant l'hiver. Quand les racines, après leur arrachage, sont livrées à une fabrique de sucre et soumises aussitôt à l'action d'un coupe-racines ou d'une râpe, on se borne souvent à enlever leurs feuilles par la torsion.

Le poids des collets et des feuilles est plus considérable qu'on ne le pense généralement. Pour le déterminer aussi exactement que possible, M. Boitel a fait décolleter avec soin diverses variétés de betteraves; il a obtenu, par chaque 1000 kilog. de racines récoltées, les quantités suivantes :

Disette	271 kil.
— blanche...........	166
Jaune grosse............	386
Silésie.	279
Globe jaune........	275
— rouge	204
Moyenne.... .,	230 kil.

Ainsi, les collets et les feuilles forment en moyenne environ le quart du produit total que fournit un hectare.

Le nettoyage des racines suit toujours le décolletage. Il consiste à détacher la terre qui est adhérente aux racines et à enlever le chevelu qu'elles présentent. Ce nettoiement se fait à l'aide du dos d'une faucille ou d'un couteau de bois.

Quelquefois, les ouvriers frappent les racines les unes contre les autres pour faire tomber la terre qu'elles présentent à leur surface ou qu'elles retiennent entre leurs bifurcations, mais ce moyen est mauvais; car en opérant de cette manière, on brise les pivots, on détermine des meurtrissures, ce qui occasionne des pertes assez considérables et expose les racines à la pourriture.

F. Mise en tas. — Les racines une fois décolletées doivent être mises en tas, afin qu'elles ne restent pas exposées à l'air. Quand on les abandonne à elles-mêmes sur le champ, après leur avoir enlevé leur collet, elles se dessèchent, se rident et ensuite se conservent mal.

On doit surveiller les ouvriers pendant ce travail, afin qu'ils évitent de heurter les betteraves les unes contre les autres et qu'ils aient le soin de séparer et de mettre de côté 1° les racines que les instruments ont fortement déchirées pendant l'arrachage; 2° celles qui sont creuses, montées ou attaquées par la gelée. Les betteraves creuses se conservent difficilement; on les reconnaît au son particulier qu'elles produisent quand on les frappe.

A la fin de chaque journée, on couvre les tas de feuilles pour les garantir de l'action de l'air, et du froid qui pourrait survenir pendant la nuit.

G. Prix de revient de l'arrachage. — Dans le Nord, on paye ordinairement 30 fr. pour arracher, décolleter, nettoyer et charger les betteraves à sucre qui ont végété sur un hectare. A Grignon, on donne 25 fr. pour arracher un hectare de betterave disette, et 30 fr. à 40 fr. pour un hectare de betterave blanche de Silésie.

Mathieu de Dombasle comptait 35 journées de femmes pour le nettoyage. Ce chiffre est élevé.

Un homme arrache par jour :

Betterave disette....... 10 à 12 ares
— de Silésie.... 8 à 9

Ainsi, un hectare exige de 9 à 13 journées.

A Grignon, un homme accompagné d'un aide nettoie et charge par jour le produit de 12 à 15 ares.

En Allemagne, on donne pour l'arrachage seulement de 13 à 14 fr. par hectare. Ce chiffre est très-faible.

Transport à la ferme. — Un ouvrier charge un tombereau d'un mètre cube en quinze minutes.

Conservation. — Les betteraves s'altèrent trop facilement sous l'action des agents atmosphériques, pour qu'on puisse les abandonner à elles-mêmes après l'arrachage. Pour qu'elles se conservent saines jusqu'à la fin de l'hiver, il faut les déposer dans une cave ou un cellier ou dans des fosses ou des silos. En les conservant de cette manière, on les prive de l'influence des gelées, des pluies et de la lumière.

A. EN CAVES OU EN CELLIERS. — Ces bâtiments ne doivent être ni trop secs ni trop humides; en outre, il faut qu'ils présentent à leur partie supérieure des ouvertures susceptibles d'être bouchées pendant les temps de gelée ou lorsqu'on veut y empêcher l'accès de la lumière. Ces ouvertures sont destinées à établir à l'intérieur une ventilation convenable, et à empêcher que la température y devienne trop élevée. Lorsque, dans une cave, la température atteint $+ 6$ à $+ 10$ degrés, et lorsque la lumière y pénètre et que l'humidité y est très-grande, les bourgeons du collet des racines se développent et diminuent leur richesse saccharine et leur faculté nutritive.

A l'approche des gelées à glace, on ferme toutes les ouvertures. Souvent, pour que le froid n'y ait pas accès, on les garantit extérieurement avec du fumier, de la paille ou des feuilles.

Lorsque les betteraves sont rentrées sèches et par un beau temps, et que le bâtiment dans lequel on veut les conserver

n'est pas humide, on les entasse les unes sur les autres jusqu'à 2 et 3 mètres de hauteur.

Si les véhicules ne peuvent pénétrer dans le local où doit
avoir lieu l'emmagasinage, on décharge les racines avec précaution à l'entrée de la porte principale, et on les fait transporter ensuite dans l'intérieur en recommandant aux ouvriers
de ne pas les meurtrir.

B. Silos. — Les silos dans lesquels on conserve les betteraves sont de deux sortes : 1° *les silos à demeure* ; 2° *les silos
temporaires* ou *annuels*.

Les premiers ressemblent beaucoup à une cave, à l'exception qu'ils sont dominés pas un toit de chaume ; ils doivent
présenter les mêmes conditions que les caves et les celliers.
Les silos à demeure de M. Dailly, à Trappes, peuvent être
cités comme d'excellents modèles, à cause de leur parfaite
disposition et de leur bonne construction économique.

Les silos temporaires sont très-simples ; ils consistent dans
une fosse de 0^m,30 de profondeur sur 1^m,50 de largeur, creusée sur un endroit élevé et dans un sol très-sain, dans laquelle on dépose les racines. Lorsque cette fosse a été remplie de betteraves, on continue l'emmagasinage des racines
jusqu'à 0^m,80 de hauteur à partir de la surface du sol, en
les disposant en forme de prisme triangulaire, de manière
que leur masse représente deux pentes ou le comble d'un
bâtiment. Au fur et à mesure que les betteraves sont ainsi
déposées on les couvre d'une couche de paille de seigle, sur
laquelle on répand souvent des feuilles, et on creuse sur
chaque côté de la fosse à 0^m,50 de ses bords intérieurs, des
fossés profonds de 0^m,50 à 0^m,60, afin que leur fond soit en
contre-bas de la base de la fosse du silo. La terre qui provient
de ces fossés est appliquée sur la paille ou les feuilles, de
manière à les couvrir entièrement. Cette couche de terre doit

avoir au moins 0^m,30 d'épaisseur. Lorsque le silo est terminé il a les formes d'une masse de terre primastique. On bat avec le dos d'une pelle en fer toute la surface pour que la terre ne retombe pas dans les fossés et que les eaux pluviales ne puissent la pénétrer et arriver jusqu'aux racines. Les fossés latéraux sont destinés à faciliter l'écoulement des eaux pendant les saisons pluvieuses.

Il est utile d'établir, tous les quatre mètres environ, des *soupiraux* ou *cheminées,* afin de pouvoir renouveler l'air intérieur et empêcher les racines de s'échauffer. Ces cheminées se composent de quatre petits rondins reliés les uns aux autres de distance à distance , par de petites planchettes, et elles doivent dépasser le silo de 0^m,20 à 0^m,40; on bouche leur ouverture avec de la paille quand le temps est pluvieux ou qu'on craint des gelées.

Lorsqu'on craint de fortes gelées, on doit couvrir les silos en terre, d'une bonne couche de feuilles d'arbres, de paille ou de fumier d'écurie.

Un silo qui aurait les dimensions que je viens d'indiquer, devrait avoir environ 50 mètres de longueur pour contenir le produit d'un hectare de betteraves à sucre, soit 30 000 kilogrammes de racines.

Dans quelques localités du Nord, on donne aux silos jusqu'à 1 mètre de profondeur sur 1 mètre de largeur et 3 à 5 mètres seulement de longueur.

Ces *silos souterrains* ont une forme cubique, car les racines ne dépassent pas le niveau du sol : on ne doit les préférer aux précédents que lorsque la terre dans laquelle on les creuse est perméable et très-saine.

Les silos peuvent être construits près des habitations ou sur les champs mêmes sur lesquels les betteraves ont végété. Leur direction doit être dans le sens de la plus grande pente du sol.

Quelquefois, on réunit les racines en masse circulaire et conique, en plaçant au dehors toutes les têtes ou les collets. Ce mode de conservation est moins économique que les précédents, en ce que la couverture, pour être bien faite, exige plus de frais de main-d'œuvre. Cette disposition ne peut être adoptée que lorsque les betteraves doivent séjourner quelques semaines seulement dans ces silos coniques.

A Grignon, l'ensilotage, c'est-à-dire la main-d'œuvre nécessaire pour entasser les betteraves dans les silos et les couvrir de paille ou de feuilles ou de terre, revient à 0 fr. 10 l'hectolitre. A Hohenheim, cette opération coûte 3 fr. 45 par hectolitre, et la mise en magasin 2 fr. 10. Ces derniers prix comprennent très-certainement les frais de transport des betteraves du champ au silo ou au magasin.

Déchets que les racines subissent dans les silos. — Pendant l'hiver les betteraves perdent 1/10, 1/8 et quelquefois 1/6 de leur poids primitif.

Rendement. — La quantité de racines que fournit un hectare, varie suivant la variété et la fertilité de la terre sur laquelle elle est cultivée.

Voici les produits moyens que l'on a obtenus :

Betterave cultivée pour les animaux.		*Betterave cultivée pour les sucreries.*	
Thaër........	37 000 kil.	Dombasle . ..	17 000 kil.
Schwerz	36 000	Hohenheim...	23 000
Moëllinger...	37 000	Pas-de-Calais (1)	32 000
Bella........	42 000	Aisne	30 000
Dailly.......	63 000	Nord.........	39 000
Crud........	54 000	Seine-et-Marne	31 000
Lecouteux . .	32 000	Oise	27 000
Eléouet......	40 000	Somme.......	27 000
Moyenne ..	42 500 kil.	Moyenne ...	28 000 kil.

(1) Ce renseignement et ceux qui suivent sont extraits de la Statistique générale publiée en 1860.

La statistique de la Belgique constate les rendements moyens suivants pour les années de 1851 à 1854 :

Provinces	Produits.
Anvers	22 800 kil.
Brabant	27 500
Flandre occidentale	37 400
Flandre orientale	33 900
Hainaut	40 700
Liége	30 600
Limbourg	29 900
Namur	25 000
Moyenne	31 100 kil.

M. Manoury a obtenu les produits suivants :

	Racines.	Feuilles.
Betterave disette blanche	85 000 kil.	24 500 kil.
— globe jaune	75 000	19 500
— disette	54 000	18 000
— globe rouge	47 800	17 000
— jaune grosse	45 800	13 500
Moyenne	61 100 kil.	18 500 kil.

Les produits les plus élevés que l'on connaît et qu'on regarde comme des *rendements exceptionnels*, sont les suivants :

Lazot	88 000 kil.	
Bodin	100 000	à 120 000.

La betterave cultivée sur billons ou ados a donné par hectare les produits moyens :

M. Giot (Seine-et-Marne)	52 000 kil.
M. Bella (Seine-et-Oise)	62 000
M. Pavy (Indre-et-Loire)	67 000

En général, les *produits moyens* qui suivent indiquent très-bien la réussite ou la non réussite de la betterave cultivée en grand soit sur des sols riches, soit sur des terres de bonne qualité, soit sur des terrains de qualité médiocre :

Récolte très-bonne	40 000 kil. de racines.	
— bonne	30 000	—
— assez bonne	20 000	—
— médiocre	15 000	—

Le betteraves appartenant aux espèces fourragères pèsent rarement, en moyenne, au delà de 2 kilog.

Les betteraves à sucre ont ordinairement un poids moyen de 0 kilog. 300 à 0 kilog. 500.

Poids de l'hectolitre et du mètre cube. — Quoique la densité de la betterave soit semblable à celle de l'eau, un hectolitre de racines pèse, en moyenne, mesuré ras, 56 à 60 kilog.; mesuré comble, 70 à 75 kilog. Ce faible poids tient aux vides qui existent dans la mesure.

M. Boitel a reconnu que le poids du mètre cube était pour les betteraves :

Disette........	632 kil. et qu'il contenait	397 racines.
Jaune grosse...	697 — —	548 —
Globe jaune....	643 — —	218 —

A Grignon, j'ai obtenu des poids un peu plus faibles.

Les betteraves perdent de leur poids en séjournant dans les silos. M. Lesueur, d'Abbeville, a recueilli les chiffres suivants :

| Au moment de l'arrachage, le mètre cube pesait de | 515 kil. à 650. |
| — de la fabrication, — | 490 505. |

Divisées avec un coupe-racines, elles augmentent de volume. Cette augmentation varie entre 20 à 25 pour 100. Ainsi, 4 hectolitres de racines divisées à l'aide du coupe-racines que l'on fabrique à Grignon, ont donné plus de 5 hectolitres et 100 kilog. remplissent une mesure de 160 litres. Un hectolitre de racines divisées et mesurées ras, pèse de 48 à 52 kilog. Mesuré demi-comble, il pèse 60 à 62 kilog.

Quantité de feuilles. — La production en feuilles est assez élevée. Le produit moyen, à Grignon, est de 11 000 kilog. à l'hectare.

Rapport entre les racines et les feuilles. — Suivant M. Girardin, on obtiendrait 100 kilog. de feuilles par 100 kil de racines. Cette production, admise par M. de Gasparin, ne concorde pas avec les observations faites par Schwerz. Ainsi, suivant ce célèbre agriculteur allemand, les racines seraient aux feuilles :: 100 : 25.

La culture de Grignon justifie ce rapport; jusqu'à ce jour, les feuilles recueillies au moment de l'arrachage ont été aux racines :: 32 : 100.

Suivant M. de Bergemann, de Boun, les betteraves désignées ci-après produisent :

	Feuilles par 100 k. de racines.	Racines récoltées par hectare.
B. rouge longue semée en place....	23 kil. 600	52 500 kil.
— transplantée........	40 600	43 000
B. rouge globe semée en place. ..	30 700	66 300
— transplantée	45 000	42 000
B. jaune globe semée en place....	27 000	51 800
Moyennes...........	33 kil. 500	51 100 kil.

Ainsi encore les feuilles sont aux racines :: 33 : 100.

Porte-graines. — A. CHOIX. C'est au moment de l'arrachage qu'il faut choisir les racines qui doivent produire des graines l'année suivante.

Pour qu'une betterave puisse être regardée comme bonne, il faut : 1° qu'elle possède tous les caractères de la variété ou de la race que l'on veut propager; 2° que la racine se soit développée en terre ou en partie hors de la couche arable, selon la variété à laquelle elle appartient.

On devra choisir des racines ayant un pivot unique, c'est-à-dire sans racines secondaires. J'ai dit que les racines fourchues ne s'arrachaient pas aussi facilement et qu'on les nettoyait moins promptement que celles qui n'ont qu'un pivot. Il faut, en outre, qu'elles soient de moyenne grosseur, intactes et fermes, qu'elles tombent promptement au fond de l'eau et que leur tête ne soit pas plus développée que leur partie médiane.

B. CONSERVATION. — Lorsque les betteraves ont été choisies, on enlève leurs feuilles sans toucher au collet des racines. Ensuite, on les rentre avec précaution afin de ne pas les blesser, et on les dépose dans une cave ni trop sèche, ni trop humide, dans laquelle la température, pendant l'hiver, se maintient toujours à quelques degrés seulement au-dessus de zéro. On a le soin de les isoler les unes des autres avec du sable sec et de les placer de manière à ce qu'elles aient une position oblique et leur collet complétement dégagé de la masse sableuse.

C. MISE EN PLACE. — Les racines porte-graines se mettent en place en mars et avril. On les plante à un mètre de distance, dans un endroit bien aéré, exposé au soleil et à l'abri des vents.

M. Decrombecq les plante à l'automne et les garantit des gelées pendant l'hiver avec une couverture de fumier. Ce moyen n'est favorable que quand les betteraves sont plantées dans des terres saines.

Lorsqu'on doit récolter des graines de plusieurs variétés, on sépare les races en les plantant à une très-grande distance. Ce moyen évite des hybridations et permet d'obtenir des graines aussi franches que possible.

Au fur et à mesure que les tiges se développent, on les attache à des tuteurs ou des échalas pour que le vent ne les détache pas du collet des racines et ne les renverse pas sur le sol.

D. RÉCOLTE DES GRAINES. — On coupe les tiges à la fin de septembre ou au commencement d'octobre, quand les fruits ont une teinte jaune brun, et on les laisse ensuite sécher sous un hangar ou dans un grenier aéré. On égrène les ramifications chargées de semences en les frottant entre les mains ou en les frappant avec un fléau léger.

La graine de betterave, emmagasinée dans un local sain, conserve sa faculté germinative pendant 5 à 6 ans ; mais il vaut mieux, chaque année, ne semer que des semences d'un ou de deux ans.

Lorsque, malgré toutes les précautions prises dans la récolte des semences, on reconnaît que la variété que l'on cultive a dégénéré, ce qui arrive de temps à autre lorsque la nature des terres ne convient pas à la betterave, il ne faut pas hésiter à acheter de nouvelles graines.

Quantité de graines qu'on peut récolter. — Une racine bien choisie et qui a développé une tige munie de nombreuses ramifications, peut donner 200 à 250 grammes de graines. L'expérience prouve qu'il faut planter au moins 100 racines porte-graines pour pouvoir récolter 25 kilog. ou un hectolitre de semences.

Poids d'un hectolitre de graines. — Un hectolitre de graines de betterave pèse de 24 à 27 kilog.

Un kilog. de semences de belle qualité contient de 15 000 à 18 000 graines.

Produits divers fournis par les racines. — La betterave fournit du jus, du sucre, de l'alcool, de la mélasse et de la pulpe (voy. *Plantes industrielles*, deuxième partie).

Valeur nutritive. — A. RACINES. — Les racines des betteraves constituent une excellente nourriture pour les animaux domestiques. D'après M. Boussingault, elles renferment :

	Eau.	Azote.	Matières grasses.
Betterave disette	87,8	0,21	0,10
— de Silésie	84,0	0,25	0,10

Comparées au foin de prairies naturelles qui dose 1,15 pour 100 d'azote, la première serait à cet aliment :: 540 : 100, la seconde :: 462 : 100. Il faudrait donc 1° 54, 2° 46 kilog. de racines pour équivaloir à 10 kilog. de foin. Ces chiffres sont inférieurs aux données fournies par la pratique. Ainsi, en représentant par 100 le foin de prairies naturelles, les betteraves auraient pour équivalents :

Block	366	Pabst	275
Crud	225	Pétri	400
De Dombasle	261	Royer	250
Flotow	300	Schwerz	330
Gemerhausen	460	Thaër	460
Meyer	250	Veit	300
		Moyenne	324

B. Feuilles. — Les feuilles de betteraves ont la composition suivante, d'après M. Boussingault :

Eau	90,30
Azote	0,40
Matières grasses	0,60
Sucre et amidon	3,00
Sels	1,40
Ligneux et cellulose	1,70
Albumine	2,60
	100,00

C'est avec raison qu'on les regarde comme des aliments de qualité très-inférieure, parce qu'elles sont très-purgatives. Comparées au foin de prairie naturelle, leur valeur nutritive est représentée par les chiffres suivants :

Block	600
Crud	600
Gœritz	700
Flotow	600
Pabst	600
Veit	500
Moyenne	600

M. Boussingault les regarde comme un peu moins nutritives que le trèfle rouge consommé à l'état vert ; il leur assigne 274. Je regrette de ne pouvoir partager l'opinion du savant professeur de chimie.

C. PULPES. — Les pulpes ou résidus de sucreries de betterave sont très-nutritives lorsqu'elles ont été soumises à l'action d'une presse. Elles contiennent, d'après M. Boussingault :

Eau............................	80,00
Azote.........................	0,38
Matières grasses.............	0,10
Sucre amidon	10,00
Sels..........................	0,08
Ligneux et cellulose.........	7,00
Albumine....................	2,20
Perte........................	0,24
	100,00

Bien pressée, la pulpe ne renferme jamais moins de 70
pour 100 d'eau.

Sa valeur nutritive, comparée au foin, est d'après :

Kœgel..........	::	100 : 111
Pabst	::	100 : 175
Moyenne... .. .		100 : 143

M. Boussingault lui assigne théoriquement le chiffre 303.

Pour conserver la pulpe de betteraves pendant plusieurs
mois, il faut l'entasser dans des citernes, la presser et couvrir l'ouverture de ces fosses lorsqu'elles sont entièrement
pleines, de $0^m,20$ à $0^m,30$ de terre. On peut aussi les conserver dans les silos souterrains.

Préparation des racines. — La betterave est administrée
crue après avoir été nettoyée ou lavée et divisée. On a proposé de la faire cuire, mais, jusqu'à ce jour, l'expérience n'a
pas démontré que ce mode de préparation soit véritablement
avantageux en le considérant sous le point de vue économique.

Cette racine ne doit jamais être donnée seule, parce qu'elle
renferme beaucoup d'eau et que les animaux s'en dégoûtent
assez promptement. C'est toujours alliée au foin, à d'autres

substances sèches et nutritives qu'on doit la faire consommer. Il faut aussi ne pas la donner pendant longtemps en grande quantité aux animaux lorsque l'air est très-froid, à moins qu'elle ne soit associée au son, à des balles de froment ou d'avoine, car elle peut occasionner des maladies graves.

Quand on introduit cette racine dans l'alimentation, il faut, autant que possible, ne diviser que la quantité que les animaux doivent consommer pendant la journée et le lendemain matin. Préparée trop longtemps à l'avance, la betterave perd une partie de ses propriétés alimentaires. Ainsi, les tranches prennent une teinte noirâtre, deviennent flasques, état qui répugne toujours aux animaux et qui les oblige à prendre cette racine en dégoût.

Action de la betterave sur les animaux. — La betterave plaît beaucoup aux ruminants.

Dans la plupart des exploitations elle est réservée aux animaux de rente. Elle est trop aqueuse pour qu'on puisse la donner pendant longtemps aux bœufs de travail.

Cette racine convient particulièrement aux vaches et aux brebis nourrices, à cause de ses hautes propriétés galactogènes; sous son action, le lait est aussi abondant, aussi parfait qu'il peut l'être. Toutefois, si la betterave combat victorieusement les effets toujours fâcheux d'une alimentation très-sèche, si elle prévient, ainsi que l'observe M. Magne, les constipations, les affections cutanées, ainsi que les pléthores, qu'occasionnent les foins, les pailles et les grains consommés en trop grande quantité, on ne doit pas oublier que quand elle est administrée sans ménagements et à l'état cru, elle détermine la diarrhée chez tous les animaux, des tympanites aux ruminants, et peut occasionner la pourriture aux bêtes à laine et rendre leurs membranes muqueuses pâles.

Comme moyen d'engraissement, les betteraves ont une

très-grande valeur, bien qu'elles produisent, quand elles sont données en excès, une viande blanche, flasque et légère. Il est des contrées en France où elles jouent dans l'engraissement des bœufs, et même des moutons, un rôle important.

Dans le Palatinat, suivant Schwerz, on en nourrit les chevaux pendant tout l'hiver, et cela depuis le commencement d'octobre jusqu'en juin, après avoir associé ces racines à de la paille hachée. Sous l'influence d'un tel régime, les chevaux augmentent en chair, même pendant les travaux. Mathieu de Dombasle, qui a voulu suivre ce mode d'alimentation, a constaté que beaucoup de chevaux ne mangent pas volontiers ces racines, et Grognier rapporte que si sous leur action les chevaux augmentent en embonpoint, ils deviennent mous et paresseux.

Les porcs consomment la betterave cuite avec succès.

Emploi des feuilles. — C'est lorsqu'on procède à l'arrachage des racines qu'on détache les feuilles des betteraves pour les donner aux animaux. Les feuilles qui ont déjà une teinte vert rougeâtre, celles qui sont chargées de terre ou qui sont déjà sèches ne doivent pas être rapportées à la ferme.

Les feuilles recueillies humides ne doivent pas être abandonnées en tas pendant longtemps, car elles fermentent, prennent une teinte noire et perdent leur valeur alimentaire.

Action des feuilles sur le bétail. — Les feuilles de betterave ne conviennent qu'aux vaches et aux porcs; elles sont trop aqueuses pour qu'on puisse les donner aux bœufs de travail et aux bêtes à laine.

Quand ces feuilles ont été bien récoltées et qu'on les allie à une petite quantité de foin, elles nourrissent assez bien les vaches laitières.

Mathieu de Dombasle les condamne comme une mauvaise nourriture, et Schwerz leur attribue, quand elles constituent seules la ration des animaux, une vertu purgative. Cette propriété, qui est très-connue des cultivateurs des départements du nord de la France, paraît ne pas être l'apanage des feuilles de betterave qui se développent sous un climat plus chaud que celui de la région septentrionale. Ainsi M. Dumas, de Nîmes, a parfaitement nourri des génisses avec des feuilles de cette plante racine.

Action de la pulpe sur les animaux. — La pulpe pressée de betterave constitue, soit fraîche soit conservée, une excellente nourriture pour les animaux de rente.

Dans la Flandre et la Picardie on en fait beaucoup consommer seule ou mêlée à d'autres aliments aux vaches laitières, aux bêtes bovines et ovines à l'engrais. Toutefois, cette nourriture n'est pas assez tonique ou alibile, pour qu'elle puisse être donnée seule aux animaux de travail.

Dans le nord et les environs de Paris, on utilise depuis plusieurs années les pulpes de betterave provenant des distilleries établies suivant le procédé imaginé par M. Champonnois. Ces pulpes sont un peu plus aqueuses que les pulpes provenant des sucreries de betteraves, mais lorsqu'on y mêle de la paille ordinaire hachée, des cossettes ou siliques de colza, de la paille de colza divisée, etc., on l'emploie avec avantage dans l'engraissement des bêtes à cornes et des bêtes à laine. Ainsi préparée, elle est aussi nutritive que la betterave crue.

La pulpe provenant des distilleries ne se conserve pas aussi longtemps en bon état que la pulpe pressée.

Administrée à haute dose et seule, la pulpe non pressée relâche les intestins et occasionne des diarrhées.

Valeur commerciale. — A. RACINES. — Le prix de la betterave à sucre varie peu. En France, dans les contrées où il existe des sucreries, on la vend ordinairement de 16 à 20 fr.

les 1000 kilog. rendus aux fabriques. La statistique de 1840 l'établissait, en moyenne, à 1 fr. 85 les 100 kilog.

Celle de 1860 contient les chiffres suivants :

Aisne..............	1 fr. 56
Nord	1　82
Pas-de-Calais......	1　71
Somme............	1　64
Moyenne..... ..	1 fr. 70

En Prusse, la valeur moyenne des betteraves est de 12 fr. 65 c. les 1000 kilog. On les pèse lorsqu'elles arrivent dans les sucreries et on défalque du poids constaté 10 p. 100 pour la terre qui peut y rester attachée.

Les racines destinées à l'alimentation des animaux se vendent de 10 à 12 fr. les 1000 kilog.

B. PULPE. — La pulpe est achetée aux sucreries et aux distilleries de betteraves soit par les cultivateurs qui ont livré des racines, soit par ceux qui manquent de substances fourragères. Elle se vend de 8 à 12 fr. les 1000 kilog.

Prix de revient. — La culture de la betterave engage un capital assez élevé par hectare. Voici un extrait des comptabilités de Roville et de Grignon ; il concerne sept années de culture :

	Roville.		Grignon.	
Dépenses................	305 fr.	72	540 fr.	14
Bénéfices...................	77	35	252	40
Prix de revient de 100 kil....	1	75	1	19
—　　　de l'hectolitre.	1	05	»	72

M. Célarié a constaté, en 1857, les résultats suivants :

Dépenses......	261 fr.	79
Bénéfices...................	219	63
Prix de revient de 100 kil.....	»	77

M. Alfred Stoechlin, à Colmar, cultive la betterave par transplantation. Voici le compte qu'il a enregistré :

Dépenses...................	397 fr.	60
Prix de revient de 100 kil....	1	»

BIBLIOGRAPHIE.

Commerel. — Instruction sur la culture de la disette, 1788, in-8.

Lacuée de Cessac. — Feuille du cultivateur, 1791, petit in-4, p. 490.

Vilette. — Feuille du cultivateur, an III, p. 253.

Richard d'Aubigny. — Mémoires de la Soc. cent. d'ag., 1807, in-8, p. 149.

Tessier. — Encyclopédie méthodique, 1813, in-8, t. II, p. 248.

Bosc, Yvart. — Cours d'agric., 1821, in-8, t. II, p. 407; t. XV, p. 135.

Chaptal. — Chimie appliquée à l'agriculture, 1829, in-8, t. II, p. 312.

Thaer. — Principes raisonnés d'agriculture, 1831, in-8, t. IV, p. 356.

Moll. — L'Agronome, 1834, grand in-8, p. 54.

De Dombasle. — Annales de Roville, 1833, in-8, t. VII, p. 53.

Rendu. — Le Cultivateur, 1835, in-8, t. XI, p. 201.

Société de Hanovre. — Traité de la culture de la betterave, 1837, in-8.

Crud. — Économie d'agriculture, 1839, in-8, t. II, p. 153.

Burger. — Cours d'économie rurale, 1839, petit in-4, p. 241.

De Dombasle. — Journ. d'agr. prat., g. in-8, 3e série, 1841, t. V, p. 308.

Valcour. — Mémoires sur l'agriculture, 1841, grand in-8, p. 447.

Schwerz. — Culture des plantes fourragères, 1842, in-8, p. 239.

Rendu. — Agriculture du Nord, 1843, in-8, p. 308.

Leclerc-Thouin. — Agric. de l'ouest de la France, 1843, gr. in-8, p. 355.

Schlipp. — Manuel populaire d'agriculture, 1844, in-8, p. 127.

Eug. Marie. — Encyclopédie moderne, 1847, in-8, p. 137.

De Gasparin. — Cours d'agriculture, 1848, in-8, t. IV, p. 76.

Boussingault. — Économie rurale, 1851, in-8, t. I, p. 255.

Payen et Richard. — Précis d'agriculture, 1851, in-8, t. I, p. 480.

Lemaire. — Annales de Grignon, 1851, 23e livraison, in-8, p. 36.

Dubreuil et Girardin. — Cours élém. d'agric., 1852, in-12, t. II, p. 51.

Lerolle. — Journal d'agriculture pratique, 3e série, 1852, t. IV, p. 402.

Boitel. — Recueil encycl. d'agric., 1852, in-8, t. I, p. 28; t. II, p. 31.

Payen. — Les maladies de la betterave, etc., 1853, in-12, p. 57.

Ledocte. — Culture des plantes-racines, 1853, in-12, p. 86.

Midy. — Nouvelle manière de cultiver les betteraves, 1853, in-8.

Basset. — Traité de la culture de la betterave, 1860, in-12.

Vilmorin. — Bon jardinier, 1855, in-12.

SECTION II.

Carotte.

(Δαιω, brûler; allusion aux propriétés excitantes des graines.

DAUCUS CAROTA, L.

Plante dicotylédone de la famille des Ombellifères.

Anglais. — Carrot
Allemand. — Mohre.
Flamand. — Wortelen.

Italien. — Carota.
Espagnol. — Zanahoria.
Portugais. — Cenoura.

Historique. — Climat. — Végétation. — Variétés. — Composition. — Sol : nature, préparation et fertilité. — Quantité d'engrais à appliquer. — *Culture spéciale.* — Semis : époque, à la main, à la bouteille, ou au semoir, quantité de graines, trempage des semences, espacement des lignes. — Cultures d'entretien: sarclages, binages, éclaircissages. — Transplantation. — Insectes nuisibles. — *Culture dérobée.* — Récolte : époque, arrachage à la bêche, à la fourche, à la houe et à la charrue, décolletage, mise en tas. — Conservation : en caves et en silos. — Rendement. — Poids de l'hectolitre et du mètre cube. — Quantité de feuilles. — Rapport entre les racines et les feuilles. — Porte-graines : choix, conservation, mise en terre, récolte des graines. — Qualité des graines. — Quantité de graines. — Quantité d'alcool, par 100 kilog. de racines. — Valeur nutritive des racines et des feuilles. — Préparation des racines. — Action de la carotte sur le bétail. — Emploi des feuilles. — Action des feuilles sur les animaux. — Valeur commerciale des racines. — Prix de revient. — Bibliographie.

Historique. — La carotte est connue depuis les temps les plus reculés ; mais on ne commença à la cultiver en grand que vers le milieu du dix-huitième siècle. A cette époque, la Société royale d'agriculture de Londres, la regardant comme une excellente plante fourragère, proposa des prix dans le but de la faire accepter comme telle par les agriculteurs de l'Angleterre. Billing fut celui qui contribua le plus à en répandre la culture.

En France, Rozier, Yvart, etc., la recommandèrent vivement, mais sa culture ne devint générale qu'à dater de 1825,

époque où **M. Vilmorin** père introduisit de Belgique la variété connue sous le nom de *carotte blanche à collet vert*.

En 1763 on ne connaissait, en Europe, que trois variétés : la rouge, la jaune et la blanche.

Climat. — La carotte peut être cultivée sous tous les climats. Toutefois, si sa racine passe sans inconvénient l'hiver en pleine terre dans les contrées méridionales de l'Europe, elle demande à être abritée des froids ou de l'humidité pendant cette saison dans les pays septentrionaux.

Mode de végétation. — Cette plante est bisannuelle, à racine pivotante, fusiforme ou napiforme, charnue et saccharifère ; elle forme sa racine la première année, mais elle ne développe sa tige et ne fleurit que l'année qui suit celle où le semis a eu lieu ; ses feuilles sont composées et assez finement découpées ; ses fleurs sont blanches, petites, nombreuses et disposées en ombelle presque sphérique ; son fruit est jaune verdâtre, ellipsoïde, aplati, sillonné, couvert de pointes courbées en dehors et très-aromatique.

La carotte redoute moins le froid que la betterave, soit au printemps, soit en automne. Ses premières phases de végétation sont très-longues ; elle se développe peu en été dans les temps de sécheresse, mais elle prend un rapide accroissement sous l'influence des pluies d'automne. On l'arrache en octobre ou novembre, lorsque la température moyenne du jour est descendue à + 6 à + 7°.

Variétés. — On distingue seize variétés de carotte. Voici celles que l'on cultive en grand :

1° *Carotte rouge longue* ou *rouge de Flandre*. — Racine fusiforme, longue, régulière et très-enterrée ; peau et chair rouges.

Variété très-répandue et très-bonne.

2° *Carotte rouge pâle de Flandre*. — Racine fusiforme, peu

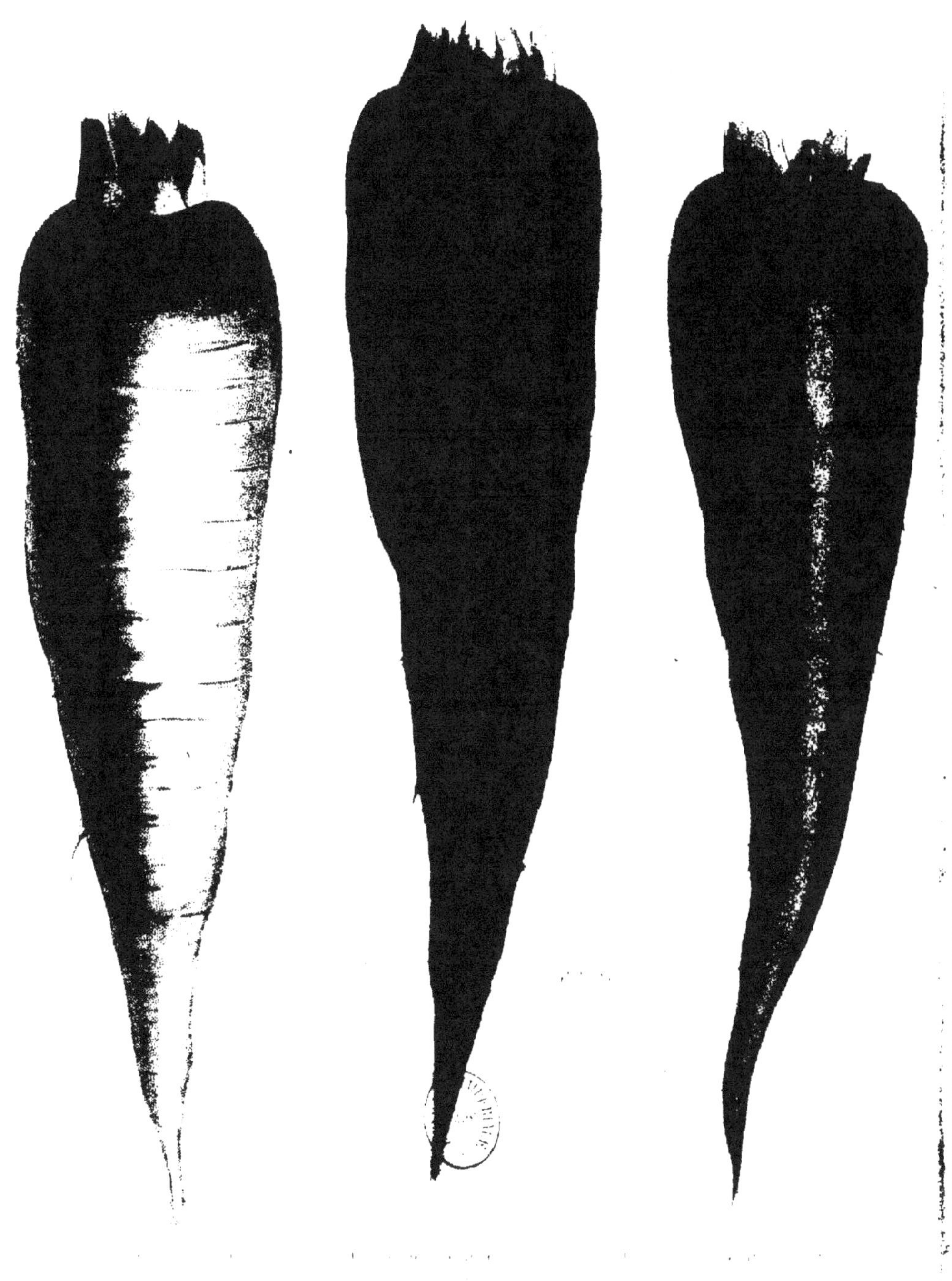

régulière, longue, enterrée, offrant un collet développé ; feuilles très-vigoureuses ; peau et chair jaune rougeâtre.

Variété productive, de très-bonne garde et assez hâtive.

3° *Carotte blanche à collet vert*. — Racine fusiforme, très-allongée, presque cylindrique, sortant d'un tiers environ hors de terre ; peau blanche sur la partie inférieure et verte sur la partie aérienne ; feuilles nombreuses et développées ; chair blanche un peu cassante.

Variété remarquable par le grand volume de ses racines.

4° *Carotte blanche des Vosges*. — Racine conique, courte, à collet large, verdâtre, affleurant la surface du sol ; feuilles découpées assez finement ; peau lisse et ambrée ; chair compacte, blanc jaunâtre.

Variété digne d'être propagée et recommandée par Mathieu de Dombasle pour les sols peu profonds.

La carotte blanche des Vosges rappelle la *carotte blanche de Breteuil*, que l'on a presque complétement abandonnée ; cette dernière est moins évasée au sommet et plus longue.

5° *Carotte jaune d'Achicourt* ou *jaune longue*. — Racine fusiforme, effilée, assez régulière ; collet excédant la couche arable de quelques centimètres et coloré de vert ; feuilles vigoureuses ; peau jaune pâle.

Variété excellente, productive et de bonne garde.

6° *Carotte rouge à collet vert*. — Racine fusiforme, très-allongée, sortant d'un quart environ hors de terre ; peau rouge jaunâtre sur la partie enterrée et verte sur la partie aérienne.

Variété excellente, cultivée en Angleterre et en Belgique, mais moins productive que la carotte blanche à collet vert.

Composition. — La carotte diffère de la betterave par la forme de sa racine et aussi par les éléments qui constituent cette dernière.

M. Payen a analysé les variétés 1, 2, 3 et 4. Voici leur composition :

	Rouge longue.	Rouge pâle. de Flandre.	Blanche à collet vert.	Blanche des Vosges.
Eau...............	85,07	86,22	87,15	85,59
Matières sèches.	14,93	13,78	12,85	14,41
	100,00	100,00	100,00	100,00

La *matière sèche* contient :

	Rouge longue.	Rouge pâle. de Flandre.	Blanche à collet vert.	Blanche des Vosges.
Parties solubles à l'eau.........	9,79	8,76	8,41	10,60
— à la soude........	1,32	1,18	0,90	2,01
— à l'acide chlorhy..	3,11	3,11	2,82	1,06
Tissu de cellulose...............	0,71	0,73	0,72	0,74
	14,93	13,78	12,85	14,41

M. Le Corbeiller a déterminé, le 24 novembre 1855, la quantité d'eau et la densité des cinq variétés que j'ai décrites précédemment. Voici les chiffres qu'il a constatés :

	Eau.	Densité.
Rouge longue...............	85,70	1,025
— pâle de Flandre........	88,00	1,002
Blanche à collet vert........	87,00	1,015
— des Vosges..........	86,50	1,024
Jaune d'Achicourt...........	86,00	1,017
Moyenne........	86,64	1,016

Le chiffre 86,64 correspond exactement à la quantité moyenne d'eau trouvée par M. Payen.

La carotte contient une assez forte proportion de sucre. Johnston a reconnu qu'elle en renfermait de 9 à 10 p. 100.

D'après Drapier, elle contiendrait 12 p. 100 de sucre cristallisable.

Suivant M. Boussingault, la carotte donne, à l'analyse, de 0,24 à 0,30 p. 100 d'azote, soit en moyenne 0,27.

Terrain. — A. NATURE. — La carotte doit être cultivée sur des sols plutôt légers que compacts. Les terres argilo-siliceuses, silico-calcaires ou calcaire-argileuses, sont celles qui lui conviennent le mieux, surtout si elles sont homogènes dans leur composition, substantielles, profondes et légèrement fraîches pendant l'été.

Les sols fortement argileux ne lui sont pas favorables, parce qu'ils sont secs et compacts pendant l'été et trop humides en automne. Les sols pierreux lui conviennent peu.

A part leur nature, leur profondeur et la perméabilité du sous-sol sur lequel elles reposent, propriété fort importante parce que les racines pénètrent souvent plus bas que le labour, les terres que l'on consacre à la carotte doivent être exemptes, pour ainsi dire, de plantes à racines traçantes, tels que le *chiendent* (TRITICUM REPENS, L.), l'*agrostis traçante* (AGROSTIS STONOLIFERA, L.), la *petite oseille* (RUMEX ACETOSELLA, L.), etc.

Lorsque les sols sont humides, les racines pourrissent parfois avant leur arrachage ou se conservent mal dans les silos ; s'ils sont pauvres, elles ne se développent pas en grosseur et en longueur. Les terrains qui produisent une foule de mauvaises herbes obligent à répéter les soins d'entretien, ce qui augmente de beaucoup le prix de revient des racines. Ce sont les binages nombreux qu'exige la carotte qui avaient engagé Billing, après la publication du mémoire dans lequel il vantait ses avantages, à renoncer à sa culture, pour adopter de préférence celle des turneps.

B. PRÉPARATION. — Les terres que l'on consacre à la culture de la carotte demandent la même préparation que celles où l'on doit cultiver la betterave (voir BETTERAVE, p. 15).

Comme les terres sont toujours légères et perméables, on les laboure ordinairement à plat.

M. du Moncel cultive les carottes sur des terres disposées en billons étroits et espacés de milieu en milieu de 0^m,60. Ce mode de culture lui a permis de récolter 20 000 kilog. de racines par hectare.

C. FERTILITÉ. — La carotte est très-avide d'engrais et elle emprunte au sol presque toutes les substances dont elle a besoin. C'est pourquoi elle ne peut être cultivée avec avantage que lorsque le sol est riche et qu'il a été classé dans la période céréale.

Arthur Young fit, en 1766, plusieurs expériences dans le but de savoir si la carotte exigeait réellement des sols fertiles ou fortement fumés. Sur plusieurs acres et sur des sols différents, il la cultiva sans engrais; sur plusieurs autres semblables aux précédents, il ne la sema qu'après avoir bien fumé la couche arable. Voici les produits qu'il obtint par hectare :

Culture sans engrais......	241 hectolitres ou 17 000 kil.	
— avec engrais......	438 — 31 000	

Ces résultats prouvent que la carotte ne peut être cultivée que sur des terres riches.

Cette plante demande des fumiers décomposés ou appliqués aussitôt que possible en hiver. Les fumiers pailleux appliqués tardivement gênent le développement des racines et les rendent toujours fourchues.

D. QUANTITÉ D'ENGRAIS A APPLIQUER. — La carotte exige des fumures plus fortes que celles que réclame la betterave. C'est que ses produits sont plus considérables et qu'elle enlève au sol une forte quantité d'azote.

Suivant Crud, 100 kilog. de racines absorbent 75 kilog. de fumier, ou 100 kilogr. de fumier suffisent à la production de 134 kilog. de racines. M. de Gasparin la regarde comme beaucoup plus exigeante. Il recommande de fournir, par chaque 100 kilog. de racines que le sol peut produire, 500 kilog. de bon fumier de ferme. Sur cette quantité, les carottes en prélèveraient 162 kilog. seulement.

Je ne partage pas la manière de voir de l'honorable académicien. Je reste convaincu, d'après tous les faits que j'ai recueillis, que 100 kilog. de racines sont produits par 60 kilog. de fumier. Donc, pour obtenir une récolte de racines de 50 000 kilog., il faudrait appliquer, par hectare, une fumure de 30 000 kilog. dosant 120 kilog. d'azote. Cette quantité d'azote est celle que renfermerait la quantité de racines que l'on suppose pouvoir récolter.

De là il résulte que 100 kilog. de fumier produiraient 166 kilog. de racines.

Culture spéciale. **Semis.** — A. ÉPOQUE. — La carotte se sème en mars et avril, lorsque la température s'est élevée à $+ 9$ ou 10°. C'est par exception que l'on pratique des semis, dans les contrées du centre et du nord de la France, pendant la première quinzaine de mai.

Dans les provinces du midi, les semis se font de préférence vers la fin de juin et dans le courant de juillet. Semées au printemps dans ces contrées, les carottes montent souvent à graine au commencement de l'été.

En Égypte, on sème les carottes en octobre, novembre et décembre.

Aujourd'hui, tous les semis de carottes se font en lignes.

B. A LA MAIN. — On répand souvent les graines à la main. Alors, on rayonne le sol et on projette la semence dans les petites rigoles, en ayant soin de la répandre aussi uniformément que possible et de baisser la main pour que le vent ne l'entraîne pas en dehors des rayons.

Pour que les graines soient plus coulantes entre les doigts, on leur enlève, en les frottant avec les mains, les points roides qu'elles portent et qui sont cause qu'elles s'accrochent et se pelotonnent. Cette opération est dite *persiller la graine* ou *la réduire a l'état de graine de persil.*

On a proposé de mêler les semences avec du sable, mais ce moyen n'a jamais bien réussi. Expérimenté, il y a près d'un siècle par Billing, il l'obligea à prendre le parti de ne les semer qu'après les avoir frottées et nettoyées.

On enterre les graines semées à la main par un léger hersage.

Lorsque le temps est sec, on fait suivre cette opération par un roulage, afin de comprimer la terre autour de chaque semence.

C. A LA BOUTEILLE. — Lorsque les ouvriers ne sont pas

Fig. 7. — Bouteille servant à semer en lignes.

habitués à semer la graine de carotte à la main, ils peuvent se servir d'une bouteille fermée par un bouchon traversé d'un petit tube ou d'un fort tuyau de plume (fig. 7). C'est en se-couant continuellement cette bouteille, remplie aux trois quarts de semences persillées, au-dessus des rayons, que l'on exécute leur ensemencement. On doit agir de manière que les graines soient espacées seulement de 0^m,04.

D. Au semoir. — On sème aussi les graines de carotte au moyen d'un semoir à brouette ou à cheval. (Voir betterave, *semis en place*, p. 22 et 24.)

E. Quantité de graines. — On répand par hectare, lorsque les semis se font à la main, de 4 à 5 kilog. de graines. Les semis exécutés à l'aide d'un semoir n'en exigent que 3 à 4 kilog.; 2 à 3 kilog. suffisent dans ce dernier cas, si la graine a perdu ses aspérités. Le litre pèse 250 grammes.

F. Trempage des graines. — Crud a proposé de faire tremper les graines avant de les semer, afin de hâter leur germination, qui est fort longue. Ce moyen, souvent mis en pratique, il y a vingt ans, n'est plus en usage de nos jours.

G. Espacement des lignes. — Les lignes sur lesquelles doivent végéter les carottes sont toujours plus rapprochées les unes des autres que celles que l'on observe dans les cultures de betteraves. Ordinairement on les espace de 0^m,40, 0^m,45 ou 0^m,50, suivant que les binages doivent être exécutés à l'aide de la binette ou de la houe à cheval.

Cultures d'entretien. — A. Sarclages. — La graine de carotte est longtemps à germer; ses cotylédons n'apparaissent à la surface du sol qu'au bout de 20, 25 et quelquefois· même 30 jours. C'est pourquoi ils se montrent ordinairement quand une quantité considérable de mauvaises herbes commence à couvrir le sol.

Aussitôt que les cotylédons, qui sont étroits de 0^m,002 et longs de 0^m,02 environ, sont accompagnés d'une ou deux feuilles, on doit opérer un sarclage. Cette opération est longue et minutieuse, à cause du faible développement des carottes. Généralement, les femmes qui l'exécutent se tiennent à genoux.

B. Premier binage. — Le premier binage a lieu à la fin de mai ou en juin; on l'exécute à bras au moyen de binettes. A cette époque, les feuilles découpées des carottes se distinguent facilement des mauvaises herbes.

Le premier binage est payé 20 à 25 fr. par hectare.

Les bineurs doivent se mettre à cheval sur la ligne qu'ils nettoient afin de piétiner le moins possible la terre près des carottes.

C. Éclaircissage. — On éclaircit les carottes en juillet. Je connais des agriculteurs qui ne pratiquent cette opération que lorsque les carottes ont la grosseur du doigt, afin d'obtenir un produit susceptible, par sa valeur, de couvrir une partie des dépenses qu'elle occasionne.

M. Moll ne fait éclaircir les carottes qu'il cultive qu'en juillet; il obtient alors 15 000 kilog. de racines et de feuilles par hectare.

Les carottes doivent être un peu serrées sur les lignes, contrairement aux règles posées, il y a un demi-siècle, par les agriculteurs qui ont décrit leur culture. On les éloigne seulement de $0^m,12$ à $0^m,16$.

Un hectare bien garni de carottes, contient, lorsque les lignes sont à $0^m,50$ de distance et les plants à $0^m,15$ les uns des autres sur les lignes, environ 130 000 carottes qui, à 400 grammes en moyenne, donnent un produit de 52 000 kilog. de racines.

Il y a un siècle, on ne comptait, en Angleterre, que 108 000 carottes par hectare, ayant un poids de 49 000 kilogrammes, soit 220 grammes en moyenne par chaque racine.

Il est nécessaire, lorsqu'on doute de la réussite des semis de carotte, d'avoir une *pépinière de betteraves* pour pouvoir repeupler en juin les places des lignes où les carottes sont trop espacées. (Voir BETTERAVE, *transplantation*, p. 30.)

On paye pour l'éclaircissage 15 à 18 fr. par hectare.

D. Deuxième binage. — Aussitôt après l'éclaircissage on donne un second binage. Cette opération de nettoiement et d'ameublissement peut être exécutée à la houe à cheval. (Voir betterave, p. 28.)

Le second binage est payé 15 à 16 fr.

E. Troisième binage. — Lorsqu'on exécute le second binage avant l'éclaircissage, on en pratique un troisième vers la fin de juillet, aussitôt que les carottes ont été *dédoublées*.

Le troisième binage est payé 12 fr. seulement, parce qu'il est plus facile à exécuter que les autres.

F. Transplantation. — Quelques auteurs ont proposé de semer les carottes en pépinière. Ce conseil est mauvais; la reprise des plants est soumise à des chances de non réussite trop nombreuses pour que ce mode de culture soit pratiqué ailleurs que dans les jardins où les terres sont riches et toujours fraîches.

Insectes nuisibles. — La carotte a pour ennemis la *limace grise*, qui ronge les feuilles, la *courtilière* qui l'attaque, lorsqu'elle est jeune, et le *ver blanc*, qui ronge les racines quand elles sont développées. Le cultivateur ne connaît aucun moyen praticable en grand pour détruire ces divers insectes, et il se trouve dans la nécessité de renouveler les semis qu'ils ont détruits.

Culture dérobée. — Dans les Flandres, le Brabant, la province d'Anvers, le Haguenau et sur quelques points des Vosges et de la Franche-Comté, on sème les carottes au printemps dans des cultures de lin, de pavot, d'avoine ou de seigle d'automne. Semée dans ces cultures, la carotte est cultivée en *culture dérobée*. On enterre les graines avec une herse ou à l'aide du râteau.

Lorsque les plantes qui protégeaient la carotte pendant sa

jeunesse ont été enlevées, on donne un hersage ou un râtelage pour détruire le chaume ou ameublir la surface du sol et, quinze ou vingt jours après, on exécute un binage. Dans la Flandre, on répand, dès que cette culture d'entretien est terminée, de la *courte-graisse*, afin d'activer la végétation des carottes. On emploie 5 kilog. de graine par hectare.

Ce mode de culture ne peut être mis en pratique que dans les contrées du Midi. Dans les provinces du Nord, il est trop inférieur à la culture spéciale pour qu'on puisse le recommander.

Récolte.—La carotte ne s'arrache en automne que quand la température moyenne est descendue à $+$ 6 ou $+$ 8°. On opère comme pour la betterave. (Voir BETTERAVE, *arrachage*, p. 37.)

Un ouvrier arrache de 12 à 15 hectolitres de carottes par jour. Il faut trois nettoyeurs pour un arracheur.

L'arrachage est payé à raison de 20 centimes par hectolitre.

Un homme charge un tombereau ordinaire en vingt minutes.

Conservation. — Dans les contrées où les froids durant l'hiver ne sont pas intenses, on n'arrache les carottes qu'au moment où elles doivent être consommées; alors on les couvre en novembre d'une couche de fumier ou de feuilles.

On peut aussi les butter lorsqu'on craint des gelées hâtives très-fortes. Ce moyen a été recommandé et mis en pratique par M. Manoury, à Franqueville (Seine-Inférieure).

Dans les circonstances ordinaires, on les emmagasine soit dans les caves, soit dans des silos. (Voir BETTERAVE, *conservation*, p. 42.)

Les carottes atteintes par les premières gelées se pourrissent facilement. On doit donc éviter, lors de la récolte, de les mêler avec celles qui sont saines.

Rendement. — Le *produit de la carotte en culture spéciale* est plus élevé que celui de la betterave. Voici les rendements moyens que l'on a obtenus par hectare :

Burger	330 hectolitres.
Schwerz.................	630
Thaër...................	647
Schubart................	892
De Dombasle............	925
Arthur Young............	628
Bella...................	825
Colombel	980
Moyenne...........	732 hectolitres.

La statistique belge a enregistré les produits moyens suivants obtenus de 1851 à 1856 ;

Provinces.	*Produits.*
Flandre occidentale.....	22 500 kil.
Flandre orientale.......	13 400
Hainaut...............	26 200
Liége	23 000
Namur	19 700
Brabant...............	20 200
Limbourg..............	25 600
Luxembourg...........	12 600
Moyenne......	20 400 kil.

soit 340 à 360 hectolitres.

La fertilité du sol et le mode de culture ont une influence considérable sur les produits. Dans les sols pauvres et envahis par de nombreuses plantes sauvages, les racines restent petites. Il en est de même si la terre n'est pas ameublie par des binages pendant l'été. Ces opérations ont l'avantage de faciliter la pénétration des pluies jusqu'aux racines.

Schwerz représente le produit des carottes cultivées sur des terres non fumées et binées :

Par................................	100
Celui des sols fumés et non binés, par...	153
— et binés, par.......	156

On peut, en général, représenter les produits moyens par les chiffres suivants ;

Récolte très-bonne.....	40 000 kilog.	700 hect.
Bonne récolte..........	30 000	550
Récolte assez bonne....	20 000	350
Récolte médiocre.......	12 000	200

Les produits les plus élevés que l'on connaisse, ont été obtenus par :

| Dumoncel .... | 1020 hect. |
| Bella.. .... | 1137 |

Les *produits de la culture dérobée* sont très-variables.

La statistique belge constate les produits moyens suivants :

Provinces.	*Produits.*
Flandre occidentale.....	11 900 kil.
Flandre orientale.......	12 400
Brabant................	8 900
Anvers.	6 100
Limbourg..............	6 100
Hainaut	11 200
Moyenne........	9 400 kil.

On peut indiquer les produits moyens par les chiffres ci-après :

Récolte très-bonne	20 000 kil.
Bonne récolte..........	15 000
Récolte assez bonne.....	10 000
Récolte médiocre	6 000

Poids de l'hectolitre et du mètre cube. — La carotte a les poids moyens suivants : hectolitre ras 55 à 60 kilog.; hectolitre comble 70 kilog.

Lorsqu'elle est coupée au coupe-racines, l'hectolitre ne pèse que 45 à 48 kilog.

Le poids du mètre cube varie de 560 à 600 kilog.

Quantité de feuilles. — La production en feuilles est à peu près la même que celle que donne la betterave. Schwerz en a récolté en moyenne 12 000 kilog. par hectare. A Grignon, le produit varie entre 7000 et 8000 kilog.

Rapport entre les feuilles et les racines. — Schwerz a reconnu que les feuilles étaient aux racines :: 35 : 100. Ce rapport est admis par M. de Gasparin. A Grignon, où la carotte fournit des produits considérables, on n'obtient que 20 kilog. de feuilles par 100 kilog. de racines.

Porte-graines. — A. CHOIX, PLANTATION ET CONSERVATION. — (Voir BETTERAVE, p. 48.)

On plante les carottes porte-graines à 0 ^{m},65 les unes des autres.

B. RÉCOLTE DES GRAINES. — En juin, juillet ou août, suivant la latitude, on coupe les tiges au fur et à mesure que les graines brunissent, et on les suspend dans un local sain, les ombelles renversées. Pour détacher les semences avec facilité, il faut les exposer sur des toiles à l'action du soleil et frotter ensuite les ombelles entre les mains.

Qualité des graines. — La graine de carottes de bonne qualité a une teinte gris de lin terne et laisse échapper une odeur très-aromatique.

Cette graine lève bien au bout de deux ans.

Quantité de graines qu'on peut récolter. — Une carotte ayant une tige très-ramifiée peut donner de 70 à 80 grammes de graines. Il faut donc, pour pouvoir récolter 1 kilog. ou 4 litres de semences, planter de 12 à 15 carottes.

Un are planté de racines porte-graines à 0 ^{m},50 les unes des autres en tous sens fournit de 3 à 6 kilog. de graines.

Alcool fourni par les racines. — Hornby a distillé, en 1787, la carotte comme on distille aujourd'hui la betterave.

Il a traité 1450 kilog. de racines décolletées. Le produit en alcool a été de 55 litres. Le marc pesait 304 kilog., et le résidu que contenait l'alambic était de 531 litres. Ainsi, Hornby avait obtenu par 100 kilog. de racines :

Alcool.......................... 3 lit. 79
Marc............ .... 30 kilog.
Résidu. .... 36 lit.

Valeur nutritive. — A. RACINES. — la carotte est plus nutritive que la betterave. Elle contient, d'après M. Boussingault :

	Eau.	Azote.	Matières grasses.
Carotte rouge	87,7	0,30	0,20
— blanche	86,0	0,25	0,17

D'après ces résultats, M. Boussingault représente la valeur nutritive de la carotte rouge par 383 et celle de la carotte blanche par 479.

Le foin des prairies naturelles étant représenté par 100, les carottes auraient pour équivalents, d'après :

Block	366	Pétri	250
Crud	260	Polh	266
De Domhasle	307	Rieder	270
Gemerhausen	266	Royer	225
Krantz	266	Schwerz	270
Midleton	338	Thaër	266
Meyer	225	Veit	270
Pahst	250		
		Moyenne	273

B. FEUILLES. — Les feuilles de carottes sont très-nutritives. Elles contiennent d'après M. Boussingault .

Eau	82,20
Azote	0,50
Matières grasses	1.00
Sucre et amidon	7,00
Sels	3.10
Ligneux et cellulose	3,00
Albumine	3,20
	100.00

M. Boussingault leur assigne 221. Cette valeur concorde avec les observations pratiques.

Préparation des racines. — Avant de donner la carotte au bétail, on doit la nettoyer, la laver et la diviser. Le volume des fragments varie suivant les animaux auxquels ils sont destinés.

On la fait consommer seule ou alliée à d'autres aliments. Donnée avec du foin, elle constitue une ration salubre, rafraîchissante et très-alimentaire.

On peut la donner crue ou cuite, aux bêtes à cornes, aux porcs et aux volailles. Les chevaux et les bêtes à laine la mangent ordinairement crue.

Action de la carotte sur le bétail. — Les carottes sont mangées avec avidité par tous les animaux. Les vaches qui en consomment donnent un lait excellent, avec lequel on fait du beurre bien coloré et bon goût.

Les chevaux nourris avec des carottes ont plus d'énergie et un poil luisant, et ils augmentent en embonpoint. Les poulains, sous l'action de ces racines, se développent rapidement et ont une bonne constitution. Cette racine joue aussi un rôle important dans l'élevage et l'engraissement des bêtes à laine.

Emploi des feuilles. — On donne les feuilles de carotte au bétail à l'époque de l'arrachage des racines, en ayant soin de séparer celles qui sont chargées de terre ou qui sont altérées. Il faut éviter de les entasser en masse considérable dans les granges, afin qu'elles ne fermentent pas.

Action des feuilles sur le bétail. — Les feuilles de carottes nourrissent très-bien les animaux; elles plaisent beaucoup aux bêtes bovines et à celles de laine. Les vaches qui en consomment donnent un lait assez coloré et riche en parties butyreuses :

Schwerz regarde les feuilles de carotte comme un mauvais fourrage. Cette opinion n'est pas partagée par les agriculteurs. Ceux qui en font consommer ont reconnu depuis longtemps qu'elles nourrissaient très-bien les animaux.

Aussi peut-on blâmer les cultivateurs qui négligent de les utiliser au moment de l'arrachage des racines.

Valeur commerciale des racines. — Les carottes se vendent de 10 à 12 fr. les 1000 kilog. Quelquefois on trouve à les vendre dans les villes pour la nourriture des chevaux, de 3 à 5 fr. l'hectolitre.

Prix de revient. — La culture de la carotte exige plus de capitaux que la betterave. Voici les faits observés à Grignon, pendant six années.

	Par hectare.
Dépenses.....................	712 fr. 69
Bénéfices	486 01
Prix de revient de 100 kilog.....	1 66
— de l'hectolitre...	» 80

A Trappes, chez M. Dailly, le prix de revient de l'hectolitre a varié de 1 fr. 38 c. à 1 fr. 80.

En 1855, on a récolté à la ferme-école de Bazin (Gers) 40 000 kilog. de carottes par hectare. Les dépenses se sont élevées à 533 fr. 33 c., ce qui porte le prix de revient de chaque 100 kilog. à 1 fr. 33.

A Mettray, en 1854, les carottes ont occasionné par hectare une dépense de 669 fr. 16 et elles ont produit 20 600 kilog. de racines. Les 100 kilog. ont donc coûté 3 fr. 24. On les a vendues à Tours 4 fr. le quintal métrique. Cette vente et 25 fr. représentant la valeur des feuilles ont permis de réaliser un bénéfice net de 156 fr. par hectare.

Le capital élevé qu'engage par hectare la culture de la carotte a pour cause : 1° la préparation complète qu'il faut donner forcément à la terre; 2° les frais occasionnés par l'éclaircissage, et qui sont importants ; 3° les binages qui sont plus nombreux et coûteux ; 4° l'arrachage qui nécessite de plus grandes avances.

Si l'hectolitre de carottes revient ordinairement à un prix un peu plus élevé que l'hectolitre de betteraves, les racines et les feuilles, par leur plus grande valeur nutritive, compensent largement la différence.

BIBLIOGRAPHIE.

Tessier. — Feuille du cultivateur, 1793, in-4, janvier.
Saint-Genis. — Annales de l'agriculture française, 1796, in-8, t. III.
Arthur Young. — Le Cultivateur anglais, 1801, in-8, t. I à XIII.
** — Instruction sur la culture de la carotte, 1802, in-4.
François de Neufchâteau. — Expériences sur la carotte, 1804, in-12.
Lullin. — Des prairies artificielles, 1819, in-8, p. 229.
Thaër. — Principes raisonnés d'agriculture, 1831, in-8, t. IV, p. 384.
Laure. — Le Cultivateur provençal, 1837, in-8, t. I, p. 307.
Schwerz. — Assolements de l'Alsace, 1839, in-8, p. 210.
Crud. — Économie d'agriculture, 1839, in-8, t. II.
Colombel. — Le Cultivateur, 1841, in-8, t. XVII, p. 577.
Schwerz. — Culture des plantes fourragères, 1842, in-8, p. 269.
Rendu. — Agriculture du Nord, 1843, in-8, p. 324.
De Gasparin. — Cours d'agriculture, 1848, in-8, t. IV, p. 106.
Lœuillet. — Encyclopédie moderne, 1848, in-8, t. VIII, p. 627.
Payen et Richard. — Précis d'agriculture, 1851, in-8, t. I, p. 498.
Dubreuil et Girardin. — Cours élém. d'agric., 1852, in-12, t. II, p. 78.
Ledocte. — Culture des plantes-racines, 1853, in-12, p. 153.
Dumoncel. — Bulletin de la Société cent. d'agric., 2ᵉ série, t. IV, p. 32.
Antoine (de Roville). — Maison rustiq. du xixᵉ siècle, in-8, t. I, p. 445.

SECTION III.

Panais ou Pastenade.

(Pastinum, plantoir : allusion à la forme de la racine.)

PASTINACA SATIVA, L.

Plante dicotylédone de la famille des Ombellifères.

Anglais. — Parsnip.
Allemand. — Pastinake.

Italien. — Pastinaca.
Portugais. — Pastinaga.

Historique. — Mode de végétation. — Variétés. — Composition. — Terrain : nature, préparation, fertilité. — Semis : mode, époque, quantité de graines. — Cultures d'entretien : binages, éclaircissage. — Arrachage : époque, mode. — Rendement. — Valeur nutritive des feuilles et des racines. — Valeur commerciale des racines. — Emploi des racines. — Leur action sur le bétail. — Emploi des feuilles. — Leur action sur les animaux domestiques. — Bibliographie.

Historique. — Le panais, si remarquable par la beauté de son feuillage, est connu depuis les temps les plus reculés : mais on ne le cultive en France, comme plante fourragère, que dans la zone océanienne du département du Finistère, entre Morlaix et Brest.

Les îles de Guernesey et de Jersey, et le pays de Vaës, en Belgique, sont les seules localités en Europe où sa culture couvre annuellement une étendue un peu importante. Son introduction, dans ces contrées, remonte à une époque très-ancienne.

Mode de végétation. — Le panais est bisannuel et très-rustique ; sa racine est charnue, blanc jaunâtre et végète entièrement en terre ; ses feuilles inférieures (fig. 8) sont glabres, à nervures pennées et décomposées en lobes dentés ; sa tige est cylindrique, striée, creuse, ramifiée, haute de 1^m,50 à 2^m et porte de larges ombelles de 10 à 12 rayons, garnies de nombreuses petites fleurs jaunes ; le fruit est une carpelle ovale à deux valves marquées de cinq nervures jaune rougeâtre, renfermant une seule graine plate de couleur blanc verdâtre.

Variétés. — On connaît trois variétés de panais :

1° *Panais long commun.* — Racine fusiforme, presque cylindrique, très-longue et un peu conique, peau jaunâtre ; chair blanche très-aromatique (fig. 9).

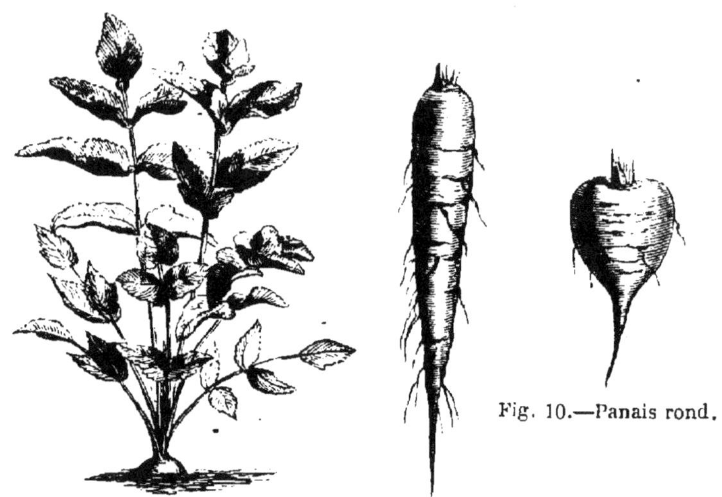

Fig. 8. — Panais en végétation.   Fig. 9. — Panais long.

Fig. 10.—Panais rond.

La racine du panais long est quelquefois fourchue ou ramifiée, et souvent sa surface est raboteuse.

2° *Panais rond.* — Racine courte, très-conique et légèrement creusée au collet ; peau jaune, chair blanche un peu jaunâtre (fig. 10).

Variété plus hâtive que la précédente.

3° *Panais long de Jersey.* — Racine allongée, cylindrique, renflée ou très-élargie au sommet et à couronne creuse ; peau jaunâtre.

Variété à recommander pour les sols de moyenne profondeur.

Le panais a une racine plus aromatique et moins cassante que la racine de la carotte.

Composition. — La racine du panais long renferme, suivant :

	De Gasparin.	Le Corbeiller.
Eau	78,4	76,70
Matières sèches	21,6	23.30
	100,0	100,00

Analysée par Crome, elle a donné :

Eau	79,40
Sucre	5,50
Gomme	6,10
Albumine	2,10
Fibres	6,90
	100,00

Martyn, dans sa *Flora rustica*, la regardait comme plus sucrée, plus alimentaire que la racine de la carotte.

M. Le Corbeiller lui a trouvé une densité de 0,966. On sait, en effet, qu'il est moins lourd que l'eau.

Terrain. — A. NATURE. — Le panais est plus difficile que la carotte ; il exige une terre très-profonde, un peu argileuse, meuble, fraîche et contenant des sels alcalins.

A Jersey, on le cultive principalement sur des terrains provenant de la désagrégation des roches gneissiques ; dans le Léonais, en basse Bretagne, c'est sur les terrains feldspathiques très-riches en sels de potasse et de soude qu'il réussit le mieux.

On a tenté souvent de cultiver le panais à l'intérieur des terres, c'est-à-dire dans des localités éloignées des bords de la mer ; mais aucune des tentatives n'a réussi. Il serait curieux de constater si cet insuccès ne proviendrait pas de ce que les terres ne renfermaient pas suffisamment de sels de soude et de potasse, ou qu'elles ne subissaient pas l'influence de la mer, c'est-à-dire de l'air salin.

B. PRÉPARATION. — Le sol où l'on veut cultiver le panais doit avoir été ameubli profondément.

En basse Bretagne, dans les fermes qui ont 10 hectares au plus d'étendue, on défonce le sol à la bêche vers la fin de l'hiver et on complète ensuite sa préparation par d'autres travaux exécutés à bras.

Le sol est quelquefois déchaumé en août et labouré avant l'hiver.

Lorsque les exploitations ont une étendue plus grande, on laboure d'abord la terre arable à la fin de l'automne. Ensuite, en janvier ou février on la fume et on la laboure de nouveau. Alors, à mesure que la charrue fonctionne, dix à seize ouvriers munis de pelles bretonnes, ou à fer recourbé, creusent et nettoient le fond de la raie jusqu'à une profondeur de $0^m,40$ à $0^m,60$, et ils rejettent la terre sur celle que la charrue a soulevée et renversée. Cette opération est connue dans le Léonais sous le nom de *palarâtre* ou *palarat*; elle revient à 40 ou 50 fr. par hectare. Pendant ce travail, le sol est disposé en planches légèrement convexes de $3^m,50$ à 4 mètres de largeur.

Lorsque le défoncement est terminé, on creuse les dérayures qui séparent les planches et on rejette sur leurs surfaces la terre qui provient de ce travail; puis avec des râteaux et un rouleau on brise les mottes et on aplanit le terrain.

On peut renoncer au palarat en faisant suivre deux charrues l'une après l'autre dans la même raie ou en ameublissant la couche arable avec une défonceuse ou charrue sous-sol.

A Jersey, on se borne à exécuter en hiver un labour profond, et au printemps un second labour croisé suivi d'un hersage.

C. Fertilité. — Le panais doit être cultivé sur des terres riches et bien fumées. En Basse-Bretagne, on lui applique principalement des engrais marins : du goëmon, du merle. Les exploitations éloignées de la mer remplacent ces matières fertilisantes par du fumier.

Aux environs de Saint-Pol de Léon, par exception, on ne fume pas directement pour le panais, parce qu'on a fertilisé le sol pour le froment qui le précède.

Dans les environs de Saint-Pol de Léon on applique par hectare de 60 à 80 mètres cubes de fumier bien fait.

Semis. — A. Époque. — Les semis de panais se font du 15 février à la mi-mars.

B. Mode. — On sème le panais ou à la volée ou en lignes espacées les unes des autres de 0^m,40 à 0^m,50. A Jersey, on éloigne les lignes de 0^m,60.

La graine se répand ou à la main ou au semoir, après l'avoir mêlée à quatre ou cinq fois son volume de cendres. On l'enterre avec un râteau ou au moyen d'une herse, à 0^m,02 ou 0^m,03 seulement de profondeur.

C. Quantité de graines. — On emploie de 3 à 5 kilog. de semences par hectare.

Un litre pèse 200 grammes.

La graine doit être de la dernière récolte.

Cultures d'entretien. — A. Premier binage. — La graine de panais met de 15 à 20 jours à lever. En germant elle donne naissance à deux cotylédons lancéolés, linéaires, un peu spatulés et arrondis à leur sommet.

La feuille primordiale, celle qui se développe après les cotylédons, est unique.

On doit donner le premier binage lorsque les plantes ont six semaines à deux mois, c'est-à-dire quand elles ont de trois à quatre feuilles.

B. ÉCLAIRCISSAGE. — On éclaircit vers la fin de mai en espaçant les plantes de 0^m,15 à 0^m,25.

C. DEUXIÈME BINAGE. — Le deuxième binage se donne en juin ou dans les premiers jours de juillet.

A partir de cette dernière époque, le panais, par ses feuilles très-larges et nombreuses, couvre bien le sol, se défend des mauvaises herbes et ne nécessite plus de soins d'entretien.

Arrachage. — A. ÉPOQUE. — Le panais, à cause de sa grande rusticité, peut rester en terre pendant tout l'hiver. Toutefois, comme il y pourrit lorsque cette saison est pluvieuse, il est prudent de l'arracher vers la fin de novembre pour le conserver en silos ou en caves. Quand on l'abandonne en pleine terre, d'octobre à mars, on ne l'arrache qu'au fur et à mesure des besoins.

A Jersey, on l'enlève souvent vers la mi-octobre.

B. MODE. —On arrache le panais à la bêche ou, ce qui vaut mieux, avec la fourche à deux dents plates. Cette extraction est assez difficile à cause de la longueur des racines (voir *Betteraves*, p. 38).

Lorsque les panais doivent passer l'hiver en terre, on les prive de leurs feuilles dans le mois d'octobre pour que celles-ci ne perdent pas une notable partie de leur valeur nutritive.

Rendement. — Bien cultivé, le panais produit autant que la carotte. On évalue son produit moyen, dans le canton de Lesneven (Finistère), à 40 000 kilog. par hectare.

Le colonel Le Couteur disait en 1840 que le panais donnait à Jersey de 30 000 à 70 000 kilog. de racines par hectare.

L'arrondissement de Morlaix (Finistère) récolte annuellement plus de 40 000 000 kilog. de racines de panais.

Porte-graines. — Les racines qui ont passé l'hiver en terre et que l'on a arrachées en mars afin de les choisir et les replanter immédiatement, montent en mai et mûrissent leurs graines vers la fin d'août. Toutefois, comme les semences se détachent facilement des ombelles, il est nécessaire de couper les tiges avant qu'elles soient complétement mûres.

Il faut aussi, si les racines ont été plantées dans un terrain exposé à l'action des vents, soutenir les tiges à l'aide de tuteurs.

La récolte des graines a lieu comme s'il était question de recueillir des semences de carotte (voir *Carotte*, p. 72).

Un hectolitre de graines de panais pèse en moyenne 20 kil.

Un kilog. de semences contient environ 20 000 graines.

Valeur nutritive des racines et des feuilles. — La racine du panais est supérieure à la carotte comme plante fourragère. Sa valeur nutritive n'a pas encore été déterminée.

La valeur alimentaire des feuilles n'a point été expérimentée ; mais on s'accorde à les regarder comme plus nutritives que les feuilles de carottes.

Emploi des racines. — On donne le panais cuit ou cru, après l'avoir nettoyé et divisé. En général, les animaux le mangent mieux à l'état cru. On doit éviter de leur donner des racines gelées.

Action sur le bétail. — La racine du panais convient très-bien aux chevaux. En Basse-Bretagne on en donne beaucoup aux jeunes chevaux, et il est hors de doute que cette racine leur est très-salutaire et qu'elle accroît sensiblement leur énergie.

Les vaches la mangent aussi avec avidité. Suivant Schwerz, cette racine, donnée en grande quantité aux vaches laitières, rendrait leur lait amer. A Jersey et dans le département du Finistère on s'accorde à dire, ainsi que cela a lieu dans le pays de Vaës (Belgique), que le panais rend la crème plus abondante et qu'il donne au beurre un goût agréable et une belle couleur.

Emploi des feuilles. — On récolte les feuilles du panais en automne ou vers la fin de l'hiver. Dans les contrées où cette plante racine est cultivée en grand, on la laisse quelquefois passer l'hiver en pleine terre pour faucher ses tiges lorsqu'elles commencent à fleurir.

Action des feuilles sur le bétail. — Le fourrage vert du panais plaît aux bêtes à cornes et aux moutons; il est sain et nutritif.

Valeur commerciale des racines. — Le prix moyen des racines de panais dans l'arrondissement de Morlaix est de 25 fr. les 1000 kilog.

BIBLIOGRAPHIE.

De Brigant.—Corps d'obs. de la Soc. d'Ag. de Rennes, 1759, in-8, p. 85.
François de Neufchâteau. — Expériences sur le panais, 1804, in-12.
Yvart. — Cours complet d'Agriculture, 1823, in-8, t. xv, p. 129.
Antoine (de Roville).—Maison rustique du xixe siècle, in-8, t. i, p. 450.
David Low. — Éléments d'Agriculture pratique, 1839, in-8, t. i, p. 441.
Querret. — Catéchisme agricole breton, 1846, in-18, p. 93.
De Gasparin. — Cours d'Agriculture, 1848, in-8, t. iv, p. 113.
Elouet. — Statistique agricole de l'arr. de Morlaix, 1849, in-4, p. 178.
Delaporte. — Recueil encyclopédique d'Agriculture, 1851, in-8, p. 319.

SECTION IV.

Rave. — Navet.

(Altération de *rapus* et *napus*.)

BRASSICA RAPA ESCULENTA, DC. — BRASSICA NAPUS ESCULENTUS, DC.

Plantes dicotylédones de la famille des Crucifères.

Anglais. — Turnip. *Flamand.* — Rape.
Allemand. — Rübe. *Italien.* — Navone.
Hollandais. — Raap. *Espagnol.* — Nabo.

Historique. — Mode de végétation. — Variétés. — Composition. — Sol. — *Culture spéciale ou sur jachère.* — Préparation du sol. — Fertilité. — Quantité d'engrais à appliquer. — Semis : époque, à la volée ou en lignes, quantité de graines, espacement des lignes et des plants. — Roulage. — Binages : à la main, à la houe, à cheval. — Insectes nuisibles. — Consommation sur place. — Récolte : arrachage. — Conservation. — *Culture dérobée ou sur chaumes :* préparation du sol. — Engrais. — Semis : époque, quantité de graines. — Éclaircissage à la herse. — Récolte. — *Culture avec abris :* Semailles. — Arrachage. — *Culture automnale :* Préparation du sol. — Semis. — Arrachage. — Rendement. — Poids de l'hectolitre et du mètre cube. — Quantité de feuilles. — Rapport entre les racines et les feuilles. — Porte-graines : choix, conservation, mise en terre, récolte des graines. — Qualité des graines. — Poids de l'hectolitre de graines. — Valeur nutritive des feuilles et des racines. — Emploi des racines. — Action des racines sur les animaux. — Action des feuilles sur le bétail. — Bibliographie.

Historique. — La rave et les navets étaient connus des Grecs et des Romains. Dans les Gaules, la rave était donnée comme aliment aux bêtes bovines.

Palladius a traité avec détails de la culture de la rave (rapa) et du navet (napus). Au temps d'Olivier de Serres, la rave servait déjà à l'engraissement des animaux dans le Limousin et l'Auvergne.

La culture des raves n'a pris d'extension en Angleterre que sous Georges Iᵉʳ, lorsque le comte de Townsend fit connaître comment on cultivait ces plantes dans le Hanovre et lorsque

Houghton les proposa en 1684 pour la nourriture des bêtes à laine.

Aujourd'hui, cette culture fourragère, qui a exercé une si grande influence sur la prospérité agricole de ce royaume et de plusieurs États du nord de l'Europe, est celle à laquelle les Anglais accordent le plus de soins. En 1855, elle y occupait 493 360 hectares, ou 1/10° des terres cultivées en céréales.

La culture du navet est connue depuis plusieurs siècles dans le pays de Vaës, en Belgique. Philippe de L'Espinoy rapporte dans son ouvrage publié en 1631 sur les antiquités et noblesse de Flandre, que « le pays et terre de Vaës qui est fort opulente porte sa *bannière armoyée d'azur à la rave d'argent en naturel.*

En Allemagne, où les raves réussissent moins bien qu'en Angleterre, on leur préfère généralement la betterave.

.En France, on les cultive principalement çà et là dans la Bretagne, l'Anjou, la Vendée, le Limousin, l'Auvergne, l'Alsace et la Flandre. Le temps est venu où la culture de ces crucifères doit occuper, dans ces contrées si favorables à leur existence, l'étendue qu'elles ont le droit de couvrir chaque année.

Avant la première révolution on était dans l'usage, dans le Limousin, de faire bénir les champs de raves.

Climat. — Les raves et les navets demandent un climat très-tempéré et humide ou brumeux pendant l'été ; ils exigent, en outre, comme leur végétation continue jusqu'en novembre, que les automnes soient beaux, et que les froids y apparaissent tardivement. Les étés secs et chauds leur sont nuisibles, car ils arrêtent presque complétement leur végétation. Si, par contre, pendant cette saison, la température est très-élevée et le sol frais, les plantes prennent un développement rapide et épanouissent leurs fleurs vers la fin de septembre ou le commencement d'octobre, surtout lorsqu'elles proviennent de semis exécutés à la fin du printemps ou dans les premiers jours de juillet. En Algérie, les racines ne prennent pas de développement.

Mode de végétation. — Les raves et les navets sont des plantes bisannuelles, à racines charnues, fusiformes, aplaties ou sphériques; ils développent leurs tiges au printemps de l'année qui suit celle dans laquelle ils ont été semés.

Fig. 11. Navet en végétation.

Ces plantes sont avides d'humidité; c'est pourquoi elles réussissent si bien sous les climats océaniens; nonobstant, pour qu'elles végètent uniformément, il est nécessaire que les semis soient suivis par une pluie.

En général, *les navets ne réussissent que lorsqu'ils vont rapidement à leur début.*

Leurs racines ne supportent pas au delà de $+ 3°$ à $+ 4°$.

Les raves et les navets exigent, d'après M. de Gasparin, environ 1600° de chaleur totale pour développer les racines, et 2000 ou 2500° pour monter à graine.

Variétés. — On connaît aujourd'hui un très-grand nombre de variétés de raves et de navets. On en a décrit en Angleterre 53 variétés, mais la plupart d'entre elles ne sont pas cultivées en grand.

Je ne mentionnerai que les variétés les plus estimées en France et en Angleterre.

La différence qui existe entre les raves et les navets est si peu connue, que je crois utile de les séparer ici les unes des autres.

RAVES.

Racine charnue, arrondie, parfois déprimée et amincie à son extrémité; tiges rameuses, un peu hispides vers leur base; feuilles glaucescentes hérissées de poils roides et nombreux : les supérieures lancéolées et cordiformes, les inférieures pétiolées; fleurs ayant les folioles de leur calice étalées, siliques redressées à pédoncules hispides, bosselées et à valves convexes.

1° *Turnep, rabioule ou grosse rave.* — Racine déprimée, régulière, en partie hors de terre; peau blanche un peu verdâtre près du collet; chair blanche, tendre, spongieuse, mais sucrée.

Variété assez hâtive, rustique et productive.

2° *Turnep hâtif de Hollande.* — Racine aplatie, entièrement blanche et en partie hors de terre; feuilles d'un beau vert.

Variété formant très-vite sa racine.

3° *Navet blanc plat hâtif.* — Racine un peu déprimée, irrégulière, présentant quelques côtes légères, enfoncée en dessous et sortant à moitié hors de terre; peau blanche un peu verdâtre près de l'insertion des feuilles; chair blanche un peu spongieuse.

Variété un peu plus hâtive que la précédente.

4° *Rave d'Auvergne hâtive.* — Racine blanche, très-aplatie, légèrement irrégulière, offrant quelques côtes peu appa-

rentes, peu enterrée, à collet rouge violacé ; chair blanche et ferme.

Variété excellente, destinée à remplacer l'ancienne rave d'Auvergne, qui est tardive. Elle a une grande analogie avec le *navet rouge plat-hâtif*.

5° *Rave du Limousin*. — Racine un peu pyriforme, grosse, peau blanche, à collet verdâtre et sortant en partie hors de terre ; chair blanche.

Bonne variété, mais très-tardive.

6° *Navet de Norfolk rouge*. — Racine ronde ou légèrement pyriforme, très-grosse, sortant en partie hors de terre, blanche à collet rouge violacé ; chair ferme.

Variété tardive, très-estimée en Angleterre.

On cultive aussi les :

A. *Navet de Norfolk blanc* ou *blanc rond*.

B. *Navet de Norfolk à collet vert*. — Racine très-grosse, pré-sentant souvent des côtes très-apparentes.

Ces deux navets sont aussi tardifs que le précédent.

7° *Navet Border impérial ou jaune à collet pourpre*. — Racine sphérique ou légèrement déprimée, assez grosse ; peau jaune à collet violâtre ; chair jaune peu serrée.

Variété très-estimée, un peu tardive mais de bonne garde. En Angleterre, on la fait consommer depuis janvier jusqu'à la fin de février. Elle réussit bien en Belgique.

8° *Navet globe ou de Poméranie*. — Racine globuleuse régu-lière, à peau blanche et lisse ; chair blanche, tendre et serrée.

Variété demi-hâtive, mais très-productive dans les sols riches.

9° *Navet jaune d'Écosse*. — Racine ronde, légèrement aplatie, en partie hors de terre ; peau jaune pâle à collet un peu om-bré ; chair jaune pâle, tendre, peu serrée mais sucrée.

Variété très-hâtive et supportant bien les premiers froids.

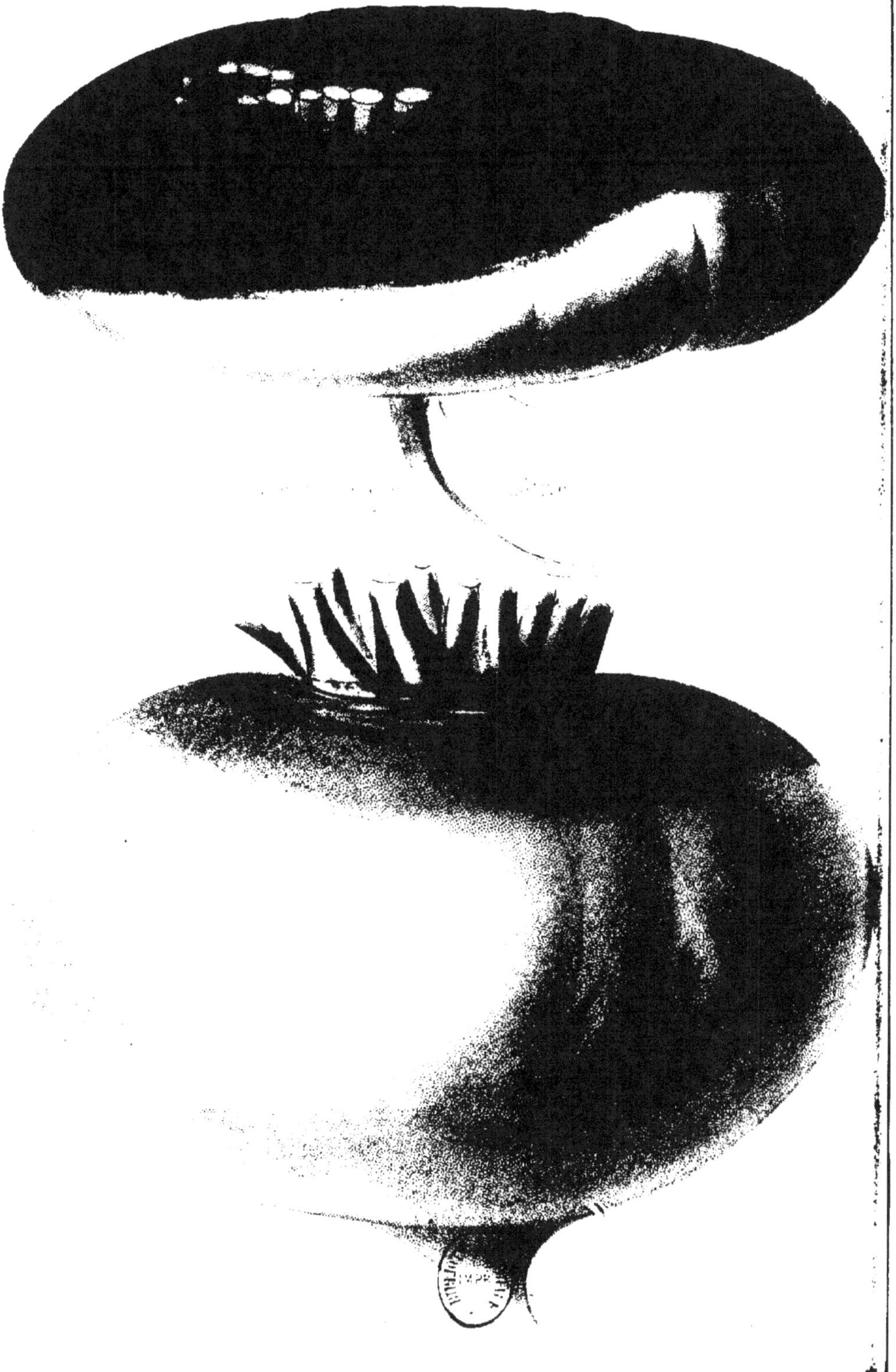

10° *Navet boule d'or.* — Racine presque sphérique; peau jaune rougeâtre très-foncé; feuilles amples d'un beau vert; chair blanche jaunâtre peu serrée.

Variété aussi hâtive que le turnep de Hollande, et aussi rustique que le précédent.

11° *Navet jaune d'Aberdeen à collet vert.* — Racine ronde en forme de turnep; peau jaune à collet vert; chair jaune assez sucrée.

Variété excellente et très-estimée en Angleterre.

L'ancien navet d'Aberdeen produit une racine globuleuse à peau jaune et collet violet.

12° *Navet jaune impérial de Hood.* — Racine globuleuse, développée et remarquable par sa régularité; peau jaune à collet nuancé de vert.

Variété très-rustique et répandue en Angleterre.

NAVETS.

Racine charnue, allongée, fusiforme ou ovoïde; tiges simples et glabres; feuilles inférieures pétiolées et lyrées, feuilles supérieures lancéolées et sessiles : les unes et les autres glabres, plus ou moins glauques; siliques horizontales un peu comprimées latéralement, bosselées et à deux valves convexes.

1° *Navet d'Alsace, long de campagne, gros de Berlin.* — Racine grosse oblongue, sortant aux deux tiers hors de terre, à collet vert, feuilles souvent entières; chair blanche, tendre et assez serrée.

Variété un peu tardive, mais de bonne garde, et connue en Angleterre sous le nom de *Navet blanc de Tankard.*

2° *Navet rouge du Palatinat..* — Racine grosse, oblongue, presque cylindrique vers le haut, sortant à moitié hors de terre, à collet violet ou rouge; chair blanche assez serrée et sucrée.

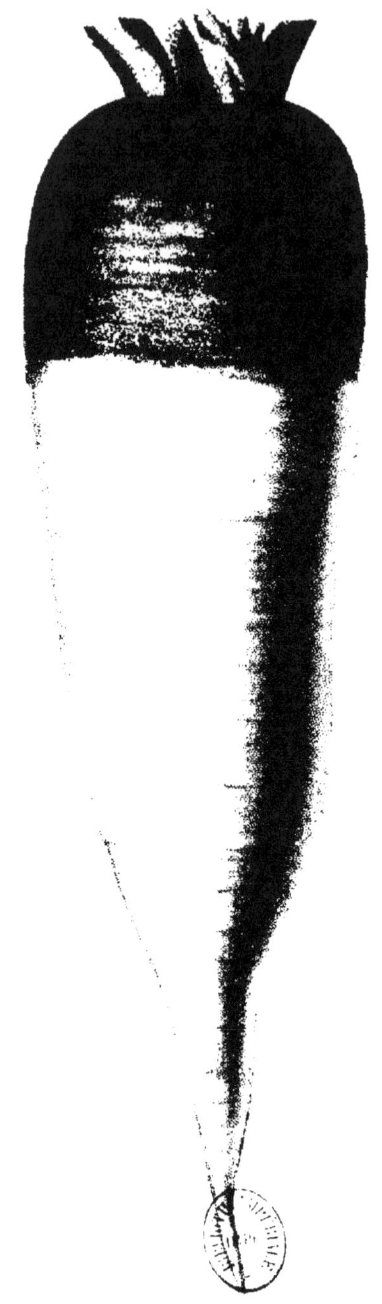

Variété un peu tardive, très-cultivée dans la Bavière et la Prusse Rhénane.

3° *Navet hybride de Wolton.* — Racine sphérique et quelquefois légèrement ovoïde, en partie hors de terre ; peau blanche à collet rouge ou violet ; chair blanche, tendre et peu serrée.

Variété découverte dans un champ de rutabaga et demi-hâtive. Elle se conserve bien.

4° *Navet noir long ou noir d'Alsace.* — Racine fusiforme, enterrée, à peau noir grisâtre ; feuilles luisantes, chair blanche un peu grisâtre.

Variété très-rustique et répandue dans la vallée du Rhin.

Composition. — Les raves et navets n'ont pas été, jusqu'à ce jour, aussi étudiés, sous le rapport de leur composition, que les betteraves. M. Le Corbeiller a analysé plusieurs variétés de raves et de navets cultivés à Grignon sur le même terrain ; elles avaient été semées le même jour. Voici les résultats qu'il a constatés en décembre 1855.

	Densité.	*Eau.*	*Matières sèches.*
RAVES.			
Turnep de Hollande...	0,9480	92,79	7,21
N. de Norfolk.........	0,9317	92,44	7,56
N. boule d'or.........	0,9186	92,72	7,28
R. d'Auvergne.........	0,9580	93,35	6,65
Moyennes.	0,9590	92,83	7,17
NAVETS.			
N. d'Alsace..........	0,9399	93,68	6,35
N. du Palatinat......	0,9394	92,85	7,15
Moyennes......	0,9396	93,26	6,75

Ces analyses ont été complétées par le dosage de l'azote. Toutefois, M. Le Corbeiller, voulant que ses analyses puissent être comparées à celles faites par l'honorable M. Boussingault, a déterminé l'azote organique seul. Chaque racine a été plusieurs fois analysée. Voici les résultats qu'il a obtenus :

	AZOTE.	
	Matières sèches.	*Matières humides.*
RAVES.		
Turnep de Hollande ..	1,40	0,1009
N. de Norfolk	1,19	0,0908
N. boule d'or.........	1,28	0,1004
R. d'Auvergne...... ..	1,32	0,0777
Moyenne........	1,32	0,0924
NAVETS.		
N. d'Alsace..........	1,20	0,0762
N. du Palatinat.......	1,19	0,0899
Moyennes......	1,19	0,0830

Ces divers résultats confirment la supériorité des raves sur les navets.

Suivant Einhoff la rave contient :

Matières saccharines ...	4,80
Fibres...............	2,80
Albumine......	0,50
Eau...................	91,70
Perte.......	0,20
	100,00

Terrain. — Les raves et les navets doivent être cultivés sur des terres légères, sablonneuses, argilo-siliceuses, schisteuses, granitiques ou silico-calcaires. Les terrains trop argileux ou trop calcaires ne leur conviennent pas. Ils ne réussissent sur les terres compactes et froides, que lorsque celles-ci ont été chaulées ou marnées, et qu'elles ont été labourées à grosses mottes avant les gelées à glace.

En général, il faut que le sol soit meuble sans être sec, frais sans être humide. Le dicton anglais concernant la réussite des turneps : *Terrain sec, ciel humide*, ne trouve son application en France que dans les localités que baignent la

Manche et l'Océan, et dans les montagnes du centre, à moins qu'il ne soit question de vallées et de terrains situés dans le midi à la base d'élévation, ou près des cours d'eau ou des bois.

Les navets réussissent très-bien sur les terrains volcaniques et granitiques du Mézenc et de l'Auvergne.

A. CULTURE SPÉCIALE OU SUR JACHÈRE. — La culture des raves ou des navets sur jachère est principalement pratiquée en Angleterre. En France, elle occupe chaque année moins d'étendue que la culture dérobée.

Préparation du sol. — La terre doit être bien divisée. On donne deux ou trois et quelquefois quatre labours suivis de hersages et de roulages. Le premier labour se fait en automne, aussitôt après les semailles des céréales d'hiver.

En Angleterre, lorsqu'on sème à la volée les graines de navets, on laboure le sol en planches de 3^m,50 à 4^m,50. Pour que le terrain ne soit pas piétiné par les animaux pendant les hersages, on attache les herses à une volée d'attelage dont la longueur excède de 0^m,33 environ la largeur des planches. Par cette disposition, les chevaux sont obligés de marcher dans les dérayures qui séparent les planches, et la terre reste telle que la herse l'a préparée.

Lorsque les semailles doivent être faites en lignes, on laboure une semaine ou deux avant l'époque où l'on doit semer le sol en ados ou en billons formés de quatre bandes de terre. On exécute d'abord des ados distants les uns des autres de 0^m,60 à 0^m,80, en laissant entre chaque une partie non labourée égale à la largeur d'une bonne bande de terre. Ce labour n'est bon que lorsque la terre a été préalablement ameublie par deux ou trois labours.

Quand les endos sont terminés, on conduit le fumier si la terre doit être fertilisée avec cet engrais. Des femmes et des enfants suivent les charrettes chargées de fumier et l'épandent également, uniformément au fond des raies avec de légères fourches. Les parties laissées entre les ados sont immédiatement fendues avec un binot ou une charrue à deux versoirs, afin de couvrir le fumier et de le placer au milieu des billons qui ont alors de $0^m,25$ à $0^m,35$ d'élévation au-dessus des sillons. Le même jour ou le lendemain, les sommets de ces nouveaux ados sont déprimés ou aplanis.à l'aide d'un rouleau léger et uni.

Depuis quelques années, on remplace ce mode de préparation, par des labours exécutés à plat. Cette disposition a l'avantage d'être moins dispendieuse, de rendre la pratique des semis plus facile, ainsi que les binages exécutés à la houe à cheval. Toutefois, le fumier n'étant plus placé au-dessous des lignes de navets, doit être appliqué dans une plus forte proportion.

Quel que soit le mode de labours pratiqué, il est indispensable que la terre ait été ameublie profondément soit par un labour extraordinaire, si l'épaisseur de la terre arable le permet, soit par un labour exécuté à l'aide d'une *charrue sous-sol.* Plus le sol a été ameubli profondément et complétement et plus la récolte est assurée, par ce qu'il absorbe plus d'eau à l'époque des pluies, et qu'il en retient davantage pendant les sécheresses. Deux expériences faites en Angleterre ne laissent aucun doute sur les avantages que présente ce mode de culture. Voici les produits qu'ont donnés par hectare les turneps cultivés dans cette expérience :

	Wilson.	*Maclean.*
Sol labouré à $0^m,22$............	20 600 kil.	20 000 kil. .
— $0^m,42$................	27 800	24 000
Différence en faveur du sol défoncé..	6 200 kil.	4 000 kil.

Quantité d'engrais nécessaire. — Les raves et les navets demandent une terre bien préparée, bien propre et surtout bien fumée.

Le fumier est l'engrais qu'il faut appliquer de préférence si le sol n'est pas riche. Quand les terres sont déjà fécondes, on peut remplacer le fumier par de la poudre d'os, du tourteau pulvérisé, du guano ou des cendres. Dans plusieurs fermes, en Angleterre, on fume le sol et on applique, en outre, au moment des semailles, des os réduits en poudre ou concassés, et le plus ordinairement du guano.

Dans la plupart des comtés, la poudre d'os s'applique à la dose de 12 à 15 hectolitres par hectare. Cet engrais, si riche en phosphate de chaux, contribue puissamment à la réussite des navets dont les feuilles et les racines renferment de 25 à 35 p. 100 de sels calcaires. Les cultivateurs qui appliquent des engrais liquides les répandent à la dose de 32 à 54 hectolitres par hectare.

Le fumier doit être conduit et enterré le plus tôt possible.

Je disais qu'il fallait fumer fortement les terres destinées à la culture des turneps; je rapporterai, à l'appui de ce principe, une expérience faite en 1843, en Angleterre, par M. Hannam, habile expérimentateur agricole. Les navets globes blancs qu'il expérimenta furent semés le 29 juin en lignes distantes les unes des autres de 0^m,60, et récoltés le 21 décembre suivant. Voici les faits que M. Hannam recueillit par hectare :

Engrais.	*Quantités.*				*Produits.*	*Nombre de racines.*
Rien............	»	kil.	»	hect.	17 600 kil.	40 000
Fumier.........	37 500		»		56 300	39 000
Os en poudre...	»		15		39 600	35 400
Os concassés....	»		15		33 900	33 800
Os calcinés......	»		15		22 600	34 500
Guano..........	»		312		55 000	34 800
Chiffons de laine.	780		»		17 800	38 800

J'ajouterai les résultats suivants constatés par M. Leaves.
Les turneps furent semés le 2 juin et récoltés le 19 décembre.

Engrais.	Quantités.	Produits.
Rien	» kil.	32 000 kil.
Fumier.............	50 000	72 000
Tourteau.................	2 360	92 500
Phosphate de chaux....... .	1 875 litres.	92 000
— d'ammoniaque...	187 kil.	53 000

Ces résultats démontrent l'influence qu'exercent les *fumiers*, les *os réduits en poudre* et les *engrais très-solubles* sur le
produit des navets. Si l'on compare le poids des racines récoltées sur la terre non fumée avec celui des navets que produi-
sit le champ engraissé avec le fumier, on reconnaîtra que
l'excédant est exactement en rapport avec la quantité d'engrais appliqué. Or, comme il est prouvé que les navets ap-
pauvrissent toujours les champs où ils sont cultivés, on
devra en conclure que 100 kilog. de fumier ont produit
100 kilog. de racines. Des résultats presque identiques peuvent être tirés des expériences faites par M. Leaves.

En Angleterre, on répand souvent par hectare de 50 000 à
60 000 kilog. de fumier de ferme, 75 kilog. de guano et 75 à
100 kilog. de phosphate de chaux. Ces deux derniers engrais
sont appliqués en même temps que les graines. Ils exercent
une influence remarquable sur le développement des navets.

Dans l'Anjou, les champs destinés à la culture des navets
sont fertilisés à raison de 30 000 kil. de fumier à l'hectare.

M. Doniol fume ses terres volcaniques à raison de 60 000
kilog. de fumier.

Semis. — A. ÉPOQUE. — En Angleterre on sème les raves
et les navets en juin ou, au plus tard, dans la première
quinzaine de juillet. Quelquefois, cependant, les semis se font
vers la fin de mai.

En France, où la végétation de ces plantes est beaucoup
plus rapide, où le climat est moins brumeux et les terres
plus sèches, on ne pratique les semailles que de la première
quinzaine de juillet aux premiers jours d'août. Si on sème
trop tôt, les tiges se développent et les racines ne grossissent
pas ; si on sème trop tard, les plantes ne jouissent pas toujours avant les froids de 1600° de chaleur totale, et elles
donnent alors des produits très-faibles. L'étude du climat
que l'on habite permet seule de déterminer l'époque précise
où les semis doivent être faits. Ainsi, dans la partie océanienne de la région de l'Ouest, on fait souvent les semis en
juin ; dans le Midi, au contraire, on attend les premières
pluies de la fin de l'été pour les semer.

En Belgique et en Allemagne, on sème ordinairement les
navets de la fin de juin aux premiers jours de juillet.

En Auvergne, dans les montagnes on sème les navets dans
la première quinzaine de juillet, et dans les vallées au commencement d'août.

Quoi qu'il en soit, on doit, autant que possible, ne pratiquer les semis que lorsque le temps est couvert ou qu'il présage des pluies très-prochaines. Il faut aussi agir dans la préparation des terres de manière que les semailles suivent immédiatement le dernier labour. En opérant ainsi, les graines,
à cause de la fraîcheur du sol, lèvent et végètent plus
promptement et sont moins sujettes à être attaquées par les
altises.

Plus les semis sont exécutés tardivement et plus on doit
choisir des variétés hâtives.

On peut faire tremper préalablement les graines dans
l'eau afin de hâter la germination.

B. — En Angleterre, les semis se font ordinairement *en
lignes*. En France, où nous n'avons pas les instruments si

parfaits de nettoiement qu'on y possède, nous les exécutons ordinairement *à la volée*. Cette manière d'agir est une faute, si l'on cultive les raves numéros 2, 3, 4, 5 et 6, car semées en lignes ces variétés donnent tous les produits qu'elles peuvent fournir, eu égard au climat, à la nature et à la fertilité du sol. En France, nous cultivons les raves pour leurs racines; en Angleterre, leur culture est regardée comme un moyen de nourrir le bétail et aussi de préparer, de nettoyer le sol pour les récoltes futures.

Les semis en lignes se font au moyen d'un semoir. En Angleterre, on possède des appareils particuliers pour les exécuter. Ceux que l'on regarde comme les meilleurs portent les noms de *semoir de Garett* et *semoir de Hornsby*. Ces appareils spéciaux répandent en même temps la graine et un engrais pulvérulent et sèment deux ou trois lignes à la fois. Les uns sont destinés aux sols labourés à plat; les autres sont spécialement propres aux terres disposées en billons. Ces derniers pressent le sommet des ados au moyen des deux rouleaux qui précèdent les tubes distributeurs.

Lorsqu'on applique de la poudre d'os ou des cendres, on peut mettre ces engrais en contact direct avec les semences; si l'on remplace ces substances par de la poudre de tourteau ou du guano, il est utile de les répandre avant ou après la semaille ou de régler le semoir de manière qu'il existe une certaine distance entre les graines et l'engrais. Cette manière d'agir est nécessaire pour que les semences germent facilement (voir MATIÈRES FERTILISANTES, *Guano* et *Tourteau*).

Quand les semis se font à la volée, on enterre la graine par un léger hersage et on fait suivre cette opération par un roulage, si le temps est sec; sur de petites étendues, on recouvre la semence avec un râteau.

L'Anjou est probablement la seule contrée où les *graines*

de navets sont enterrées par un léger labour. Leclerc Thouin regardait cette pratique comme excellente sur les terres légères sujettes à se dessécher en été.

Quantités de graines. — La quantité de graines que l'on répand par hectare varie suivant que l'on sème en lignes ou à la volée ; à la main ou au moyen d'un semoir. Les quantités employées en Angleterre varient par hectare , lorsque les navets sont semés en lignes, entre 2 kilog. 250 et 4 kilog. 500. La moyenne des quantités que j'ai vu semer dans le comté de Norfolk est de 3 kilog.

En France, on emploie à peu près la même quantité quand les semis ont lieu en lignes. Lorsqu'on sème à la volée, on en répand 4 kilog.

En général , on doit semer un peu épais lorsqu'on redoute des sécheresses, afin de prévenir les ravages des altises.

Espacement des lignes. — En Angleterre, on espace les lignes de navets de 0^m,45 à 0^m,80 et même 0^m,90 les unes des autres, suivant la variété que l'on cultive et la fertilité de la terre. La distance moyenne est de 0^m,60 lorsque le sol a été labouré à plat, et de 0^m,70 quand il a été disposé en billons. Ces dispositions moyennes sont celles que l'on a adoptées en France dans la culture des variétés à racines développées.

Cultures d'entretien. — A. ROULAGE. — On exécute dans quelques exploitations en Angleterre, lorsque les navets commencent à végéter, une opération presque inconnue en France et qui consiste dans un roulage pratiqué avec un rouleau en bois de chêne de 0^m,25, de diamètre, et divisé en deux parties pour que la terre soit pressée plus uniformément et que les tournées sur les cheintres s'exécutent plus aisément. M. B. Almack assure que ce roulage accélère la végétation des plantes ; il le regarde comme nécessaire.

B. ENGRAIS LIQUIDES. — Lorsque les navets sont cultivés

sur des terres qui n'ont pas été fertilisées avant le semis par des engrais, on peut les arroser avec du purin quand ils développent leurs premières feuilles. Cet arrosage active considérablement leur développement, puisqu'on leur fournit à la fois de l'eau et des parties alimentaires très-riches. On l'exécute à l'aide d'un tonneau à répandre les engrais liquides.

C. Premier binage. — Lorsque les plantes ont deux, trois ou quatre feuilles, c'est-à-dire 0^m,10 environ de hauteur, on leur donne un premier binage. Les ouvriers doivent éviter de piétiner les ados, si les navets sont cultivés sur des billons. Cette opération peut être faite par des femmes et des enfants.

Aussitôt que ce travail est terminé, on fait agir une houe à cheval (1) entre les lignes.

D. Deuxième binage. — Quand, quinze jours ou trois semaines plus tard, les mauvaises herbes se montrent de nouveau, on fait exécuter un nouveau binage à la main sur les lignes et on passe de nouveau la houe à cheval dans les raies.

Les binages bien exécutés ont une influence considérable sur la végétation des navets. On ne doit pas craindre d'ameublir le sol qui enveloppe les racines, car, comme le dit Schwertz, les navets ont besoin d'être tourmentés si l'on veut qu'ils réussissent.

Un homme ne bine pas au delà de 6 à 9 ares par jour lorsqu'il doit éclaircir en même temps les plantes.

En Angleterre, on paye cette façon de 15 à 18 fr. l'hectare.

E. Éclaircissage. — C'est lorsqu'on exécute le second et quelquefois même le premier binage, que l'on enlève les plants superflus. En Angleterre, on espace très-régulière-

___

(1) La *houe à cheval de Garett* est l'instrument de nettoiement le plus répandu en Angleterre ; il bine 4 hectares par jour.

ment les pieds de 0^m,20, 0^m,25 à 0^m,30 suivant la variété que l'on cultive. On doit suivre en France cette pratique. Les plantes trop rapprochées les unes des autres s'allongent et produisent toujours des racines peu développées.

F. Buttage. — En Angleterre, sur les terres qui ont été

F. 12. Navet butté.

labourées, à l'époque des ensemencements, soit à plat, soit en billons, on fait passer, dans toutes les raies, dix à vingt jours après le second binage, un araire à deux versoirs traîné par un seul cheval, afin de relever la terre de chaque côté des ados et de butter un peu les navets (*fig.* 12). Alors le champ, au mois d'octobre, a l'aspect que représente la fig. 13.

La culture en ados est surtout employée dans les climats brumeux et sur les sols humides, et sur tous les terrains où

Fig. 13. — Culture des navets sur billons.

la couche arable n'a que 0^m,15 à 0^m,20 de profondeur, comme cela arrive dans tant de localités de la Grande-Bretagne et de la France. Les ados doublent à peu près la profondeur du sol où les racines doivent se développer ; et, sans cet expédient, les variétés qui produisent des navets volumineux ne pourraient prendre l'accroissement qu'on leur connaît partout, à cause de leur racine pivotante qui atteint souvent jusqu'à 25 à 30 centimètres de longueur.

Cette culture en ados est rarement avantageuse dans les contrées où les terres sont sujettes à se dessécher pendant l'été.

Le buttage est pratiqué en Alsace.

Insectes nuisibles. — Le navet, pendant sa croissance, est attaqué par plusieurs insectes. Les plus nuisibles sont :

1° L'*altise* (ALTICA NEMORUM), de l'ordre des coléoptères tétramères, qui est d'autant plus à craindre que le temps est beau. Les altises, que l'on connaît sous le nom de *puces de terre*, s'attaquent seulement aux deux feuilles séminales ou cotylédons des navets. Leur multiplication est prodigieuse : dix jours suffisent aux œufs pour éclore. On ne connaît point encore d'insectes qui les détruisent. La rapide croissance des plants est le moyen qui offre le plus de certitude et de sécurité contre leurs dégâts.

Nonobstant, dans bien des cas on a pu arrêter les ravages de ces insectes en répandant de la chaux en poudre sur les feuilles séminales, alors qu'elles sont couvertes de rosée. Cette chaux doit avoir été déposée en tas aussitôt après la semaille, aux deux extrémités des planches ; il en faut de 5 à 6 hectolitres par hectare ; elle fuse par la pluie ou par l'eau qu'on lui ajoute en quantité convenable, de manière à se transformer en poudre au moment de l'épandage.

Si une pluie abondante enlevait la chaux en lavant les cotylédons, avant l'apparition des premières feuilles, il faudrait recommencer le chaulage.

On peut remplacer la chaux par des cendres de bois, de tourbe ou de houille.

2° La *thenthrède* ou *mouche à dents de scie* (TENTHREDO CENTIFOLIÆ OU ATHALIA SPINARUM), de l'ordre des hyménoptères, ne nuit aux navets que lorsqu'elle est à l'état de larve. C'est en juillet, août et septembre qu'on la rencontre en plus grande abondance. Les femelles pondent sur les feuilles de 200 à 250 œufs, qui éclosent dans l'espace de cinq à neuf jours. Les larves ont six pattes écailleuses, sont noires et atteignent en moyenne 15 millimètres de longueur; leur existence n'excède pas dix-neuf jours. C'est dans le sol qu'elles filent leur coque et se changent en chrysalides.

Les pluies continues en détruisent beaucoup, et on arrête leurs ravages en saupoudrant les feuilles de navets de chaux et de cendres. Ces insectes attaquent les feuilles et les racines. On peut aussi, comme le recommandait Marshall et le pratiquait Broussonet, utiliser les canards, qui sont si avides de chenilles, pour en diminuer les deux tiers.

Consommation sur place. — Les navets parviennent ordinairement, en France et en Angleterre, à leur complet développement vers la fin d'octobre ou le commencement de novembre. C'est alors qu'on les fait consommer sur place par les moutons ou qu'on procède à leur arrachage.

En Angleterre, pour les faire manger sur place, on confine le troupeau dans un parc formé de claies en bois ou d'un filet. Ce parc doit être assez étendu pour que les animaux puissent y vivre pendant une semaine. On leur donne aussi du foin. Ce dernier est déposé dans un râtelier ayant un couvercle en bois pour que les pluies ne nuisent pas à sa qualité.

Les navets que les moutons ont mangés rez terre sont arrachés à l'aide d'un crochet ou d'une petite fourche à dents recourbées ou au moyen d'une houe (*fig.* 14). Ces restes de racines sont laissées sur les billons pour que les animaux les consomment entièrement, ou on les divise au moyen d'un coupe-racines et on les dépose dans des auges placées çà et là à l'intérieur du parc dans les sillons.

Récolte. — A. ARRACHAGE. — Lorsque les navets doivent être conservés pour être donnés aux animaux pendant l'hiver, on les arrache

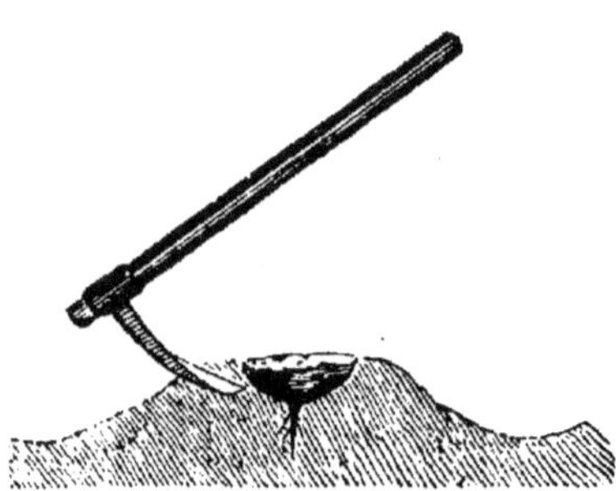

Fig. 14. — Arrachage des restes des navets consommés sur place par les moutons.

en novembre ou décembre, avant que la température moyenne soit descendue à + 8°. On enlève d'abord les feuilles par la torsion et on arrache les racines à la main ou au moyen d'un crochet; ensuite on détache la terre qui peut adhérer à leur surface et on coupe le pivot de la racine et légèrement le collet. Cette dernière opération doit être faite avec précaution, afin que le navet ne soit pas endommagé. Les navets attaqués par le couteau avec lequel on fait le décolletage se pourrissent facilement dans les silos.

On peut arracher les navets qui végètent en partie hors de terre, en les saisissant par les feuilles. On procède ensuite au décolletage.

B. CONSERVATION. — Les navets ne se conservent bien après avoir été arrachés que lorsqu'ils ont été déposés par un beau temps dans un local sain. A défaut de bâtiment, on peut, comme on doit les faire consommer avant les betteraves et les carottes, les amonceler en forme de prisme de 1^m,30 de hauteur sur 1^m,60 de base. Au fur et à mesure qu'on les dispose ainsi (*fig.* 15), on les recouvre d'une épaisse couche de paille qu'on assujettit avec des liens pour que le vent ne puisse l'enlever.

Dans l'ouest de la France on ménage souvent une cavité à l'intérieur des meules de paille que l'on construit après le battage des céréales, qui a lieu en plein air aussitôt après la récolte. C'est dans cet espace vide que l'on conserve les navets durant l'hiver. Pour l'obtenir, il suffit d'élever, sur l'emplacement où la meule doit être construite, une charpente

Fig. 15. — Mode de conservation des navets.

composée de perches légères et ayant la forme d'un comble de bâtiment.

En Alsace, on fait dans le sol des trous de 0^m,50 de profondeur; on y place les racines en forme pyramidale et on les enveloppe de paille, que l'on recouvre de 0^m,33 de terre tassée ou battue avec une bêche ou une pelle. On a soin de ménager au sommet une ouverture que l'on bouche pendant les froids. Ce trou est destiné à aérer le silo.

Ces silos coniques ont de 1 mètre à 1^m,50 de hauteur.

En Belgique on ouvre un sillon avec une charrue, on y dépose les racines en les espaçant les unes des autres de 0^m,12 à 0^m,16 et on les couvre ensuite au moyen d'une bande de

terre. On continue ainsi jusqu'à ce que la récolte soit enterrée.

B. Culture dérobée ou sur chaumes. — La culture des
navets, pratiquée sur les chaumes des céréales que l'on vient
de récolter, est fort ancienne. Elle est en usage dans le Limousin, l'Anjou, la Bresse, l'Alsace, la Flandre, etc.; on la
pratique aussi en Allemagne, en Autriche, etc. On doit la
regarder comme la méthode la plus économique, mais non
pas la plus productive. Elle jouit de cet immense avantage,
qu'elle peut être faite entre une céréale d'hiver et une céréale
de printemps, sans nuire en aucune manière à l'avenir de
cette dernière.

Préparation du sol. — Aussitôt que la céréale qui précède
cette culture a été enlevée, on procède au déchaumage du
champ, soit avec une charrue légère ou un bisocs, soit au
moyen d'un scarificateur ou d'une herse ordinaire, à dents en
fer, très-énergique. Lorsque le sol a été bien divisé et le
chaume et les herbes à racines traçantes déracinés, on pratique un hersage dans le but de les rassembler et de les brûler.

Toutes ces opérations doivent être promptement faites, car
il importe que les semailles soient exécutées le plus tôt possible. C'est pour ce dernier motif que les Flamands disent : *Qui
veut semer des navets doit atteler sa charrue derrière son chariot
de récolte.*

Engrais. — Le plus ordinairement on ne fume pas les terres qui doivent supporter une récolte dérobée de navets;
mais il y a avantage à le faire si le sol n'est pas fertile et si
l'on veut obtenir une bonne récolte de racines. A défaut de
fumier, on peut appliquer par hectare, 4 à 6 hectolitres de
noir animal ou 150 à 200 kilog. de guano. On peut aussi remplacer ces engrais par du purin, du tourteau pulvérisé ou de
la poudre d'os.

Ces diverses substances se répandent lorsque le sol a été définitivement préparé.

Semis. — Les semis se font soit au commencement, soit à la fin d'août, suivant l'époque de maturité de la céréale. Dans le Midi, on ne doit les pratiquer que dans la seconde quinzaine de septembre ou la première quinzaine d'octobre.

Quoi qu'il en soit, il est nécessaire de choisir de préférence des variétés hâtives de raves. Le turnep de Hollande, la rave d'Auvergne, le navet boule d'or conviennent particulièrement pour de tels semis. Les variétés tardives ne doivent être préférées à celles-ci que lorsque les semis sont faits de très-bonne heure, par exemple en juillet.

Le plus ordinairement, les semis se font en plein et à la volée, et c'est par un hersage qu'on enterre les graines. On peut rouler après cette opération si le temps est sec.

Quantité de graines à répandre par hectare. — On sème de 4 à 6 kilog. de graines par hectare, suivant la variété cultivée et selon aussi qu'on a à craindre plus ou moins les ravages des altises.

Soins d'entretien. — Dans la plupart des contrées, les cultures d'entretien que l'on donne aux raves cultivées en culture dérobée, consistent ordinairement dans des *sarclages* et des *éclaircissages à la herse*. Les premiers sont confiés à des femmes; les seconds, lorsqu'ils sont nécessaires, s'exécutent quand les navets ont quatre à six feuilles. On ne doit pas craindre d'arracher trop de plantes; le proverbe belge dit : *Celui qui herse des navets ne doit pas regarder derrière lui !* Quelquefois on renouvelle cette opération dix à quinze jours après.

En Auvergne, on bine les raves cultivées sur chaume et on les éclaircit de manière que les plantes soient espacées de 0^m,30 en tous sens.

Récolte. — La récolte des raves et des navets cultivés sur chaumes a lieu à l'époque où l'on arrache ceux qui ont été semés sur une jachère (voir *Arrachage* et *Conservation*, p. 104 et suiv.).

C. CULTURE AVEC ABRIS. — Dans la Bretagne, l'Anjou et la Vendée, où l'on cultive très en grand chaque année le sarrasin ou blé noir, on sème, après les semailles de cette plante alimentaire, des graines de navets dans le but d'obtenir, en automne, des racines développées. Les produits que l'on obtient par cette culture sont parfois importants. Ainsi, il existe dans l'Ouest beaucoup de métairies sur lesquelles on sème annuellement de 15 à 30 hectares de sarrasin et qui récoltent des navets sur le quart, le tiers et souvent même la moitié de ces étendues. Cette culture a pour principal avantage de n'occasionner aucune autre dépense que la valeur de la graine des navets.

Semis. — Les semis se font en juin, à l'époque des semailles de sarrasin, à raison de 1 kilog. au plus de semences par hectare. On sème ordinairement des graines de rave du Limousin ou de rave d'Auvergne.

Ces graines, abritées comme elles le sont par le sarrasin qui couvre promptement le sol, germent facilement et donnent naissance à des plantes qui végètent pendant tout l'été sous l'abri protecteur du sarrasin sans nuire en aucune manière à son développement.

Récolte. — C'est en septembre ou en octobre, époques où l'on récolte le sarrasin, que l'on procède à l'arrachage des navets. Leurs racines sont ordinairement moins volumineuses que celles qui ont végété à l'air libre.

D. CULTURE AUTOMNALE.—Dans la plupart des départements de l'Ouest, on cultive un navet à racine légèrement fusiforme, que l'on arrache à la fin de l'hiver ou au commencement du printemps, lorsque sa tige est développée et en fleur. Les racines et les tiges de ce navet, que l'on nomme *nabusseau* ou *navisseau*, constituent le premier fourrage vert que les bêtes à cornes consomment au printemps.

Préparation du sol. — Les nabusseaux résistent bien aux froids de l'hiver de l'Anjou, de la Bretagne, etc., si on les cultive sur des terres perméables labourées à plat. Pour qu'ils passent bien cette saison sur des terrains humides, il faut impérieusement que la couche arable ait été labourée en billons et que l'on ait ouvert un peu obliquement, à la déclivité du sol, plusieurs rigoles superficielles d'écoulement.

Semis. — Les semis se font un peu dru et à la volée, dans la première quinzaine de septembre. Il est rare que les nabusseaux semés en octobre donnent au printemps suivant des tiges très-développées. On répand de 4 à 5 kilog. de graines par hectare.

Arrachage. — C'est en mars et avril, et quelquefois même à la fin de février, qu'on procède à l'arrachage des nabusseaux. Comme les tiges durcissent promptement quand les fleurs sont épanouies, il est essentiel de commencer l'arrachage lorsque les premiers boutons sont ouverts.

Avant de donner ces nabusseaux aux animaux, on écrase légèrement leurs racines au moyen d'un maillet à main ou on les divise avec un couteau.

Rendement. — La récolte des turneps est plus ou moins considérable, selon la nature du sol, le mode de culture employé, l'état de sécheresse ou d'humidité du climat ou de l'année. Ces causes diverses ont une influence si grande sur le produit, qu'elles peuvent le faire varier de 25 000 à 125 000 kilog. par hectare.

Le produit moyen de la culture sur jachère peut s'établir ainsi :

Angleterre	50 000 kil. •
France................	30 000

On a obtenu en Belgique, depuis 1850 jusqu'en 1856, les produits moyens ci-dessous :

Provinces.	*Racines.*
Brabant	18 900 kil.
Flandre occidentale....	24 000
— orientale	20 800
Hainaut..............	21 800
Liége................	24 300
Namur...	16 800
Moyenne......	21 100 kil.

Les divers rendements peuvent être indiqués de la manière suivante :

Récolte très-bonne.....	35 000 kil.
Bonne récolte....... .	25 000
Récolte passable	18 000
— médiocre	10 000

Toutes choses égales d'ailleurs, on est porté à croire que les navets n'acquièrent plus ces dimensions qu'ils avaient il y a un siècle, lorsque leur culture s'est propagée en Europe. Cela est si vrai qu'on ne récolte plus en Angleterre ces énormes navets qui avaient permis d'évaluer les récoltes moyennes à plus de 100 000 kilog. Autrefois, dit Marshall, on récoltait communément des navets de 0^m,20 à 0^m,30 de diamètre ; aujourd'hui le plus grand nombre ne dépasse pas 0^m,10 à 0^m,12 en largeur.

Le *produit moyen de la culture sur chaume* est ainsi qu'il suit :

Belgique	16 000
France..............	15 000

Dans les années sèches, on ne récolte souvent que 8000 à 12 000 kilog. de racines par hectare.

Voici les chiffres indiquant les divers rendements :

Récolte très-bonne.....	20 000 kil.
Bonne récolte..........	15 000 .
Récolte assez bonne....	10 000
— médiocre......	5 000

Le *produit moyen des nabusseaux* cultivés sur des sols perméables est de 30 000 kilogr. Ce chiffre comprend les racines, les tiges et les feuilles.

Poids de l'hectolitre et du mètre cube. — Les raves et les navets pèsent moins que les betteraves et les carottes. J'ai trouvé que l'hectolitre pesait en moyenne, ras 52 à 55 kilog.; comble 65 à 68 kilog.

Le poids du mètre cube varie entre 450 et 500 kilog.

Rapport entre les feuilles et les racines. — D'après mes observations, les feuilles sont aux racines :: 30 : 100 pour les raves et :: 40 : 100 pour les navets.

Porte-graines. — Lorsqu'on veut récolter des semences de raves ou de navets, on agit comme s'il était question de graines de betterave (*voir* p. 48).

Les racines porte-graines se mettent en place en février ou mars, car elles végètent de bonne heure, c'est-à-dire lorsque la température a atteint, en moyenne, 9° à 10° centigrades au-dessus de 0 (*voir* p. 49).

Les graines mûrissent dans la première quinzaine de juillet. Lorsque les siliques inférieures sont mûres, on coupe les tiges, on les réunit en paquets que l'on suspend dans des greniers ou sous des hangars, pour que les semences complètent leur maturité.

Les oiseaux sont friands des graines de raves et de navets; on doit donc surveiller les porte-graines à l'approche de la maturité des siliques.

On opère le battage des siliques au moyen du fléau. Quant

au nettoyage des graines, on l'exécute à l'aide du van et d'un crible.

Les graines de raves et de navets conservent leur faculté germinative pendant six à huit années; mais, comme elles sont sujettes à être altérées par des mites, on doit chaque année les vanner ou les cribler.

Les graines de raves et de navets sont rondes, mais plus rougeâtres que les semences de chou et de colza.

Quantité de graines qu'on peut récolter. — Le produit en graines est très-incertain, parce qu'il est sujet à plusieurs accidents.

Cependant, un navet qui a développé des tiges bien ramifiées peut donner aisément 100 à 150 grammes de graines. Il faut, en effet, de 6 à 8 porte-graines pour pouvoir récolter 1 kilog. de semences.

Poids d'un hectolitre de graines. — Un hectolitre de graines de raves ou de navets pèse de 65 à 69 kilog.

Valeur nutritive. — A. RACINES. — Les raves et les navets sont bien moins nutritifs que la betterave et la carotte. M. Boussingault leur assigne en moyenne 406 pour leur valeur alimentaire, celle du foin des prairies naturelles étant représentée par 100. Voici quelle serait, d'après lui, la composition du turnep, auquel il accorde 384 :

Eau	92,37
Cellulose	0,30
Matières grasses	0,20
Albumine	0,80
Amidon et sucre	5,70
Sels	0,50
Azote	0,13
	100,00

Horsford y avait trouvé 87,78 pour 100 d'eau et 0,23 d'azote.

Les expériences pratiques établissent ainsi qu'il suit la valeur alimentaire des raves et des navets :

Block	533	Pétri	600
Crud	655	Polh	625
Flotow	500	Reider	525
Gemerhausen	525	Royer	525
Midleton	800	Schwerz	524
Meyer	290	Weber	500
Mure	666	Veit	400
Pabst	400	Moyenne	522

B. Feuilles. — Les feuilles de ces crucifères contiennent, d'après M. Calmont, 82,38 pour 100 d'eau, et suivant M. Le Corbeiller : eau, 78,13 ; matière sèche, 2,43 d'azote.

Pabst représente la valeur nutritive par 500. Ce chiffre mérite d'être expérimenté.

C. Tiges et feuilles. — Les nabusseaux sont plus nutritifs que les feuilles de raves ou de navets. Je suis porté à croire, d'après les faits que j'ai pu observer, ayant cultivé ces navets pendant plusieurs années, que leur valeur alimentaire est bien représentée par le chiffre 450.

Emploi des racines. — Avant de donner les navets au bétail, on les lave et on les coupe par morceaux ou en tranches minces, suivant les animaux auxquels ils sont destinés.

Les navets altérés et ceux gelés peuvent occasionner des accidents.

Action sur les animaux. — Les navets conviennent spécialement aux bêtes à laine et aux bêtes à corne. Donnés crus aux bœufs à l'engrais, ils les rafraîchissent et commencent très-bien leur engraissement. Toutefois, c'est à tort qu'on voudrait baser un engraissement complet sur l'emploi de ces racines ; ces aliments ont une action alimentaire trop faible pour qu'on songe à terminer un engraissement avec profit lorsqu'on les administre seuls. En Angleterre et dans le Limousin et la Vendée, on les associe toujours au foin et on ne les donne que pendant les deux premières périodes de l'engraissement. Lorsque les animaux sont bien en chair, on les supprime peu à peu pour les remplacer par du foin de première qualité et des substances farineuses.

Les navets conviennent aussi aux bœufs de travail et aux vaches laitières. Les bêtes à laine s'en accommodent très-bien ; leur chair est ferme, abondante et de bonne qualité.

On donne ordinairement très-peu de navets aux chevaux. L'Alsace est peut-être la seule contrée où ces animaux en consomment.

Les navets cuits servent aussi très-bien à l'engraissement des porcs et des volailles, parce que la cuisson enlève leur principe âcre et les rendent plus sucrés.

Action des feuilles sur le bétail. — Tous les ruminants mangent avec avidité les feuilles des navets. Ces aliments rendent la secrétion du lait plus abondante chez les vaches et les brebis.

Les tiges de navets qu'on arrache à la fin de l'hiver à mesure qu'elles fleurissent, constituent une excellente nourriture verte pour les bœufs et les vaches.

Prix de revient des 100 kilog. de racines. — On a point encore publié en France, que je sache, le prix de revient des 100 kilog. de navet. Je crois donc utile de faire connaître le résumé des comptes mentionnés par Morton dans l'*Encyclopédia of agriculture.* Ces comptes sont relatifs à la culture du navet suivant la méthode anglaise, Voici les chiffres :

Valeur locative du sol.	100 fr.	00	125 fr.	00
Dépenses par hectare	510	00	603	00
Prix de revient des 100 kilog	1	00	1	20

Le rendement moyen des navets est évalué à 50 000 kilog. par hectare.

BIBLIOGRAPHIE.

Duhamel. — Éléments d'agriculture, 1769, in-12, t. II, p. 198.
Rey de Planazu. — Traité de la culture des turneps, 1796, in-4.
? — Instruction sur la culture des turneps, in-8, 1786.
De Sutières. — Cours complet d'agriculture, t. I, 1788, p. 355.
Bougier-Labergerie.—Annales de l'agr. française, an VI, in-8, t. I, p. 367.
Arthur Young. — Cultivateur anglais, 1801, in-8, t. I à XVI.
Marschall. — Agriculture de l'Angleterre, 1803, in-8, t. II, p. 216.
Lullin. — Traité des prairies artificielles, 1819, in-8, p. 163.
Bosc. — Cours d'agriculture, 1823, t. XIII, p. 77.
Cordier.— Agriculture de la Flandre, 1823, in-8, p. 375.
John Sainclair. — Agriculture pratique, 1825, t. II, p. 589.
Huzard fils. — Culture des turneps en rayons, 1829, in-8.
Burger. — Cours d'économie rurale, 1839, in-4, p. 243.
Van Albrœck. — Agriculture de la Flandre, 1830, in-8, p. 216.
David Low. — Éléments d'agriculture pratique, 1839, in-8, p. 384.
Thaër. — Principes raisonnés d'agriculture, 1831, in-8, t. IV, p. 365.
Schwerz. — Assolement de l'Alsace, 1839, in-8, p. 201.
Schwerz. — Plantes fourragères, 1839, in-8, p. 211.
L. Vivien. — Cours complet d'agriculture, 1839, in-8, t. XIII, p. 303.
Leclerc-Thouin. — Agriculture de l'Ouest, 1843, gr. in-8, p. 350.
Trochu. — Création de la ferme de Bruté, 1847, in-8.
De Gasparin. — Cours d'agriculture, 1848, in-8, t. IV, p. 115.
Lœuillet.— Encyclopédie moderne, 1850, in-8, t. XXI, p. 676.
Payen et Richard. — Précis d'agriculture, 1851, in-8, t. I, p. 432.
Dubreuil et Girardin. — Cours élém. d'agr., 1852, in-12, t. II, p. 95.
Ledocte. — Culture des plantes-racines, 1853, in-12, p. 170.

SECTION V.

Chou-rutabaga ou Navet de Suède.

BRASSICA CAMPESTRIS RUTABAGA, Vilm.

Plante dicotylédone de la famille des Crucifères.

Anglais. — Swedish turnip. *Flamand.* — Kohlrab.
Allemand. — Kolrübe. *Suédois.* — Kœlrot.

Historique. — Climat. — Mode de végétation. — Variétés. — Composition. — Terrain : nature, préparation, fertilité. — Quantité de fumier à appliquer par hectare. — Semis : en place, en pépinière. — Repiquage des plants. — Transplantation. — Espacement des lignes et des plants. — Culture d'entretien : binages, buttages. — Insectes nuisibles. — Effeuillaison. — Conservation des racines en terre. — Arrachage : époque, mode. — Conservation des racines dans les celliers. — Rendement. — Poids de l'hectolitre et du mètre cube. — Quantité de feuilles. — Rapport entre les feuilles et les racines. — Porte-graines. — Poids de l'hectolitre de graines. — Valeur nutritive : racines, feuilles. — Emploi des racines. — Leur action sur le bétail. — Bibliographie.

Historique. — Le rutabaga a été introduit en Angleterre, en 1767, par Reynold, dans le comté de Kent. Arthur Young lui donne une autre origine; il attribue sa découverte à M. Poole. C'est de Lasteyrie qui l'a introduit en France, en 1789. En 1805, la Société d'encouragement pour l'industrie nationale proposa un prix de 600 francs pour la culture d'un hectare de rutabaga. Ce prix fut accordé en 1808 à **M. Berthier**, de Roville. Aujourd'hui cette plante crucifère est très-cultivée dans la région de l'Ouest, où elle a été introduite en 1816, par les religieux de l'abbaye de Meilleraie.

Climat. — Le rutabaga demande un climat semblable à celui que réclament les raves et les navets. (Voir p. 86.)

Mode de végétation. — Cette crucifère est bisannuelle *(fig* 16); sa racine est renflée, ronde ou oblongue et à chair compacte ; les feuilles ont beaucoup d'analogie avec celles du colza quant à leur forme et à leur coloration.

La végétation du rutabaga est d'abord très-lente; mais lorsque les pluies d'août et de septembre ont rafraîchi la terre, il se développe très-rapidement. Dans les localités où les hivers sont très-doux, il continue à végéter jusque vers la

Fig. 16. Rutabaga.

fin de décembre. Sa racine supporte sans souffrir — 5° à — 8° de froid.

Variétés. — On connaît en France trois variétés de rutabaga :

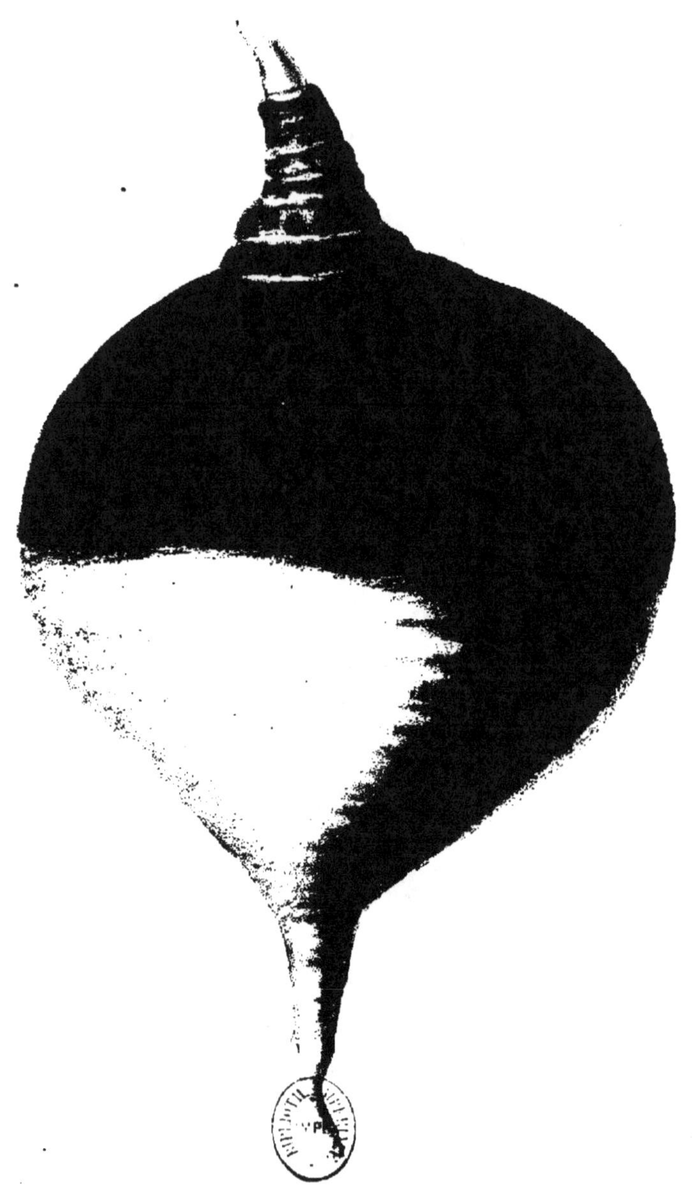

1° *Rutabaga à collet vert.* — Racine arrondie; peau jaune à collet vert; chair jaune.

Variété très-rustique, mais peu cultivée.

2° *Rutabaga de Skirving.* — Racine demi-sphérique ou obronde un peu hors de terre et à collet rouge ou violet; chair jaune très-compacte.

Variété très-belle et très-estimée en Angleterre.

3° *Rutabaga de Laing.* — Racine grosse, nette, presque sphérique, à collet violet; feuilles très-grandes se tenant horizontalement; peau jaune, chair jaune et dense.

Variété très-rustique et remarquable par le volume de ses racines.

Le *Rutabaga à chair blanche* est peu estimé et rarement cultivé.

Composition. — Voici, d'après les analyses faites par M. Le Corbeiller, quelle est la composition du rutabaga :

	Densité.	Eau.	Matières sèches.
Rutabaga à collet vert.....	0,9806	90,95	9,05
— de Skirving......	1,0068	90,91	9,49

La matière sèche renferme en *azote* les quantités suivantes :

Rutabaga à collet vert.....	1,02
— de Skirving.....	1,13

Le rutabaga est plus lourd que les navets et les raves, mais il est un peu moins pesant que la betterave.

Terrain. — A. NATURE. — Le rutabaga est moins difficile sur la nature du sol que la betterave et la carotte; il réussit très-bien sur les terres argilo-siliceuses, les sols couverts de bruyères et d'ajoncs qui sont ordinairement acides et peu profonds. C'est son aptitude à réussir sur les terrains légers et peu fertiles, qui est cause qu'on le cultive, dans plusieurs localités de l'Ouest, de préférence à la betterave.

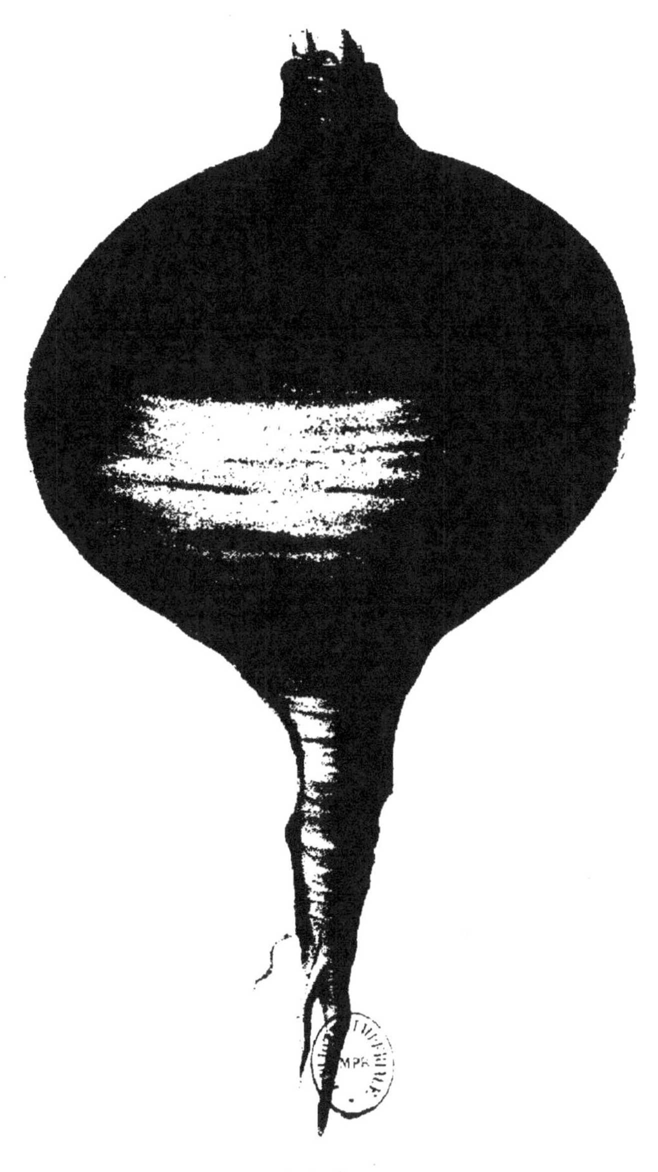

B. — Préparation. — Cette crucifère demande des terres bien ameublies, soit qu'on la sème en place, soit qu'on la cultive par transplantation. (Voir Betterave, *préparation du sol*, p. 18.)

C. — Fertilité. — Le rutabaga n'est pas très-exigeant ; cultivé sur des terres encore peu fertiles , il donne presque toujours des produits abondants. J'ai souvent constaté à Grand-Jouan que le volume de ses racines n'était pas, comme celui des racines de la betterave, en raison directe de la richesse des terrains où on le cultivait.

D. — Quantité de fumier a appliquer. — D'après M. de Gasparin, il faudrait appliquer sur chaque hectare cultivé en rutabaga, 1300 kilog. de fumier par chaque 100 kilog. de racines que l'on espère récolter. Sur cette quantité, les racines en absorberaient 900 kilog. Ce résultat ne concorde pas avec les faits que j'ai observés. Je suis porté à admettre que 40 à 50 kilog. de fumier par 100 kilog. de racines suffisent pour obtenir une récolte satisfaisante. Cette faible quantité d'engrais résulte de ce que le rutabaga n'exige pas des terres riches pour produire des racines développés. M. Fleming a fait une expérience qui confirme cette opinion. Ainsi, cultivé :

Sans engrais, le rutabaga a produit 31 000 kilog.

Avec 50 000 kilog. de fumier, il a donné 57 000 —

M. Hannam a obtenu des résultats semblables ; ainsi :

Cultivé sans engrais, le rutabaga a produit 59 000 racines ou 50000 kil.
— avec 15000 k. de fumier, il a donné 60 000 — ou 40000

Semis. — On cultive le rutabaga de deux manières : en place ou en pépinière, pour le transplanter en mai ou en juin. Jusqu'à ce jour, la culture par transplantation est celle qui a donné en France les meilleurs résultats , quand cette plante a été cultivée sur des terres appartenant encore à la période fourragère.

Les semis en place ne réussissent que lorsqu'on les exécute sur des terres de bonne qualité. Ils donnent des résultats favorables en Angleterre lorsque le sol a été bien préparé et fumé et quand on applique au moment de la semaille un engrais pulvérulent.

A. EN PLACE. — Les semis en place se font de la mi-mai à la première quinzaine de juin sur des terres parfaitement préparées et fertilisées au moyen de fumier décomposé.

Les terres peuvent être labourées à plat ou en billons. (Voir NAVET, *préparation du sol*, p. 93.)

On répand les graines au moyen d'un semoir; les lignes doivent être espacées de 0^m,55 à 0^m,65.

On emploie de 2 à 3 kilog. de graines par hectare.

B. EN PÉPINIÈRE. — Les semis en pépinière doivent être faits vers la fin de février et dans le courant de mars. On les exécute par un beau temps sur des terres bien ameublies par la bêche et le râteau, et divisées en planches de 1^m à 1^m,30 de largeur. On recouvre la graine avec un râteau. Comme le rutabaga est sujet, dans les pépinières, à mal végéter si le printemps est sec ou humide, on doit semer l'étendue totale de la pépinière à deux ou trois époques, soit vers la fin de février, soit vers le 10 mars et le 20 ou le 25 de ce mois. Alors, si les plants provenant des semis de février restent petits ou végètent trop activement, on pourra compter sur ceux qui résulteront du second et du troisième semis. Si par contre ces derniers ne donnent en mai ou juin que des plants médiocres, les semis exécutés en février ou dans les premiers jours de mars fournissent d'excellents plants.

Il faut environ de 75 à 100 grammes de graines par are.

Les semis en pépinière exigent des sarclages répétés, afin que le sol soit toujours exempt de mauvaises herbes, et ils demandent, en outre, qu'on exécute un ou plusieurs éclaircissages pour que les plants, au moment de la transplantation, puissent être regardés comme bons. Lorsque les plants sont trop nombreux, ils *filent*, et ne produisent jamais, après leur mise en place, de fortes racines.

Repiquage des jeunes plants. — Lorsque les semis faits en pépinière ont mal réussi, ou qu'on prévoit que les plants dont on pourra disposer en mai ou juin ne seront pas assez nombreux pour l'étendue sur laquelle on veut cultiver le rutabaga, on doit, lors des éclaircissages, arracher les plants superflus avec précaution, et les repiquer après avoir coupé l'extrémité déliée de leurs racines, sur des terres riches et bien ameublies. Cette opération est un peu minutieuse, à cause de la petitesse des plants ; mais les femmes l'exécutent parfaitement en se mettant à genoux sur les sentiers qui séparent les planches. Ces plants sont repiqués à 0^m,06 ou 0^m,08 de distance les uns des autres. On doit les arroser de temps à autre, afin de faciliter leur reprise et leur développement. Il est très-rare qu'on n'obtienne pas en juin, en agissant ainsi, des plants très-développés et très-vigoureux. J'ai fait souvent repiquer à Grand-Jouan des plants qui n'avaient pas plus de 0^m,003 à 0^m,004 de grosseur, et qui ont donné, après leur mise en place, des racines pesant 3 et 4 kilog.

Transplantation. — La transplantation doit être faite avant la fin de juin. On procède à cette opération comme s'il s'agissait de mettre en place des plants de betterave. (Voir BETTERAVE, *transplantation*, p. 30.)

Les plants de rutabaga sont bons quand leurs racines sont courtes, renflées et grosses comme le petit doigt, et que leurs feuilles ont directement leur insertion sur le sommet des racines. On doit rejeter de la mise en place les plants qui présentent un commencement de tige. De tels plants donnent rarement à l'automne des racines développées.

Il faut aussi, comme la reprise du rutabaga se fait moins facilement que celle de la betterave, n'exécuter le dernier labour de préparation qu'au moment même de la transplantation. En opérant de cette manière, la reprise des plants est plus assurée, puisqu'on les implante dans une terre encore fraîche.

On ne doit pas oublier, avant la plantation, de couper l'extrémité déliée de la racine et de raccourcir un peu les feuilles des plants.

Un homme aidé par une femme ou un enfant peut planter 5000 à 5500 plants par jour; soit une surface de 2 à 15 ares.

Espacement des lignes et des plants. — Les lignes sur lesquelles on met les plants en place doivent être éloignées de $0^m,50$ à $0^m,65$, et les plants sur lignes de $0^m,30$ à $0^m,40$, suivant le développement que les racines peuvent prendre. On a proposé d'écarter les lignes à $0^m,80$ les unes des autres; mais M. V. Mile a prouvé, par plusieurs expériences, que cette distance était trop considérable. A Grand-Jouan, je plantais, en moyenne, 40 000 plants par hectare.

Culture d'entretien. — A. BINAGES. — Quinze jours ou trois semaines après la plantation, on donne un premier binage. Cette opération doit être faite à la main, à cause de la faiblesse des plantes. Quinze jours plus tard, on répète ce binage en l'exécutant avec une houe à cheval. (Voir BETTERAVE, *culture d'entretien*, p. 27).

B. BUTTAGE. — Lorsque le mois de septembre est arrivé, et que les racines sont déjà grosses, on les butte avec une charrue à deux versoirs. Cette opération favorise sensiblement le développement des racines, et elle a l'avantage de faciliter en automne l'écoulement des eaux pluviales. (Voir RAVES ET NAVETS, *buttage*, p. 101.)

Insectes nuisibles. — Le rutabaga a pour ennemis les insectes qui attaquent les raves et les navets. (Voir p. 102.)

Effeuillaison. — Vers la fin d'octobre, on peut enlever à chaque plante deux ou trois feuilles des plus anciennes. Cette effeuillaison, exécutée modérément, ne nuit pas au développement des racines, et permet de récolter une quantité de feuilles qui n'est pas sans importance. Ce n'est qu'à l'époque de l'arrachage que l'enlèvement total des feuilles est possible.

Conservation des racines en terre. — La grande rusticité du rutabaga permet de le laisser en terre pendant l'hiver dans les départements maritimes de la région de l'Ouest, lorsqu'il végète sur des terrains exempts, pendant cette saison, d'humidité surabondante. Lorsqu'on craint que quelques racines ne pourrissent pendant les mois de décembre et de janvier, on profite des derniers beaux jours de l'automne pour pratiquer un second buttage.

Arrachage. — A. ÉPOQUE. — Dans les contrées plus froides pendant l'hiver que la province de l'Ouest, on est forcé d'arracher le rutabaga avant la fin de novembre. Abandonné à lui-même pendant le mois de décembre, les fortes gelées à glace pourraient altérer profondément sa racine.

B. MODE D'ARRACHAGE. — Le rutabaga ayant une racine presque sphérique, celle-ci peut être facilement arrachée avec les mains, à moins qu'elle ait été entièrement enterrée lors du buttage. Dans ce dernier cas, on emploie une fourche à dents plates, en ayant soin de ne pas blesser les racines.

Ordinairement on ne décollette pas les racines du rutabaga ; on se borne à les priver de toutes leurs feuilles en les enlevant avec la main.

L'arrachage doit être fait par un beau temps, afin que les racines soient rentrées sèches et privées de terre dans les lieux où elles doivent être emmagasinées.

Conservation des racines dans les celliers. — Les racines du rutabaga se conservent très-bien, quand elles ont été déposées, après l'arrachage, dans des celliers ou des caves très-sains et aérés. La conservation dans les silos en terre est soumise à des chances si grandes, qu'on ne doit l'adopter que lorsque la nécessité l'exige, c'est-à-dire lorsqu'on manque de bâtiments tels que granges, celliers, etc.

On peut aussi les conserver sous des meules de paille. (Voir Raves et Navets, *conservation*, p. 104).

Rendement. — Les produits du rutabaga sont plus élevés que ceux que fournissent ordinairement la betterave et les raves et les navets.

En Angleterre, le produit moyen varie entre   50 000 et 60 000 kil.
En France,   —   —   40 000 et 50 000

M. Alexandre a obtenu en Angleterre jusqu'à 77 000 kilog. W. Cobbet dit en avoir récolté plus de 80 000 kilog.

Poids de l'hectolitre et du mètre cube. — Un hectolitre de rutabaga pèse, en moyenne, mesuré ras, de 58 à 60 kilog. ; mesuré comble, 75 à 80 kilog.

Le poids du mètre cube varie entre 600 et 650 kilog., suivant les vides que laissent les racines.

Quantité de feuilles. — Un hectare de rutabaga donne au moment de l'arrachage de 12 000 à 15 000 kilog. de feuilles.

Rapport entre les racines et les feuilles. — D'après M. de Gasparin, les racines seraient aux feuilles :: 100 : 68.

MM. Dubreuil et Girardin n'ont récolté que 32 kilog. de feuilles par 100 kilog. de racines. A Grand-Jouan, j'ai obtenu un résultat à peu près semblable ; 30 kilog. de feuilles par 100 de racines.

Porte-graines. — La récolte des graines exige les mêmes soins que celle des semences de raves et de navets. (Voir p. 111).

Poids d'un hectolitre de graines. — Un hectolitre de graines de rutabaga pèse de 62 à 65 kilog.

Valeur nutritive. — A. RACINES. — Le rutabaga est aussi nutritif que la betterave, il contient d'après :

Boussingault.		*Murray.*	
Eau	90,78	Eau	89,00
Azote	0,17	Gluten et albumine	2,10
Matières grasses.	0.05	Gomme et sucre	4,60
Amidon, sucre	7,00	Fibre ligneuse	4,30
Sels	0,60	Amidon	traces
Ligneux, cellulose.	0,30		100,00
Albumine	1,10		
	100,00		

Suivant M. Boussingault, sa valeur nutritive devrait être représentée par 676.

Le foin des prairies naturelles étant représenté par 100, le rutabaga aurait pour équivalent, d'après :

André	350	Polh	350
Flotow	234	Rieder	370
Gemerhausen	350	Schwerz	200
Gustave Heuzé	400	Thaër	300
Pabst	250	Veit	300
Pétri	300	Moyenne	340

B. FEUILLES — Les feuilles du rutabaga sont aussi nutritives que celles des choux. (Voir CHOU, livre III, chap. 1.)

Emploi des racines. — Les racines de rutabaga ne sont pas données entières ; avant de les faire consommer, on les lave et on les divise au moyen d'un coupe-racines. Comme les betteraves, elles ne doivent être coupées qu'au fur et à mesure de la consommation, car leurs tranches noircissent et perdent de leur fermeté et de leur qualité.

Action sur le bétail. — Le rutabaga convient à tous les ruminants. Le beurre provenant des vaches nourries au rutabaga et au foin est plus gras et plus coloré que le beurre fourni par les vaches qui ont reçu des navets à chair blanche ou des betteraves.

Le rutabaga, dont la chair serrée et compacte est toujours consommée avec avidité par les animaux, convient particulièrement aux bêtes à corne que l'on engraisse. Ainsi, M. Hillard, en expérimentant son pouvoir d'engraissement, a constaté qu'il agissait plus favorablement que la betterave sur la production de la viande. C'est cette action qui a conduit les agriculteurs anglais à le préférer à cette dernière racine, dont l'influence sur la production du lait est maintenant incontestable.

BIBLIOGRAPHIE.

Edelcrantz. — Annales de l'agr. française, an xi, in-8, t. XIV, p. 311.
Berthier. — Annales de l'agr. française, 1809, in-8, t. XXXVII, p. 251.
Thaër. — Principes raisonnés d'agriculture, 1831, in-8, t. IV, p. 375.
W. Cobbett. — Culture du rutabaga, 1835, in-8.
Crud. — Économie d'agriculture, 1839, in-8, t. II, p. 169.
Rieffel. — Agriculture de l'Ouest, 1840, in-8, t. I, p. 361.
De Gasparin. — Cours d'agriculture, 1848, in-8, t. IV, p. 131.
Trochu. — Création de la ferme de Bruté, 1847, in-8, p. 159.
Ledocte. — Culture des plantes-racines, 1853, in-12, p. 170.

SECTION VI.

Chou-rave ou Chou de Siam.

BRASSICA CAULO RAPA, DC.

Plante dicotylédone de la famille des Crucifères.

Anglais. — Kohl-rabi above ground.   *Italien.* — Cavolo rapa.
Allemand.— Kohl-rab über der Erde.

Historique. — Mode de végétation. — Variétés. — Composition. —Terrain : nature, préparation, fertilité. — Semis. — Transplantation. — Cultures d'entretien. — Insectes nuisibles. — Arrachage. — Rendement. — Valeur nutritive des boules. — Action sur le bétail.

Historique. — Le chou-rave que l'on confond souvent avec le chou-rutabaga, et même avec le chou-navet, est connu depuis longtemps, mais jusqu'à ce jour, en France, on ne l'a cultivé, pour ainsi dire, que dans les jardins, comme plante potagère.

Cette crucifère a été recommandée, il y a près d'un siècle, par Raynold aux agriculteurs de l'Angleterre. Ce sont certainement les écrits de cet auteur qui ont engagé les Allemands à la multiplier en grand, dans plusieurs localités, pour l'alimentation des animaux domestiques. En Saxe, aux environs d'Altenbourg, on la cultive sur les jachères conjointement avec la betterave et le chou-navet.

En 1751, de Neuve-Église insistait dans son *Agronomie*, pour que le chou-rave fût cultivé en France comme plante fourragère.

On doit regretter que sa culture ne soit pas plus répandue, car elle mérite de l'être.

Mode de végétation. — Le chou-rave a une *tige* renflée au-dessus de terre, sous forme de boule. C'est sur cette partie que sont implantées les feuilles qui sont glabres, pétiolées et lobées ou lyrées.

Cette crucifère est très-rustique ; elle résiste très-bien aux sécheresses et supporte les froids les plus intenses. On la cultive comme le rutabaga.

Variétés. — On connaît trois principales variétés de chou-rave :

1° *Chou-rave blanc.* — Boule globuleuse d'un vert très-pâle ; feuilles amples et nombreuses ; chair presque blanche.

Variété très-tardive.

2° *Chou-rave blanc hâtif.* — Boule obronde, blanc verdâtre et plus petite que celle de la variété précédente, mais se formant plus promptement ; feuilles moins larges et moins nombreuses.

3° *Chou-rave violet.* — Boule violette ; pétioles et nervures des feuilles rouge violet.

Variété plus rustique que les précédentes.

Composition. — M. Anderson a constaté par l'analyse que le chou-rave contenait les matières suivantes :

	Boules.	*Feuilles.*
Matières albumineuses........	2,75	2.37
Principes respirables	8,62	8,29
Fibres....................	0,77	1,21
Matières minérales	1,12	1,45
Eau.....:................	86,74	86,68
	100,00	100,00
Azote........	0,44	0,38

Terrain. — A. Nature. — Le chou-rave réussit très-bien sur les terres argileuses, froides et humides. Il est moins délicat sous ce rapport que le rutabaga. Il végète aussi avec vigueur sur les sols calcaires sur lesquels le navet ne réussit pas toujours parfaitement.

B. Préparation. — La terre qu'on consacre au chou-rave

doit être bien préparée. On la laboure pendant l'hiver et au printemps on la divise de nouveau avec la charrue et le scarificateur.

C. FERTILITÉ. — Cette crucifère demande des engrais très-actifs et surtout très-phosphatés et alcalins. Les engrais très-riches en azote, comme le guano, ne lui sont pas très- favorables.

Semis. — Le chou-rave se sème ordinairement en pépinière à la fin de février ou pendant la première quinzaine de mars. Les semis en place réussissent difficilement en France.

Une pépinière de 10 à 12 mètres carrés exige de 300 à 400 grammes de graines et peut fournir les plants nécessaires pour repiquer un hectare.

Il est utile de faire plusieurs semis successifs et tous les 10 ou 12 jours. (Voir RUTABAGA, p. 120.)

Transplantation. — On transplante les plants pendant le mois de mai ou la première quinzaine de juin, lorsqu'ils ont la grosseur d'un crayon et 4 à 6 feuilles.

On plante les choux-raves en lignes espacées les unes des autres de $0^m,50$ à $0^m,65$. On les éloigne sur les lignes de $0^m,40$ à $0^m,50$.

Il est utile d'opérer quand le temps présage de la pluie, afin que la reprise des plants soit plus prompte et plus certaine.

La transplantation du chou-rave revient, en Angleterre, à 25 fr. par hectare.

Cultures d'entretien. — Pendant la croissance du chou-rave, on répète les binages toutes les fois que le sol se prend en croûte ou se couvre de mauvaises herbes.

On cesse ces cultures d'entretien lorsque les feuilles couvrent les intervalles des lignes.

Insectes nuisibles. — Aucun insecte n'attaque le chou-rave.

V. 9

Arrachage. — Le chou-rave peut être arraché pendant les mois de novembre et de décembre. A cette époque les boules sont parvenues à leur développement maximum.

Rendement. — Cette crucifère est aussi productive que le rutabaga. Voici, d'après M. Lawson, les produits qu'elle donne par hectare dans les îles Britanniques :

Angleterre.......	50 000 à 60 000 kil.
Écosse..........	45 000 à 50 000
Irlande..........	60 000 à 75 000

En 1857, le colonel North a obtenu, dans le comté de Warwick, les rendements suivants :

	Boules.	*Feuilles.*
Chou-rave violet.........	65 000 kil.	2000 kil.
Chou-rave blanc.........	60 000	9000

Valeur nutritive des boules. — Les boules du chou-rave sont aussi nutritives que les racines du rutabaga.

Action du chou-rave sur le bétail. — Les ruminants mangent très-bien le chou-rave. Les bêtes à laine le consomment facilement sur place.

Le chou-rave cuit avec des grains est une excellente nourriture pour les chevaux, et les bœufs et les porcs à l'engrais.

Les feuilles sont presque aussi nutritives que les boules.

SECTION VII.

Chou-navet.

BRASSICA CAMPESTRIS NAPO-BRASSICA, DC.

Plante dicotylédone de la famille des Crucifères.

Anglais. — Cabbage turnip rooted.   *Allemand.* — Kohlrübe.

Le chou-navet à été recommandé, en 1788, par Sonnini. On le désignait alors sous le nom de *chou-navet de Laponie*.

Le chou-navet a une *racine* renflée, des feuilles hispides comme celles du colza, lobées ou lyrées, à pétioles et nervures blancs ou teintés de rouge.

On connaît deux variétés de chou-navet :

1° *Chou-navet blanc.* — Racine oblongue, souvent déformée ; chair blanche, rappelant la saveur du chou-rave.

2° *Chou-navet à collet rouge.* — Racine oblongue, à collet rouge ou violet ; feuilles à pétioles et à nervures violacés.

Cette crucifère se cultive aussi comme le rutabaga. (Voir p. 99.) Comme sa *racine est entièrement enterrée*, elle supporte des froids très-intenses sans être altérée, et se conserve saine en terre jusqu'au printemps.

En Allemagne, le chou-navet donne souvent jusqu'à 40 et 50 000 kilog. de racines par hectare. En Angleterre, on lui préfère le rutabaga et le chou-rave, parce que ces deux plantes produisent davantage.

La valeur nutritive du chou-navet est un peu plus élevée que celle du chou-rutabaga.

La racine du chou-navet contient 83 pour 100 d'eau.

CHAPITRE II.

PLANTES A BOURGEONS FÉCULIFÈRES.

SECTION I.

Pomme de terre.

(De *solari*, consoler; allusion aux propriétés narcotiques des baies.)

SOLANUM TUBEROSUM, **L.**

Plante dicotylédone de la famille des Solanées.

Anglais. — Potato.	*Italien.* — Patata.
Allemand. — Kartoffel.	*Portugais.* — Batata.
Flamand. — Aard-appel.	*Espagnol.* — Batata.

Historique. — Climat. — Végétation. — Variétés. — Composition. — Sol : nature, préparation et fertilité. — Quantité d'engrais à appliquer. — Multiplication : par tubercules et par graines. — A. *Culture printanière.* — Plantation : époque, choix des tubercules, mode : à la bêche, à la charrue, au plantoir, au semoir. — Quantité de tubercules. — Espacement des lignes et des tubercules. — Culture d'entretien : hersages, binages, buttages, soustraction des fleurs et des fanes. — Animaux nuisibles. — Maladies et altérations. — B. *Culture automnale.* — Récolte : époque, arrachage à la houe, à la charrue, à la fourche. — Ressuyage. — Conservation : en caves et en silos. — Chargement dans les tombereaux. — Rendement. — Poids de l'hectolitre et du mètre cube. — Quantité de feuilles. — Quantité de fécule et de pulpe par 100 kilog. de tubercules. — Emploi des tubercules gelés et altérés. — Valeur nutritive des tubercules et de la pulpe. — Emploi des tubercules dans l'alimentation du bétail. — Leur action sur les animaux. — Emploi des fanes vertes. — Valeur commerciale des tubercules et de la pulpe. — Prix de revient. — Bibliographie.

Historique. — La pomme de terre, que l'on désigne souvent en France sous les noms de *parmentière*, *patate* et *morelle tubéreuse*, est cultivée depuis une haute antiquité au Pérou et dans la Colombie. Zarata, qui a été trésorier au Pérou en 1544, est le premier des auteurs connus qui l'ait mentionnée.

Cette plante fut importée en Europe de Santa-Fé, en Irlande, par John Hawkins, en 1563 ; Drake l'introduisit de
nouveau en Angleterre en 1586, et en donna quelques tubercules au botaniste anglais Gérard. Clusius en reçut, en 1588,
deux tubercules, que le légat du pape avait apportés à
Bruxelles, et donnés à Philippe de Livry. C'est Clusius qui, le
premier, fit connaître la pomme de terre aux agriculteurs
de l'Europe. Toutefois, on y fit si peu attention que Walter
Raleigh crut utile d'importer de Virginie de nouveaux tubercules en Angleterre, en 1623. Cette nouvelle introduction
eut d'heureuses conséquences ; la pomme de terre fut acceptée, dès cette époque, comme plante fourragère par l'Angleterre et la Belgique, et, en 1717, elle se répandit en Saxe, et,
en 1738, en Prusse.

Clusius disait en 1601 que la pomme de terre était connue
en 1688, sous les noms de *Papas* et *Taratouffli*.

L'introduction de la pomme de terre en France eut lieu
vers le commencement du dix-septième siècle. On a dit que
dès 1616, on la servait sur la table du roi. Ce fait ne paraît
pas exact, car Olivier de Serres n'a décrit sa culture que
comme plante fourragère.

Toutes choses égales d'ailleurs, c'est vers le milieu du siècle suivant qu'on la considéra pour la première fois, dans
notre pays, comme pouvant servir à l'alimentation des hommes. Turgot, sous le règne de Louis XV, l'a cultivée dans ce
but dans l'Anjou et le Limousin ; mais, malgré ses efforts et
ceux de la Société d'agriculture de Rennes, la culture de cette
précieuse plante fit peu de progrès. Ce fait n'a rien qui étonne :
à cette époque, la pomme de terre était regardée par les médecins et les chimistes comme nuisible à la santé de l'homme,
en ce qu'elle pouvait engendrer la lèpre.

C'était à Parmentier qu'il appartenait de détruire les fausses idées qui existaient à l'égard de cette solanée, et de prouver par des faits qu'elle devait apparaître sur la table du riche comme sur celle du pauvre. Ses efforts ont été couronnés du plus heureux succès, et la pomme de terre a justifié ses prévisions par les produits et les qualités de ses tubercules, puisqu'elle a atténué, depuis bientôt un siècle, les calamités que font toujours naître les disettes. Sans la maladie qui l'attaque depuis 1845, et qui a diminué d'une manière si sensible ses produits en tubercules, nous n'aurions certainement pas eu à constater une cherté aussi grande, dans le prix des céréales, que celle que nous avons eu malheureusement à supporter deux fois depuis dix années.

Climat. — La pomme de terre végète et développe facilement ses tubercules dans toutes les localités où l'avoine arrive à maturité. Toutefois, les contrées tempérées lui sont plus favorables que les localités chaudes et les pays froids et humides. Dans les premières, elle redoute les sécheresses prolongées qui empêchent ses bourgeons souterrains de grossir ; dans les seconds, les pluies excessives les font pourrir, et les gelées nuisent souvent au développement de ses tiges. C'est dans les localités centrales de l'Europe que ses tubercules se chargent davantage de fécule, et qu'ils sont, dès lors, plus savoureux et nutritifs.

En France, il n'existe aucune province dans laquelle on ne puisse cultiver avantageusement cette précieuse solanée.

Mode de végétation. — Cette plante présente deux sortes de racines (*fig.* 17) : les unes sont fibreuses, déliées et longues ; les autres s'arrondissent en tubercules que l'on doit regarder comme de véritables bourgeons, puisqu'ils verdissent quand ils restent exposés à l'action de la lumière. La surface de ces tubercules présente des cavités ou enfoncements plus ou moins apparents, au fond desquels se trouve un œil. Ces bourgeons souterrains sont formés presque complétement de tissu cellulaire. C'est dans les cellules que se trouve la fécule ou partie amylacée pour laquelle on cultive la pomme de terre.

Les tiges de cette plante sont nombreuses à cause des yeux

Fig. 17. — Pomme de terre en végétation.

que les tubercules présentent en grand nombre, et elles sont annuelles, herbacées, anguleuses, rameuses, velues, et hautes de 0ᵐ,50 à 0ᵐ,80. Ses feuilles sont pubescentes, à nervures pennées, et elles sont découpées en segments inégaux et ovales. Quant aux fleurs, elles sont blanches, roses ou violettes, suivant les variétés, disposées en corymbe, et portées sur des pédicelles articulés. Les fruits sont de petites baies globuleuses, d'abord vertes, et ensuite violacées.

La pomme de terre se propage par ses graines et par ses tubercules.

Chaque tubercule peut être divisé en deux ou trois parties (*fig.* 18). La portion située au-dessus de sa ligne AA forme la *couronne*; la section déterminée par les lignes AA et BB constitue la *partie centrale*; enfin, la partie située au-dessous de la ligne BB forme la *base du tubercule* à laquelle était insérée la tige souterraine.

Les Anglais ont recommandé de diviser les tubercules entre les lignes AA et BB, et de ne planter que la couronne.

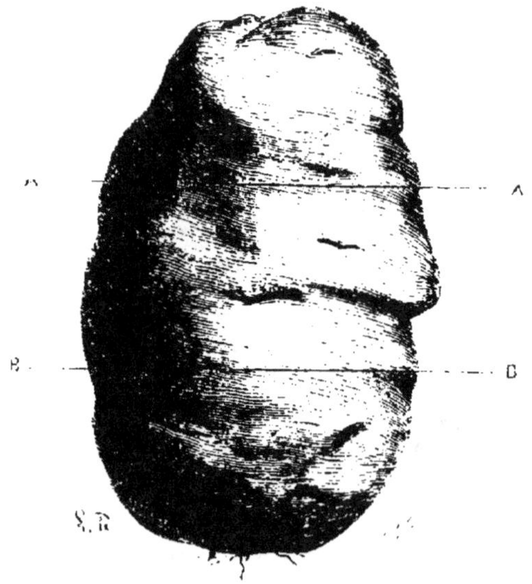

Fig. 18. — Tubercule divisé en trois parties.

M. V. Chatel a aussi recommandé cette année de rejeter des plantations les parties inférieures qu'il appelle *pommes de terre femelles;* mais comme Stephens, il ne justifie sa proposition.

La couronne contient-elle plus de fécule que la partie médiane et la base? Cette question mérite d'être étudiée.

Les tiges sont délicates, et elles peuvent être détruites en avril ou mai par des froids tardifs, ou en septembre ou octobre par des gelées précoces.

En général, cette solanée exige, d'après les observations de M. de Gasparin, de 2200 à 3000 degrés de chaleur totale, selon qu'elle est plus ou moins tardive, pour mûrir ses tubercules. Ces bourgeons souterrains ont atteint tout leur développement, lorsque les tiges et les feuilles sont entièrement sèches.

Les tubercules mis en terre à l'automne à 0^m,12, à 0^m,20 de profondeur, supportent très-bien — 8° à — 12°.

Variétés. — En 1789, alors que Parmentier prouvait à la France que c'était bien à tort que l'on regardait la pomme de terre comme un aliment insalubre, on ne connaissait que onze variétés de cette plante. Depuis, le nombre a considérablement augmenté ; en 1848, la collection que cultive M. Vilmorin et qui appartient à la Société centrale d'agriculture, en renfermait 221 formant 12 classes distinctes, savoir :

1° Les grosses jaunes rondes.	7° Les rouges demi-longues.
2° Les petites jaunes rondes.	8° Les rouges longues lisses.
3° Les jaunes longues entaillées.	9° Les rouges longues entaillées.
4° Les jaunes longues lisses.	10° Les violettes rondes.
5° Les blanches rosées rondes.	11° Les violettes longues lisses.
6° Les rouges rondes.	12° Les violettes longues entaillées.

Cette classification n'est pas celle qu'ont admise MM. Girardin et Dubreuil. Ils ont rangé les variétés qu'ils ont étudiées, en trois classes, savoir :

1° Les *patraques* ou rondes.
2° Les *parmentières* ou aplaties.
3° Les *vitelottes* ou cylindriques.

La pratique n'a pas adopté ce mode de classement. Pour elle, les variétés forment quatre catégories distinctes :

1° Les variétés hâtives.
2° Les variétés tardives.
3° Les variétés non coureuses.
4° Les variétés coureuses.

Avant 1845, époque à laquelle la maladie actuelle commença ses ravages, on cultivait dans les champs une douzaine de variétés appartenant à ces diverses classes. La plupart de ces races ont été abandonnées depuis et remplacées par des variétés précoces. Cette substitution n'a pas augmenté la production des tubercules, car les variétés hâtives sont beaucoup moins productives que celles qui mûrissent leurs bourgeons souterrains tardivement; mais on a pu arracher ces derniers plus tôt, et les soustraire, par conséquent, à l'influence du mal. L'expérience a prouvé dans toutes les contrées, que les tubercules des variétés tardives ont toujours été beaucoup plus altérés que ceux des variétés précoces.

Ce sont ces faits qui m'obligent à ne mentionner ici que 10 variétés, que je diviserai en deux classes:

1° VARIÉTÉS DE GRANDE CULTURE.

1° *Shaw* ou *chave*. — Tubercule assez rond, un peu ovoïde; peau et chair jaunes; yeux enfoncés, au nombre de 12 en moyenne par chaque tubercule; peau jaune verdâtre un peu gercée; germes teintés de violet; feuilles ondulées, contournées, un peu cloquées; fleurs lilas.

Variété excellente, productive et hâtive, connue sous le nom de *pomme de terre de Saint-Jean;* elle mûrit ses tubercules dans les premiers jours d'août. Ces derniers se conservent sains jusqu'en mai.

2° *Segonzac*. — Tubercule presque rond; peau jaune verdâtre, légèrement gercée; germes teintés de violet; chair jaune un peu grossière; yeux enfoncés au nombre de 8 en moyenne; feuilles très-contournées, ondulées et cloquées très-irrégulièrement.

Variété plus productive que la précédente, avec laquelle elle a beaucoup d'analogie, mais un peu moins hâtive.

3° *Jeuxy*. — Tubercule gros, un peu ovoïde, irrégulièrement et légèrement aplati; peau jaune grisâtre; yeux très-prononcés, au nombre de 11 en moyenne.

Variété productive et excellente; elle est assez hâtive.

4° *Patraque jaune*. — Tubercule gros et arrondi; peau jaune claire; chair jaune; germes rose clair.

Variété tardive, mais très-productive, à fleurs pâles, mal épanouies, ne produisant pas de graines; ses tubercules sont ramassés au pied de la plante, et n'arrivent à maturité que vers la fin d'août. Elle est maintenant très-rare.

5° *Tardive d'Irlande*. — Tubercule arrondi, un peu bosselé; yeux très-enfoncés; peau jaune panachée de rouge; germes teintés de rose; chair blanche; feuilles pointues, pliées à la base, étroites, allongées et cloquées; fleurs petites et lilas.

Variété qui produit des fleurs et des graines en abondance; elle est moins productive que la P. Segonzac, mais elle est de longue garde et produit ses germes très-tard; elle mûrit ses tubercules à la fin de septembre.

La *pomme de terre de Rohan*, variété ayant des tubercules à peau rosée, nuancée de jaunâtre, arrondis irrégulièrement et volumineux, est très-productive; mais on ne la cultive plus pour ainsi dire depuis 1845, parce qu'elle est très-tardive et presque toujours attaquée par la maladie. Cette belle variété avait été introduite d'Amérique en Europe, en 1830, par le prince de Rohan.

La variété dite *patraque blanche*, ou *ox noble*, ou *grosse blanche*, a des tubercules très-gros, bosselés irréguliers, à peau blanche rosée. On l'a abandonnée parce qu'elle est tardive et très-coureuse ou traçante; elle était souvent mêlée à la patraque jaune. Sa chair est blanche, teintée de rose.

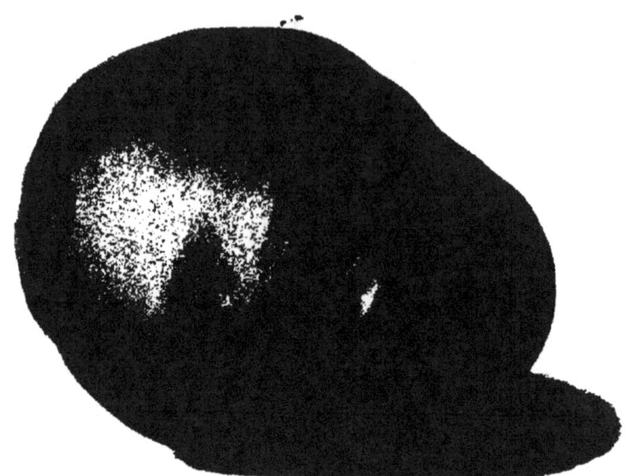

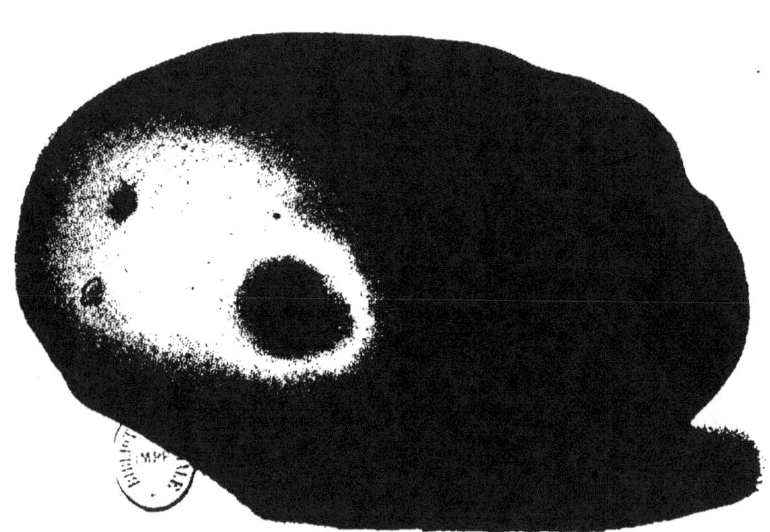

2° VARIÉTÉS DE MOYENNE CULTURE.

Kidney ou *Marjolin*. — Tubercule jaune allongé, aplati, un peu ovoïde et atténué; peau jaune et lisse; yeux petits, au nombre de 7 en moyenne; chair blanc jaunâtre; germes blancs teintés de jaune; feuilles peu cloquées, non contournées, concaves, luisantes et d'un beau vert; fleurs nulles.

Variété excellente et plus hâtive que la P. Shaw.

2° *Truffe d'août* ou *rouge ronde*. — Tubercule arrondi et irrégulier; peau rouge brun, rugueuse ou gercée; chair blanc verdâtre; germes rose un peu violacé; yeux situés dans des cavités profondes; feuilles pointues, ondulées et contournées; fleurs blanches.

Très-bonne variété, mûrissant ses tubercules vers la fin d'août.

3° *Vitelotte* ou *cornichon rouge*.— Tubercule allongé, aplat; peau rose clair et unie; chair blanche très-ferme; yeux fortement entaillés; germes rose violacé; fleurs grandes et blanches; tiges teintées de rouge brun.

Variété un peu plus hâtive que la précédente et très-estimée; ses tubercules ne se dilatent pas par la cuisson.

4° *Jaune de Hollande* ou *cornichon jaune*. — Tubercule aplati, allongé, un peu pointu à l'une de ses extrémités; peau jaune et lisse; chair jaunâtre fine et farineuse; yeux un peu saillants au nombre de 10 en moyenne; germes blanc lilacé; fleurs lilas violacé et penchées.

Variété recherchée pour la table et de bonne conservation.

5° *Rouge de Hollande*. — Tubercule allongé, très-aplati et souvent contourné ou crochu; peau lisse rouge violacé un peu rugueuse; yeux très-peu apparents au nombre de 12 en moyenne; germes rose violacé; fleurs grandes et blanches;

feuilles petites, allongées, finement cloquées et pliées à la base.

6° *Pousse debout, cueilleuse.* — Tubercule allongé, méplat, aminci vers la base ; peau rose violacé; chair jaunâtre ; yeux proéminents; germe blanc rosé.

Variété très-productive, mais de qualité secondaire.

Composition. — La densité de la pomme de terre est plus grande que celle de la carotte, mais moins élevée que le poids spécifique de la betterave. Voici les faits que M. Le Corbeiller a constatés :

	Tu. petits.	Tu. moyens.	Tu. gros.	Densité moy
Kidney	1,092	1,130	1,096	1,106
Shaw.............	1,107	1,092	1,098	1,099
Jeuxy............	1,102	»	1,072	1,087
Segonzac	1,093	1,096	1,089	1,092
J. de Hollande......	1,089	1,098	1,087	1,091
R. de Hollande.....	1,128	1,133	1,113	1,124
Moyennes.....	1,102	1,109	1,092	1,081

Voici quelle est la composition de ces variétés :

	Eau.	Matières sèches.	Fécule.
Kidney	73,60	26,40	20,40
Shaw.....	72,77	27,23	21,23
Jeuxy	74,83	25,17	19,17
Segonzac	78,03	21,97	15,97
J. de Hollande	79,47	20,53	14,53
R. de Hollande.....	69,32	50,68	24,68

De ces analyses, faites par M. Le Corbeiller, on peut conclure que la quantité de fécule que renferme la pomme de terre est exactement en raison inverse de la quantité d'eau qu'elle contient.Toutefois,la proportion des parties amylacées doit varier pour toutes les variétés, suivant que le sol est argileux ou siliceux. Ainsi, M. Krocher a trouvé qu'une variété cultivée dans un sol argileux ne donnait que 13,57 pour 100 de fécule, alors qu'elle en renfermait 18,44, quand on la cultivait sur un terrain sablonneux.

Suivant M. Payen, la pomme de terre renferme les matières suivantes :

Fécule..	20,00
Épiderme, pectates et pectinates de chaux, soude et potasse.	1,65
Albumine et matières azotées analogues	1,50
Asparagine..	0,12
Matières grasses...................................	0,10
Sucre, résine, huile essentielle......................	1,07
Citrate de potasse, phosphate de potasse, de chaux, de magnésie, silice, albumine, oxydes de fer et de magnésie ...	1,56
Eau..	74,00
	100,00

La fane sèche contient d'après M. Hertwig :

Carbonate de soude et sulfate de potasse...	4,69
Hydrochlorate de soude......	2,28
Carbonate de chaux....	43,68
Magnésie..	3,76
Phosphate de chaux et de magnésie....,.......	5,73
Phosphate de fer...............°....	1,30
Phosphate d'alumine...............................	2,75
Silice........	29,81
Perte......	6,00
	100,00

MM. Berthier et Braconnot avaient déjà constaté que cette fane renferme 59,40 pour 100 de sels de chaux et de magnésie.

Je compléterai ces données par le tableau suivant, indiquant la quantité de fécule pour 100 parties de tubercules :

Payen.		*Antoine.*	
Patraque jaune.......	23,30	J. de Hollande	19,30
Shaw	22,00	Shaw	18,80
Segonzac...........	20,50	Vitelotte............	18,14
Rohan	16,60	Truffe d'août.........	18,00
Tardive d'Irlande.....	12,30	Patraque blanche.....	17,60

Ainsi, d'une manière générale, la pomme de terre renferme de 69 à 78 pour 100 d'eau et 15 à 25 de fécule. Vauquelin, en analysant, il y a trente ans, 48 variétés de pommes de terre, avait trouvé qu'elles contenaient 67 à 78 d'eau et

20 à 28 de fécule. Cette diminution de la partie amylacée est suffisante pour admettre que la pomme de terre a dégénéré, et qu'elle n'a plus les qualités qui la distinguaient à l'époque où Louis XVI disait, dans le palais de Versailles, en plaçant à sa boutonnière un bouquet de fleurs de cette plante : *La pomme de terre est le pain du pauvre !*

Terrain. — A. NATURE. — La pomme de terre réussit dans tous les terrains profonds qui ne sont pas humides. Ainsi, elle peut être cultivée sur les sols argilo-siliceux, les terrains sablonneux ou calcaires et les terres tourbeuses assainies. Les terrains très-argileux sont les seuls sur lesquels elle végète mal. On sait combien ces sols sont humides au printemps et en automne, et secs et compacts pendant l'été. Toutefois, si les terrains légers, par exemple les sols silico-calcaires ou argilo-siliceux, lui permettent de végéter facilement dans les contrées du Nord et du Centre, et d'y produire des tubercules très-chargés de fécule, on doit, comme elle redoute beaucoup les longues sécheresses dans les provinces du Midi, la cultiver de préférence sur des terres qui se rapprochent le plus possible, par leurs caractères physiques, des sols argileux. L'expérience a prouvé qu'elle ne réussissait sur les sables, dans ces contrées, que lorsqu'ils étaient profonds et frais pendant l'été.

Voici le résultat d'une expérience faite en 1825 par MM. Payen et Chevallier. Cet essai avait pour but de connaître la quantité d'eau contenue dans les tubercules, il prouve combien le sol influe sur la qualité des tubercules.

	Sol sec.	*Sol humide.*
Patraque jaune........	71,00	77,50
Hollande jaune........	67,50	84,00
— rouge........	72,00	77,00
Truffe d'août.........	74,00	79,00
Vitelotte.............	79,50	82,00

Toutes ces pommes de terre avaient été cultivées dans le même terrain.

B. Préparation. — La pomme de terre, à cause de ses longues et nombreuses racines, demande des terres parfaitement préparées et ameublies par des labours profonds.

On donne ordinairement au terrain sur lequel elle doit être cultivée un labour avant l'hiver, un second en février, et un troisième avant ou au moment de la plantation. Le premier labour sera exécuté de manière que le soc de la charrue attaque le sol dans toute son épaisseur. Lorsque la couche arable est peu profonde, on fait suivre la charrue par une charrue sous-sol, afin d'ameublir la couche inférieure sans la mélanger avec le sol. C'est ainsi préparée que la terre permet à la pomme de terre de produire tous les tubercules qu'elle peut donner, eu égard à la fertilité de la couche végétale. Ainsi, M. de Chançay a obtenu, par hectare, à Saint-Didier (Rhône), les résultats suivants :

Sol labouré à 0ᵐ,10 . .	7 200 kil. de tubercules.
— bêché à 0ᵐ,20.	8 600 —
— défoncé à 0ᵐ,45. . . .	10 900 —

Les terres défoncées souffrent moins de l'excès de l'humidité et elles sont plus fraîches pendant les grandes sécheresses.

On complète la préparation du sol par des hersages et des roulages, si ceux-ci sont nécessaires.

Les terres sur lesquelles on doit cultiver la pomme de terre en billons sont d'abord préparées à plat à l'aide de plusieurs labours.

C. Fertilité. — La pomme de terre est une plante à la fois exigeante et épuisante. Sous tous les climats et dans tous les terrains, ses produits ont toujours été en raison directe de la fertilité des terres où elle était cultivée. Une expérience faite par Arthur Young justifie cette règle. Il appliqua par hectare :

56 mètres cubes de fumier et obtint	175 hect.	ou	13,120 kil.
84	—	—	245	—	18,370
112	—	—	315	--	23,620
140	—	—	350	—	26,250
La partie non fumée avait donné	157	—	11,810

Ces résultats ont été confirmés par de nouvelles expériences, et ils permettent de dire que la pomme de terre doit être cultivée, si on lui demande des produits abondants, sur des terres bien fumées. Mais peut-on remplacer le fumier de ferme par des engrais riches en principes azotés ou en alcalis ? Mathieu de Dombasle ne le pensait pas. Cette opinion était une erreur. Voici deux expériences qui prouvent que la pomme de terre est d'autant plus productive, qu'elle végète sur des terrains fertilisés par des substances dans lesquelles les matières salines sont alliées à des principes azotés ou carbonés :

		Quantités appliquées.	*Produits.*
FLEMING.	Aucun engrais	» kil.	17,000 kil.
	Guano	500	36,000
	Cendres de bois	45 hect.	19,000
	Tourteau pulvérisé	2 500 kil.	25,000
	Os pulvérisés	40 hect.	24,000
HANNAM.	Aucun engrais	» kil.	19,000
	Sulfate de soude	250	20,000
	Sulfate de chaux	625	20,000
	Sulfate de soude	125 }	25,000
	Sulfate d'ammoniaque	125 }	

Je compléterai ces exemples en rapportant l'expérience faite par M. Fleming, dans le but de bien connaître l'influence exercée par les principes salins sur le produit de la pomme de terre. Dans les deux essais que je transcris, le sol avait été fertilisé par du fumier, comme si aucune substance supplémentaire ne devait être expérimentée. C'est dans le courant de juin, alors que les plantes étaient déjà développées, que les substances salines furent appliquées au pied de chaque pomme de terre.

1re expérience.

Fumier seul....................	32,000 kil. de pommes de terre.
190 kil. sulfate d'ammoniaque...	37.000	—
190 nitrate de soude.........	40,000	—
190 — de potasse.......	47,000	—
250 sulfate de soude........	32,000	—

La quantité de fumier appliquée sur ces cinq parties fut de 52 000 kilog. par hectare,

2me expérience.

Fumier seul...................	22,000 kil. de pommes de terre.
190 kil. nitrate de soude........	31,000	—
190 sulfate d'ammoniaque...	34,000	—
250 sulfate de soude........	22,000	—

Le fumier, sur ces quatre parties, fut employé à la dose de 43 000 kilog. par hectare.

Ainsi, dans ces deux expériences, les substances salines, sauf le sulfate de soude, qui n'a produit aucun effet, ont augmenté d'un tiers environ la production des tubercules. Ces faits expliquent pourquoi à Grignon, les pommes de terre quoique cultivées sur une fumure de 60 000 kilog. par hectare, ne donnent pas des produits aussi élevés que ceux obtenus dans la première expérience faite par M. Fleming.

L'influence favorable exercée sur le produit de la pomme de terre par le nitrate rappelle la quantité assez considérable de potasse qu'on rencontre dans les cendres provenant de l'incinération des tiges de cette solanée. Certes, l'action de ce sel mérite d'être expérimentée de nouveau.

Le docteur Grouven ayant expérimenté l'action des engrais

minéraux composés aux engrais riches en azote, a obtenu
les résultats suivants :

	P. de terre fumées *avec des engrais minéraux.*	*P. de terre fumées* *avec des engrais très-azotés.*
Amidon.............	14,91	15,58
Matières protéiques	2,17	3,60
Dextrine, pectine, etc.	2,34	1,29
Sucre............ ...	0,15	0,11
Matières grasses...	0,29	0,31
Matières extractives	1,70	1,99
Cellulose.........	0,99	1,03
Matières minérales.	1,00	0,90
Acide phosphorique	0,16	»
Eau.............. ..	76,45	75,19
	100,00	100,00

Ainsi le fumier a augmenté l'amidon au détriment de la
dextrine, et il a élevé la proportion des matières protéiques.

M. de Gasparin, s'appuyant sur des faits observés par
Mathieu de Dombasle, admet que si on substituait à 100 kil.
de fumier de ferme un engrais dosant 0,40 d'azote, on ne
remplacerait pas l'effet du fumier. Les chiffres recueillis en
1843 par Lindley sont contraires à ce principe. Ainsi, avec
500 kilog. de guano dosant 23 kilog. d'azote, et ayant pour
équivalent 58 000 kil. de fumier, cet expérimentateur a obtenu par hectare 31 000 kilog. de pommes de terre. Cette
quantité correspond exactement à celle récoltée dans la première expérience de M. Fleming.

Quantité d'engrais à appliquer. — Jusqu'à quelle dose
peut-on élever les fumures dans la culture de la pomme de
terre ? Cette question, posée par M. de Gasparin, a conduit
ce savant agriculteur à dire qu'il fallait appliquer par hectare, par chaque 100 kilog. de tubercules qu'on espère récolter, 267 kilog. de fumier de ferme. Ainsi, pour obtenir
30 000 kilog. de tubercules, il faudrait fumer le sol à raison
de 80 000 kilog. par hectare. Cette fumure me paraît trop

élevée. Je suis convaincu qu'une fumure de 30 000 kilog. suffit pour obtenir ce produit. C'est donc environ 100 kilog. de fumier qu'il faut appliquer par chaque 100 kilog. de tubercules que l'on croit pouvoir récolter. Ce chiffre est parfaitement d'accord avec la pratique qui regarde la pomme de terre comme beaucoup plus épuisante que la betterave et la carotte.

Voici quelle serait la quantité de fumier qu'il conviendrait d'employer par chaque 100 kilog. de tubercules, suivant:

Crud............	250 kil.
Thaër..........	100
Schwerz	100
Woght	100
Moyenne....	137 kil

Ainsi, 100 kilog. de fumier produiraient environ 72 kilog. de tubercules.

La quantité d'azote contenue dans les 100 kilog. de fumier, que je regarde avec Thaër comme suffisante , correspond à celle que renferment 100 kilog. de tubercules.

Multiplication. — A. TUBERCULE. — Le moyen de propagation le plus généralement suivi consiste à planter des tubercules entiers ou coupés. Cette méthode est celle qui a donné jusqu'à ce jour les meilleurs résultats. Lorsque les circonstances ou le volume des tubercules obligent à planter des fragments, on doit couper les tubercules en biseau ou obliquement et non par rouelles. Les yeux des morceaux que l'on obtient en coupant les tubercules suivant ce dernier mode sont moins environnés de chair, et celle-ci offrant deux surfaces, peut être facilement altérée par l'humidité du sol. Il est utile de couper les tubercules un ou deux jours avant leur mise en terre, afin que leur surface se sèche et qu'elle soit moins sujette à la pourriture.

B. Pelure munie d'yeux. — On peut, quand les pommes de terre sont rares et chères, ne planter que les yeux après les avoir détachés des tubercules avec un peu de pulpe. Ce moyen a été souvent pratiqué en France dans les années de disette. Mais pour qu'il soit réellement favorable, il faut : 1º éviter de laisser longtemps les germes latants à l'action de l'air qui les dessèche promptement; 2º les planter dans des terres bien ameublies et substantielles.

On a obtenu en Angleterre les résultats suivants :

4 yeux plantés dans un sol	très-fertile	ont donné	16 kil. de tubercules.
4	—	riche	—	14	—
4	—	de bonne qual.	—	9	—
4	—	très-ordinaire	—	7	—

Ces faits prouvent combien il est utile de planter les yeux dans un sol très-substantiel ou très-riche.

C. Pousses séparées. — On peut aussi, dans les mêmes circonstances ou lorsqu'il s'agit de multiplier une variété nouvelle, planter des germes. Ce mode de propagation se pratique quand les yeux ont produit des pousses, soit que les tubercules aient été mis en terre, soit qu'ils soient restés dans des caves. On ne doit détacher ces pousses que lorsqu'on a acquis la certitude qu'elles sont munies de quelques radicules.

D. Bouture. — On propage aussi la pomme de terre par bouture. Ce moyen, connu depuis près d'un siècle, consiste à couper les tiges au-dessus du sol lorsqu'elles ont 0ᵐ,10 à 0ᵐ,20 de hauteur et à les planter dans des terres bien préparées en ayant soin de les garantir pendant quelques jours de l'action du soleil et du hâle. Ce mode de préparation a souvent été proposé comme nouveau depuis 1845, bien qu'il ait été décrit en 1789 par Parmentier; il ne mérite d'être adopté que dans les jardins ou dans des circonstances particulières, comme l'excessive cherté des pommes de terre à l'époque de la plantation.

Un homme et une femme plantent par jour 3000 boutures ou 10 ares.

E. MARCOTTE. — Enfin on a proposé de coucher les tiges de la pomme de terre et de les couvrir de terre, afin que des racines et des bourgeons souterrains se développent sur les parties enterrées. Ce mode de propagation est un véritable *provignage*. Les chances d'insuccès qu'il présente n'ont pas permis de le pratiquer dans les cultures ordinaires.

En résumé, ces quatre derniers moyens de multiplication, ainsi que le prouvent les expériences faite par M. F. Villeroy et M. Campbell, sont de beaucoup inférieurs à la propagation par tubercules, et on ne doit les pratiquer que lorsque la nécessité l'exige.

F. GRAINES. — La pomme de terre se reproduit facilement par graines; mais comme elle ne donne pas par ce moyen des tubercules semblables sous tous les rapports aux bourgeons souterrains des plantes qui ont produit les semences, on ne peut adopter ce mode de propagation que lorsqu'il s'agit d'obtenir des variétés nouvelles. C'est par les semis, en effet, qu'on a obtenu les nombreuses variétés que l'on possède. A l'époque de l'apparition en Europe de la maladie qui attaque en ce moment la pomme de terre, on fit de nombreux semis dans l'espérance que les nouveaux tubercules resteraient sains ; mais tous les semis exécutés n'ont fait qu'accroître le nombre des variétés sans régénérer l'espèce.

Pour obtenir des graines, il faut quand les baies sont mûres, les suspendre avec des cordes dans des greniers pour qu'elles achèvent leur complète maturité. Alors on les écrase avec la main dans un vase rempli d'eau et on en exprime la pulpe mucilagineuse. L'eau doit être rendue légèrement alcaline par un peu de soude ou de potasse, afin qu'elle dissolve la viscosité de la pulpe. On lave à plusieurs reprises, et on laisse ensuite sécher les graines sur une toile. Les graines de pommes de terre ressemblent beaucoup aux semences de tomates.

Les semis se font en mars sur couche ou en avril en pleine terre. On doit choisir, dans ce dernier cas, des terres riches et très-meubles. On répand la graine dans des rayons peu profonds et espacés de 0^m,10, et on abrite ensuite le semis des gelées pendant les nuits par des châssis ou des paillassons. Les graines germent au bout de 20 jours. Quand les plantes ont 0^m,10 de hauteur on les éclaircit, si cela est nécessaire, et en mai ou juin on les met en place comme s'il s'agissait d'une plantation ordinaire. On arrose une fois ou deux après la plantation pour faciliter la reprise des plants. Ainsi cultivée, la pomme de terre donne, dès la première année, des tubercules d'un volume ordinaire. Lorsqu'on fait des semis dans le but d'obtenir des variétés nouvelles, on conserve tous les tubercules pour les planter l'année suivante. Ce n'est qu'après la deuxième récolte qu'on peut juger exactement de la forme, de la couleur, de la productivité et de la qualité des tubercules.

Lorsque les semis ont été faits à deméure, on n'obtient ordinairement, la première année, que de très-petits tubercules.

1° *Culture printanière.* — Jusqu'à ce jour la pomme de terre a été généralement plantée au printemps. C'est donc ce mode de culture que je dois d'abord examiner.

Plantation. A. ÉPOQUE. — La plantation des tubercules se fait depuis le mois de mars jusqu'en mai, suivant la nature du sol, le moment où la préparation de la couche arable est terminée, la manière d'être du climat et la variété que l'on cultive. Les plantations tardives, dans les terres argileuses et

humides, et lorsque les mois de mars et avril sont très-plu-
vieux, réussissent toujours mieux que celles que l'on exécute
de très-bonne heure. Dans les sols perméables et les localités
sèches, on doit planter, autant que possible, vers la fin de
l'hiver.

B. Choix des tubercules. — Les tubercules destinés à la
plantation doivent être sains et ne point avoir développé
leurs germes. Ceux qui ont produit de longues pousses sont
toujours épuisés, et ne donnent jamais naissance à des touffes
formées de tiges vigoureuses et développées.

C'est pour ce motif qu'il est utile d'enlever à l'aide de la
main tous les germes qui se développent avant la plantation
sur les tubercules réservés pour cette opération.

Mais doit-on choisir de préférence de gros tubercules, ou
est-il utile de ne planter que des tubercules petits ou moyen?
Cette question a fait naitre bien des opinions, et elle a donné
lieu à des expériences nombreuses. Quoi qu'il en soit, les
plus gros tubercules sont ceux qu'on doit préférer. Ce principe est justifié par les expériences faites par Anderson
en 1776, Bergier en 1797, Villeroy en 1834. Voici le résumé
de ces essais :

	Volume des pommes de terre.	Tuberc. plantés.	Tuberc. cultivés.
ANDERSON.	Grosses entières............	3 kil. 500	9 kil. 300
	Grosses ayant un œil........	3 470	8 300
	Petites entières............	0 150	3 300
	Petites coupées en deux......	0 110	2 700
BERGIER.	Grosses entières............	9 390	105 500
	Moyennes entières...........	4 190	82 500
	Petites entières............	2 320	78 800
	En morceaux................	1 100	65 600
VILLEROY.	Grosses entières	1 290	7 000
	Grosses coupées en deux......	0 650	6 000
	Moyennes entières..........	0 570	6 800
	Moyennes divisées en deux.. .	0 290	5 000
	Petites entières............	0 270	5 200
	Très-petites entières	0 130	2 700

Ainsi, dans chacune de ces expériences, les grosses pommes de terre ont eu l'avantage sur les tubercules de moyenne grosseur et petits, et celles entières, à part leur volume, ont été plus productives que les fragments de tubercules. Ces faits sont naturels. On sait que les tiges qui se développent sur des tubercules volumineux ont toujours dans leur début une végétation vigoureuse, parce qu'elles ont pu puiser une grande masse d'aliments ; on sait aussi que les tiges que développent les tubercules de petit volume ou les morceaux, sont toujours plus faibles, à cause du peu de nourriture que la pomme de terre leur a fourni pendant leur première existence.

C. MODE DE PLANTATION. — 1º *A la bêche.* — La plantation à la bêche est la méthode la plus parfaite; on la pratique sur des terres complétement préparées et fumées. L'ouvrier qui l'exécute creuse d'abord un trou, à l'aide de la bêche en tête du champ et sur l'un de ses côtés; puis il fait un pas en arrière, creuse un nouveau trou, et jette la terre qui en provient sur le premier, dans lequel un enfant, muni d'un panier rempli de pommes de terre, a placé un tubercule entier ou divisé. Alors il fait encore un pas à reculons, ouvre un troisième poquet et jette dans le second trou la terre extraite. C'est en continuant ainsi jusqu'à l'autre extrémité du champ qu'il exécute la plantation. Ce travail est simple, mais il exige de l'habitude, afin que les trous soient régulièrement espacés et que les lignes soient bien parallèles. Un enfant intelligent peut accompagner deux ouvriers.

Dans les environs de Paris, ce mode de plantation est payé de 12 à 15 fr. l'hectare.

Un ouvrier, aidé d'un enfant, peut planter environ 15 ares par jour.

Ce mode de plantation a été comparé en 1858 à Grignon

à la plantation à la charrue. Voici les résultats qu'on en a
obtenus :

Plantation à la bêche...	337 hectolitres à l'hectare.
— à la charrue..........	296 — —
Différence en faveur du premier mode de culture..	41 hectolitres.

2° *A la houe.* — Lorsque la culture de la pomme de terre
est faite sur une faible étendue, ou pratiquée sur des champs
situés sur des terrains très-inclinés, on l'exécute souvent
avec la houe plate ou à dents. Ce mode de plantation n'exige
pas que l'ouvrier soit accompagné d'un aide. Il se met à cheval sur la ligne de poquets qu'il plante, et prend les tubercules dans le panier qui se trouve à sa gauche, et qu'il
déplace chaque fois qu'il fait un pas en avant. Il se sert de
la terre du second trou pour combler le premier, et ainsi
de suite.

3° *A la charrue.* — Lorsque la plantation doit être faite avec
la charrue, on enterre, le plus ordinairement, le fumier par
le labour de plantation. L'expérience a prouvé qu'il devait
être à demi décomposé pour qu'il soit parfaitement enterré.
Les fumiers courts dans cette culture ne sont pas meilleurs
que les fumiers longs ou pailleux.

La plantation à la charrue s'exécute de deux manières :

a. Culture en billons. — Lorsque la terre a été bien préparée par plusieurs labours et hersages, on ouvre, à l'aide
de la charrue ordinaire, ou mieux avec celle à deux versoirs,
que l'on nomme *buttoir* ou *charrue double*, une suite de sillons
séparés par des ados. C'est dans ces raies que l'on place le
fumier ainsi que les tubercules. Lorsque ces deux opérations
ont été faites, on refend avec la même charrue les ados qui
séparent les sillons. Il importe beaucoup que ce dernier tra-

vail soit parfaitement exécuté. Si les billons n'étaient pas réguliers et les tubercules complétement enterrés, il faudrait réunir les deux bandes de terre à l'aide d'un râteau, ou mieux d'une petite herse courbe, de manière à donner aux ados une forme bien convexe.

Ce mode de plantation convient aux terres qui manquent de profondeur; il est aussi utile lorsque le fumier est appliqué en petite quantité.

b. Culture à plat. — Lorsque le sol peut être labouré en planches, et qu'on applique une bonne fumure sur toute l'étendue qu'on veut cultiver, avec une charrue on adosse trois bandes de terre sur une ligne donnée. Quand ce travail est terminé, on exécute un nouvel ados à 15 ou 20 mètres de distance. Pendant le temps que la charrue exécute ce second labour, des femmes opèrent la pose des tubercules sur les dernières bandes du premier ados en ayant soin, s'il s'agit de morceaux, de placer la partie coupée contre le sol pour que les pousses se développent plus aisément. On doit surveiller le travail des planteuses, afin qu'elles espacent régulièrement les tubercules dans les bandes de terre. C'est mal opérer que de les placer sur le fond des raies ouvertes. Ainsi posés, les tubercules sont souvent écrasés par le pied des animaux. Les planteuses doivent être suffisamment nombreuses pour terminer la plantation des bandes du premier labour, lorsque la charrue abandonne le second ados pour renverser contre les tubercules deux ou trois bandes de terre.

Quand la plantation est ainsi disposée, la charrue laboure alternativement sur une planche pendant que les femmes agissent sur l'autre.

Quelquefois on agit d'une autre manière. On ne laboure qu'une planche, et on ne fait planter qu'une seule bande de terre à chaque tour. Alors la charrue laboure continuellement, et les femmes plantent la 1re, la 4e, la 7e, la 10e bande de terre et ainsi de suite, si les tubercules doivent être placés sur chaque troisième raie. Dans le cas où l'on planterait sur chaque deuxième raie, les planteuses devraient garnir de tubercules la 2e, la 3e, la 6e, la 7e et la 10e bande, et ainsi de suite.

La plantation à la charrue est la méthode la plus expéditive et la plus économique.

Il faut ordinairement lorsqu'on laboure alternativement deux planches, 4 femmes par chaque charrue; 3 planteuses, et même parfois 2, suffisent quand la charrue fait un travail continu sur une place donnée.

On peut planter, avec une charrue traînée par des chevaux, de 40 à 45 ares par jour; avec des bœufs, on ne plante pas au delà de 32 à 35 ares.

4° *Au plantoir*. — Ce mode de plantation n'est favorable que lorsque les pommes de terre sont cultivées sur des terres très-meubles et qu'on les propage à l'aide d'yeux munis d'une faible quantité de pulpe.

5° *Au semoir*. — On a inventé plusieurs fois des semoirs pour planter les tubercules. Le seul qui mérite d'être signalé est celui qu'a imaginé M. Saul. Ce semoir n'a pas été accepté par la pratique, parce qu'il ne recouvre pas de terre les tubercules.

Espacement des lignes et des tubercules. — Les pommes de terre sont plantées sur des lignes distantes les unes des autres de 0^m,50 à 0^m,65.

Il faut cultiver des variétés à tiges très-développées, et les planter sur des sols très-riches, pour pouvoir espacer les lignes à un mètre. Cette distance est la largeur maximum qu'on puisse adopter. J'en ai la preuve dans l'expérience faite en Angleterre, en 1842, par la Société d'agriculture de Gloucester :

Les lignes espacées à   1^m,00 ont donné   35,700 kil. de tubercules.
Celles   —   1^m,33   —   29,500   —

L'espacement le plus convenable est celui de 0^m,65.

Cependant, dans les sols secs et pauvres, on peut les rapprocher à 0^m,55 ou 0^m,60, afin que le sol soit mieux ombragé par les fanes.

Les tubercules se plantent sur les lignes à une distance de 0^m,30. On peut, lorsqu'on cultive des variétés hâtives, ne pas les éloigner les uns des autres de plus de 0^m,25. Antoine a confirmé ces préceptes en disant des résultats fournis par l'expérience, que le produit de un hectare de pommes de terre :

Espacées à.. ...   0^m,26   0^m,32   0^m,50   0^m,65
Doit être représenté :
Par...   100   64   57   48

Ces chiffres concordent avec les remarques faites par Mathieu de Dombasle et l'opinion émise par Knight.

Quantité de tubercules. — On emploie, pour exécuter la plantation d'un hectare de pommes de terre, de 18 à 40 hectolitres, suivant le nombre de touffes que l'on veut avoir et le volume de tubercules que l'on plante.

La moyenne est de 22 à 25 hectolitres comble.

Un hectolitre renferme le nombre de tubercules suivant :

	Hect. ras.	*Hect. comble.*
Grosses pommes de terre......	500 à 600	700 à 800
Pommes de terre moyennes...	900 à 1,000	1,200 à 1,400

Les premières pèsent chacune de 100 à 150 grammes.
Les secondes   —   40 à 70   —

D'après ces résultats, il faudrait un volume de tubercules

deux et même trois fois plus grand pour planter un hectare, si l'on employait des grosses pommes de terre entières de préférence à celles de grosseur moyenne, ainsi que Royer le recommandait si judicieusement. Le contraire aurait lieu si on plantait les plus petits tubercules, puisqu'un hectolitre de ces derniers en contient de 3000 à 5000. C'est la grande quantité d'hectolitres qu'il faudrait posséder pour exécuter la plantation avec de gros tubercules, qui a conduit, jusqu'à ce jour, les cultivateurs à ne planter que des pommes de terre de moyenne grosseur, ou à couper en deux celles d'un fort volume.

Si les lignes sont espacées de 0^m,65, on aura par hectare le nombre suivant de touffes :

Pieds distants sur les lignes de	0^m,33	0^m,40	0^m,50
Nombre de pieds.................	46,500	38,000	33,000

Voici le *nombre d'hectolitres combles* que l'on emploiera pour exécuter ces diverses plantations :

Gros tubercules coupés en deux....	31	25	21
Tubercules moyens entiers.........	32	27	24
Petits tubercules.................	12	10	8

Ces résultats démontrent l'avantage de choisir des tubercules bien développés et de les couper en deux morceaux. En ne prenant en considération que les tubercules gros et moyens, on constate les moyennes suivantes : 32, 26, 23 hectolitres.

Les quantités concernant les petites pommes de terre ne sont pas théoriques ; elles expliquent pourquoi la statistique générale de la France indique que l'on emploie seulement 13 hectolitres de tubercules dans la région Nord-Ouest, 10 dans celle Sud-Est, et 8 dans les départements du Sud-Ouest pour

planter un hectare Ces faibles quantités permettent de dire
que la culture de la pomme de terre est très-mal entendue
dans ces contrées.

Cultures d'entretien. — A. HERSAGE. — La première opération que l'on exécute après la plantation consiste en un hersage énergique pratiqué au moyen d'une herse à dents de fer.
Ce hersage doit être fait en mai, lorsque les pousses apparaissent à la surface du sol. Exécuté par un beau temps et
très-énergiquement, il ameublit la partie superficielle de la
couche arable, favorise la sortie des germes ou des tiges, et
détruit les mauvaises herbes qui ont végété depuis la plantation. Ce hersage prévient toujours un binage lorsqu'on
le répète immédiatement, et que le second train croise
le premier.

B. BINAGES. — Lorsque les tiges ont $0^m,15$ à $0^m,20$ d'élévation, on donne un binage à la houe à cheval. Cette opération
doit être renouvelée toutes les fois qu'elle est nécessaire, afin
que le sol soit toujours propre et exempt de mauvaises herbes. (Voir BETTERAVE, p. 29.)

C. BUTTAGE. — La pomme de terre doit être buttée, surtout
lorsqu'elle végète sur des sols secs ou peu profonds, et qu'elle
produit ses tubercules à la surface du sol. Cette opération,
qui consiste à amonceler la terre au pied des plantes, et que
l'on exécute au moyen de la binette ou du buttoir, préserve
les tubercules de l'action de la lumière, et favorise leur développement par la plus grande fraîcheur qu'elle concentre
autour des racines et des bourgeons souterrains.

On a émis, sur le buttage des pommes de terre, des opinions très-contradictoires. Mathieu de Dombasle, qui l'avait
d'abord recommandé, a fini par le considérer comme une
opération plutôt nuisible qu'utile. Cette opinion a été soutenue par plusieurs écrivains qui n'ont pas su se rendre compte

du résultat des expériences faites et des causes qui avaient pu exercer sur eux une influence sensible.

Je ne discuterai pas les opinions émises; je me bornerai à dire que les pommes de terre doivent être buttées dans les sols légers et secs, les étés où il règne de longues sécheresses et lorsqu'on cultive des variétés qui forment leurs tubercules à la superficie, pour ainsi dire, du sol. Il faut donc, comme l'observe si judicieusement M. Vilmorin, que chaque cultivateur étudie les effets du buttage sur les variétés qu'il cultive sur son exploitation, avant de mettre en doute son efficacité ou de le proclamer comme une opération indispensable.

D. Arrosage. — Dans le Midi on arrose souvent les pommes de terre après les avoir buttées. M. Bonnet, à Aubagne (Bouches-du-Rhône), les irrigue trois ou quatre fois et obtient à l'aide de ces arrosements de 5 à 6 kilog. de tubercules par chaque touffe.

Soustraction des fanes. — On avait pensé qu'on pouvait couper les tiges, alors qu'elles étaient en pleine végétation, pour les donner comme aliment aux animaux domestiques, sans nuire à la production des tubercules. Cette opération n'est plus pratiquée maintenant, car on a reconnu que les tiges et les organes foliacés étaient nécessaires pour que les tubercules pussent atteindre leur complet développement. Aucun doute ne peut désormais rester dans les esprits en présence des résultats obtenus par Mollerat. Ainsi, d'après ses expériences, la récolte par hectare se classe ainsi :

Feuilles enlevées avant la floraison............	4,000 kil.
— après la floraison...........	16,000
— un mois plus tard..........	30,000
— un peu avant la récolte.....	41,000

Anderson avait obtenu des résultats aussi concluants. Ainsi, d'après ses observations , les fanes enlevées diminuent le produit des tubercules.

Au 2 août, de 77 par 100.	Au 22 août, de 32 par 100.	
10 — 60 —	29 — 24 —	
17 — 55 —	5 sept. 11 —	

La récolte de cette expérience fut faite le 28 octobre.

Soustraction des fleurs. — Les variétés de pommes de terre que l'on cultivait avant 1845 produisaient des tiges très-développées et des fleurs et des fruits en grand nombre. Ces fruits, qui se formaient au détriment des sucs élaborés par les parties herbacées, nuisaient incontestablement au développement des tubercules. C'est alors qu'on eut l'idée d'enlever les fleurs afin de prévenir leur formation.

Aubergé fit couper, en 1835, toutes les fleurs sur 50 ares. Cette opération fut faite par une femme armée d'une faucille qui passa dans tous les rangs. Le produit en tubercules de cette surface s'éleva à 150 hectolitres ; sur l'autre partie du champ cultivé en pommes de terre, il ne dépassa pas 140 hectolitres. La dépense qu'occasionna cet essai s'éleva à 2 fr. par hectare.

J'ai rapporté cette expérience , à laquelle j'ai pris part, parce qu'un jour viendra où l'on cultivera de nouveau les anciennes variétés tardives, comme la *patraque blanche*, la *patraque jaune*, etc. Alors, je ne doute pas qu'on ne reconnaisse, avec Bosc, la nécessité d'enlever leurs fleurs dans le but d'augmenter la qualité des tubercules et de diminuer la faculté épuisante de la pomme de terre.

2° Culture automnale. — Depuis plusieurs années, on a reconnu que les tubercules produits par les plantations faites en automne, étaient moins altérés par la maladie que ceux provenant de celles exécutées au printemps. Ainsi, les rapports adressés en 1849 à M. Lindey constatent l'importance des plantations faites en Angleterre en **automne**, où au plus tard vers les premiers jours de février. Voici le résumé de ces procès-verbaux.

Époque de la plantation.	Récoltes saines.	Récoltes malades.
Automne..	25 par 100	75 par 100.
Janvier et février.......	20 —	80 —
Mars...................	10 —	90 —
Avril	11 —	89 —
Mai et juin	5 —	95 —

Des résultats semblables ont été obtenus en France par M. Vilmorin, M. Victor Chatel et M. Leroy-Mabille. Ils doivent engager les agriculteurs à planter de très-bonne heure les terres qu'ils destinent à la culture de la pomme de terre.

Lorsque les plantations doivent être faites pendant l'hiver, on doit choisir de préférence des terres légères, perméables et saines. Les tubercules passent difficilement l'hiver dans les terres argileuses, froides et humides, et les sols argilo-siliceux à sous-sols imperméables : ordinairement ils y pourrissent.

Si l'on fume, il faut appliquer de préférence des fumiers longs. Les fumures en couverture ont donné de bons résultats en ce qu'elles garantissent le sol de l'influence des gels et des dégels.

On ne doit planter que des tubercules entiers et appartenant à des variétés très-hâtives, et les placer à une profondeur de $0^m,25$, afin que les gelées ne puissent les atteindre.

Le sol doit être disposé en billons ou en petites planches, séparées par des dérayures profondes et bien nettoyées, pour que les eaux pluviales s'écoulent facilement.

Au printemps suivant, on donne les façons que réclame ordinairement la pomme de terre.

Ce mode de culture ne peut guère être pratiqué avantageusement en grand; aussi doit-on principalement le recommander pour les cultures qui sont faites sur de petites étendues.

Insectes nuisibles. — La pomme de terre est attaquée par plusieurs insectes. Ceux qui lui sont réellement nuisibles, sont :

1° La *Courtilière commune* (GRYLLUS GRYLLOTALPA , L.) de la famille des orthoptères. Ce redoutable insecte circule sans cesse dans la couche superficielle du sol et scie, déchire avec ses pattes antérieures, toutes les racines qui se trouvent sur son passage; il se nourrit d'insectes et de vers. Les dégâts qu'il commet dans les cultures faites au moyen de graines sont souvent considérables. M. Carrière, au Muséum, a inventé dernièrement un petit piége qui est destiné à rendre de grands services dans les jardins, en ce qu'il permet de détruire aisément cet insecte.

2° Le *Hanneton*, que tout le monde connaît et qui appartient à l'ordre des coléoptères, est plus redoutable que le précédent. Sa larve, que l'on nomme *ver blanc*, *turc*, *man*, s'attaque aux racines et aux tubercules. On sait qu'elle vit trois années dans le sol avant d'être insecte parfait. C'est pendant ce temps qu'elle devient nuisible aux cultures. On doit, au moment des labours, faire suivre les charrues par des enfants, afin qu'ils ramassent toutes les larves que le labour met à découvert. Les froids intenses en détruisent souvent un très-grand nombre, principalement lorsque les terres ont été labourées vers la fin de l'automne.

Maladies ou altérations. — La pomme de terre est sujette à plusieurs maladies outre celle qui l'attaque en ce moment. Ces altérations sont au nombre de quatre :

1° La *frisolée*, que l'on a désignée dans le Lyonnais sous le nom de *frisée*. Les plantes attaquées par cette maladie ont leurs tiges tachées de rouille et leurs feuilles marquées de points jaunâtres et en parties repliées sur elles-mêmes comme si elles étaient frisées, et leurs tubercules sont petits et peu nombreux. Cette altération a exercé jusqu'à ce jour peu de ravages en France; c'est particulièrement en Angleterre qu'elle s'est montrée avec de fâcheux symptômes. On ne connaît pas de moyens de prévenir ou guérir cette affection.

2º La *rouille*, qui apparaît aussi sur les feuilles; elle est due à une petite mucédinée; elle diminue aussi le produit des plantes sur lesquelles elle se développe. Cette maladie n'est pas très-grave, car elle est tout accidentelle; on l'attribue à l'influence des brouillards d'été.

3º La *gale*, qui se montre à la surface des tubercules sous forme de petites excroissances remplies d'une poussière brune. M. Martin pense qu'elle est due à un cryptogame. Ce n'est que très-rarement qu'on l'observe.

4º La *maladie actuelle*, qui depuis 15 ans alarme les populations de l'Europe. Cette altération s'est montrée en Amérique en 1843, et l'année suivante on l'avait observée en Belgique et en Allemagne. Depuis cette époque elle n'a cessé de sévir sur la pomme de terre dans toutes les contrées européennes en s'y propageant avec rapidité. On a soutenu plusieurs fois qu'elle était occasionnée par des insectes, mais il est aujourd'hui prouvé par les études de M. Morren, M. Decaisne, etc., que cette affection est due à une cause inconnue, et que le *botrytis infestans* que l'on observe sur les parties malades en est l'effet et non la cause.

Cette maladie, à laquelle on a donné le nom de *pénétration brune* ou *gangrène*, apparaît d'abord sur les tiges et les feuilles et ensuite sur les tubercules. Les tiges et les feuilles attaquées présentent çà et là des taches noires, et bientôt ellesse fanent et meurent; les tubercules offrent extérieurement des taches foncées et réticulées ayant une direction centrale, et ils ne tardent pas à développer une odeur un peu vineuse; enfin, il arrive bientôt un moment où ces mêmes tubercules présentent des parties molles d'où découle une masse blanc jaunâtre, filante, ayant d'abord une odeur fade et plus tard une odeur infecte et putride, quoique la fécule ne soit point altérée.

On a expérimenté depuis son apparition mille moyens pour prévenir ou guérir cette désastreuse maladie, que l'on aurait observée en 1770 dans le Hanovre et en 1775 dans la Flandre et la Prusse; mais aucun résultat n'a pu être obtenu jusqu'à ce jour et elle est restée un fléau que Dieu seul peut arrêter.

Plante nuisible. — La pomme de terre est parfois attaquée par un *rhizoctone* appelé BYSSOCLADIUM VIOLACEUM, Fl., plante qui produit des filaments byssoïdes d'une ténuité extrême et violâtres, et qui s'étendent sur les racines et les tubercules et arrêtent complétement leur développement. Ce parasite a été observé dans le Nivernais, en 1803 et 1807, par M. Simonnet, en 1847, dans la Bourgogne par M. Fleurot, et en Auvergne par M. Lecoq. On ne connaît pas encore les causes qui lui donnent naissance. D'après les observations de M. Fleurot, ce rhizoctone ne se reproduit pas si on l'enlève des tubercules encore sains et si on plante ces mêmes tubercules dans un sol meuble, très-perméable et sec. (Voir LUZERNE, *plantes nuisibles.*)

Arrachage. — A. ÉPOQUE. — Autrefois, on arrachait les pommes de terre vers la fin de septembre et dans le courant d'octobre. Depuis que l'on a remplacé les variétés tardives par des races précoces, cette opération se fait depuis le 15 août jusqu'au 20 septembre. Quoi qu'il en soit, on doit opérer dès que les fanes sont sèches et par un beau temps. Les tubercules arrachés par un temps sec se conservent mieux, et la terre qui adhère à leur surface est toujours moins grande que lorsqu'on procède à l'arrachage pendant les pluies ou lorsque la terre est humide.

B. À LA HOUE. — L'ouvrier qui arrache les pommes de terre à l'aide d'une houe fourchue que l'on appelle *crochet*, se place dans un sillon, de manière que le billon dans lequel sont situés les tubercules qu'il doit extraire, soit placé à sa gauche. Alors d'un seul coup il enlève une touffe et ramène ses tubercules dans le sillon où il est placé; il sépare ensuite ces mêmes tubercules et les jette dans le sillon situé de l'autre côté du billon sur lequel il opère. Ce travail terminé, il fouille de nouveau le sol pour s'assurer s'il a arraché tous les tubercules de la première touffe, fait un pas en arrière et arrache un second pied de pommes de terre. Quand il est arrivé à l'extrémité du billon, il tourne à gauche et arrache la rangée de pommes de terre qui suit celle qu'il vient d'enlever. Les tubercules de cette deuxième ligne sont déposés dans le sillon qui a reçu les pommes de terre de la première rangée, et qui est encore placé à la gauche de l'ouvrier. Il suit de là que les tubercules de deux lignes adjacentes sont déposés dans le même sillon.

L'enfant ou la femme qui accompagne chaque arracheur, ramasse les tubercules et les dépose çà et là en tas de 0^m,60 à 0^m,80 de hauteur.

Un ouvrier arrache par jour de 8 à 10 ares.

Une femme ramasse par jour de 20 à 30 hectolitres de pommes de terre.

Ainsi, l'arrachage d'un hectare exige en moyenne :

Rendement.	Journées d'hommes.	Journées de femmes.
150 hectolitres.	10 à 12	8
250	10 à 12	13
350	10 à 12	18

Autrefois, on accordait à chaque ouvrier 5 centimes par hectolitre. Depuis l'apparition de la maladie et la diminution des produits de la pomme de terre, le prix de l'arrachage varie entre 10 et 15 et même 20 centimes. A Hohenheim, où l'extraction se fait à bras et à la journée, on paye de 30 à 40 fr. par hectare, ainsi que l'indique le tableau suivant :

Rendement.	*Prix d'extraction.*	*Dépenses par hectare.*
150 hect.	0 fr. 21	32 fr. 50
250	0 15	37 50
350	0 12	42 »

C. A LA FOURCHE. — L'arrachage à la fourche n'est pratiqué que lorsque les terres sont sablonneuses. Les sols argileux ont trop de ténacité pour que ce moyen puisse y être pratiqué avec facilité. L'ouvrier qui se sert de la fourche implante les dents de cet instrument à une faible distance d'une touffe, et il soulève celle-ci de manière que les tubercules viennent sur le sol. Avant d'arracher une seconde touffe, il doit remuer une ou deux fois le sol, afin de bien s'assurer si tous les tubercules ont été mis à découvert.

D. A LA CHARRUE. — On emploie aussi la charrue ordinaire ou le buttoir, pour arracher les pommes de terre. Ce mode d'extraction laisse à désirer, car il arrive presque toujours, quelles que soient les précautions prises par le laboureur, qu'une certaine quantité de tubercules reste enterrée dans le sol, et échappe alors à l'attention des ramasseurs. Pour que ce procédé donne de bons résultats, il faut, après le labour exécuté sur toute la surface du champ cultivé en pommes de terre, faire passer, suivant sa largeur et sa longueur, une herse à dents de fer, ou, ce qui est préférable, un scarificateur à dents rapprochées. C'est par cette opération qu'on peut ramener à la surface de la terre les tubercules que la charrue a enfouis.

M. Lawson a proposé, il y a vingt ans, une charrue particulière pour exécuter l'arrachage des pommes de terre qui ont végété sur des terres légères et meubles.

Cette charrue est un araire ordinaire muni d'un versoir à claire-voie, destiné à séparer les tubercules de la terre. Celle-ci passe à travers du versoir, tandis que les tubercules sont réunis en ligne sur le côté droit de raie ouverte. Cette charrue est encore en usage dans les contrées sablonneuses de l'Angleterre.

Ressuyage. — Lorsque les pommes de terre arrachées ont été réunies en tas, on les laisse ainsi sur le champ pendant quelques jours, en ayant soin de les couvrir le soir de fanes, pour les préserver de l'action des gelées qui pourraient survenir pendant la nuit. Chaque matin, si le temps est beau, on les découvre afin qn'elles subissent l'action de l'air et du soleil, qu'elles se ressuient et qu'elles se conservent mieux.

Chargement dans les tombereaux. — Un homme seul charge un tombereau ordinaire en quarante-cinq minutes ; un homme et deux enfants en vingt-deux minutes.

Conservation. — Les pommes de terre se conservent dans les caves ou les celliers et dans les silos ; mais quel que soit le procédé auquel on ait recours, on doit les visiter de temps à autre, afin de s'assurer de l'état des tubercules. Si la masse offrait des signes de fermentation, il faudrait séparer immédiatement les pommes de terre altérées. Ce triage est très-facile et peu dispendieux lorsqu'on conserve les tubercules dans des caves ou des celliers.

Un homme peut remuer de 120 à 130 hectolitres de pommes de terre par jour.

A. En caves. — Les caves les meilleures sont celles où il règne une température uniforme, où le thermomètre ne descend pas au-dessous de zéro. (Voir BETTERAVE, *conservation*, p. 42.)

B. EN SILOS. — Les silos dans lesquels on conserve les pommes de terre, sont entièrement semblables à ceux que l'on construit pour conserver les betteraves. (Voir *Silos*, p. 43.)

Rendement. — Les produits de la pomme de terre ont beaucoup diminué depuis 1845. Ce fait tient à deux causes : 1° à la maladie ; 2° aux variétés hâtives qui ont remplacé presque partout les races tardives. Voici les rendements que l'on a obtenus *avant l'apparition de la maladie* :

	Minimum.	*Maximum.*	*Moyennes.*
Thaër..............	173 hect.	264 hect.	177 hect.
Burger.............	164	441	277
Schubart...........	176	559	363
A. Young	211	462	885
Hohenheim	150	322	245
Bella.............	152	375	308
Moyennes.....	192 hect.	412 hect.	275 hect.

Voici maintenant quels sont les produits que l'on a récolté *depuis l'invasion de la maladie* :

	Minimum.	*Maximum.*	*Moyennes.*
Bella......... ...	111 hect.	282 hect.	210 hect.
Lecouteux	131	168	150
Moyennes.. ..	121 hect.	225 hect.	180 hect.

Cette diminution considérable concorde avec les résultats obtenus, depuis 1846, par M. Dailly et M. Bazin.

Poids de l'hectolitre et du mètre cube. — Le poids d'un hectolitre de pommes de terre varie sélon la grosseur des tubercules et leur degré de maturité. Kœrte a reconnu que la densité des tubercules était en raison inverse de leur volume et de leur défaut de maturité. Ainsi l'hectolitre, aussi comble que possible, pèse :

Gros tubercules.........	90 92 93 94 kil.
Petits tubercules	85 86 87 88

Leur densité est :

Tubercules mûrs......... 1,092   Tubercules presque pas mûrs 1,114
    —   moins mûrs... 1,110   —   pas mûrs........ 1,136

Ordinairement un hectolitre pèse en moyenne :

Mesuré ras de 65 à 67 kilog.;

Mesuré ½ comble de 70 à 72 kilog.;

Mesuré comble et ayant une capacité de 116 à 120 litres, de 75 à 80 kilog.

Le mètre cube pèse de 630 à 680 kilog.

Les tubercules perdent avec le temps une partie de leur poids. Les faits suivants le prouvent :

Poids à la récolte.	*Poids en mars.*	*Perte par* 100.
1962 kil.	1789 kil.	4,68

Ces tubercules avaient été entièrement débarrassés de la terre qui y adhérait.

Terre adhérente aux tubercules. —Les pommes de terre retiennent toujours adhérente à leur surface une certaine quantité de terre, soit qu'elles végètent sur un sol siliceux, soit qu'on les arrache par un temps sec. Kœrte a déterminé cette quantité par plusieurs expériences, dont voici les résultats :

Circonstances.	*Quant. expérim.*	*Terre recueillie.*	*Terre p.* 100.
Sol argileux, temps sec......	2,627 lit.	256 lit.	10,24
— — humide..	105,100	11,350	10,74
Sol sableux, temps sec.......	13,135	821	6,25

Ainsi, il **reste** encore adhérent à la surface des tubercules, en moyenne 9 pour 100 de terre. Ce résultat mérite de fixer l'attention des agriculteurs qui ont des féculeries et qui achètent des pommes de terre.

Quantité de fanes. — Les variétés tardives ont de nombreuses fanes. On a reconnu que ces tiges sont aux tubercules : fraîches :: 25 : 100; sèches :: 6 : 100. Ainsi, une culture qui produirait 300 hectolitres, ou 23 000 kilogrammes de tubercules, donnerait 5700 kilogrammes de fanes fraîches et 1150 kilogrammes de fanes sèches. A Grignon, on a obtenu, avant 1845, jusqu'à 3000 kilogrammes de fanes desséchées par hectare.

Produits divers fournis par les tubercules. — Les tubercules de la pomme de terre fournissent de la fécule, un résidu alimentaire et de l'alcool. Je rapporterai les quantités que l'on obtient par 100 kilogrammes de tubercules.

A. Fécule. — La pomme de terre ne donne pas, dans les féculeries, toute la quantité de fécule qu'elle contient. On obtient seulement de 15 à 18 kilog. de *fécule verte* ou humide par hectolitre, soit 20 à 25 kilog. par 100 kilog. de tubercules. La *fécule sèche*, desséchée à 50° pendant 70 heures, est de 10 à 12 kilog. par hectolitre, soit 13 à 15 kilog. par 100 kilog. de pommes de terre.

La fécule verte renferme 30 à 40 pour 100 d'eau ; la fécule sèche en contient de 8 à 10.

Ces quantités varient beaucoup, suivant l'époque à laquelle on traite les pommes de terre. On a obtenu de la même variété, par 100 kilog. de tubercules, les quantités suivantes de fécule :

Août............	9 à 10 kil.	Novembre.....	16 à 17
Septembre.....	13 à 14	Avril.........	12 à 13
Octobre.......	14 à 15	Mai..........	10 à 11

Ces résultats prouvent combien il est utile de traiter, dans les féculeries, les pommes de terre aussitôt après qu'elles ont été arrachées.

B. Pulpe. — La pomme de terre fournit 15 à 20 pour 100

de pulpe humide et 5 à 7 de pulpe sèche. Chez M. Dailly, un hectolitre de tubercules donne 18 litres de pulpe parfaitement égouttée.

Cette pulpe contient encore de 2 à 4 pour 100 de fécule du poids de la pomme de terre.

C. ALCOOL. — Un hectolitre pesant 75 kilog. donne en moyenne, après avoir été distillé, environ 19 litres d'eau-de-vie; soit 13 litres par 100 kilog.

M. Recum a obtenu les produits suivants :

> 1 hectolitre de tubercules produit 30 litres de flegme.
> 1   —   de flegmes donne ... 30 —   d'eau-de-vie à 18 ou 20°.

Ainsi, 100 kilog. de pommes de terre donnent 12 litres d'alcool à 18 ou 20°.

M. Schneider et M. Villeroy ont obtenu des résultats presque identiques.

Un hectolitre de tubercules du poids de 75 kilog. soumis à la distillation fournit, d'après Mathieu de Dombasle, 2 hectolitres 50 de résidus à l'état frais.

D. POTASSE. — Les fanes vertes de la pomme de terre contiennent du sous-carbonate de potasse. Mollerat en a retiré de leurs cendres de 205 à 334 kilog. par hectare. Avant la floraison elles en renferment 51 pour 100, et après l'épanouissement des fleurs, 45. Les fanes sèches ne contiennent que 1 pour 100.

Emploi des pommes de terre altérées. — Les pommes de terre que les gelées à glace et la maladie actuelle ont attaquées peuvent servir à divers usages.

A. TUBERCULES GELÉS. — On connaît deux moyens d'utiliser les pommes de terre gelées.

1° Suivant M. Boussingault, il faut les étendre sur le sol et les y abandonner, pour que les pluies les lavent et qu'elles se dessèchent spontanément. Alors elles durcissent, blanchissent et se conservent très-longtemps.

2° D'après M. Payen, on doit les mettre tremper dans l'eau froide pendant six à dix jours, en renouvelant l'eau tous les deux ou trois jours. Lorsqu'elles ont été ramollies par l'eau, on les soumet à l'action d'une râpe pour extraire la fécule qu'elles contiennent. Cette fécule est aussi abondante que celle qu'on extrait des tubercules sains. M. J. Girardin a obtenu les résultats suivants :

	Eau.	Fécule.
Tubercules sains	72,13	16,66
— gelés et durs	73,13	16,66
— dégelés et pourris	61,06	22,04

En général, le tissu cellulaire ayant été rompu, déchiré par la gelée et le dégel, les cellules abandonnent facilement la fécule qu'elles renferment.

B. TUBERCULES MALADES. — Les pommes de terre les plus altérées par la maladie peuvent être aussi traitées dans les féculeries, car leur fécule n'est pas altérée, ainsi que l'ont reconnu MM. Girardin et Bidard :

	Eau.	Fécule.
Tubercules sains	74,3	16,0
— altérés	76,4	15,5

On doit agir le plus tôt possible. M. Payen fait remarquer que si on ne se hâte pas, une partie des grains de fécule désagrégés deviennent si légers, qu'ils ne se déposent plus et sont entraînés en pure perte par les eaux de lavage.

Valeur nutritive. — A. TUBERCULES. — Les tubercules de la pomme de terre, d'après M. Boussingault, renferment :

	Eau.	Azote.	Amidon.	Mat. grasses.
Pomme de terre jaune	75,9	0,40	20,2	0,20
— rouge	70,0	0,50	23,2	0,20

Comparée au foin de prairies naturelles, la première serait à cet aliment :: 287 : 100, la seconde :: 230 : 100. Ces chiffres sont plus élevés que les données fournies par la pratique ; ainsi : les *pommes de terre crues* auraient pour équivalents, d'après :

Block	216	Pabst	200
Crud	200	Petri	200
De Dombasle	224	Polh	200
Flotow	250	Schwertz	200
Krantz	127	Thaër	200
Meyer	150	Veit	200
		Moyennes	198

Les tubercules provenant des sols légers, perméables contiennent plus de fécule et moins d'humidité que les tubercules produits par les sols argileux ou les terres compactes.

La *pomme de terre cuite* a une valeur alimentaire plus grande. Elle a pour équivalent, suivant de Dombasle, 187.

B. Pulpe. — D'après M. Boussingault, la pulpe de pomme de terre contient pour 100 : eau 73, azote 0,53. Royer lui assigne pour valeur alimentaire le chiffre 221, et Pabst, 300. Suivant M. de Béhague, cette même valeur égalerait 140 lorsqu'on fait cuire la pulpe.

Cuisson des tubercules. — Les pommes de terre se cuisent : au four, à la vapeur ou à l'eau. Kœrte a fait sur ces trois modes de cuisson plusieurs expériences. En voici les résultats :

Les tubercules cuits au four	perdent	30 pour 100 de leur poids.
—	à la vapeur	—	12	—
—	à l'eau augmentent de	4	—

A Grignon, on a pendant longtemps fait cuire les pommes de terre au four. Trois fournées successives de 10 à 11 hectolitres chacune, exigeaient 16 fagots ayant une valeur de 5 fr. Quant à la main-d'œuvre nécessaire pour le lavage et la cuisson, elle s'élevait à 1 fr. 50 c. La cuisson de chaque hectolitre coûtait donc environ 20 c. On a renoncé à ce mode de cuisson. Depuis six années, on les fait cuire à la vapeur, au moyen de l'appareil de Stanley (*fig.* 19). Cet appareil se compose d'un régénérateur à vapeur et de deux récipients. Le premier réservoir est en tôle de cuivre et peut basculer autour d'un axe horizontal; sa capacité est de 180 litres. La vapeur, après avoir été produite, se rend par deux tubes de communication, dans les deux récipients. Le prix de cet appareil est de 300 fr.

Fig. 91. — Appareil à vapeur pour cuire les pommes de terre.

Emploi des tubercules dans l'alimentation des animaux. — La pomme de terre est donnée aux animaux crue ou cuite. Lorsqu'on la donne crue, il faut préalablement la nettoyer, la laver et la diviser.

Quand elle commence à pousser, on doit casser les germes parce qu'ils contiennent un principe narcotique, âcre et vénéneux qui occasionne de violentes diarrhées ou des paralysies.

On ne doit donner les tubercules entiers que lorsqu'ils

sont petits ou après les avoir fait cuire. Les gros tubercules entiers restent souvent dans le canal œsophagien.

Lorsque le temps est froid et que la pomme de terre est donnée à l'état cru, on la saupoudre de son ou de balles de froment ou d'avoine, afin qu'elle soit moins froide et moins débilitante.

La pomme de terre gelée est moins farineuse, moins nutritive quoiqu'elle ait une saveur sucrée très-prononcée; en outre elle acquiert promptement une odeur vireuse désagréable et occasionne très-facilement des diarrhées et des indigestions.

Dans plusieurs fermes, on ne donne les pommes de terre aux porcs que lorsqu'elles ont été cuites, mêlées à de la farine et qu'elles ont fermenté.

Action sur le bétail. — La pomme de terre crue est très-lactifère et convient spécialement aux vaches laitières, aux brebis nourrices. Toutefois, si donnée à cet état, elle permet aux vaches de donner plus de lait et un lait plus riche en caséum qu'en partie butyreuse, elle doit toujours être alliée à des aliments secs : paille et foin, afin qu'elle soit moins relâchante.

La pomme de terre cuite est moins lactifère. On l'emploie plus spécialement dans l'engraissement des bêtes bovines, des moutons et des porcs. On l'utilise aussi avec avantage dans l'engraissement de la volaille.

Les pommes de terre crues ou cuites servent encore à l'entretien des animaux de travail.

Emploi des fanes vertes. — Les vaches sont les seuls animaux qui doivent consommer les tiges vertes de la pomme de terre; les bœufs de travail et les moutons ne doivent point en recevoir, car ces fanes sont très-aqueuses, peu sapides, peu nourrissantes, et déterminent presque toujours chez ces animaux de très-fortes diarrhées. Les vaches laitières qui en mangent rationnellement, donnent toujours du lait en plus grande abondance, mais ordinairement plus caséeux.

Valeur commerciale des tubercules et de la pulpe. — Avant 1845, le prix moyen des pommes de terre était de 2 fr. à 2 fr. 50 c. l'hectolitre comble. Aujourd'hui, ce prix est beaucoup plus élevé. Il varie à la récolte entre 3 et 5 fr. la même mesure.

La pulpe a conservé son ancien prix; elle se vend, complétement égouttée, de 1 fr. à 1 fr. 50 l'hectolitre.

Prix de revient. — La culture de la pomme de terre engage un capital aussi élevé que celle de la betterave. Voici un extrait de la comptabilité de Grignon; il concerne sept années de culture, de 1847 à 1852 :

Dépenses par hectare............	519 fr. 67 c.
Perte —	260 85
Prix de revient de l'hectolitre	2 47

Pendant cette période, le produit moyen a été de 210 hect. par hectare. En 1853, où la valeur de la pomme de terre a été cotée, à Grignon, 3 fr. 50 c. au lieu de 1 fr. 65 c., le compte de cette plante s'est soldé par un bénéfice de 422 fr. 60 c. par hectare, et l'hectolitre est revenu à 1 fr. 81 c.

A Roville, où les pommes de terre produisaient 300 hectolitres à l'hectare, les dépenses occasionnées par sa culture s'élevaient à 388 fr. 63 c. par hectare; mais comme leur valeur était de 1 fr. 25 c. l'hectolitre, elles présentaient une perte de 14 fr. 11 c. par hectare.

Toutes choses égales d'ailleurs, malgré ces pertes, la culture de la pomme de terre couvrait, en 1840, la cinquantième partie du territoire de la France. Ce résultat nous éloigne de 1630, époque où le parlement de Besançon prohiba sa culture dans le territoire de Salins, parce qu'il croyait que cette plante occasionnait la lèpre. Cet arrêt n'empêcha pas qu'elle prît plus tard un très-grand accroissement dans le nord de la France. A Dunkerque, vers 1775, on expédiait une si grande quantité de tubercules tous les ans en Angleterre, qu'on fut obligé d'en défendre la sortie du royaume. A cette époque, on la servait en France sur les tables des seigneurs, et en Irlande elle était presque l'unique nourriture des familles pauvres !

PLANTES PROPOSÉES ROUR REMPLACER LA POMME DE TERRE.

On a proposé sans succès, depuis 1845, plusieurs plantes comme succédanées à la pomme de terre. Voici les végétaux que l'on a expérimentés :

1º *Apios tubéreux* (APIOS TUBEROSA), plante vivace de la famille des Légumineuses et originaire de l'Amérique boréale. Elle produit des rhizomes assez gros et féculifères.

2º *Capucine tubéreuse* (TROPOEOLUM TUBEROSUM), plante vivace du Pérou et de la famille des Tropœolées. Ses tubercules sont ovoïdes, jaune rougeâtre, et ont une saveur peu agréable.

3º *Picotiane* (PSORALEA ESCULENTA), plante à odeur bitumineuse de la famille des Légumineuses.

4º *Oxalide crénelée* (OXALIS CRENATA), plante bisannuelle de la famille des Oxalidées, à tubercules arrondis, crénelés, à peau jaune lisse, contenant de 10 à 12 pour 100 de fécule.

5º *Ulluco tubéreux* (ULLUCO TUBEROSUS), plante de l'Amérique qui mûrit difficilement ses tubercules en France.

BIBLIOGRAPHIE.

Olivier de Serres. — Théâtre d'agriculture, in-4, t. II, p. 452.
Mniszech. — Mémoires de la Société éco. de Berne, 1764, in-12, p. 5.
Duhamel. — Éléments d'agriculture, 1769, in-8, t. II, p. 189.
Mallet. — Précis d'agriculture, 1780, in-12, p. 187.
De Sutières. — Cours complet d'agriculture, 1788, in-8, p. 381.
Parmentier. — Traité sur la culture de la pomme de terre, 1789, in-8.
Deplanazu. — Œuvres d'agric. et d'écon. rurale, in-4, p. 56.
Marshall. — Agriculture de l'Angleterre, 1803, in-8, t. II, p. 542.
Sageret. — Mémoires sur les semis de la pomme de terre, 1814, in-8.
Ministère de l'Intérieur. — Inst. s. la cons. des p. de. t., 1817, in-4.
Bosc et Yvart. — Cours d'agric., 1822, t. XII et XIV, p. 184 et 222.
Polonceau. — Mémoire de la Société d'Agr. de Seine-et-Oise, 1828, p. 89.
Payen et Chevalier. — Traité de la pomme de terre, 1826, in-8.
Gilbert. — Traité des prairies artificielles, 1826, in-8, p. 234.
Challan. — Mémoire de la Société centrale d'agriculture, 1829, p. 1.
Thaër. — Principes raisonnés d'agriculture, 1831, in-8. t. IV, p. 326.
Gustave Heuzé. — Le Cultivateur, 1836, t. XII, p. 577.
Antoine. — Maison rustique du dix-neuvième siècle, t. I, p. 425.
   —   — Cours complet d'agriculture, 1839, t. XV, p. 21.
May. — Traité de la pomme de terre, 1839, in-8.
Burger. — Cours d'économie rurale, 1839, in-4, p. 234.
Schwerz. — Culture des plantes fourragères, 1843, in-8, p. 279.
Schlipp. — Manuel d'agriculture, 1844, in-8, p. 279.
Rendu. — Agriculture du Tarn, in-8, p. 267.
   —   — Agriculture de l'Isère, 1845, in-8, p. 267.
Ministère de l'Agric. — Avis sur l'altér. des p. de terre, 1845, in-8.
Decaisne. — Histoire de la maladie des pommes de terre, 1846, in-8.
Fritz. — Annales des haras et de l'agriculture, 1847, in-8, t. III, p. 94.
De Gasparin. — Cours d'agriculture, 1848, t. IV, p. 5.
Lœuillet. — Encyclopédie moderne, 1850, t. XXIV, p. 14.
Boussingault. — Économie rurale, 1851, t. I, p. 362.
Leroy Mabille. — La pomme de terre régénérée, 1851, in-8.
Payen et Richard. — Précis d'agriculture, 1851, t. I, p. 448.
Girardin et Dubreuil. — Cours élément. d'agric., 1852, t. II, p. 4.
Victor Chatel. — Maladie de la pomme de terre, 1852, in-8.
Payen. — Maladie de la pomme de terre, 1853, in-12.
Leroy Mabille. — Recherches sur la p. de t. depuis 1768, 1853, in-8.
Ledocte. — Culture des plantes-racines, 1853, in-12, p. 32.
Vilmorin. — Bon jardinier, 1860, in-12.
Mathieu de Dombasle. — Calendrier du bon cultivateur, in-12.

SECTION II.

Topinambour.

('Ηλιος, soleil ; ἀνθος, fleur, c'est-à-dire fleur en soleil.)

HELIANTHUS TUBEROSUS, L.

Plante dicotylédone de la famille des Composées.

Anglais. — Artichoke Jerusalem.   *Italien.* — Tartufoli.
Allemand. — Erdapfel ou Erdbirne.   *Espagnol.* — Cotufa.

Historique. — Climat. — Mode de végétation. — Variétés. — Composition.
— Terrain : nature, préparation et fertilité. — Quantité d'engrais à appliquer. — Plantation des tubercules : époque, choix des tubercules,
mode de plantation. — Quantité de tubercules. — Espacement des lignes
et des tubercules. — Culture d'entretien : première et deuxième année. —
Enlèvement des tiges vertes. — Récolte : tubercules, tiges sèches. —
Rendement : tubercules, tiges et feuilles vertes, tiges sèches. — Rapport
entre les tubercules et les tiges. — Poids de l'hectolitre et du mètre cube.
— Quantité d'alcool pour 100 kilog. de tubercules. — Valeur nutritive :
tubercules, tiges et feuilles vertes. — Usage des fanes sèches. — Valeur
commerciale des tubercules. — Emploi des tubercules. — Leur action sur
le bétail. — Emploi des fanes dans l'alimentation du bétail. — Action des
fanes sur le bétail. — Prix de revient. — Bibliographie.

Historique. — Le topinambour est originaire du Brésil ou
du Mexique. On ne connaît pas la date de son introduction en
Europe ; mais on le cultivait en Angleterre en 1617, et Lœber
en fit mention en 1669 dans son *Anchora sanitatis.* C'est Duhamel qui l'a proposé pour la première fois en France comme
plante alimentaire ; mais sa culture ne s'y est répandue que
lorsque Yvart fit connaître, en 1809, les avantages qu'il présentait comme plante fourragère.

On le cultive très en grand dans la Lorraine et en Alsace.

Cette plante, que les Brésiliens nomment *tupinambas*, a
rendu et rendra encore de très-grands services aux contrées
pauvres. Ses tubercules, après avoir été cuits, sont mangés par
l'homme ; leur saveur rappelle celle du fond de l'artichaut.

Climat. — Cette radiée est si rustique qu'on peut la cultiver sous tous les climats. Elle ombrage bien le sol par ses tiges et ses feuilles, et ne redoute ni les chaleurs vives de l'été, ni les gelées tardives du printemps, ni les froids hâtifs de l'automne; ses tubercules résistent très-bien à un froid de — 16° à — 18°.

Mode de végétation. — Le topinambour (*fig.* 20) a des racines vivaces et des tiges annuelles; celles-ci sont cylindriques, semi-ligneuses, rarement rameuses, couvertes de poils roides et courts, et hautes de 1^m,50 à 3 mètres selon la fertilité des terres où il végète. Ses feuilles sont assez nombreuses, ovales, pointues, dentées, rugueuses et décurrentes sur le pétiole. Dans les temps ordinaires, les feuilles ont une direction presque verticale; mais pendant les grandes sécheresses ou les fortes chaleurs, elles restent inclinées vers le sol le long des tiges; la fraicheur de la nuit suffit toujours pour qu'elles reprennent leur direction normale. Les fleurs sont radiées en corymbe, s'épanouissent en octobre ou novembre et ressemblent, par leur disposition et leur belle couleur jaune d'or, à de petits soleils; elles ne fournissent pas en France de graines fertiles.

A la base des tiges et au milieu des racines proprement dites, il se forme des tubercules, véritables rhizomes tubéreux très-irréguliers et munis de bourgeons. Ces tubercules ont une saveur douce et sucrée, résistent aux froids hivernaux les plus intenses et aux sécheresses les plus grandes, et ils s'enfoncent souvent à plus de 0^m,30 dans le sol. Ils diffèrent des bourgeons de la pomme de terre en ce qu'ils ne renferment pas de substance amylacée, et qu'après avoir été arrachés et abandonnés à eux-mêmes, ils se ramollissent, se flétrissent et perdent en 25 jours trois quart de leur poids.

Le topinambour n'est attaqué par aucun insecte, ni par aucune maladie. Il se reproduit perpétuellement sur le même

Fig. 20. Topinambour avec ses tubercules.

terrain. C'est cette reproduction continuelle qui a fait dire qu'on

parvenait difficilement à le détruire sur les terres où il avait
été cultivé pendant quelques années. L'expérience prouve
chaque année que sa destruction complète est bien moins
difficile qu'on ne le suppose. Il suffit, pour y parvenir, de
cultiver sur les terres où il a végété, soit des plantes qui exigent des binages nombreux pendant
leur croissance, soit des plantes fourragères fauchables, dites *plantes étouffantes,* comme les vesces, etc.

Variétés. — Le topinambour, qu'on
désigne sous les noms de *poire de
terre, topinamboux, cartouf, crompire,
soleil vivace* et *tournesol tubéreux,* n'a
qu'une variété intéressante.

1° *Topinambour commun.* — Tubercules rougeâtres ou blanc rosé, un
peu allongés (*fig.* 21), de forme irrégulière et parfois très-bizarre ; chair
de couleur blanc jaunâtre.

Ce tubercule est celui que l'on cultive partout.

2° *Topinambour jaune.* — Tubercules jaunâtres, plus petits et beau-

Fig. 21. Topinambour.

coup plus irréguliers que les rhizomes tubéreux du topinambour commun.

Cette variété a été obtenue par M. Vilmorin père, en 1808,
de graines récoltées à Toulon ; elle est peu cultivée.

M. Vilmorin fils possédait 26 variétés de topinambour,
mais toutes étaient inférieures à l'espèce type.

Composition. — Le tubercule du topinambour ne contient pas de fécule, mais il renferme du sucre et une résine
spéciale qui le rend aromatique.

Voici les quantités de substances sèches qu'on y observe d'après :

De Dombasle..........	22,64 pour 100.
Payen...............	23,96 —
Girardin....	22,25 —
Boussingault.........	20.80 —
Moyenne.......	22,41 pour 100.

Le topinambour , d'après ces chiffres , renferme en moyenne 77,59 p. 100 d'eau.

MM. Payen, Poinsot et Ferry ont reconnu que le tubercule du topinambour contenait les substances suivantes :

Glucose et sucre...	14,70
Albumine et analogues......	3,12
Cellulose .... ·	1,86
Inuline...	0,92
Acide pectique... .	0,37
Pectine	0,20
Phosphates de chaux, de magnésie et de potasse, sulfate de potasse, chlorure de potassium, citrate de potasse, malates de potasse et de chaux.	1,29
	100,00

Ce tubercule est donc plus riche en matières azotées, grasses, sucrées et en phosphate que le tubercule de la pomme de terre.

Le sucre que l'analyse révèle est incristallisable.

Terrain. — A. NATURE. — Cette plante végète sur tous les terrains, excepté sur les sols humides ou à sous-sol imperméable. Ainsi, on la cultive en Champagne sur les terres crayeuses, en Bretagne sur les sols schisteux, dans le Bordelais sur les terres de landes et les dunes, en Alsace sur les sols argilo-siliceux, etc.

Les sols calcaires sont les terrains sur lesquels le topinambour réussit le mieux.

On peut aussi le cultiver sur les vagues et dans les allées et les clairières des bois, car il ne redoute pas les endroits ombragés.

B. Préparation. — Les terres que l'on consacre à la culture du topinambour, réclament une préparation semblable à celle que l'on exécute sur les terrains où l'on plante des pommes de terre. (Voy. Pomme de terre, *préparation du sol*, p. 144.)

C. Fertilité. — De toutes les plantes cultivées pour leurs racines ou leurs tubercules, le topinambour est celle qui réussit le mieux sur les sols pauvres et de mauvaise qualité. Ce n'est pas à dire, toutefois, qu'il ne puisse être cultivé sur des terres riches et profondes. Dans de tels sols, il donne toujours d'excellentes récoltes.

Quantité d'engrais à appliquer. — On a souvent dit que cette plante n'épuisait pas le sol. Ce fait n'est pas exact. Il faut répéter, avec M. Boussingault, que le topinambour est la plante fourragère racine qui produit le plus en consommant le moins d'engrais, mais que, pour en obtenir des récoltes abondantes, il faut qu'il végète sur des terres bien fumées.

Suivant M. de Gasparin, on obtient par 100 kilog. de tubercules dosant 33 p. 100 d'azote, 96 kilog. de feuilles et de tiges contenant 0,37 d'azote ; et, pour récolter ces tubercules, il faudrait appliquer 120 kilog. de fumier. Ainsi, pour obtenir une récolte de 25 000 kilog. ou de 320 hectolitres, il faudrait fumer le sol à raison de 30 000 kilog. par hectare. Cette fumure est évidemment trop forte. M. Boussingault, qui obtient en moyenne 26 400 kilog. ou 330 hectolitres, fume à la dose de 22 500 kilog. par hectare et par an. Ainsi, c'est 85 kilog. de fumier qu'il applique par chaque 100 kilog. de tubercules. Cette quantité correspond à l'azote que renferme ce poids de rhizomes.

M. Dujonchay remplace le fumier par des chiffons de laine hachés, qu'il applique à raison de 40 grammes par pied. En supposant 22 000 touffes par hectare, il en emploirait sur cette superficie près de 900 kilog.

Quoi qu'il en soit, on doit fumer les cultures du topinambour tous les deux ou trois ans.

Plantation des tubercules. — Le topinambour se propage à l'aide de tubercules.

A. Époque. — La plantation se fait à la fin de l'hiver, en février ou mars, aussitôt que les dégels permettent de labourer les terres. On peut aussi planter en automne, puisque les tubercules ne gèlent point. Ce mode de plantation convient spécialement sur les terres très-perméables, et sur les coteaux ou les montagnes, si l'on choisit des tubercules bien mûrs.

B. Choix des tubercules. — On plante le plus généralement les tubercules entiers, qu'ils soient gros ou petits. Coupés, ils sont sujets à pourrir dans les sols humides et à se dessécher dans les terres arides et sèches.

C. Mode de plantation. — C'est à la bêche où à la charrue qu'on exécute la plantation. On opère comme s'il était question de planter des tubercules de pommes de terre. (Voy. p. 153.)

Quantité de tubercules. — On emploie pour planter un hectare de 15 à 20 hectolitres, selon la grosseur des tubercules. Les petits rhizomes peuvent être employés. Dans ce cas, 6 à 8 hectolitres suffisent pour planter un hectare.

Espacement des lignes et des tubercules. — On éloigne les lignes les unes des autres de 0^m,50 à 0^m,60. Espacées à 0^m,75 ou 1 mètre, le sol est moins ombragé par les tiges et les feuilles, et sa fraîcheur est moins grande pendant l'été.

Quant aux tubercules, on les place à une distance de

0^m,25 à 0^m,30 sur les lignes, selon que le sol est plus ou moins riche et qu'il a été plus ou moins fumé.

La profondeur à laquelle on les plante ne doit pas excéder 0^m,16, à moins qu'ils soient plantés dans des sables. Ordinairement on les met à 0^m,06 ou à 0^m,10 au-dessous de la surface du sol.

Culture d'entretien. — *Première année.* — A. HERSAGE.— Lorsque les pousses apparaissent à la surface du sol, on donne un vigoureux hersage. (Voy. p. 159.)

B. BINAGES ET BUTTAGE. — Pendant le développement des tiges, on pratique les binages que le sol demande impérieusement. On peut aussi butter les plantes. (Voy. POMMES DE TERRE, *binages et buttage*, p. 159 et 160.)

Deuxième année. — Les soins d'entretien varient pendant la seconde année, selon le mode de plantation que l'on a adopté.

Lorsqu'on fait pendant l'hiver un arrachage complet, et qu'on replante à nouveau au mois de février suivant, on peut, à cause de la régularité des lignes, exécuter encore les binages à l'aide de la houe à cheval.

Quant au contraire, on se borne, à l'époque de l'arrachage, à enlever les tubercules que la charrue a mis à découvert, ceux qui restent dans le sol suffisent pour qu'il soit garni très-bien de plantes l'année suivante. Dans ce cas, les touffes ne sont plus disposées en lignes, et il n'est plus nécessaire de les biner; on se contente de les herser plusieurs fois en avril, en mai ou en juin. Cette méthode n'est certainement pas la plus parfaite, mais elle a l'avantage d'être très-économique, puisqu'elle évite de planter 20 à 25 hectolitres. Lorsqu'on fume, on répand le fumier avant de pratiquer le labour à plat qui suit toujours l'arrachage, quel que soit le procédé que l'on ait adopté.

Enlèvement des tiges vertes. — On coupe quelquefois les tiges du topinambour, alors qu'elles ne sont encore que semi-ligneuses, pour les donner comme fourrage vert aux bêtes à cornes ou aux bêtes à laine. Toutefois, si par cette opération on obtient un fourrage abondant, on ne doit pas oublier qu'on nuit d'une manière sensible au développement des tubercules. M. Boussingault a fait une expérience dont les résultats confirment ce principe. Voici les faits qu'il a recueillis par hectare :

Le champ qui a fourni des tiges a donné	6 000 kil. de tub.
La surface laissée intacte a produit	24 000 —

On doit conclure de ces résultats, qu'il faut opter, dans cette culture, entre les tiges et les tubercules.

Récolte. — A. TUBERCULES. — L'arrachage des tubercules se fait, ou à la houe ou à la charrue, du 15 décembre au 15 mars. Comme ils se conservent mal à cause de leur tissu spongieux perméable, on se trouve dans la nécessité d'arracher au fur et à mesure des besoins, ou seulement la quantité que l'on peut utiliser pendant 15 à 20 jours.

Quelques personnes croient encore qu'il y a avantage à n'arracher que fort tard, parce que les tubercules continuent à grossir pendant l'hiver. Cette opinion n'est plus admissible en présence des résultats obtenus par M. Opperman, dans une expérience qu'il fit, en 1852, dans le but de résoudre pratiquement cette question. Ainsi, en moyenne,

Les tubercules arrachés fin novembre ont donné	12 000 kil de tub.
Ceux arrachés le 24 mars	— 11 600 —

Toutefois, si les tubercules cessent de grossir lorsque les tiges sont entièrement sèches, d'après M. Bouchardat, pendant l'hiver le sucre qu'ils renferment augmente, tandis que l'inuline diminue.

Dans les Vosges et l'Alsace, l'arrachage doit être terminé à la fin de mars, époque à laquelle les tubercules commencent à pousser.

L'ouvrier chargé d'extirper les tubercules saisit une touffe, l'arrache et la frappe ensuite contre son sabot pour en détacher la terre.

Cette opération est payée à raison de 0 fr. 20 à 0 fr. 30 c. l'hectolitre.

B. TIGES SÈCHES. — Les tiges à demi-sèches se coupent, par un beau temps, vers le 15 octobre ou au commencement de novembre. Lorsqu'on les laisse plus longtemps sur pied, elles noircissent, s'affaissent sur elles-mêmes et n'ont plus la valeur qu'elles possèdent quand elles ont été récoltées en temps opportun.

Aussitôt qu'elles ont été coupées, on les lie en bottes que l'on dresse sur-le-champ pour les faire sécher. Quand les fagots sont secs, on les rapporte à la ferme et on les conserve à l'abri de la pluie.

Rendement. — Le topinambour fournit des tubercules, des tiges vertes et des tiges sèches.

A. TUBERCULES. — Le produit en tubercules varie suivant la fertilité des terres. Voici les quantités que l'on a obtenues par hectare :

Villeroy, *sol très-pauvre*........ ..	100 hectolitres combles.	
Schwerz, *terre sablonneuse*......	128	—
Briaune, *mauvaise terre*........	120	—
Kade, *terre excellente*...........	319	—
De Curzon, *terre riche*..........	400	—
Morterol, *sol bien fumé*.........	600	—
De Gasparin, *alluvion du Rhône.*	750	—

M. Boussingault a plusieurs fois récolté 441 hectolitres sur la même superficie.

B. TIGES ET FEUILLES VERTES. — Cette plante donne des

tiges abondantes et bien fournies de feuilles en juillet et août. Coupées le 16 juillet, alors qu'elles avaient près de 1 mètre de hauteur, elles ont donné à M. Boussingault, 25 600 kilog. de fourrage vert par hectare. M. de Tracy évalue le produit en feuilles que l'on cueille parfois pour les faire sécher et les donner aux animaux pendant l'hiver, de 12 à 15 000 kilog. Kade porte le rendement des fanes sèches, déduction faite de la partie non alimentaire des tiges, à 7500 kilog.

D'après Royer, 100 kilog. de tiges et feuilles vertes représentent 44 kilog. de fanes sèches.

Dans les sols riches, les tiges s'élèvent jusqu'à 3 mètres de hauteur.

C. TIGES SÈCHES. — Le topinambour, à cause de l'élévation de ses tiges, fournit par hectare un poids assez élevé de fanes sèches.

Schwerz évalue leur rendement de 7 à 8000 kilog.

Le produit moyen obtenu par M. Boussingault est de 14 000 kilog.

Les tiges sèches sont aux feuilles sèches :: 73 : 30.

Rapport entre les tubercules et les tiges. — Le rapport des tubercules aux tiges sèches est élevé parce que celles-ci sont ligneuses et très-développées.

D'après les observations de M. Boussingault, les tubercules seraient aux tiges enlevées pendant l'hiver :: 100 : 53. Ce rapport me paraît plus pratique, comme rapport moyen, que celui indiqué par M. de Gasparin, qui est :: 100 : 14.

Poids de l'hectolitre et du mètre cube. — Les tubercules du topinambour ont le même poids que ceux de la pomme de terre.

Ainsi, un hectolitre mesuré ras pèse 66 à 68 kilog, mesuré comble 78 à 80 kilog.

Quantité d'alcool pour 100 kilog. de tubercules. — On extrait de l'alcool des tubercules. Voici les résultats obtenus par M. Bazin, dans la distillation de ces rhizomes tubéreux.

Jus...........	77	pour 100 de tubercules.
Alcool à 90°....	5 lit. 20	—
Pulpe	23 kil.	—

M. Vilmorin fils a constaté que la densité du jus fourni par les tubercules des topinambours était de 1057.

On obtient souvent de 6 à 7 pour 100 d'alcool.

Valeur nutritive. — Le topinambour renferme, d'après M. Boussingault :

	Tubercules.	*Tiges et feuilles vertes.*
Eau..................	79,20	80.00
Sucre	16,10	9,80
Matières grasses........	0,30	0,80
Sels.................	1,10	2,70
Albumine, etc.........	2,10	3,30
Ligneux et cellulose....	1,20	3,40
	100,00	100,00

A. TUBERCULES. — L'azote existe dans les tubercules dans la proportion de 0,33 p. 100. D'après ce chiffre, M. Boussingault représente leur valeur alimentaire par 348. La pratique les considère comme plus nutritifs; elle leur attribue les nombres suivants :

Block	205	Pabst	250
Pétri...........	154	Veit...........	250
Schwerz........	200		
		Moyenne	212

On raffermit facilement les tubercules ramollis ou ridés, en les laissant séjourner 50 à 60 heures dans l'eau.

B. TIGES ET FEUILLES VERTES. — Les tiges et les feuilles vertes du topinambour contiennent 0,53 d'azote. M. Boussingault leur assigne le chiffre 217.

Voici les nombres que la pratique attribue à ce fourrage.

Fanes vertes.		*Fanes sèches.*	
Pabst............	325	Pabst..........	150
Schwerz.........	320	Pétri...........	190
Moyenne.....	323	Moyenne.....	170

Emploi des tubercules. — Comme le plus ordinairement on laisse les tubercules du topinambour en terre pendant tout l'hiver pour ne les extirper qu'au fur et à mesure de leur consommation, on les lave à grande eau, afin de les débarrasser aussi complétement que possible de la terre qui adhère à leur surface, et ensuite on les divise.

Ce tubercule est donné cru au bétail ; la pratique n'a pas encore constaté qu'il y ait avantage à le faire cuire. Toutefois, on peut, après l'avoir divisé, le saupoudrer d'un peu de son ou de balles de blé ou d'avoine.

Action sur le bétail. — Le topinambour est mangé avec avidité par les bêtes à cornes, surtout à la fin de l'hiver, époque où il est plus sapide et moins aqueux que pendant l'automne. Toutefois, tous les animaux ne le mangent pas avec empressement quand on leur en donne pour la première fois ; mais lorsqu'ils y sont habitués ils le consomment très-bien.

Le porc et les bêtes à laine sont aussi avides du topinambour. Daubanton et Yvart le considéraient à bon droit comme un excellent aliment pour les troupeaux.

Ce tubercule ne convient pas aux animaux à l'engrais.

Emploi des fanes dans l'alimentation du bétail. — La fane du topinambour donnée au bétail, verte ou sèche, ne subit aucune préparation.

Action des fanes sur le bétail. — Les tiges, quoique dures, sont consommées avec avidité par les animaux. Les vaches, les bœufs et les moutons les mangent avec plaisir. Toutefois, Schwerz recommande de *ne pas les donner seules* au bétail et de les mélanger avec d'autres fourrages. Ainsi mêlées, elles augmentent de valeur elles-mêmes, tout en augmentant la valeur des autres aliments.

En général, les tiges, et surtout les feuilles du topinambour conviennent mieux aux moutons qu'aux vaches. Dans les pays calcaires pauvres on base souvent l'existence des troupeaux sur les tiges et les feuilles sèches de cette plante parce qu'elles sont très-salutaires aux animaux.

Prix de revient. — La culture du topinambour engage un capital assez élevé lorsqu'on le cultive dans des sols riches. Voici un extrait d'un compte établi par M. Theron de Montaugé pour le département de la Haute-Garonne :

Dépenses par hectare............	562 fr. 80
Produit	330 hectolitres.
Prix de revient de l'hectolitre.....	1 fr. 63

Le prix auquel est revenu l'hectolitre est élevé.

Voici maintenant deux comptes donnés par M. Boissière : l'un concerne une culture du topinambour établie sur un sol peu fertile ; l'autre est relative à une culture exécutée sur une terre riche.

	Valeur locative, 30 fr.	*Valeur locative*, 90 fr.
Dépenses par hectare. ...	160 fr. 75	312 fr. 50
Prix de revient de l'hectol.	1 07	1 04
Produit par hectare	150 hectolitres.	300 hectolitres.

Il résulte de ces trois comptes que le produit du topinambour est bien en raison directe de la richesse des terres où il est cultivé et du capital qu'on lui consacre. On remarquera que le prix de revient de l'hectolitre est le même dans les deux derniers exemples, malgré la différence considérable qu'on observe dans la valeur locative des terres.

Quoi qu'il en soit, le premier exemple cité par M. Boissière prouve clairement que le topinambour est bien la plante à tubercule des sols pauvres et des contrées ayant peu de capitaux.

BIBLIOGRAPHIE.

Duhamel. — Éléments d'agriculture, 1769, in-12, t. II, p. 197.

Parmentier. — Culture de la pomme de terre, 1789, in-8, p. 354.

Bagot. — Mémoire sur le topinambour, 1806, in-8.

Lullin. — Des prairies artificielles, 1819, in-8, p. 220.

Yvart. — Cours complet d'agriculture, 1823, in-8, t. XIV, p. 242.

De Tracy. — Le Cultivateur, 1831, t V, in-8, p. 97.

Antoine. — Maison rustique du xixᵉ siècle, 1835, gr. in-8, t. I, p. 451.

Bonnet. — Le Cultivateur, 1840, t. XVI, p. 201.

Schwerz. — Culture des plantes ourragères, 1842, in-8, p. 334.

Dujonçay. — Moniteur de la propriété, 1845, gr. in-8, t. X, p. 340.

De Gasparin. — Cours d'agriculture, 1848, in-8, t. IV, p. 69.

Briaune. — Journal d'agriculture pratique, 1850, 3ᵉ série, t. I, p. 85.

Payen et Richard. — Précis d'agriculture, 1851, in-8, t. I, p. 492.

Boussingault. — Économie rurale, 1851, in-8, t. I, p. 378.

Girardin et Dubreuil. — Cours élém. d'agr., 1852, in-12, t. II, p. 128.

Ledocte. — Culture des plantes-racines, 1853, in-12, p. 77.

De Curzon. — Mémoire de la Société d'agr. de Poitiers, 1853, in-8.

Boissière. — Annales de la Soc. d'agr. de la Gironde, 1854, in-8, p. 232.

SECTION III.

Batate ou Patate douce.

BATATAS EDULIS, Ch.; CONVOLVULUS BATATAS, L.

Plante dicotylédone de la famille des Convolvulacées.

Anglais. — Sweet potato.   *Espagnol.* — Batata.
Allemand. — Batate.   *Italien.* — Batate.

Historique. — Mode de végétation. — Variétés. — Composition. — Terrain.
— Multiplication. — Mise en place des boutures. — Soins d'entretien. —
Récolte. — Conservation des tubercules. — Rendement : tubercules et
tiges vertes. — Valeur commerciale des racines. — Bibliographie.

Historique. — La batate, originaire de l'Inde, est connue
en Europe depuis plusieurs siècles. Pierre Cicca rapporte
dans ses *Chroniques*, imprimées en 1553, que les habitants
de Quito (Pérou) mangent ces racines qu'ils appellent *papas*.
Clusius, pendant son séjour à Vienne en 1598, en reçut plusieurs racines du gouverneur de Mons. C'est en 1596 qu'elle
fut introduite en Angleterre, mais il y avait déjà longtemps
qu'on la multipliait en Espagne.

Elle fut cultivée pour la première fois en France sous
Louis XV, dans le jardin de Trianon, par Richard; et depuis
cette époque jusqu'à nos jours, on a fait de nombreuses
tentatives pour l'introduire dans la grande culture; mais les
difficultés que l'on éprouve pour conserver les racines pendant l'hiver n'ont pas permis de l'adopter dans les contrées
septentrionales. Dans l'état actuel, sa culture appartient aux
parties méridionales de l'Europe : la Provence, l'Espagne,
l'Algérie, etc.

Mode de végétation. — La batate a des tiges rampantes,
rarement volubiles; ses feuilles sont cordiformes, aiguës,
pétiolées et très-développées; ses fleurs sont en cloches ou

campanulées, purpurines, et portées au nombre de 3 à 4 sur le même pédoncule. Ses graines sont triangulaires et noires, sa racine est tubéreuse, munie d'yeux, féculente, sucrée et très-agréable.

Cette plante végète lorsque la température moyenne de l'atmosphère atteint + 12°; elle exige, d'après M. de Gasparin 3645° de chaleur totale pour mûrir les racines tuberculeuses pour lesquelles on la cultive.

Variétés. — On cultive dans les contrées du Midi cinq variétés.

1° *Batate rouge longue.* — Racine allongée, effilée, cylindrique; peau lisse et rouge jaunâtre; chair fine, jaunâtre, douce, très-sucrée et farineuse.

2° *Batate jaune des Indes.* — Racine semblable à celle de la variété précédente, excepté que sa peau est jaune pâle.

Cette variété forme tardivement ses tubercules.

3° *Batate rose de Malaga.* — Racine ovoïde, cannelée, très-grosse, à peau rose nuancée de jaunâtre; chair excellente ayant le goût de la châtaigne.

Cette variété est plus productive que les précédentes. ·

4° *Batate-igname.* — Racine courte, grosse, irrégulière, cannelée, renflée, à peau blanc grisâtre; chair blanche peu sucrée.

M. Vilmorin l'a reçue de la Guadeloupe, dont la latitude correspond à celle de Bordeaux; elle est très-recherchée des confiseurs.

5° *Batate violette.* — Racine grosse, irrégulière; peau rouge violâtre; chair moins fine que celle de la batate rouge.

Les racines de cette variété sont celles qui se conservent le moins bien. Elle a été introduite en 1836 de la Nouvelle-Orléans.

Composition. — La racine de la batate a beaucoup d'ana-

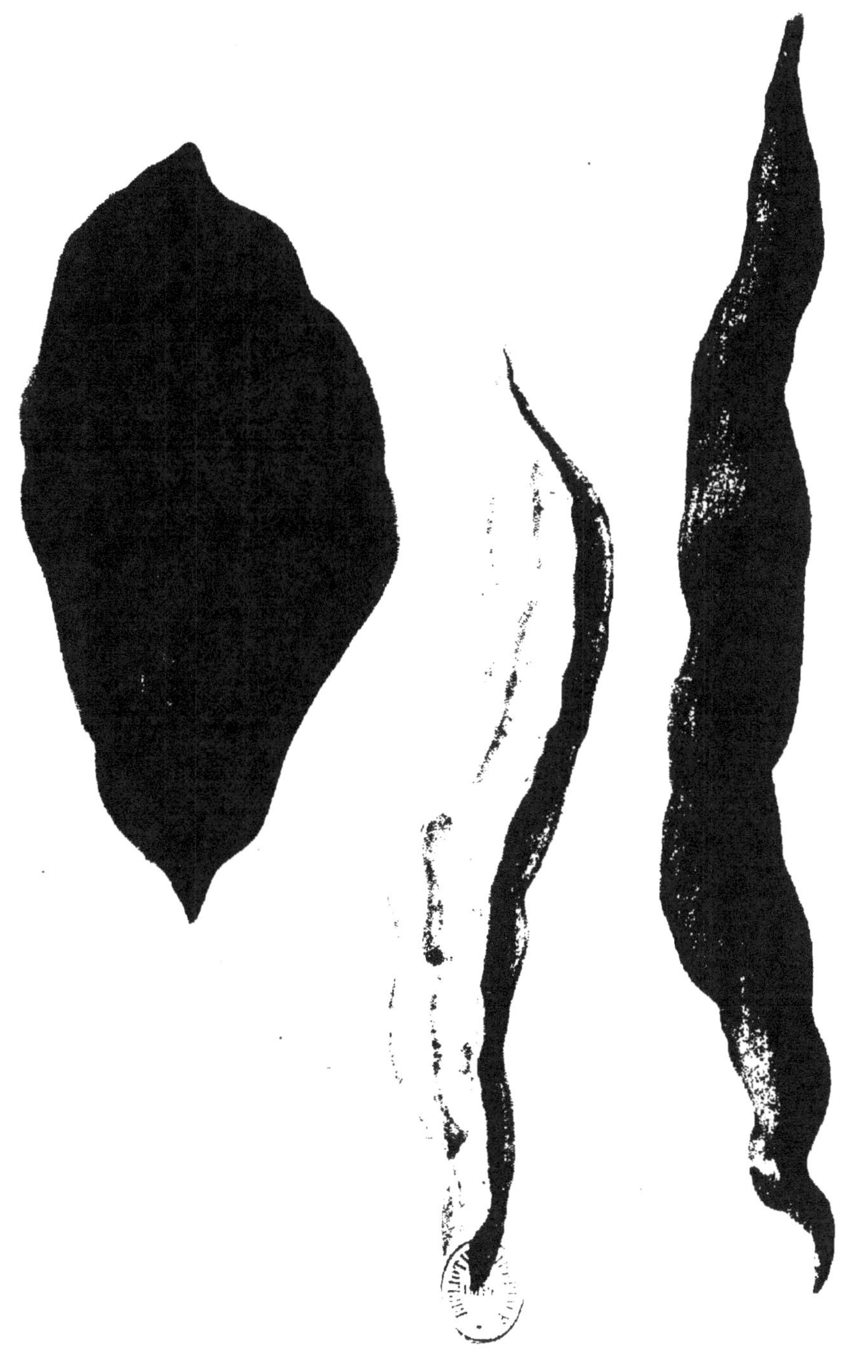

logie, quant à sa composition, avec la pomme de terre. Voici
deux analyses faites par M. Payen :

	B. rouge.	*B. igname.*
Eau....................	71,25	76,60
Amidon...............	17,00	13,20
Sucre.................	3,20	2,60
Cellulose, etc.	8,55	7,60
	100,00	100,00

Suivant MM. Proust et Payen, la batate rose de Malaga
ne renferme que 2,4 pour 100 d'amidon.

Terrain. — Cette plante demande des terres un peu légères et riches; elle réussit très-bien sur du terreau consommé.

Multiplication. — La batate se propage de boutures. Voici
comment on les obtient.

Au mois de mars ou d'avril, on fait une couche avec du fumier que l'on couvre de 0^m,08 à 0^m,012 de terre, dans laquelle on plante des tubercules, de manière à ce qu'ils soient
séparés de plusieurs centimètres les uns des autres. Quand
cette plantation est faite, on couvre la couche avec des châssis ou des cloches, et on donne les jours suivants les arrosages nécessaires.

Lorsque les pousses ont 0^m,10 à 0^m,15 de longueur, on les
détache avec la main des tubercules, on les plante sur des
plates-bandes, et on les garantit du froid par des panneaux
de châssis, des cloches ou des paillassons. Cette opération est
faite dans le but d'enraciner les pousses.

Vers la fin d'avril, en mai ou au commencement de juin,
lorsque les boutures sont bien enracinées, on les enlève de
cette pépinière pour les mettre en place.

D'après M. Regnier, 80 kilog. de tubercules peuvent fournir 17 000 boutures.

Dans le Midi les boutures se vendent 1 fr. 20 c. le cent.

Mise en place des boutures. — Les plantes enracinées doivent être plantées dans des fosses bien ameublies, larges de 0^m,80 à 1^m, et profondes seulement de 0^{m}20. Lorsque le sol a été profondément divisé, les plantes produisent beaucoup de feuilles et peu de tubercules. Avant de mettre les plantes en place, on supprime les feuilles, sauf les deux supérieures, et on éborgne les yeux qui se trouvent à la base des pétioles que l'on a coupés à 1 centimètre de la tige. Les racines doivent être plantées couchées dans des fosses de 0^m,10 de profondeur. On espace les pieds de 0^m,50 à 0^{m}65.

Soins d'entretien. — La batate demande, pendant sa végétation, des binages réitérés, jusqu'à ce qu'elle ombrage le sol par ses nombreuses tiges.

En juillet, on butte très-légèrement les pieds pour concentrer plus de fraîcheur autour des racines, ou on les arrose une ou deux fois au moyen d'irrigations par infiltration.

Récolte. — L'arrachage a lieu vers la fin de septembre, avant l'arrivée des pluies d'automne, après avoir coupé les tiges. Il faut choisir, autant que possible, pour faire cette opération, un jour beau et sec. On doit éviter de couper ou de meurtrir les racines.

Les tubercules ne doivent être rentrés qu'après être restés pendant quelque temps à l'action de l'air et du soleil pour qu'ils renferment moins de parties aqueuses.

Conservation. — Les tubercules de la batate s'altèrent facilement lorsque la température moyenne de l'atmosphère descend à $+$ 4°. Pour les conserver quelques mois après leur arrachage, il faut les déposer dans des locaux sains dans lesquels on maintient la température à $+$ 9° ou $+$ 10°. On a souvent réussit à les conserver d'une manière convenable en les stratifiant dans des caisses avec du tan sec, de la sciure de bois ou de la mousse bien sèche.

Rendement. — A. TUBERCULES. — Le produit en tubercules est souvent très-élevé. Voici ce qu'on a obtenu par hectare dans les contrées méridionales :

De Gasparin.....	30,000 kil.
Regnier	32,000
Ridolfi...........	18,700

En Algérie, un hectare donne jusqu'à 50 000 kilog.

B. TIGES ET FEUILLES VERTES. — La batate produit des tiges nombreuses que l'on peut donner aux animaux domestiques. Les vaches laitières les mangent avec avidité. A Saint-Domingue, on l'a fauchée quatre fois pendant sa végétation. Il serait utile de l'expérimenter en Algérie comme plante fourragère et de constater ce qu'elle peut y donner en tiges et feuilles vertes.

Valeur commerciale des racines. — Dans le Midi, les tubercules de batate se vendent 5, 10 et quelquefois 20 et 30 francs les 100 kilog.

BIBLIOGRAPHIE.

Moreau de Saint-Méry.—Mém. de la Soc. d'agr., 1789, trim. d'hiver.
Parmentier. — Traité de la cult. de la p. de terre, 1789, in-8, p. 325.
Bosc. — Cours complet d'agriculture, 1822, in-8, t. XI, p. 248.
Sageret. — Mémoire de la Société d'agriculture, 1838, in-8, p. 265.
Ridolfi. — Journal d'Agriculture pratique, 1re série, t V, p. 217.
Regnier — Mémoire de la Société d'agriculture, 1842, in-8, p. 69.
Masson. — Mémoire de la Société d'agriculture, 1847, in-8, p. 175.
De Gasparin. — Cours d'agriculture, 1848, in-8, t. IV, p. 56.
Girardin et Dubreuil. — Cours élém. d'agr., 1852, in-12, t. II, p. 127.
Vallet de Villeneuve. — Manuel sur la culture des batates, 1850, in-8.
Vilmorin. — Bon Jardinier, 1855, in-8, t. XI, p. 248.

CHAPITRE III.

PLANTES A RACINES FÉCULIFÈRES.

Igname de Chine.

(Dédiée à Dioscoride, botaniste grec.)

DIOSCOREA BATATAS, Dec. ; DIOSCOREA JAPONICA, Hort.

Plante monocotylédone de la famille des Dioscorées.

Historique. — Mode de végétation. — Terrain. — Composition. — Multiplication : tronçons de racines, bulbilles, boutures, graines. — Soins d'entretien. — Arrachage. — Rendement. — Conclusion. — Bibliographie.

Historique. — L'igname de Chine a été introduite pour la première fois, en France, en 1846 par l'amiral Cécile. Elle y fut importée de nouveau, en 1850, par M. de Montigny, consul de France à Chang-Haï. Elle sert depuis longtemps d'aliment en Chine et au Japon.

Cette nouvelle igname fut désignée d'abord sous le nom de *Dioscorea Japonica* ; mais M. Decaisne, l'un de ceux qui s'occupent le plus de sa naturalisation en Europe, a fait voir qu'elle était parfaitement distincte de cette espèce ; c'est pourquoi il lui a donné le nom de *Dioscorea batatas*.

Quel sera l'avenir de cette plante? Remplacera-t-elle la pomme de terre comme on l'avait espéré à l'époque où elle fut introduite? Il est difficile de préciser aujourd'hui le rôle qu'elle pourra jouer un jour dans l'alimentation des populations. Toutefois, les résultats qu'elle a donnés jusqu'à ce moment permettent de dire qu'elle est digne, sous tous les rapports, d'être expérimentée sérieusement.

Mode de végétation. — L'igname de Chine est vivace; ses racines sont charnues, cassantes, longues de 0^m,50 à 1 mètre, cylindriques, renflées en massue vers leur extrémité, et présentent sur leur longueur de petites racines fibreuses, courtes et grêles; leur épiderme est de couleur jaune brun. Les tiges sont annuelles, grêles, cylindriques, volubiles de gauche à droite et de couleur purpurine et hautes de 1 à 3 mètres; les feuilles sont opposées, triangulaires, cordiformes, à surface lisse et d'un vert foncé en dessus.

Cette plante est dioïque. Les fleurs mâles sont petites et vertes et disposées en petits épis au nombre de deux à trois dans l'aisselle des feuilles. Les fleurs femelles forment des épis assez longs et sont situés aussi à l'aisselle des feuilles. Le fruit est une capsule fauve à trois angles membraneux très-saillants. La graine est jaunâtre.

Les racines, véritables rhizomes, sont gorgées de fécule, et leur chair est légèrement laiteuse. Elles s'enfoncent souvent dans le sol jusqu'à un mètre de profondeur, sont très-rustiques, et peuvent supporter — 14° sans être altérées. C'est leur grande aptitude à supporter des froids très-intenses qui permet de les laisser en terre pendant l'hiver.

Ces racines périssent tous les ans après avoir alimenté de nouveaux tubercules qui sont toujours plus développés.

A l'aisselle des feuilles, sur les plantes de deux années, il naît ordinairement de petits tubercules ou bulbilles que l'on a appelés *grenons*.

Terrain. — Cette plante réussit sur tous les terrains; mais elle préfère les terres un peu légères et fraîches sans être humides.

Elle n'exige pas, pour produire de fortes racines, des sols profonds ou ameublis et divisés à une grande profondeur.

Composition. — Les racines de cette dioscorée sont aussi riches en parties nutritives que les tubercules de la pomme de terre, avec lesquels elles ont beaucoup de rapport par leur composition.

Voici les analyses que l'on a faites :

Racines récoltées à	*Payen.* Alger.	*Boussingault.* Paris.	*Frémy.* Paris.
Amidon.	16,76	13,10	16,00
Substances azotées. . .	2,55	2,40	1,50
Matières grasses.	0,30	0,20	1,10
Cellulose	1,45	0,40	1,00
Sels minéraux.	1,99	1,30	1,10
Eau.	76,95	82,60	79,30
	100,00	100,00	100,00

Le docteur Grouven a constaté par l'analyse que l'igname de Chine contenait les substances suivantes :

	1856.	1857.
Amidon.	8,10	3,04
Dextrine, pectine.	1,92	9,31
Matières protéiques	1,13	4,61
Sucre	0,72	1,32
Matières extractives.	3,11	2,89
Graisse.	0,32	0,21
Cellulose.	0,70	1,57
Matières minérales.	1,10	1,55
Acide phosphorique.	0,00	0,17
Eau	83,00	76,50
	100,00	100,00

Le principe mucilagineux qui est uni à l'amidon permet à la farine, traitée par l'eau, de former une pâte qui rappelle, par sa plasticité, la pâte produite par la farine du froment. M. Frémy croit que cette farine peut entrer pour une certaine proportion dans la confection du pain.

Multiplication. — La multiplication de cette plante peut s'opérer : 1° par la plantation de tronçons de racines ; 2° par celle des bulbilles ; 3° par le bouturage ; 4° par graines.

A. *Tronçons de racines.* — On divise les racines en fragments de plusieurs centimètres de longueur, que l'on plante en pleine terre, en mars ou avril. Chaque fragment (*fig.* 22) donne naissance à une tige et à des bulbilles, et il s'enfonce dans le sol et se renfle à sa base.

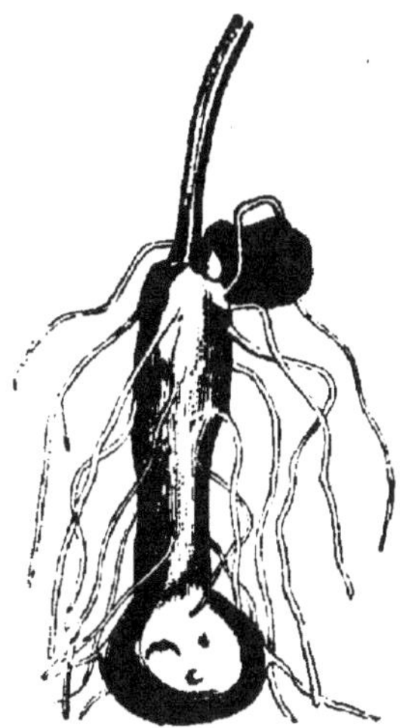

Fig. 22. — Portion de rhizome enracinée.

B. *Bulbilles.* — Les petits tubercules ou *grenons* qui naissent en abondance à l'aisselle des feuilles dans la partie supérieure des tiges (*fig.* 23), servent aussi à la propagation de l'igname. On les met en terre au printemps, ou on les plante en pots lorsqu'on les récolte. C'est à l'époque où les tiges meurent qu'on les recueille. Ces bulbilles se développent principalement sur les plantes qui vivent dans les pays méridionaux. Elles présentent toutes à leur sommet un bourgeon terminal *b.*

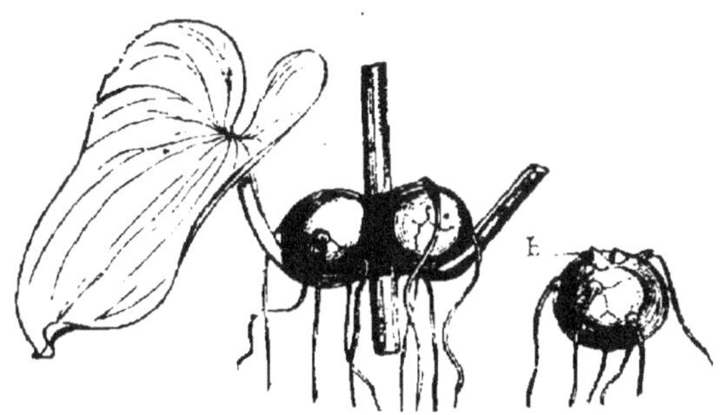

Fig. 23. — Grenons développés à l'aisselle des feuilles.

Quand on ne les plante qu'au printemps, on doit les mettre dans des vases et les couvrir de terre pour éviter que l'air ne les dessèche.

C. Boutures. — Pour bouturer l'igname de Chine, on prend, en juillet, un fragment de rameau muni d'un œil, et on le plante dans un godet que l'on place ensuite sous cloche. Au bout de cinq à six semaines, lorsque la reprise de cette bouture a eu lieu, on distingue à sa base (*fig.* 24) un ou plusieurs rudiments de tubercules. On met ensuite en pleine terre sous châssis.

Ce moyen de propagation ne convient que quand l'igname de Chine est cultivée dans les jardins.

Fig. 24. — Bouture de tige.

D. Graines. — L'igname de Chine produit dans la Provence et en Algérie des graines de bonne qualité; mais ces semences, ainsi que l'a constaté M. Decaisne, germent très-inégalement.

Ce mode de multiplication produira probablement des variétés.

Soins d'entretien. — Cette plante exige pendant ses deux années de végétation tous les soins d'entretien que réclame la betterave pendant son existence.

Ces tiges non soutenues par des tuteurs rampent sur la terre et s'enchevêtrent les unes avec les autres et dispensent de biner la surface du sol.

Arrachage. — On arrache les rhizomes aussi tard que possible, en automne.

Cette opération doit être faite avec soin, car les racines se cassent très-facilement.

Avant de les consommer, on les laisse se ressuyer quelques jours à la surface du sol, afin qu'elles soient moins aqueuses.

Les petites racines sont conservées dans du sable pour servir à la multiplication l'année suivante.

Rendement. — Jusqu'à ce jour, on ne connaît pas la quantité de racines que l'on peut récolter par hectare. Toutefois, cette quantité paraît devoir être considérable. D'après les expériences faites par M. Decaisne, elle s'élèverait à 60 000 kilog. de rhizomes par hectare. On a récolté des racines qui pesaient jusqu'à 1 kilg. 500.

Conclusion. — En résumé, la culture de l'igname de Chine est simple et facile. Si un jour on la multiplie en grand parce qu'on aura diminué la longueur de ses racines ou obtenu une variété à rhizomes sphériques, l'honneur en reviendra à M. de Montigny.

BIBLIOGRAPHIE.

Decaisne. — Culture de l'igname de Chine, in-8, 1854.
Pépin. — Notice sur le Dioscorea Japonica, 1854, in-8.
Frillet. — Notice sur l'igname de Chine, 1855, in-8.
Carrière. — Revue horticole, 4e série, t. IV, 1855, p. 369.
Ducharte. — Annales de la Société centrale d'horticulture, 1859, p. 465.
Vilmorin. — Bon Jardinier, 1856, in-12.

LIVRE II.

PLANTES CULTIVÉES POUR LEURS FRUITS CHARNUS.

Cette classe ne comprend que la citrouille et les courges, plantes dont la culture est plus répandue dans les provinces méridionales que dans la région du nord.

Ces plantes n'ont pas les avantages que présentent la betterave, la carotte et le rutabaga, car leurs fruits ne se conservent pas sains très-longtemps, surtout lorsqu'ils ont été amoncelés dans les granges ou les celliers, mais la promptitude avec laquelle elles développent et mûrissent leurs fruits et le grand produit qu'elles fournissent permettent de les considérer comme des plantes très-utiles.

Si ces plantes fourragères exigent une somme de chaleur plus grande que les plantes à racines et à tubercules, elles ont du moins l'avantage sur ces végétaux de ne pas demander des fumures aussi considérables.

La culture de la citrouille et des courges prend chaque année plus d'extension en Amérique. Elle est aussi pratiquée très en grand en Espagne, en Italie et en Algérie.

CHAPITRE UNIQUE.

Citrouille ou Courge.

(Du celtique *cucc*, vase; allusion à la forme des corolles.)

CUCURBITA MAXIMA, Duch.

Plante dicotylédone de la famille des Cucurbitacées.

Anglais. — Squash.
Allemand. — Kürbiss.

Espagnol. — Calabaza.
Italien. — Zucca.

Historique. — Climat. — Mode de végétation. — Variétés. — Terrain : nature, préparation. — Semis : époque, sur billons, dans des fosses. — Transplantation. — Éclaircissage. — Soins d'entretien : binages, buttages, arrosages. — Taille ou pincement. — Récolte des fruits. — Conservation des citrouilles. — Rendement. — Valeur alimentaire. — Emploi des citrouilles. — Leur action sur le bétail. — Huile fournie par les graines. — Alcool fourni par la pulpe. — Emploi des semences en médecine. — Bibliographie.

Historique. — La citrouille est cultivée depuis plusieurs siècles dans le Maine, l'Anjou, la Touraine, la Franche-Comté, etc., pour la nourriture des animaux domestiques. On la cultive aussi en Italie, en Espagne et en Hongrie. Depuis quelques années, sa culture et celle des courges a pris un développement considérable en Amérique.

Ces plantes fournissent pendant l'hiver un précieux aliment, en ce qu'il remplace très-avantageusement la betterave.

Climat. — La citrouille et les courges sont originaires de l'Inde, et ne peuvent être cultivées en grand en France que dans la région de la vigne et celle du maïs.

Elles exigent pour mûrir, d'après les observations de

M. de Gasparin, 3200° de chaleur totale au-dessus de la température de + 12°; le potiron commun en exige 4000°.

Si ces plantes résistent aux plus grandes chaleurs, par contre elles souffrent beaucoup, si elles ne sont pas détruites, lorsqu'il survient des gelées tardives après leur apparition à la surface du sol.

Leurs fruits supportent difficilement pendant l'hiver des froids de — 5°.

Mode de végétation. — Les citrouilles et les courges sont des plantes annuelles à tiges fistuleuses, rampantes, hérissées de poils roides et munies de vrilles. Leurs feuilles, qui varient de forme suivant les variétés, sont couvertes de poils courts et roides. Quant aux fleurs, elles sont grandes, monoïques, et elles forment une corolle campanulée, étalée et réfléchie. Toutefois, toutes les tiges ne donnent pas des fleurs femelles fertiles; celles qui prennent une direction verticale ne se mettent que très-difficilement à fruit; c'est pourquoi il est nécessaire, comme l'a démontré Sageret, contrairement à l'opinion soutenue par Rozier, d'arrêter par la taille le développement de la tige principale lorsqu'elle porte quelques feuilles, afin de faciliter par ce moyen le développement des rameaux qui naissent de l'aisselle de ces feuilles mêmes.

Ces cucurbitacées ont aussi besoin d'une très-grande quantité d'eau. M. de Gasparin a constaté qu'elles en fixent, par leurs tiges et leurs feuilles, 80 000 kilog. par hectare, et qu'elles en évaporent en outre par vingt-quatre heures une couche de 0^m,011 par chaque mètre de surface de ces feuilles, c'est-à-dire, au moment de tout leur développement, 110 mètres cubes par jour et par hectare. Ces faits remarquables prouvent combien il est utile d'employer des fumiers décomposés ou naturellement froids et très-hygrométriques dans la culture de ces plantes, et pourquoi on doit les butter quand les arrosages ne sont pas possibles.

Variétés. — On connaît un très-grand nombre de courges; je ne mentionnerai que les variétés qui me paraissent le mieux

Fig. 25. — Citrouille de Touraine. — Au 5ᵉ.

convenir pour l'alimentation des animaux, parce qu'elles sont les plus productives et les plus rustiques.

A. CITROUILLE. — *Citrouille de Touraine* ou *palourde* (fig. 25). — Fruit légèrement oblong, à écorce vert pâle jaspé de rouge ou de blanc ; chair rosée, un peu jaunâtre ; graines larges, très-aplaties, un peu rudes au toucher, à bourrelet très-prononcé sur leurs bords ; feuilles très-grandes, profondément lobées, vert foncé avec quelques taches blanchâtres aux angles des nervures quand elles sont jeunes.

Variété très-féconde et très-cultivée en France.

B. COURGES. — 1° *Courge à la moelle.* — Fruits longs de 0^m,30 sur 0^m,10 de diamètre, à côtes arrondies, à écorce jaune brillant ; chair blanc jaunâtre et très-épaisse ; graines petites, allongées et sans bourrelets ; feuilles rudes, profondément lobées et portées par des tiges très-coureuses.

Variété très-fertile : chaque pied peut produire de 4 à 6 fruits.

2° *Courge des Patagons.* — Fruits presque cylindriques, longs de 0^m,45 sur 0^m,18 de diamètre, marqués de côtes très-irrégulières et saillantes, et à écorce vert noirâtre d'un beau luisant ; graines moyennes et blanc jaunâtre ; chair jaune pâle.

3° *Courge de l'Ohio.* — Fruits ovales, longs de 0^m,32 sur 0^m,25 dans leur plus grand diamètre, à côtes peu prononcées ; écorce jaune orange saumonné ; chair jaune orange foncé ; graine grosse et très-blanche ; feuilles entières, fermes et concaves ; tiges coureuses.

Variété excellente et très-répandue en Amérique ; elle mérite d'être cultivée.

4° *Courge pleine de Naples.* — Fruit long de 0^m,50 et déprimé vers sa partie médiane, où il a 0^m,12 de diamètre ; écorce unie vert foncé ; chair remplissant tout le fruit et de couleur jaune vif ; graines d'un blanc sale et recouvertes sur leurs bords par une sorte de duvet ; tiges coureuses et portant des feuilles petites, glabres, unies, avec des taches blanches le long des nervures.

Terrain. — A. Nature. — Comme toutes les plantes de la famille des cucurbitacées, la citrouille et les courges doivent être cultivées de préférence sur des terres sablonneuses, perméables, et exposées au midi dans le centre de la France, et au nord dans les provinces du Midi. Les terres légères, fraîches, sont celles qui leur conviennent le mieux. Cultivées dans des terrains argileux, leurs fruits, en automne, sont sujets à pourrir, étant continuellement en contact avec la couche arable.

B. Préparation. — Les terres sur lesquelles on veut établir une culture de citrouilles ou de courges, doivent avoir été préparées par un ou plusieurs labours, selon l'ameublissement naturel de la couche arable. Lors de la dernière façon, on dispose le sol à plat ou en billons, suivant le mode de culture que l'on doit adopter.

Si les semis doivent être faits sur des *billons*, il faudra, avant de les terminer, y conduire le fumier et l'enterrer par le dernier labour, en ayant soin qu'il occupe bien le centre des ados.

Quand la citrouille doit végéter dans des *fosses* ou des *poquets*, le sol est labouré à plat et reçoit ensuite un hersage. Alors des ouvriers armés de pelles ou de bêches font des trous carrés ou circulaires d'un mètre de diamètre sur 0ᵐ,30 à 0ᵐ,50 de profondeur. Ces fosses doivent être placées de 1 à 2 mètres de distance les unes des autres, selon la fertilité du sol et la quantité de fumier que l'on emploie. L'espacement qui m'a le mieux réussi à Grand-Jouan est de 1ᵐ,50. Lorsque ces trous ont été creusés, ou à mesure que les ouvriers les exécutent, on les remplit de fumier qu'on couvre ensuite de 0ᵐ,02 à 0ᵐ,03 de terreau ou de bonne terre.

En Provence on laboure le sol à plat, on espace les lignes de 1ᵐ,10 et on opère les semis de manière que deux pieds éloignés l'un de l'autre de 0^m,20 soient aussi séparés de 1^m,10.

Semis. — A. ÉPOQUE. — Les semis se font plus tôt dans le midi que dans le centre de la France.

Dans la région de l'ouest on les exécute pendant la seconde quinzaine d'avril ou dans les premiers jours de mai, lorsque la température moyenne s'est élevée à $+$ 12° ou 18°.

Dans la région du sud, on sème la citrouille de la fin de mars au 20 avril.

Les jeunes plantes provenant de semis exécutés de trop bonne heure peuvent être détruites par les gelées tardives.

Dans la Bresse, le Béarn, etc., la citrouille est souvent associée au maïs. Quelquefois, dans les mêmes contrées, on la cultive seulement sur les cheintres, afin que ses pampres ne rendent pas le binage du maïs impossible.

Le plus ordinairement, les cotylédons se montrent au bout de huit jours environ.

Les graines de citrouille et de courge conservent leur faculté germinative pendant six à huit années.

B. SUR BILLONS. — Quand on sème en billons, on fait tremper les graines pendant une journée dans de l'eau, et on les répand directement sur le fumier avant de le recouvrir, en ayant la précaution de les espacer les unes des autres de 0^m,30 environ. On recouvre le fumier et les semences à l'aide du labour, avec lequel on termine les ados. Souvent, pour mieux former ces derniers et bien enterrer les graines, on donne un râtelage sur toute leur longueur.

C. DANS DES FOSSES. — Si les citrouilles doivent végéter dans des fosses, on place au milieu de chacune d'elles deux ou trois semences en dirigeant leurs pointes vers le bas afin de hâter le plus possible leur germination. Ces graines sont espacées l'une de l'autre de 0ᵐ,10, et elles peuvent être placées directement dans le fumier.

Transplantation. — Il arrive souvent que toutes les graines semées ne germent pas, parce qu'elles sont de mauvaise qualité, qu'elles ont été détruites par des mulots, ou qu'il est survenu, après la semaille, des pluies abondantes et continues; alors *on lève en motte, par un temps couvert*, les pieds superflus, soit sur les billons, soit dans les fossés, pour les planter dans les endroits où il n'y en a pas. Cette opération est très-facile, et il est rare que les pieds ne reprennent pas aussitôt racine si elle a été bien faite.

Éclaircissage. — Lorsque toutes les graines semées ont donné naissance à des plantes, on doit arracher tous les pieds les plus faibles, et laisser en place ceux qui ont le plus de vigueur et qui sont éloignés de 1 mètre ou 1ᵐ,50 ou 2 mètres sur les billons. Dans les sols pauvres ou mal fumés, on les sépare seulement de 1 mètre, afin que leurs tiges couvrent en juillet et août toute la surface du sol, et que celle-ci soit moins sujette à être envahie par les mauvaises herbes : on ne doit laisser qu'une ou deux plantes dans chaque poquet.

Soins d'entretien. — A. PREMIER BINAGE. — Quand on a procédé à la transplantation ou à l'éclaircissage, on abandonne les plantes à elles-mêmes. Toutefois, il est utile, si le sol commence à se couvrir de mauvaises herbes, de donner un binage à bras sur toute la surface du sol.

Lorsque la citrouille est cultivée en fosses régulièrement espacées les unes des autres, on peut pratiquer ce premier binage à la houe à cheval.

B. DEUXIÈME BINAGE. — On termine les cultures d'entretien en donnant un second binage avant que la surface du

sol soit complétement ombragée par les feuilles des citrouilles.

C. BUTTAGE. — On profite souvent des binages pour exécuter un léger buttage au pied des plantes. Cette opération
est faite dans le but de concentrer sur les racines, pendant
les fortes chaleurs, une plus grande humidité ; quelquefois
même on commence dès le premier binage à le pratiquer ;
alors la citrouille reçoit pendant sa végétation deux binages
et deux buttages.

D. ARROSAGES. — Dans les contrées méridionales de l'Europe, on remplace les buttages par des arrosements pratiqués au moyen de l'*irrigation dite par infiltration*. Ces arrosages ont lieu en juin, juillet et août ; on ne les pratique pas
à l'approche de la maturité des fruits, dans la crainte de les
rendre trop aqueux et d'une moins bonne conservation.

Taille. — Dès que les plantes ont développé trois à quatre
feuilles latérales, on pince avec l'ongle le sommet de la tige
principale qui se dirige verticalement : cette opération, que
l'on nomme *taille*, n'est pas toujours pratiquée dans les cultures en grand ; mais c'est commettre une faute que de ne
pas l'exécuter, car, par la suppression que l'on opère, on
hâte sensiblement le développement des tiges qui doivent
ramper sur terre et porter les fruits.

Quand ceux-ci sont formés et qu'ils ont de $0^m,4$ à $0^m,6$ de
diamètre, on pratique un second *pincement* à $0^m,25$ ou $0^m,30$
au delà du fruit. Cette seconde taille a pour but de limiter le
développement des tiges et le nombre des fruits, et d'empêcher que des bourgeons nombreux apparaissent au détriment
de ces derniers. Chaque pied ne doit pas porter au delà de
trois à cinq fruits : quand ceux-ci sont très-nombreux, ils se
développent plus difficilement que lorsque chaque pied n'en
comporte que quelques-uns.

Récolte des fruits. — Les fruits de la citrouille ou des courges se récoltent du 15 octobre au 15 novembre. On reconnaît que les fruits sont arrivés à maturité quand les tiges qui leur ont donné naissance sont sèches et que leurs *queues sont cernées.* Toutefois, on ne doit pas s'empresser de les enlever des champs quand on reconnaît que les tiges et les feuilles ne végètent plus, et que, frappés, ils rendent un son creux: il faut les laisser quelques semaines encore sur le sol, afin qu'ils arrivent à une maturité plus complète. Cette aération accroît leur qualilé et les rend d'une meilleure conservation.

Conservation des citrouilles. — Quand, dans les mois d'octobre ou de novembre, on craint des gelées, on doit, par un beau temps, rentrer les fruits qui sont encore dans les champs et les emmagasiner sous des hangars, dans des celliers, des caves très-saines, des granges ou des greniers, en évitant de les entasser les uns au-dessus des autres; on les couvre de paille toutes les fois qu'on a à redouter de fortes gelées à glace.

Vers le milieu de décembre, on les visite, afin d'enlever les fruits qui commenceraient à se gâter.

Rendement. — La quantité de fruits de citrouille ou de courge que l'on peut obtenir par hectare est considérable. Ainsi, si la culture a été bien conduite, on pourra compter sur 8 à 10 mille pieds, sur lesquels on récoltera de 30 à 50 000 citrouilles ou courges. Comme chaque fruit pèse en moyenne au moins 3 kilog., il s'ensuivra qu'on sera en droit de supputer un rendement de près de 100 000 kil. à l'hectare.

D'après Leclerc-Thouin, on compte dans l'Anjou trois fruits par pied, et les plus gros atteignent le poids de 15 à 20 kil. M. de Gasparin considère une récolte de 55 000 kil.

comme une récolte ordinaire. J'ai obtenu en Bretagne jusqu'à 125 000 kil. par hectare.

Valeur alimentaire. — Ces fruits, d'après M. de Gasparin, auraient une valeur nutritive semblable à celle que l'on assigne à la betterave. Cette comparaison me semble très-exacte, d'après les faits que j'observe chaque année.

Les fruits doivent être consommés avant la fin de janvier, époque à laquelle ils commencent à perdre de jour en jour une partie de leur valeur alimentaire.

Emploi des citrouilles. — Les citrouilles, avant d'être données aux animaux, doivent être divisées; on se sert ordinairement pour exécuter cette opération d'un hachereau (petite hache) ou d'une serpe. Quand ces fruits doivent être donnés aux bêtes à laine, on les divise en très-petits morceaux; les vaches exigent des fragments plus gros; pour les porcs on se contente de briser les fruits.

Les parties qui sont destinées aux vaches doivent être exemptes de semences, car celles-ci peuvent leur nuire, ayant une action émulsive et froide.

Dans l'Anjou et le Maine, on ne donne les fruits de la citrouille aux porcs et aux vaches qu'après les avoir divisés et fait cuire.

Action sur le bétail. — Les vaches qui se nourrissent de citrouilles donnent beaucoup de lait, et les porcs auxquels on en donne chaque jour engraissent facilement. En résumé, les citrouilles forment une nourriture à la fois substantielle et rafraîchissante.

Huile fournie par les graines. — Les graines de citrouille donnent une huile alimentaire que l'on regarde comme aussi bonne que celle que l'on extrait des noix ou des faînes; on en fait une assez grande consommation dans l'Anjou et le Maine.

Suivant M. Vergniaud-Romagnési, 100 citrouilles peuvent fournir 120 à 160 litres de graines, et un hectolitre de semence entière donne 25 litres d'amandes séchées : cette quantité de fèves produit ordinairement 10 litres d'huile.

Alcool fourni par la pulpe. — On a essayé de distiller la citrouille. 100 litres de jus ont donné 7 litres d'alcool. Ce résultat sera-t-il confirmé par la pratique ?

Semences employées en médecine. — Les graines que l'on n'utilise pas dans l'extraction de l'huile peuvent être vendues, non dépouillées de leurs enveloppes, aux pharmaciens, qui les classent parmi les *semences froides*.

BIBLIOGRAPHIE.

Scopoli. — Mémoire de la Société de Berne, 1768, in-12. p. 101.
Rozier. — Cours complet d'agriculture, 1787, in-4, t. III, p. 378.
Yvart. — Cours complet d'agriculture, 1823, in-8, t. IV, p. 556.
Vergniaud-Romagnési. — *J. d'agr. prat.*, 1840, 1re série, t. IV, p. 152
Leclerc-Thouin. — Agriculture de l'Ouest, 1843, gr. in-8, p. 341.
De Gasparin. — Cours d'agriculture, 1848, in-8, t. IV, p. 131.
Girardin et Dubreuil. — Cours élém. d'agr., 1852, in-12. t. II, p. 542.

LIVRE III.

PLANTES CULTIVÉES POUR LEURS FEUILLES RÉUNIES EN POMMES.

Cette classe ne comprend que les choux pommés.

Ces végétaux ont été divisés en deux sections : la première comprend les choux de Milan ; la seconde embrasse les choux cabus.

A. Les *choux de Milan* ont des feuilles crépues ou ondulées ou cloquées. Leurs pommes sont moins serrées que celles des choux cabus.

Ces choux sont peu cultivés pour l'alimentation des ruminants.

B. Les *choux cabus* ont des feuilles unies ou lisses, presque toujours concaves et très-serrées les unes contre les autres. Les feuilles de ces choux sont plus sujettes que les feuilles des choux de Milan au goût de musc lorsqu'elles ont blanchi par la privation de la lumière.

Les choux cabus qu'on cultive comme plantes fourragères sont regardés comme des plantes annuelles, parce qu'ils forment leurs pommes l'année même où ils ont été transplantés.

On les a aussi rangés parmi les plantes sarclées.

CHAPITRE UNIQUE.

Chou cabus.

(De *bressic,* nom celtique du chou.)

BRASSICA OLERACEA CAPITATA, DC.

Plante dicotylédone de la famille des Crucifères.

Anglais. — compact-headed cabbage. *Espagnol.* — Repollo.
Allemand. — Kopfkohl. *Italien.* — Cavolo cappucio.

Historique.— Climat. — Variétés. — Terrain : nature, préparation, fertilité.
— Quantité d'engrais nécessaire. — Semis : préparation de la pépinière,
époque des semis, éducation des plants. — Transplantation : époque, arrachage et habillage des plants, exécution, moyens d'assurer la reprise
des plants. — Espacement des lignes et des pieds. — Soins d'entretien :
binages, buttage. — Insectes nuisibles. — Récolte. — Conservation des
têtes. — Porte-graines. — Quantité de graines qu'on peut récolter.— Rendement. — Valeur alimentaire. — Bibliographie.

Historique. — Le chou pommé est cultivé en France depuis fort longtemps, mais il n'y a guère qu'un siècle qu'on
a songé à le multiplier pour l'alimentation des animaux domestiques.

On l'a cultivé, en 1597, pour la première fois dans les
comtés nord de l'Angleterre comme plante fourragère.

En 1770, cette culture avait pris une extension considérable dans divers comtés des Iles-Britanniques. En France, elle
se répandit vers la même époque, grâce aux publications faites
par l'auteur de l'*Agronomie,* livre qui fut publié en 1761. Les
résultats obtenus, quoique moins remarquables que ceux
réalisés en Angleterre, prouvèrent que le gros chou cabus
peut et doit rendre de très-grands services aux exploitations

qui ont intérêt à avoir un nombreux bétail et à le bien nourrir.

Variétés. — On connaît aujourd'hui plus de 30 variétés de choux pommés; mais la race la plus productive, la plus volumineuse, celle qu'il faut cultiver de préférence à toute autre comme plante fourragère, appartient à la classe des choux

Fig. 26. — Chou quintal.

cabus. On la connaît sous les noms de *chou quintal*, *chou d'Alsace*, *chou d'Allemagne*, *chou de Strasbourg*, *gros chou cabus blanc*, *chou blanc à tête plate*.

Cette variété, la plus tardive, mais aussi la plus rustique (*fig.* 26) a une tête arrondie, très-grosse, aplatie au sommet et très-ferme; sa tige est courte et porte des racines fortes et pivotantes; en général, ses feuilles sont glauques, peu cloquées, roides, d'une consistance ferme et à grosses nervures; les feuilles extérieures sont nombreuses, formant une sorte de coquille autour de sa pomme, mais elles dépassent peu la hauteur de celle-ci; quant à celles intérieures formant la tête, elles sont étiolées, blanches, parce qu'elles sont privées de la lumière, et leur bord est roulé en dehors.

On ne doit pas confondre cette variété avec le *chou d'Alsace de deuxième saison*, qui est plus hâtif, toujours moins volumineux, et dont le pied est très-haut, et la tête parfois colorée de brun.

La première variété est cultivée dans toutes les plaines de l'Alsace et en Lorraine. Ses têtes, qui acquièrent un développement parfois énorme, servent à faire la choucroute ou *sauerkraut*.

Le chou pommé que les cultivateurs anglais désignent sous le nom de *drumhead cabbage* n'a pas bien réussi en France et en Belgique.

Climat. — Le chou pommé peut être cultivé dans toutes les contrées de l'Europe; mais il réussit beaucoup mieux dans les localités où le climat est brumeux et humide, où les pluies sont fréquentes pendant l'été et surtout l'automne. Dans les contrées du Midi, on ne peut le cultiver que dans les vallées où les terres sont fraîches pendant l'été. Dans les sols secs, il ne réussit que si les irrigations sont possibles. On le cultive avec succès, en France, dans les provinces de l'ouest, du centre, de l'est et du nord.

Terrain. — A. Nature. — Le chou quintal, comme tous les choux pommés tardifs, doit être cultivé sur des terres argileuses, argilo-calcaires ou argilo-siliceuses. On peut aussi l'obtenir très-développé sur les terres d'alluvion, les fonds d'étangs desséchés et les sols tourbeux assainis. Les terrains légers, siliceux ou crayeux, ne lui conviennent pas, car il y souffre ordinairement de la sécheresse pendant l'été.

Mais il ne suffit pas que la couche arable soit un peu forte, un peu compacte ; il faut aussi qu'elle soit épaisse. Alors la racine du chou pénètre à une grande profondeur, et puise plus aisément l'humidité que les feuilles réclament pour se développer avec rapidité.

On supplée au manque de profondeur de la couche végétale en appliquant sur les champs où la transplantation doit être faite, des fumiers à demi décomposés, et en exécutant, pendant la végétation des plantes, un ou deux buttages. C'est en agissant ainsi que j'ai pu cultiver en Bretagne cette race de chou pommé, avec tout le succès possible, sur des terres de landes argilo-siliceuses de mauvaise qualité et peu profondes.

B. Préparation. — Les choux pommés exigent que le sol où ils doivent végéter ait été bien préparé, (Voir Betterave, *préparation*, p. 18.)

C. Fertilité. — Il est peu de plantes fourragères à feuilles vertes aussi exigeantes que les gros choux pommés. Si ces végétaux, cultivés dans les jardins ou les environs des grands centres de population, donnent des têtes d'un développement parfois extraordinaire, c'est qu'ils y végètent dans des terres substantielles, riches, et sur lesquelles on applique de fortes fumures. Dans les terres pauvres, sèches et faiblement fumées, les pommes se développent mal et restent toujours petites. Il est donc nécessaire, quand on cultive le chou quintal, de fertiliser le sol par des engrais riches en azote. Les plus favorables sont le fumier de bêtes à cornes et de moutons, la poudrette ou la chair musculaire desséchée et réduite en poudre.

Ces engrais doivent être appliqués au moment de faire la plantation.

Les substances calcaires, la chaux, la marne, le falun, le merle, ont une action remarquable sur le développement des choux. C'est à l'emploi des composts de chaux, de fumier et de terre que les cultivateurs de l'Anjou et de la Vendée, doivent de récolter par hectare jusqu'à 30 000 kilog. de feuilles, outre les tiges, dans la culture des choux arborescents.

Quantité d'engrais nécessaire. — Selon M. de Gasparin, on doit fournir au sol par chaque 100 kilog. de feuilles que l'on veut obtenir, 95 kilog. de fumier, dosant 0,40 d'azote. Ce chiffre me paraît élevé. D'après les faits que j'ai constatés à Grand-Jouan, 90 kilog. satisfont complétement aux exigences du chou quintal. Ainsi, j'appliquais par hectare 40 000 kilog. de fumier, et à l'aide de cette fumure, j'obtenais :

1° 50,000 kilog. de feuilles et de têtes de choux ;
3° 50 hectolitres de seigle, pesant ensemble 1500 kilog.

Or, comme le seigle enlevait au sol par sa paille et son grain 10 000 kilog. de fumier ; soit 50 kilog. par 100 kilog. de grain, la quantité de fumier absorbée par la récolte de choux s'élevait à 30 000 kilog. Cette quantité était bien réellement prise par les choux ; car le sol, après la récolte du seigle, présentait une prostration de fertilité telle, que, pour lui demander ensuite une récolte verte de vesce d'hiver, de trèfle incarnat ou de navets d'hiver, j'étais obligé d'appliquer 4 hectolitres de noir animal par hectare. Sans cette fumure complémentaire, ces plantes fourragères auraient donné des produits pour ainsi dire insignifiants.

Semis. — Le chou quintal se multiplie de graines semées en pépinières. Les semis en place réussissent très-difficilement.

A. Préparation de la pépinière. — Pour établir une pépinière de choux pommés, on choisit un sol riche, profond et frais. Les terres de jardin offrent ordinairement toutes les conditions possibles de succès. Le sol doit être fumé de bonne heure si l'on doit lui appliquer des fumiers pailleux, et il faut parfaitement le préparer et l'ameublir avec la bêche et le râteau. On termine sa préparation en le divisant en planches de 1^m,20 de largeur, et séparées les unes des autres par de petits sentiers.

B. Époque des semis. — Les semis se font vers la fin de février et dans la première quinzaine de mars. On recouvre la graine au moyen d'un râteau à dents fines et rapprochées.

Quand la graine est de bonne qualité, 200 à 300 grammes semés sur 2 ares environ, fournissent le plant nécessaire pour 1 hectare.

Un litre de graines pèse 700 grammes, et 100 grammes contiennent environ 35 000 graines.

C. Éducation des plants. — Pendant la croissance des jeunes plants, on pratique des arrosements toutes les fois que le sol est sec, on donne un ou deux sarclages, selon la quantité de mauvaises herbes qui végètent concurremment avec les choux, et on opère un ou deux éclaircissages, suivant que les plants sont plus ou moins serrés. Quand les plants sont trop nombreux dans la pépinière, et qu'il survient pendant le mois d'avril ou celui de mai des jours à la fois chauds et humides, les plants s'élèvent, se coudent, et produisent difficilement, après leur mise en place, des têtes développées.

Pour qu'un plant de choux pommés soit bon, il faut qu'il

présente, après sa sortie de la pépinière, un *pied court, droit, robuste*, et des *feuilles consistantes* et *déjà amples*.

Transplantation. — A. ÉPOQUE. — La transplantation s'opère depuis le 20 mai jusqu'à la Saint-Jean (24 juin). On l'exécute sur des terres disposées à plat et bien préparées et fumées. On ne doit pas la faire plus tôt que le 15 ou le 20 mai, car on risque de voir les choux monter à graines pendant l'été.

Pendant longtemps, au dire de Hambury, les Anglais ont semé le chou pommé en août pour le transplanter en février, mode de culture que l'on a pratiqué autrefois en Allemagne.

B. ARRACHAGE DES PLANTS. — L'arrachage des plants dans la pépinière se fait à la main, en ayant soin toujours de choisir les plantes les plus vigoureuses et les moins étiolées. Comme le plant se casse souvent, quand le sol est sec, on arrose fortement, quelques heures à l'avance, les planches sur lesquelles on doit agir.

C. HABILLAGE DES PLANTS. — Après l'arrachage des plants, on procède à l'habillage des racines. Cette opération consiste à couper, à l'aide d'un couteau, l'extrémité de la racine pivotante, et à raccourcir les racines latérales qui auraient trop de développement pour pénétrer dans les trous pratiqués au moyen du plantoir.

D. EXÉCUTION. — Au fur et à mesure que l'arrachage et l'habillage sont exécutés, on réunit les plants en paquets avec des liens de paille, et on les transporte sur le champ où la mise en place doit avoir lieu. Il faut éviter de les laisser à l'action des hâles ou du soleil.

La transplantation se fait à l'aide d'un plantoir de jardinier. Des enfants ou des femmes précèdent les planteurs et espacent les plants sur les lignes. Viennent ensuite des ouvriers jeunes et agiles qui procèdent à la plantation, en ayant soin d'éloigner les plants les uns des autres de $0^m,65$ en tous sens. Chaque hectare ainsi planté présente environ 15000 plants.

On peut l'exécuter en quinconce, c'est-à-dire, disposer les plants de manière qu'ils soient tous placés aux sommets de triangles isocèles ainsi que l'indique la figure suivante :

Cette disposition permet de faire les binages avec la houe à cheval dans deux directions, et elle laisse aux choux plus d'espace à occuper.

Un plant de choux est bien planté quand il tient fortement à la terre, et que ses feuilles sont éloignées seulement de $0^m,04$ à $0^m,06$ de la superficie du sol. C'est en implantant de nouveau le plantoir dans le sol à $0^m,02$ ou $0^m,03$ du trou dans lequel il a mis en plant, que l'ouvrier fixe ce dernier dans la couche arable. Cette opération s'appelle *borner le plant*.

Un ouvrier exercé à cette opération et accompagné d'un aide, peut transplanter par jour 25 ares. Un homme seul, d'après Tucker, ne peut en planter que 17 ares. Dans l'Anjou, d'après Leclerc-Thouin, un ouvrier seul plante facilement 20 ares environ en un jour.

En Angleterre un ouvrier habile secondé par un enfant plante de 4000 à 5000 plants par jour.

E. Moyens d'assurer la reprise des plants. — Comme le chou reprend mal quand le sol est sec, on doit opérer la mise en place de préférence quand le temps est couvert, ou après qu'il est survenu une pluie. Quand on est forcé d'exécuter la transplantation par une grande sécheresse, il faut arroser chaque plant après le repiquage. Cet arrosement n'est pas très-dispendieux, car 5000 à 6000 litres d'eau suffisent pour un hectare, et il a l'avantage d'assurer la reprise des plants, et de permettre de compter sur un produit presque certain.

Lorsque le sol n'est pas très-sec, on peut suppléer aux arrosages en trempant les racines des plants dans une bouillie composée de bouse de vache, de noir animal, ou de cendre ou de suie et d'eau. Cette composition enveloppe les racines de choux de substances hygrométriques et de matières très-excitantes, et elle assure la reprise de la presque totalité des plants transplantés.

Espacement des lignes et des plants. — On peut, pour rendre la mise en place plus facile, tracer des lignes sur toute la surface du champ, à l'aide d'un rayonneur à cheval, dont les pieds sont espacés les uns des autres de 0^m,80. Cette distance est celle que l'on adopte aujourd'hui dans l'est et l'ouest de la France. Autrefois, en Angleterre, on éloignait les lignes les unes des autres de 1^m,33 ; mais on fut conduit par l'expérience à reconnaître que cette distance était trop considérable.

Ainsi, pour des lignes espacées de

	Kilog. par hectare.
1^m,30, le produit s'est élevé à	81 300
1^m,00, — —	119 300

Dans les deux cas, les choux, sur les lignes, avaient été plantés à 0^m,65 de distance, éloignement qu'il faut adopter si l'on veut que le sol soit entièrement couvert, et que les choux ne se nuisent pas mutuellement pendant leur dernière phase d'existence.

En général, la distance entre les lignes et les plants varie suivant la fertilité du sol et le diamètre que les pommes de choux peuvent atteindre.

Soins d'entretien. — Le chou quintal demande, pendant sa croissance, diverses cultures d'entretien.

A. BINAGES. — La première opération consiste en un binage à bras que l'on exécute en juin ou juillet, selon l'époque à laquelle la mise en place a eu lieu. Ce binage a pour but l'ameublissement du sol que les ouvriers ont piétiné pendant la plantation, et la destruction des mauvaises herbes. On doit le répéter en juillet ou en août. A cette époque, on peut l'exécuter à l'aide d'une houe à cheval.

B. BUTTAGE. — Quand les têtes commencent à se développer, on opère un buttage léger à l'aide d'une charrue à deux versoirs. Cette opération est faite afin de concentrer au pied de chaque plante une plus grande humidité, et de favoriser par là le développement des feuilles qui doivent former les pommes et des feuilles extérieures.

Souvent, dans les terres légères ou peu profondes, on en pratique un second dans les premiers jours de septembre, après avoir enlevé les feuilles les plus extérieures et les plus développées.

Insectes nuisibles. — Les cotylédons des choux, comme ceux de la plupart des plantes de la famille des crucifères, sont attaqués, au moment où ils apparaissent à la surface du sol, par l'*altise*. (Voir NAVET, p. 102.)

Lorsque les saupoudrages n'arrêtent pas les altises dans leurs ravages, on peut, ainsi que le recommande M. Vilmorin, promener une planche goudronnée sur les plantes attaquées par ces insectes. Ceux-ci, troublés, cherchent à se sauver, sautent, touchent la surface antérieure de la planche et y restent collés. On renouvelle cette opération pendant tout le temps que les altises rongent les cotylédons.

Dans les jardins, les choux sont souvent attaqués par une *chenille vert jaunâtre*, appelée *piéride des choux* (PIÉRIS BRASSICÆ, Lat.), de l'ordre des lépidoptères ; mais cet insecte fait ordinairement peu de dégâts dans les grandes cultures. Si ces chenilles, cylindriques et marquées de trois raies jaunes longitudinales, apparaissaient en grand nombre, on pourrait laisser vaguer sur les champs des canards (*voir* page 103). Toutefois, comme les piérides, pendant le jour, se tiennent cachées entre les feuilles ou en dessous de celles-ci, et qu'elles ne font leurs plus grands ravages que la nuit, il est utile de faire arriver les canards de très-bonne heure chaque matin.

Récolte. — La récolte des choux pommés commence dès le mois d'octobre. On arrache d'abord toutes les têtes qui se fendent. On peut arracher les têtes les unes après les autres, mais il vaut mieux couper les pieds avec une serpe. De cette manière, les feuilles sont moins chargées de terre quand elles arrivent à la ferme.

Quand il survient des sécheresses en août et des pluies fréquentes en septembre, on est souvent obligé de commencer la récolte des pommes qui se fendillent avant le mois d'octobre

On enlève les *trognons* ou *tronçons* lorsqu'on laboure de nouveau le sol. On ne doit couper chaque jour que le nombre de têtes que l'on peut faire consommer dans les vingt-quatre heures.

Emploi des choux. — Avant de distribuer les choux pommés aux animaux, on les divise au moyen d'une serpe ou d'une forte faucille ; les morceaux, pendant ce travail, doivent tomber dans des paniers ou sur un endroit propre garni de planches. Les parties des têtes qui commencent à pourrir doivent être rejetées.

Conservation des têtes. — Quand la saison est avancée et qu'on prévoit des gelées à glace, on doit arracher ceux qui existent encore dans les champs, et les mettre en jauge dans un endroit situé près des bâtiments d'exploitation, en les plaçant les uns près des autres et en inclinant leurs pommes vers le nord. Ce moyen est le seul praticable quand on a un grand nombre de têtes à conserver; c'est celui que recommandait, il y a près d'un siècle, la Société royale d'agriculture de Londres, et que j'employais en Bretagne. Il permet de prolonger la consommation des têtes jusque vers la fin de décembre.

Comme les choux pommés craignent les suites des fortes gelées, il faut les couvrir de longue paille quand la température s'abaisse, et les découvrir après les dégels.

Rendement — Le rendement par hectare du chou quintal est parfois considérable. J'ai récolté des têtes qui pesaient jusqu'à 15 kilog. Schwertz dit qu'il n'est pas rare d'en rencontrer en Alsace qui pèsent jusqu'à 10 et 12 kilog. Arthur Young cite des cultures dans lesquelles le poids moyen des têtes variait entre 13 et 15 kilog.

Voici les produits maximum que l'on obtenait par hectare en Angleterre, il y a près d'un siècle :

Midlemore	137 000 kil.
Tucker	111 000
Dixson	122 000
Robert Burdett, en 1779	165 000
— en 1770	193 000
Moyenne	146 600 kil.

De nos jours le produit des choux pommés y varie ordinairement dans les bons sols entre 70 000 et 10 0000 kilog.

Les produits moyens sont :

Arthur Young	90 000 kil.
Thaër.....................	55 000
Schwertz................	40 000
Moyenne	61 500 kil.

Le rendement signalé par Schwertz est le produit le plus faible qu'on puisse obtenir dans une culture bien conduite. Thaër regarde le produit qu'il indique comme ordinaire.

Valeur alimentaire.—D'après M. Boussingault, les feuilles de choux pommés renferment à l'état normal :

Eau...................	92,03 pour 100.
Azote...............	0,28 —

Suivant Pabst, elles ne contiendraient que 96 pour 100 d'eau. Le chiffre indiqué par M. Boussingault est celui que j'ai obtenu en desséchant des feuilles de choux cabus au moment où on les donnait aux animaux.

Fromberg a obtenu les résultats suivants en analysant les feuilles extérieures et celles qui forment la pomme :

Eau...........................	93,94
Matières nitrogénées............	1,75
Sucre, gomme, fibres, etc.......	4,05
Matières minérales.............	0.80
	100,00

Anderson a trouvé dans les feuilles de choux, sur 100 parties, 91,08 d'eau et 2,23 de matières minérales ; ces dernières contenaient principalement de la soude, de la chaux et de l'acide phosphorique.

Comparées au foin des prairies naturelles, qui renferme 1,15 pour 100 d'azote, elles seraient à cet aliment :: 411 : 100. Il faudrait donc 41 kilog. de choux pour équivaloir à 10 kilog. de foin. Ce chiffre est supérieur à la moyenne des données fournies par la pratique. Ainsi, en représentant par 100

le foin de prairies naturelles, les feuilles de choux pommés
auraient pour équivalents :

Block	566	Polh		600
Crud	500	Rieder		600
Flotow	600	Royer		600
Gemerhausen	600	Thaër		600
Meyer	250	Weber		600
Pabst	450	Weit		500
Petri	500			
		Moyenne		535

Action sur le bétail. — On ne donne pas les feuilles de
choux seules aux bœufs de travail, parce qu'elles sont relâ-
chantes. On doit les réserver pour les vaches, les brebis, chez
lesquelles elles augmentent très-sensiblement la production
du lait par la quantité d'eau qu'elles contiennent.

On a reproché aux feuilles de choux de communiquer au
lait et au beurre des vaches qui en consomment journellement, une saveur désagréable. Il est vrai que le lait a une
odeur de chou, mais cet arome est si faible, quand les
choux ne sont pas atteints d'un commencement de pourriture, qu'on ne peut les regarder comme nuisibles. La plupart des vaches de la Bretagne consomment des feuilles
de chou depuis le mois de septembre jusqu'au printemps,
et néanmoins elles fournissent un beurre qui est toujours
recherché par ses qualités. En Saxe, comme à Londres, dit
Schwertz, le beurre des vaches nourries aux choux est remarquable par son bon goût et sa propriété de se conserver.

Choucroute. — J'ai dit, page 221, que le chou cabus servait à la préparation de la *choucroute*, ou *sauerkraut*, nom
allemand qui signifie *choux aigres*. Cet aliment ne se prépare
en Alsace que lorsque les choux ont été frappés par une ou
deux gelées. Alors on les hache en lanières très-étroites au

moyen d'un hachoir spécial, et, ensuite, on les entasse très-fortement dans des tonnes bien cylindriques, par lits successifs de 0ᵐ,15 à 0ᵐ,20 d'épaisseur, saupoudrés de sel et recouverts de quelques baies de genièvre. Dès qu'une tonne est remplie, on la couvre d'un linge et d'un fond mobile que l'on charge de pierres, et sur lequel on verse de l'eau pour empêcher l'air d'agir sur les choux. Quinze ou vingt jours après, lorsque la fermentation a cessé, la choucroute peut être consommée. Les tonnes doivent être placées dans un lieu où la gelée ne pénètre pas.

BIBLIOGRAPHIE:

De Fréville. — Voyage agronomique, 1775, in-12, t. II, p. 264.

De Sutières. — Cours complet d'agr., 1788, in-8, t. I, p. 197.

Arthur Young. — Le Cultivateur anglais, 1801, t. I à XVI.

Bosc. — Encyclopédie méthodique, 1813, in-4, t. III, p. 192.

Yvart. — Cours complet d'agr., 1823, in-8, t. XV, p. 166.

Thaër. — Principes raisonnés d'agr., 1831, in-8, t. IV, p. 380.

C. Tollard. Cours d'agr. (Pourrat), 1839, in-8, t. VI, p. 29.

Schwertz. — Culture des plantes fourragères, 1841, in-8, p. 374.

W. Cobbett. — Mémoires de L. Valcour, 1841, in-8, p. 437.

De Gasparin. — Cours d'agriculture, 1848, in-8, t. IV, p. 181.

LIVRE IV.

PLANTES CULTIVÉES POUR LEURS TIGES ET LEURS FEUILLES.

Les plantes qui appartiennent à cette classe sont cultivées pour être données aux animaux soit en vert soit en sec.

Elles forment trois divisions distinctes :

1° Les plantes vivaces;
2° Les plantes bisannuelles;
3° Les plantes annuelles.

Je n'ai pas rangé les vesces et les pois gris d'hiver, le trèfle incarnat et le seigle d'automne parmi les plantes bisannuelles, puisqu'on les fauche toujours avant la fin du printemps et qu'ils n'occupent le sol que pendant six mois.

Plusieurs plantes annuelles forment une section spéciale, parce qu'elles peuvent être cultivées entre deux récoltes céréales ou industrielles sans modifier leur ordre de succession.

Ces plantes ont été désignées sous les noms de *plantes intercalaires* ou *plantes dérobées;* elles sont au nombre de cinq :

1° Le trèfle incarnat:
2° La moutarde blanche:
3° La spergule;
4° Le colza d'hiver;
5° La navette d'automne.

Les plantes vivaces, bisannuelles ou annuelles cultivées pour leurs tiges et leurs feuilles constituent les cultures qu'on a désignées à la fin du siècle dernier sous le nom de *prairies artificielles.*

CHAPITRE I.

PLANTES VIVACES OU PÉRENNES.

SECTION I.

Luzerne.

(De Μηδίχη, nom donné par Dioscoride à cette plante.)

MEDICAGO SATIVA, L.

Plante dicotylédone de la famille des Légumineuses.

Anglais. — Lucerne. *Espagnol.* — Mielga.
Allemand. — Id. *Flamand.* — Rups-Klaver.

Historique. — Climat. — Végétation. — Espèces spéciales. — Composition. — Sol : nature, préparation, fertilité. — Quantité d'engrais à appliquer. — Semis : époque, à la volée, en lignes ; sur sol ombragé ou terre nue ; quantité de graines, caractères, qualités et altération des semences ; recouvrement ; germination. — Association de la luzerne et du trèfle rouge. — Soins d'entretien : hersage, labours, stimulants, engrais, irrigation. — Plantes nuisibles. — Insectes nuisibles. — Récolte : époque et nombre des coupes, fauchaison, conversion du produit vert en foin, fanage, bottelage, pâturage. — Conservation du produit sec. — Rapport entre le fourrage sec et le fourrage vert. — Rendement en vert, en sec et par coupes. — Poids du mètre cube de foin. — Caractères du foin et du regain. — Récolte des graines : époque, récolte, procédés de battage. — Quantité de graines. — Poids de l'hectolitre. — Valeur nutritive de la production verte, du foin et du regain. — Durée d'existence des luzernières. — Défrichement. — Quantité de racines par hectare. — Amélioration du sol par la luzerne. — Plantes qui suivent le défrichement. — Emploi de la luzerne verte. — Son action sur le bétail. — Emploi du foin de luzerne. — Son action sur les animaux domestiques. — Valeur commerciale du foin et des graines. — Prix de revient. — Bibliographie.

Historique. — Il n'est aucune plante qui soit plus anciennement connue que la luzerne. Aristote en fait mention dans son *Histoire Naturelle*.

Le mot luzerne dérive de *lauserdo*, nom qu'on donnait à cette plante en Provence, en 1570.

Cette légumineuse est originaire de la Médie qui appartenait à l'ancien empire d'Assyrie, et elle fut importée d'Asie en Grèce cinq siècles avant Jésus-Christ, lorsque Darius, roi de Perse, attaqua les Athéniens. De là, elle se répandit dans la Gaule romaine. Columelle, Palladius, Pline ont décrit sa culture.

En 1516, François Ruel rapporte dans son *Natura stirpium* que la luzerne était répandue dans le Soissonnais.

Cette plante, suivant Augustin Gallo, n'a été introduite dans le Brescian qu'en 1550. Il l'appelle : *flora herba medica* et en fait l'éloge. Marcello Virgilio Adriani dit à l'appui de ce fait qu'il fit chercher inutilement en 1518 dans cette partie de l'Italie la plante appelée *medica* par Dioscoride.

La luzerne était cultivée en Espagne en 1548. On la désignait alors sous le nom d'*alfalfa*. A cette époque, on la multipliait dans les jardins de la Belgique comme une plante curieuse.

Olivier de Serres a vivement recommandé la luzerne aux agriculteurs du dix-septième siècle, il l'appelait la *merveille du mesnage*, nom qu'elle mérite par sa longue durée et l'abondance de son produit.

Cette plante a été introduite en Angleterre en 1657.

On désigne la luzerne dans le Midi sous le nom de *sainfoin* ou *sainfoin à fleurs violettes*.

Climat. — C'est à tort que l'on regarde la luzerne comme ne pouvant donner d'abondants produits que sous les climats méridionaux, car, quoique originaire de l'Asie, elle végète avec vigueur dans le centre et le nord de la France, et y supporte les froids secs de l'hiver le plus intense.

Toutefois, elle redoute dans les contrées septentrionales de l'Europe l'exposition du nord et une humidité extrême du sol ; en outre, les gelées tardives du printemps lui nui-

sent souvent à cause de sa précocité. C'est pour ces motifs que, dans les Pays-Bas et en Angleterre, on lui préfère le trèfle.

Ces faits expliquent aussi pourquoi l'étendue qu'elle occupe ordinairement décroît du midi au nord.

Végétation. — La luzerne cultivée est presque glabre ; sa racine est vivace et très-longue ; sa tige est droite, rameuse et haute de $0^m,50$ à $0^m,80$; ses feuilles sont pennées-trifoliées, et chaque foliole est elliptique, dentée ; ses fleurs sont violettes ou bleuâtres et réunies en grappes axillaires ; ses gousses présentent deux ou trois tours de spire ; enfin, ses graines sont jaunes et ont la forme d'un haricot en miniature.

Ordinairement les feuilles de cette légumineuse diminuent en largeur au fur et à mesure que les tiges s'élèvent.

La luzerne entre en végétation au mois de mars et quelquefois vers la fin de février, lorsque la température moyenne de l'air s'est élevée à $+ 8°$ ou $10°$.

Elle exige pour fleurir $900°$ de chaleur totale. Cette somme de degrés de chaleur permet de prévoir le nombre de coupes qu'elle pourra fournir dans une contrée déterminée. Il suffit, pour résoudre ce problème, de diviser le nombre de degrés de chaleur totale que l'on observe depuis le moment où elle commence à croître jusqu'à l'époque où elle cesse pour ainsi dire de végéter, par $900°$. Ainsi à

Orange, du 15 mars au 1er novembre.	*Paris, du 1er avril au 15 novembre.*
La température totale est de $4860°$	$3855°$
Ces sommes divisées par.... $900°$	$900°$
donnent................ $5,4$	$4,2$
ou cinq coupes et un regain.	ou quatre coupes et un pâturage.

Ces résultats ne sont vrais que lorsque la luzerne n'a pas été contrariée dans sa végétation par une longue sécheresse.

Pline rapporte que la luzerne fleurit en Italie de quatre à six fois par an.

Espèces spéciales. — On a proposé depuis longtemps de cultiver plusieurs autres espèces de luzerne. Je crois utile de mentionner ici celles qui méritent d'être encore expérimentées avant de les proposer comme des plantes propres à former des prairies artificielles.

A. *Luzerne faucille ou luzerne de Suède* (MEDICAGO FALCATA, L.). Cette espèce, recommandée par Linnée, est regardée en Suède comme une plante fort utile, à cause de la vigueur extraordinaire qu'elle acquiert sur les sols secs et calcaires.

La luzerne faucille est un peu velue; ses tiges sont anguleuses, rameuses et ordinairement couchées; ses feuilles sont oblongues et ses fleurs forment une tête allongée de couleur jaune.

On rencontre cette espèce en France dans les endroits secs, arides et incultes. Elle est commune dans les sables du Gothland, en Suède, et dans les terres pauvres du Valais, en Suisse.

B. *Luzerne en arbre.* Depuis un siècle on a souvent demandé le nom scientifique du *cytise*, tant recommandé par Théophraste, Dioscoride et Virgile, comme plante fourragère. Aujourd'hui on est convaincu, d'après les recherches faites par Lobel, Amoreux et Paulet, que le *cytise des Grecs* est la *luzerne arborescente* (MEDICAGO ARBOREA, L.), tandis que le *cytise des Latins* est le *cytise à feuilles sessiles* (CYTISUS SESSILIFOLIUS, L.); le premier est commun en Grèce, le second croît abondamment dans toute l'Italie. C'est sans succès, quoi qu'on en dise, que l'on a tenté dans le midi de l'Europe la culture en grand de ces deux légumineuses comme plantes fourragères.

C. *Luzerne rustique* (MEDICAGO MEDIA, Pers.). Cette espèce

est commune en France; ses tiges sont plutôt étalées que droites, et sa fleur passe du jaune au vert et au violet. Ce qui la rend digne d'être soumise à des essais, c'est sa grande rusticité, son aptitude à réussir sur des terres de médiocre qualité, et la longueur de ses tiges, qui excède souvent 1ᵐ,30. M. Descolombiers l'a cultivée avec succès sur un terrain sec et peu profond, sur lequel il l'a associée au brome des prés et à la millefeuille.

Composition. — La luzerne cultivée présente la composition suivante, d'après M. Boussingault :

	Luzerne verte.	*Luzerne sèche.*
Eau............... ...	80,40	15,00
Amidon, sucre, etc.....	9,60	41.80
Albumine, caséine	2,80	12,00
Matières grasses.......	0,80	3,50
Ligneux et cellulose....	5,10	22 00
Sels......	1,30	5,70
	100,00	100,00
Elle contient en azote..	0,45	1,92

Anderson a trouvé qu'elle renfermait les éléments ci-après :

Parties non azotées.....	14,37
— minérales.......	2,49
— azotées	3,01
Eau. .... ··	80,13
	100,00

M. Le Corbeiller a analysé les racines d'une vieille luzerne. Voici les moyennes de trois analyses qu'il a faites :

Eau.............	0,65 pour 100
Cendres........	3,18 —
Azote	1,11 —

Desséchées, les racines renferment 3,17 p. 100 d'azote.

Terrain. — A. Nature. — Pour que la luzerne ait une longue durée d'existence et qu'elle donne de bonnes coupes, il faut qu'elle végète sur des terres profondes et perméables. Les sols qui lui conviennent le mieux sont les terrains d'alluvion, limoneux, argilo-calcaires, argilo-siliceux; ou calcaires-siliceux; elle réussit aussi très-bien sur les terres caillouteuses, si celles-ci ont une consistance moyenne et si elles sont profondes et riches, et sur les sables des dunes.

Elle redoute à l'excès les sols compactes et humides, les terrains tourbeux et marécageux.

Lorsque le sous-sol est rapproché de la surface de la couche arable, et qu'il est formé d'une argile tenace ou de roches compactes ou cohérentes, la luzerne y végète mal et disparait à la seconde ou à la troisième année.

La profondeur de la couche arable et la nature friable du sous-sol ont une influence puissante sur la longévité et la productivité des luzernières. C'est que la luzerne implante souvent ses racines jusqu'à 2 et même 4 mètres de profondeur. On conserve au musée de Berne une racine ayant 16 mètres de longueur. Thaër ne pouvait avoir des luzernières productives qu'après avoir fait défoncer les terres où il les établissait, à un mètre de profondeur. La grande profondeur à laquelle pénètrent les racines de la luzerne dans les sous-sols actifs, c'est-à-dire les couches inférieures perméables, ou à travers les fissures des parties rocheuses, explique pourquoi cette plante supporte si facilement les sécheresses dans les pays méridionaux.

B. PRÉPARATION. — La luzerne demande un sol bien préparé, bien ameubli et exempt, autant que possible, de plantes à racines vivaces et traçantes.

Lorsque la terre arable est peu profonde, on doit, à l'époque de sa préparation. faire suivre les charrues ordinaires par des *charrues sous-sols*. En agissant ainsi, on divise la eouche qui constitue le sous-sol sans la mélanger avec la terre végétale.

Dans le Midi, dans quelques localités, on défonce le sol à la bêche jusqu'à 0^m,40 de profondeur; dans d'autres, ce défoncement a lieu à l'aide du pellversage, opération qui consiste à ameublir le sol, pendant l'hiver, à l'aide d'une fourche à deux dents, longues de 0^m32 et séparés de 0^m12 à 0^m,14, que l'on nomme *pellversoir*.

Il faut aussi faire précéder la plante qui la protége dans ses premières phases d'existence, soit par une jachère, soit par une plante sarclée, afin qu'elle puisse végéter sur un sol propre et bien préparé.

Toutefois, ce ne sont pas les plantes annuelles qui végètent dès la première année parmi les pieds de luzerne, qui sont bien à craindre. Dans la plupart des cas, ces plantes disparaissent à la seconde année. Celles qu'il faut impérieusement détruire, parce qu'elles exercent une action fâcheuse sur l'avenir des luzernières, sont les plantes vivaces; aussi importe-t-il de saisir l'à-propos pour en débarrasser complétement le sol.

C. Fertilité. — La luzerne n'exige pas des sols très-riches. Cultivée sur des *terres propres, profondes, perméables, non acides* et de *fertilité moyenne*, elle persiste pendant six à huit années en donnant annuellement de bons produits.

Je ferai observer que les chaulages et les marnages exécutés avant la création des luzernières, alors que le sol est argilo-siliceux, siliceux, schisteux ou granitique, et qu'il contient peu ou pas de parties calcaires, contribuent à les rendre plus productives et à prolonger leur existence.

On peut remplacer ces substances calcaires par du falun, du merle, de la tangue ou des coquillages.

Quantité d'engrais à appliquer. — On a souvent dit que

cette plante était exigeante, et qu'il fallait lui fournir d'abondants engrais. M. de Gasparin fume les terres qu'il lui consacre, et qui ont une richesse naturelle équivalente à 41 000 kilog. de fumier normal, à raison de 103 000 kilog. à l'hectare. Peu de cultivateurs sont à même d'appliquer une aussi forte quantité d'engrais.

Dans les environs de Paris, la quantité de fumier qu'on répand par hectare est de 30 000 kilog. Cette fumure est entièrement semblable à celle que la luzerne trouve dans les terres de Grignon lorsqu'elle commence à végéter.

Quoi qu'il en soit, cette légumineuse résiste parfaitement aux plus fortes fumures, et toujours ses produits annuels sont en raison directe de la profondeur, de la perméabilité, de la richesse du sol et de la fraîcheur qu'il conserve pendant l'été.

Si ses produits sont considérables quand la fertilité des terres où elle est cultivée est élevée ; et si la quantité d'azote que renferment ses produits excède de beaucoup celle du fumier appliqué, cela tient à ce qu'elle puise dans l'atmosphère par ses nombreuses feuilles, et dans le sous-sol par ses longues racines, une somme importante de parties alimentaires. (*Voir* t. VIII, ASSOLEMENT, *Statique agricole.*)

Semis. — A. ÉPOQUE. — La luzerne se sème à deux époques bien distinctes, selon qu'on la cultive dans les provinces du Midi ou dans les contrées du Nord.

Dans les premières localités, les semis se font souvent en automne, c'est-à-dire à l'époque des pluies de septembre, afin que les plantes soient assez fortes pour résister aux froids de l'hiver ou du printemps, et que la coupe de l'année précédente soit bonne.

Dans les secondes, on répand toujours la graine en mars ou en avril, lorsque la *primevère officinale* ou *coucou* (PRI-

MULA OFFICINALIS , Jacq.), ou le *cerisier*, sont en pleine fleur, c'est-à-dire lorsque la température moyenne de l'atmosphère a atteint $+$ 8 à $+$ 9°. On doit éviter de semer avant le 15 mars et même le 1er avril, si l'on redoute des gelées tardives après l'apparition des cotylédons.

Au temps de Columelle on la semait en avril.

B. A LA VOLÉE ET EN LIGNES. — Les semis se font ordinairement à la volée, afin que le sol soit bien garni de plantes.

Il y a un siècle, en France et en Angleterre, on les pratiquait souvent en lignes espacées les unes des autres de 0^m,25. On a en partie abandonné aujourd'hui ce mode de culture, à cause des binages annuels qu'il fallait donner au sol pour détruire les mauvaises herbes qui apparaissaient dans les intervalles des rayons. Cette méthode est surtout avantageuse lorsque la luzerne occupe une petite surface.

Nonobstant, la culture en lignes est celle qui permet à cette légumineuse de végéter le plus vigoureusement et de donner les produits les plus élevés.

J'ai vu en Provence et en Angleterre des semis faits en lignes qui avaient très-bien réussi.

Il y a un siècle, aux environs de Rennes, on semait la luzerne en rayons.

C. SUR SOL OMBRAGÉ OU SUR TERRE NUE. — Le plus ordinairement on répand les graines de luzerne sur les terres consacrées à la culture des céréales, alors que ces plantes commencent à les couvrir par leurs feuilles, ou que leurs semences y ont été enfoncés. Ainsi semée, cette plante est abritée pendant sa jeunesse, par les tiges et les feuilles de la céréale avec laquelle elle végète, des hâles ou des rayons trop ardents du soleil.

Les céréales que l'on choisit de préférence comme plantes protectrices sont l'avoine, le froment et l'orge de printemps.

On sème rarement dans les blés d'hiver, parce que ces plantes sont plus garnies de feuilles et plus élevées, qu'elles étouffent les jeunes luzernes, et que les cultures d'entretien, tels que hersages, ploutrages ou roulages, qu'elles exigent au printemps, sont insuffisantes pour ameublir et nettoyer complétement la couche arable de manière à ce que celle-ci présente aux graines un milieu aussi favorable à leur germination que celui qu'elles trouvent dans les terres préparées pour les céréales de mars.

On peut aussi répandre les graines sur des terres qui ont été ensemencées en mai ou en juin, en sarrasin, chanvre, lin, vesce ou pois gris de printemps.

Dans les provinces du Midi, on sème souvent la graine sur des sols nus, après les avoir défoncés et ameublis avec la charrue ou la bêche. Les semis se font alors en septembre ou octobre, en mars ou avril. C'est par exception qu'on les exécute en juillet. Cette méthode de semer la luzerne donne ordinairement de très-bons résultats : sa vigueur est toujours plus grande que si sa graine avait été répandue dans une céréale d'hiver ou de printemps, puisqu'elle n'a été gênée dans son développement par aucune plante, et que le sol a été parfaitement ameubli avant la semaille.

D. EXÉCUTION. — La graine de luzerne, à cause de sa petitesse, doit être semée par une main exercée, et projetée avec beaucoup de régularité. C'est parfois de l'uniformité du jet de la semence sur le sol, alors surtout que celui-ci est déjà occupé par une céréale en végétation, que dépend la réussite de cette légumineuse. Répandue par un vent violent, par un semeur inexpérimenté, la graine peut être trop épaisse sur un point, trop claire sur un autre.

On ne saurait donc apporter trop d'attention dans la dissémination des graines. Chacun sait quels sont les résultats d'un champ de luzerne sur lequel la graine a été mal répartie.

E. Quantité de graines. — La quantité de graines que l'on répand par hectare est à peu de chose près la même partout. Cette quantité varie entre 20 et 25 kilog.

C'est à tort que l'on a indiqué qu'il fallait en semer 35 et même 40 kilog., ou seulement 15 et même 12 kilog. La pratique n'a jamais employé par hectare des quantités de graines aussi considérables ou aussi faibles.

Quoi qu'il en soit, il y a avantage à semer dru. Lorsque les pieds garnissent mal le terrain, les plantes nuisibles envahissent plus facilement les luzernes, au détriment de leurs produits et de leur avenir.

Semences. — A. Caractères. — La graine de la luzerne est aplatie; allongée et présente à sa partie médiane une courbure et une échancrure semblables à celles que l'on remarque dans la semence du haricot de Soissons. Lorsqu'elle est nouvelle, elle est un peu luisante et sa couleur est jaune verdâtre. En vieillissant, elle devient terne et prend une teinte jaune rougeâtre plus ou moins foncée.

B. Qualités. — Les graines de luzerne les plus belles sont celles que l'on récolte dans les provinces méridionales et que l'on désigne dans le commerce sous le nom de *graines de Provence*. Ces semences sont bien nourries et remarquables par leur couleur uniforme. Les graines de qualité secondaire sont connues sous le nom de *graines du Poitou* ou *du pays*; elles sont toujours plus petites, plus maigres. Les semences mal nourries ou retraites ont presque toujours une couleur un peu brune.

Lorsqu'on doute de la qualité des graines, il faut en semer une quantité donnée dans un pot ou en pleine terre. Si cet essai a lieu à l'air libre, et si on a le soin de maintenir la terre toujours fraîche, il sera facile, au bout de quelques jours, de savoir si la graine est bonne ou mauvaise et de déterminer, comme le disait Gilbert, la proportion dans laquelle la mauvaise graine se trouvera mêlée avec la bonne. Semée à l'air libre et sous une température moyenne de + 12°, la graine germe au bout de 60 heures environ, et elle commence à lever le quatrième jour. On peut aussi jeter un certain nombre de semences dans un verre rempli d'eau placé dans une chambre où la température varie entre 16 et 18°; après 30 à 36 heures, les germes des bonnes semences sont très-apparents, le tégument de la graine ayant été rompu par le fait de l'accroissement du volume de l'embryon.

C. ALTÉRATION. — Lorsque la graine est déjà ancienne, et que, néanmoins, elle doit être livrée au commerce, pour qu'elle possède la teinte luisante qui est le propre des semences nouvelles, on la couvre d'une couche légère et transparente d'huile blanche ou d'œillette. Voici comment on procède à cette fraude :

On huile légèrement et intérieurement un sac très-long et très-étroit dans lequel on introduit 25 à 30 kilog. de graines de luzerne; alors deux hommes saisissant chacun l'une des extrémités du sac, l'agitent, le secouent de manière que toutes les semences puissent être *légèrement huilées*. Au bout de six à huit minutes, on vide le sac et on y introduit une nouvelle quantité de graines. Il importe, pour que cette opération donne des résultats satisfaisants, que la semence ait été préalablement débarrassée de la poussière qui la recouvrait et des graines chétives, mal nourries, desséchées qu'elle contenait. On réalise ces conditions en faisant passer la graine au tarare, ou en la nettoyant au moyen d'un crible.

Lorsque la graine n'est pas très-ancienne, qu'elle offre encore une nuance un peu claire, que ces diverses opérations ont été exécutées avec soin et que les semences ainsi préparées ont été mêlées à des graines nouvelles, l'œil le plus exercé distingue difficilement la vieille semence de la nouvelle. On comprend quels avantages présente pour le commerce spéculateur ce moyen de fraude, et combien il lui est facile d'offrir aux agriculteurs des semences de 3 à 4 ans comme possédant toutes leurs facultés reproductives, puisque les graines ainsi préparées ont un aspect plus brillant et une teinte plus claire.

La graine de luzerne est parfois mélangée à des *fruits de cuscute.* Ces fruits sont capsulaires, ternes, arrondis et aussi gros que les semences de la luzerne ; chacune de leurs deux loges renferme une ou plusieurs graines très-petites. Pour séparer ces fruits des semences de luzerne, il faut frotter ces graines et les nettoyer ensuite à l'aide d'un tarare ou d'un crible. Par ce frottement, on brise les capsules de cucute et on rend libres les petites graines qu'elles renferment. On peut aussi exécuter cette séparation en jetant les graines de luzerne dans un vase rempli d'eau, puisque le fruit de la cuscute seul surnagera et qu'on pourra dès lors facilement les enlever ; mais ce moyen ne doit être mis en usage que dans des circonstances particulières, car il oblige à retirer promptement les graines de luzerne du fond du vase et à les faire ensuite sécher à l'air pour empêcher leur germination.

Recouvrement de graines. — Aussitôt que les semences ont été répandues, soit qu'elles aient été projetées sur une terre nouvellement ensemencée, soit qu'elles aient été disséminées parmi une céréale levée, on s'occupe de les couvrir.

Dans le premier cas, un roulage suffit si le sol est sec et disposé à plat. Par la pluie, cette opération est vicieuse, la terre et les graines s'attachent au rouleau, et ce dernier peut désensemencer le champ. C'est pour cette dernière raison qu'il est préférable, dans les saisons pluvieuses, dans les localités où l'atmosphère est brumeuse, de laisser la semence sur le sol sans la couvrir.

Dans les contrées où le sol est labouré en petits billons, on recouvre ordinairement la graine au moyen d'un râtelage, quand on ne peut pas, à cause de la sécheresse, l'abandonner à elle-même à la surface du sol.

Quand la terre est très-meuble, que la semaille a été exécutée sur des champs encore nus, on enterre les graines par un hersage, ou, ce qui vaut mieux, au moyen d'un fagot d'épines. La légèreté de la herse d'épines permet de la faire traîner par un jeune homme, et même par un enfant. Lorsqu'on emploie la herse ordinaire sur des sols fortement ameublis par des façons préalables, les pieds des animaux massifs pénètrent profondément dans le sol, enfoncent une certaine quantité de semence, et détruisent d'un autre côté le nivellement de la surface au détriment de la réussite de la luzerne.

Nonobstant, la graine de cette légumineuse ne doit pas être profondément enterrée. C'est pourquoi un roulage suffit ordinairement pour couvrir la semence, quand celle-ci a été répandue sur des champs abrités par une céréale en végétation, sur des terres ameublies par un hersage ou sur des terres couvertes de mottes de moyenne grosseur. Si l'on donnait un hersage sur des terres très-meubles ou légères, cette opération, quelque faible qu'elle fût, placerait une certaine quantité de graines à une profondeur de plus de $0^m,01$ à $0^m,02$. Schwerz a constaté que les semences de trèfle couvertes de

1 à 3 centimètres de terre donnent les plants les plus forts ; que les graines non couvertes donnent les plants les moins forts, et que les semences placées à une profondeur de 0^m,06 donnent toujours des plantes très-faibles, parvenant à sortir çà et là par les crevasses du sol. Ainsi, plus le sol est dur, plus le hersage après le semis doit être énergique, plus il faut augmenter la proportion de semence à répandre par hectare.

Germination. — La graine de luzerne germe avec promptitude, si après le semis la température se maintient entre + 12° et + 15°, et si le sol ou l'atmosphère est suffisamment humide. On peut donc, en examinant avec soin la surface d'un champ ensemencé, s'assurer promptement si la graine était de bonne qualité et reconnaître si les plantes sont assez nombreuses.

Mais il ne suffit pas de pouvoir distinguer, au bout de quelques jours, les jeunes plantes légumineuses des plantes indigènes qui apparaissent en même temps qu'elles ; il importe souvent de constater si la légumineuse qui couvre la terre est bien une luzerne, une lupuline ou un trèfle.

Les graines de luzerne, comme celles de la lupuline ou du trèfle, se divisent en deux parties égales, recouvertes ou enveloppées par une membrane transparente qui est le tégument propre de la semence. Lorsqu'on confie à la terre une graine de luzerne, de trèfle, etc., elle se gonfle sous l'influence de l'humidité, le tégument se déchire, le corps radiculaire s'enfonce en terre et au bout de six à huit jours les deux cotylédons se montrent étalés à la surface du sol.

Les cotylédons de la luzerne sont différents de ceux du trèfle, de la lupuline, avec lesquels ils ont beaucoup plus de rapports qu'avec ceux du sainfoin. Ils sont ovales, et leur largeur est égale, quand ils s'étalent à la surface de la terre, à celle des cotylédons du trèfle ; ceux de la lupuline sont elliptiques, c'est-à-dire plus larges. Le diamètre est de 0^m,002, et la largeur dépasse rarement 0^m,003. La couleur est très-caractéristique. Alors que les cotylédons de la luzerne sont vert glauque sombre au-dessus, et vert légèrement teinté de rouge en dessous, ceux du trèfle présentent une belle couleur verte sur les deux surfaces.

Les tigelles de la luzerne et du trèfle sont beaucoup plus allongées que celles du sainfoin, qui sont pour ainsi dire nulles. Celles de la luzerne et de la lupuline sont rougeâtres au sommet, et blanches à la base, c'est-à-dire au point d'insertion des corps cotylédonaires; celles du trèfle sont entièrement blanc verdâtre; les jeunes trèfles, offrant des tigelles teintées d'un peu de rouge à leur sommet, sont en très-petit nombre.

Les feuilles proprement dites apparaissent ordinairement douze à quinze jours après les cotylédons. Lorsqu'elles se montrent, elles sont toujours repliées sur elles-mêmes. Chaque pied ne présente qu'une feuille. Celle de la *luzerne* est presque cordiforme, et elle présente au sommet une échancrure au milieu de laquelle est quelquefois une très-petite dent. Celle de la *lupuline* est comme tronquée à sa base, son sommet présente aussi une échancrure ; mais au milieu de celle-ci, on remarque toujours une dent très-apparente. Celle du *trèfle* est rotondiforme, pubescente en dessus et en dessous, ainsi que le pétiole qui la supporte; ses bords sont ciliés, c'est-à-dire offrent des poils très-apparents.

La première feuille de la luzerne et du trèfle présente toujours une teinte verte uniforme; les nervures de la feuille primordiale de la lupuline sont rougeâtres.

La tigelle et les cotylédons du sainfoin sont aussi de couleur verte comme ceux du trèfle ; mais on distingue aisément cette légumineuse des autres en ce que les feuilles cotylédonaires sont plus épaisses, plus larges, et que le pétiole de la première feuille est pubescent et très-allongé.

Association de la luzerne et du trèfle rouge. — Dans plusieurs localités, on mêle des graines de trèfle aux semences de luzerne. Cette association est-elle utile et nécessaire ? Elle n'offre aucun avantage. Il est vrai qu'on obtient par ce mélange une première coupe plus fournie, plus abondante ; mais si l'on considère les lacunes que le trèfle laisse sur le champ lorsqu'il disparaît à la seconde ou à la troisième année, vides que les mauvaises herbes envahissent rapidement, on reconnaîtra qu'il est toujours préférable de semer la luzerne seule ou de l'associer, si cela est nécessaire à cause de l'ingratitude du sol, non pas avec une plante bisannuelle, mais bien avec le sainfoin, dont la durée d'existence dépasse souvent six et huit années.

J'observerai aussi que le trèfle végète plus vigoureusement que la luzerne pendant la première année, et qu'il nuit toujours à cette légumineuse en la gênant dans son développement.

En général cette association n'est utile que lorsqu'on limite à quatre ou cinq ans la durée des luzernes. Alors on sème 8 à 10 kilog. de graines de luzerne et 2 hectolitres de semences de sainfoin.

Le produit fourni par un tel mélange est plus considérable que le rendement que la luzerne aurait donné si elle avait été semée seule.

Soins d'entretien. — La luzerne exige chaque année, quel que soit le climat sous lequel elle végète, divers soins d'entretien.

A. ÉPIERREMENT. — Pendant l'hiver qui suit le semis, on doit faire enlever sur les sols pierreux toutes les pierres qui existent à leur surface, et qui gêneraient, par leur volume, l'action de la faux lors du fauchage des coupes. Cette opération est ordinairement confiée à des femmes ou des enfants ; elle doit être faite par un beau temps. Les pierres sont déposées en tas sur les cheintres ou à l'intérieur des champs. On profite des temps de gelées pour les enlever au moyen de brouettes ou de tombereaux.

Quand les luzernes doivent être hersées au printemps, on n'exécute cet épierrement qu'après cette opération, afin de ne pas le répéter sur le même champ, puisque la herse ramène toujours à la surface du sol des pierres en plus ou moins grande quantité.

On évite d'épierrer la première année en faisant rouler les terres après qu'elles ont été ensemencées en luzerne. On sait que le rouleau enfonce facilement les pierres dans les terres ameublies par la charrue et la herse.

B. Hersages. — Ordinairement on herse énergiquement les luzernières en février ou mars, selon la contrée que l'on habite. Cette opération est faite dans le but : 1° d'ameublir le sol et de faciliter le développement des bourgeons qui existent sur le collet des plantes ; 2° de déraciner les plantes nuisibles à racines vivaces et traçantes. On l'exécute par un beau temps et lorsqu'on ne craint plus de fortes gelées à glace. On doit éviter de herser quand le sol est humide, ou lorsque le temps est pluvieux, car les dents de la herse arrachent plus difficilement les plantes nuisibles et celles-ci sont moins exposées à périr. Souvent, pour que cette opération soit aussi parfaite que possible, on herse le champ d'abord en long et ensuite en travers.

On peut herser les luzernières plusieurs fois par an. Dans le Languedoc, on les herse souvent après chaque coupe. Ces opérations maintiennent le sol toujours meuble et propre, et elles augmentent la vigueur des plantes.

Les luzernières d'un an sont ordinairement trop faibles ou trop peu garnies de mauvaises plantes pour qu'il soit nécessaire et utile de les herser l'année qui suit leur création.

La luzerne bien enracinée ne souffre jamais de l'action des dents de la herse.

C. Labours. — Dans le Midi, on herse aussi les luzernes dans le but de les rendre plus productives et de prolonger leur existence ; mais souvent on remplace cette opération par un léger labour exécuté à la fin de l'hiver, avec l'araire ou un scarificateur. Cette culture d'entretien ne nuit nullement à la végétation de ces légumineuses, puisque leur collet est toujours situé à 0^m, 04, 0^m,06 et même 0^m,10 au-dessous de la surface du sol. Il est utile, afin de bien ameublir le sol et de déraciner aussi complétement que possible les mauvaises plantes, de faire suivre ce labour par un hersage ordinaire.

Pline a recommandé de labourer les luzernières qui ont été envahies par les mauvaises herbes.

D. Application d'engrais minéraux. — Les luzernes qui végètent sur des sols non calcaires sont souvent plâtrées au printemps, lorsque leurs pousses ont de 0^m,10 à 0^m,15 de hauteur et lorsqu'on n'a plus à craindre de fortes gelées blanches. Le *plâtre* excite leur végétation et les rend plus productives. (*V* t. II, *plâtre* ou *gypse*.)

Dans la Picardie, on remplace souvent le plâtre par des *cendres pyriteuses* ou *vitrioliques*. Ces cendres, appliquées comme le plâtre en temps opportun et dans une proportion convenable, rendent toujours les luzernes plus vigoureuses et plus touffues. (*V*. t. II, *cendres pyriteuses*.)

En Flandre, au lieu de plâtre, on répand souvent 30 hectolitres de *cendres de tourbe* ; 15 hectolitres à l'automne, 15 hectolitres au printemps. (*V*. t. II, *cendres de tourbe*.)

Les luzernières établies sur des sols non calcaires et qui fournissent des coupes peu abondantes peuvent être marnées. La marne agissant sur les luzernes par le carbonate de chaux qu'elle renferme, accroît toujours leur vigueur et les rend plus productives. C'est pendant l'hiver, alors que le sol a été durci par la gelée, que la conduite de la marne doit être faite. (*V. t.* II, *marne*.)

On peut remplacer les marnes par des *faluns* ou de la *tangue*.

E. FUMURE EN COUVERTURE. — On applique quelquefois du fumier en couverture sur les vieilles ou les jeunes luzernes soit pour les rajeunir, soit pour activer leur végétation. Ces fumures doivent être faites de bonne heure, en décembre ou en janvier, avec du fumier à demi décomposé. Appliqué trop tardivement, le fumier pailleux s'attache mal à la couche arable et se mêl à la production de la première coupe.

On remplace parfois les fumures par des composts formés de fumier, de vase d'étangs ou de curures de routes.

F. IRRIGATIONS. — Dans les contrées du Midi où les irrigations des prairies artificielles sont possibles, on arrose les luzernières après chaque coupe. Quand ces arrosements sont bien faits, la luzerne fournit cinq coupes qui donnent en moyenne chacune 3000 kilog., soit 15 000 kilog, par hectare. Ce produit considérable est dû à la fraîcheur presque continuelle que les irrigations maintiennent dans le sol. Les terres non arrosées et sujettes à se dessécher pendant l'été, ne permettent pas à la luzerne de donner autant de coupes et un rendement total aussi élevé.

Plantes nuisibles. — La luzerne redoute, pendant sa croissance, plusieurs plantes adventices et parasites.

A. PLANTES ADVENTICES. — Au nombre des plantes qui envahissent les luzernières et qui abrègent leur existence, on doit citer l'*agrostis traçante* (AGROSTIS VULGARIS, With.), l'*agrostis stolonifère* (AGROTIS STOLONIFERA, L.) et le *chiendent* (TRITICUM REPENS, L.), qui est vivace et à racines rampantes comme les précédentes graminées ; l'*avoine à chapelet* (AVENA BULBOSA, Wild.), plante vivace très-rustique, qui présente à sa base des bulbes nombreux superposés au moyen desquels elle se multiplie ; le *vulpin des champs* (ALOPECURUS AGRESTIS, L.); enfin, la *crépide à feuilles de pissenlit* (BARKAUSIA TARAXACIFOLIA, Thuil.); ces deux dernières plantes se propagent par leurs graines : la première est annuelle, la seconde est bisannuelle.

Les luzernières dans le Midi sont souvent envahies par le *brome stérile* (BROMUS TERILIS, L.), la *lépidie à fleurs blanches* (LEPIDIUM DRABA) et l'*érodie* (ERODIUM CICONIUM), plantes d'une destruction assez difficile.

C'est pour détruire ces diverses plantes qu'on herse ou laboure les luzernières chaque année vers la fin de l'hiver. Les difficultés que présente leur destruction doivent engager les cultivateurs à ne créer ces prairies artificielles que sur des terres qui ont été nettoyées par la jachère ou la culture des plantes sarclées.

Quant aux plantes annuelles, on prévient leur réapparition en fauchant la première coupe de très-bonne heure.

B. VÉGÉTAUX PARASITES. — Les deux végétaux parasites qui nuisent aux luzernes et les font périr, sont :

1° La *cuscute* ou *teigne* (CUSCUTA EUROPÆA, L.) a des tiges filiformes, capillaires, rameuses, rougeâtres, qui rampent sur le sol, s'étendent fort loin, s'enlacent, s'enroulent et s'attachent par leurs suçoirs ou crampons autour des plantes, en les serrant étroitement. Cette plante produit de nombreuses fleurs sessiles blanchâtres, légèrement rosées et réunies en masse globuliforme; chaque fleur donne naissance à une capsule à deux loges s'ouvrant circulairement en travers et qui contient des graines jaunâtres très-petites. Quant à la racine, elle est très-grêle et meurt aussitôt que la cuscute a pu s'attacher à une autre plante. Enfin, cette plante se propage facilement et même rapidement par fragments de ses tiges, et elle a la propriété de persister pendant l'hiver aux pieds des plantes qu'elle a attaquées. C'est pourquoi, bien qu'elle soit annuelle, on doit la regarder comme une plante vivace.

Jusqu'à ce jour, on a expérimenté mille procédés pour la détruire ou arrêter sa marche envahissante. Les moyens qui ont donné les meilleurs résultats sont :

a. De couper fréquemment à rez terre la luzerne attaquée par cette plante, en ayant la précaution *d'enlever avec soin tous les filaments de tiges* qui existent sur la terre. C'est en juin, juillet et août que ce fauchage réitéré doit être fait; il n'est nécessaire de l'exécuter que pendant une année.

b. De *faucher* aussi bien que possible les parties envahies, de les couvrir d'une couche de paille de 0^m,10 à 0^m,20 d'épaisseur et d'y *mettre le feu*. Par ce moyen, on détruit la plupart, sinon la totalité des filaments et des capsules de la parasite. Si la cuscute reparaissait, il faudrait répéter cette opération; qui, jusqu'à ce jour, a donné d'excellents résultats.

c. D'*écobuer* les parties infectées et d'*incinérer les gazons* aussitôt qu'ils sont secs, en ayant soin de placer au centre du fourneau tous les fragments de tiges que l'on remarque sur le sol, puisque ceux qui n'auront pas été détruits reproduiront la cuscute dans l'espace de quelques jours.

Dans ces trois opérations, il faut agir un peu au delà de l'espace que la cuscute a envahi.

On doit éviter de labourer ou piocher les endroits attaqués, afin de ne pas enterrer les graines qui conservent longtemps en terre leur faculté germinative.

d. De faire dissoudre 5 à 10 kilog. de sulfate de fer ou cou-

verte dans 100 litres d'eau, et d'arroser avec cette dissolution les places envahies par la cuscute, après avoir enlevé à
la faux et au râteau le plus gros de la luzerne et de la cuscute. Si l'opération est faite par un temps clair, ce qui hâte
l'oxydation du sulfate de fer, trois jours suffisent pour faire
disparaître la plante parasite; il ne reste plus qu'à enlever,
au moyen d'un coup de faux, tout ce qui pourrait encore
rester dans l'endroit attaqué.

On doit ce mode de destruction à M. Ponsard.

e. M. Joffre à Montbazens (Aveyron), emploie du lizier ou
du purin.

2° Le *rhizoctone de la luzerne* (RHIZOCTONIA MEDICAGINIS,
Lam.) est un cryptogame d'une belle couleur violette qui se
développe sur les racines et vit à leurs dépens; ses tubercules
sont ovoïdes, irréguliers, et donnent naissance à des filets
beaucoup plus longs, plus grêles et ramifiés.

Les premiers se développent ordinairement sous la bifur-
cation des grosses racines; les seconds, qui ont beaucoup
de rapport avec des filets de byssus, s'appliquent le long
des racines ou des radicules, qu'ils tapissent d'une croûte
violacée.

Ce parasite est commun dans le Languedoc, le Poitou, la
Lorraine, les environs de Genève, etc. Il se développe principalement sur les racines de luzerne qui végètent dans les
lieux humides, et c'est dans les années pluvieuses qu'il est
plus redoutable.

On ne connaît pas jusqu'à ce jour de moyen pour arrêter
ses ravages. C'est en vain que Mathieu de Dombasle fit creuser
un fossé de 0^m,50 de profondeur autour des plantes attaquées.
Quand les parties infestées sont étendues, il faut défricher
la luzerne et attendre huit à dix années avant de la cultiver
de nouveau sur le même terrain.

Lorsque le rhizoctone attaque une luzernière, on voit, comme l'observe de Candole, sans cause extérieure apparente, des pieds de luzerne se flétrir et périr, et des places vides, ordinairement arrondies, se former dans cette prairie artificielle.

Insectes nuisibles. — La luzerne souffre de l'existence de quatre insectes.

1° Le *cercopis écumeux* (CERCOPIS SPUMARIA, Fab., CICADA SPUMARIA, L.), de l'ordre des hémiptères, est très-petit et de couleur gris verdâtre ou gris brun. Sa larve est blanche verdâtre et vit aux dépens de la séve de la luzerne; ne pouvant supporter l'action des rayons solaires, elle se tient pendant le jour sur les tiges et sur les feuilles, enveloppées de bulles écumeuses semblables à de la salive; elle apparaît au printemps au moment où le coucou se fait entendre. Elle a pour ennemi un ichneumon qui la saisit au milieu de la masse blanchâtre qui l'enveloppe et s'envole avec elle.

Le cercopis hiverne à l'état d'insecte parfait et se multiplie plusieurs fois depuis le printemps jusqu'en automne. Les œufs que les femelles pondent en automne se conservent intacts jusqu'au printemps sur les parties herbacées où ils ont été déposés.

Cet insecte nuit beaucoup à la végétation de la luzerne quand ses larves sont abondantes. On détruit celle-ci en fauchant et fanant les luzernières qu'elles attaquent avant le complet épanouissement des fleurs.

2° L'*eumolpe obscur* (EUMOLPUS OBSCURA, Fab., COLASPIS ATRA, Oliv.), appelé dans le Languedoc *négril* et dans la Provence *babolte* ou *barbarolle*, appartient à l'ordre des coléoptères. A l'état d'insecte parfait, il est ovale, noir brunâtre, pubescent, avec des antennes fauves, et petit comme une graine de vesce (*fig.* 27).

Sa larve (*fig.* 29), qui tombe au moindre mouvement, et apparaît quand la température moyenne s'élève à + 14° à + 15°, est un petit ver noir luisant, muni de six pattes et long de 7 à 8 millimètres ; elle éclôt au printemps, quelques semaines avant la floraison de la luzerne, époque où elle s'attaque aux feuilles et aux jeunes pousses de cette légumineuse. En juillet, elle se transforme en nymphe, et bientôt en insecte parfait. Le ventre très-développé de la femelle (*fig.* 28) démontre bien quelle prodigieuse quantité d'œufs elle doit déposer sur la luzerne. Ces œufs sont

EUMOLPE.

Fig. 27. Mâle.   Fig. 28. Femelle.   F. 29. Larve.
Grossi 4 fois.   G. 2 fois et demie.   G. 2 fois.

oblongs, luisants, jaune foncé et réunis en groupe de plus de 200.

Ce redoutable insecte s'attaque aux secondes pousses. Ses ravages sont parfois si considérables que la seconde coupe est souvent nulle, ainsi que je l'ai plusieurs fois observé. Il a pour ennemi la larve du *calosome* ou *carabe sycophante* (CALOSOMACA OU CARABUS SYCOPHANTA, L.).

M. Bouscaren a proposé, pour le détruire ou amoindrir ses dégâts, de répandre sur les luzernières, quand les femelles sont sur le point de pondre, et au moment le plus chaud de la journée, de la *chaux en poudre.* — M. Tonchy a insisté pour *qu'on retarde la première coupe* jusqu'à l'apparition des larves, afin de forcer les myriades d'insectes qui viennent d'éclore, à abandonner les luzernières faute de nourriture. — M. Auguste de Gasparin, considérant ces deux moyens comme imparfaits, recommande de *couvrir de paille* les espaces sur lesquels les larves se trouvent cantonnées au moment de l'éclosion et *d'y mettre le feu.* Ce moyen, exécuté avec modération, lui aurait permis d'anéantir tous les insectes déjà sortis de terre et d'étouffer ceux qui étaient encore dans la couche arable sans nuire nullement à l'avenir de la luzerne. M. Lefebvre a expérimenté ce moyen sans succès. — M. Pons-Tende propose de *hâter la première coupe,* afin de pouvoir effectuer la seconde avant le moment où l'insecte est assez développé pour commencer son œuvre de destruction. — Enfin, M. Rivals fait couper quinze jours environ avant l'époque adoptée pour le premier fauchage, une lisière d'un mètre environ de largeur autour de la luzernière. Lorsque l'époque de la fauchaison est arrivée, il achève de couper la luzerne; les larves trouvent alors un refuge dans la zone coupée la première; des femmes les font tomber dans des vases contenant de l'eau, et peuvent, en agissant ainsi, en détruire des quantités considérables dans une journée.

3° La *cantharide marginée* (LYTTA MARGINATA, Fab.), de l'ordre des coléoptères, est noire; elle est assez commune dans les parties méridionales de l'Europe, où elle mange les jeunes pousses de la luzerne. On est parvenu à préserver les luzernières qu'elle attaquait en les fauchant avant le développement des fleurs.

4° Le *charançon pyriforme* (CURCULIO ACRIDULUS, L.) est presque globuleux et noir; il nuit souvent aux luzernes des contrées du Midi. On amoindrit ses ravages en fauchant encore la luzerne avant la floraison.

Récolte. — A. ÉPOQUE. — On fauche chaque année la luzerne à des époques qui varient suivant le nombre de coupes qu'elle fournit. Ainsi, on la récolte : 1° en mai et en juin 2° en juillet et août; 3° en septembre et octobre.

Dans le nord de la France, toutes les fois que la production verte doit être convertie en foin, la fauchaison n'a lieu que quand les fleurs sont épanouies.

Dans les contrées du Midi et la vallée de la Limagne, on coupe ordinairement la première pousse avant que les fleurs soient développées, afin que la seconde coupe soit aussi abondante que possible.

Quant aux pousses suivantes, on les fauche quand les sommités florales sont bien fleuries.

La dernière pousse se fauche toujours avant l'apparition des fleurs ; on l'appelle *regain*.

Quoi qu'il en soit, quand on fauche la première pousse trop tôt, les tiges éprouvent beaucoup de déchet lorsqu'on les convertit en foin : et lorsqu'on les coupe trop tardivement, elles sont dures et le foin qu'elles forment est de qualité très-secondaire.

B. Nombre de coupes. — J'ai fait voir, page 237, comment on pouvait connaître approximativement le nombre de coupes que la luzerne donnait sous une latitude déterminée ; je crois utile d'inscrire ici le nombre de coupes réelles qu'elle fournit.

Dans les *provinces du Midi*, elle est fauchée ordinairement 4 à 5 fois chaque année. Voici les époques auxquelles ont lieu les coupes :

La première, de la fin d'avril à la mi-mai avant la fleur.

La seconde, dans la deuxième quinzaine de juin.

La troisième, dans la première quinzaine d'août.

La quatrième, vers le 20 septembre.

La cinquième, de la fin d'octobre à la mi-novembre.

Ainsi, les coupes ont lieu pendant cinq à six mois tous les 30 jours ou de 40 *jours en* 40 *jours.*

Dans les *contrées du Nord,* on ne fauche la luzerne que trois fois :

La première coupe se fait dans la première quinzaine de juin.

La seconde a lieu vers le 15 août.

La troisième de la fin de septembre à la mi-octobre.

Ainsi, dans cette partie de la France, *on fauche la luzerne tous les* 60 *jours environ.*

C. FAUCHAGE. — On fauche toujours la luzerne en dehors. Cette opération exige, à cause de la dureté des tiges de cette plante, que l'angle formé par la faux soit plus fermé que lorsqu'il est question de faucher des prairies naturelles. Il est aussi utile que cet instrument soit conduit aussi près de terre que possible pour que les éteules soient à peine apparentes après le fauchage.

Lorsque la faux est mal dirigée et qu'elle coupe les tiges à $0^m,06$ ou $0^m,09$ au-dessus du sol, on éprouve plus de difficulté pour couper la pousse suivante, à cause de la dureté que présente les parties de tiges laissées lors du premier fauchage.

Quand les luzernes sont très-fournies, on profite souvent de la rosée et du moment où les tiges ont été mouillées par une pluie, pour exécuter la fauchaison, parce que la faux conserve alors plus longtemps son mordant, et qu'elle coupe plus aisément (*V.* LA PRATIQUE DE L'AGRICULTURE, *fauchaison*).

Un homme fauche de 40 à 60 ares par jour.

On paye, pour faucher un hectare, de 5 à 6 fr. Le 100 de bottes, ou 500 kil. sont payés 1 fr. 60.

D. FANAGE. — Le fanage de la luzerne exige beaucoup d'attention pour qu'elle perde le moins possible de ses feuilles pendant cette opération. C'est pour cette raison qu'il faut s'abstenir de la remuer, quand elle est déjà sèche, pendant le milieu du jour, alors que la chaleur solaire est très-élevée. Il faut aussi ne pas attendre, pour la mettre en meules temporaires, qu'elle ait perdu toute son humidité.

La luzerne est sujette à s'échauffer et à moisir. Il est donc utile d'attendre, soit pour la mettre en meule dans les champs, soit pour la rentrer à la ferme, qu'elle ait perdu les 8/10 de son eau de végétation.

Dans le Midi, deux jours suffisent ordinairement pour la dessécher. Dans le Nord, où la chaleur est moins forte, où les pluies sont plus fréquentes et plus redoutables, la fenaison dure souvent quatre jours.

Nonobstant, on laisse souvent la luzerne en andains, pendant plusieurs jours sans y toucher, afin qu'elle perde ainsi une partie de son humidité, et qu'on ne soit pas obligé de la retourner aussi souvent et aussi longtemps (*V*. t. III, *Fenaison*).

Le fanage exige une femme par 35 ares.

Cette opération se fait souvent à la journée. Lorsqu'elle a lieu à la tâche, on paye 2 fr. 10 par chaque 500 kilogr. de foin.

E. BOTTELAGE. — La luzerne perdant très-facilement ses feuilles après avoir été fanée, est ordinairement bottelée avant sa rentrée, dans les contrées septentrionales. Dans le Midi, dans l'Est, etc., on ne la bottelle pas, et elle est rentrée en vrague à la ferme. Alors on la conserve dans cet état dans les bâtiments ou en meules définitives.

Un homme peut botteler par jour 300 à 350 bottes à 3 liens et 450 à 500 bottes à 1 lien.

Le bottelage à 3 liens se paye de 1 fr. 25 à 1 fr. 50 les 100 bottes; celui des bottes à 1 lien est payé 1 fr.

D'après un arrêté du préfet de police, les bottes livrées sur les marchés des environs de Paris doivent peser :

De la récolte au 1er octobre....	6 kil. 50
Du 1er octobre au 1er avril.....	5 50
Du 1er avril à la récolte........	5 00

Leur poids normal est 5 kilogr., quelle que soit l'époque de l'année.

F. Paturage. — La luzerne ayant son collet sous terre, peut être pâturée par tous les animaux domestiques.

Ordinairement, on fait consommer sur place la dernière pousse, c'est-à-dire le regain, par les bêtes à cornes ou les bêtes à laine. On a dit plusieurs fois que cette plante souffrait du piétinement des animaux; c'est une erreur! Le hersage que l'on donne au printemps détruit toujours le tassement que le bétail a exercé à la surface du sol pendant la durée du pâturage.

Conservation du produit sec. — Le foin de luzerne doit être emmagasiné dans des granges ou des greniers sains. Conservé dans des locaux humides, il moisit et perd sa qualité. La conservation en meules bien faites, c'est-à-dire bien tassées et protégées par une couverture de paille quelques semaines après leur confection, est la meilleure de toutes; elle permet à la luzerne de conserver sa couleur, son arome et ses propriétés nutritives.

Rapport entre le fourrage sec et le produit vert. — La luzerne verte perd beaucoup de son poids par le fanage ordinaire. Ainsi, d'après :

Bosc................	100 kil. se réduisent à	27 kil.	500
Perrault de Joptemps.	—	—	27	900
Londet..	—	—	26	530
	Moyenne........	27 kil.	310

Ce déchet de 73 pour 100 est dû à l'évaporation de la

presque totalité de l'eau que contiennent les tiges et les feuilles et à la chute d'un certain nombre de ces dernières parties.

Le foin de luzerne nouvellement récolté éprouve toujours un déchet pendant sa conservation. Suivant M. Perrault de Joptemps, cette perte s'élève à 4 pour 100 environ.

Nonobstant, le foin de luzerne réputé sec et vendable renferme encore 12 à 15 pour 100 d'eau.

Rendement. — Le produit de la luzerne est toujours en raison directe de la profondeur, fraîcheur et fertilité du sol et de la température du climat sous lequel elle est cultivée.

A. Produit en vert.— La quantité de tiges et feuilles vertes que fournit la luzerne est moins connue que le nombre de kilogr. de foin sec qu'elle donne. Quoi qu'il en soit, en établissant la proportion suivante :

$$27 : 100 :: \text{foin sec récolté} : x,$$

on trouve la quantité de fourrage vert que l'on aurait pu faire consommer si les tiges et les feuilles eussent été données vertes aux animaux. Ainsi, à Grignon, où la luzerne ne donne en moyenne par hectare et par an que 5500 kilog. de foin, parce que les terres sont sèches l'été, on récolte sur la même superficie 20 000 kilog. de fourrage vert.

B. Produit en sec. — La quantité de foin que fournit la luzerne est variable selon qu'elle est cultivée dans le midi ou le nord de la France. Voici les résultats moyens que l'on obtient dans ces deux grandes zones :

Région méridionale.		*Région septentrionale.*	
Aude............	8 500 kil.	Bella..........	6000 kil.
Tarn...........	8 500	Pluchet	7000
Haute-Garonne.	10 000	Dailly.........	8000
Moyenne.. .	9 000 kil.	Moyenne...	7000 kil.

Le regain est compris dans ces produits qui représentent exactement le rendement moyen de la luzerne dans ces deux grandes contrées.

On a obtenu en Belgique, depuis 1850 jusqu'en 1856, les résultats ci-après :

Provinces.	Produit en vert.	Produit en sec.
Brabant................	18 800 kil.	5100 kil.
Flandre orientale	23 100	7900
Hainaut	24 900	7100
Namur.........	18 700	5600
Moyennes.......	21 400 kil.	6400 kil.

J'ai extrait ces rendements de la statistique belge. En comparant les moyennes entre elles, on trouve que le

Produit vert est au foin :: 100 : 29.

Ce rapport confirme les chiffres que j'ai inscrits précédemment en parlant du produit vert qui contient en moyenne de 72 à 75 pour 100 d'humidité.

Les chiffres suivants indiquent les produits moyens qu'on peut espérer de cette légumineuse :

	Fourrage vert.	Foin.
Très-bonne récolte....	40 000 kil.	10 000 kil.
Bonne récolte........	30 000	8 000
Récolte passable......	20 000	5 000
Récolte médiocre.....	12 000	3 000

M. de Gasparin a récolté dans le Vaucluse, en arrosant après chaque coupe, 15 000 kilog. de foin par hectare. On ne peut espérer obtenir en France un produit plus élevé.

C. Produit par coupes. — La première pousse de la luzerne est toujours celle qui fournit le plus de foin. Quant à la seconde, elle est souvent nulle dans le Midi, parce qu'elle est dévorée par l'eumolpe. La troisième est toujours faible sous le climat de Paris; dans les provinces méridionales, elle égale quelquefois la première. Voici quels sont les produits des diverses coupes :

Région du Midi.

	Tarn.	Haute-Garonne.	Vaucluse.
1re coupe	3000 kil.	4000 kil.	3 400 kil.
2e —	2500	»	4 200
3e —	2000	3000	3 000
4e —	pâturée	2000	2 400
5e —	»	pâturée	2 000
Totaux.	7500 kil.	9000 kil.	15 000 kil.

Région du Nord.

	Dailly.	Pluchet.
1re coupe	5300 kil.	4500 kil.
2e —	2000	2000
3e —	700	600
4e —	»	»
5e —	»	»
Totaux...	8000 kil.	7100 kil.

Région de l'Ouest.

	Larclause.
1re coupe	6500 kil.
2e —	2400
3e —	650
4e —	»
5e —	»
Total...	9550 kil.

Voici le rendement que j'ai vu obtenir en Provence sur des luzernières arrosées :

	Grangier.	Maiffredy.
1re coupe	5 000 kil.	2 500 kil.
2e —	5 000	4 000
3e —	3 000	4 000
4e —	2 000	2 500
5e —	»	1 500
Totaux.	15 000 kit.	14 500 kil.

Ces divers produits sont ceux que la luzerne fournit lorsqu'elle est en plein rapport, c'est-à-dire âgée de deux à trois ans.

Le regain que l'on fait souvent pâturer par les bêtes à laine, est plus ou moins abondant, selon la température moyenne de l'automne. A Grignon, chaque hectare fournit 440 rations représentées chacune par 1 kilog. 400 de luzerne sèche. C'est donc un produit de 600 kilog. de foin que la luzerne donne en sus des deux coupes dont le produit total est de 5500 kilog.

Poids du mètre cube de foin. — Un mètre cube contient de 10 à 12 bottes de foin de luzerne ; il renferme de 60 à 65 kilog. de foin bien tassé et conservé en vrague, en meule ou dans une grange.

Caractère du foin et du regain. — Le *foin de luzerne* bien récolté est gros, un peu vert et assez aromatique. En vieillissant, il devient poudreux, perd facilement ses feuilles et sa bonne odeur.

Le *regain de luzerne* a une couleur plus verte ; les tiges sont plus petites, plus flexibles et moins grosses.

Récolte des graines. — A. ÉPOQUE. — On récolte toujours les graines sur la seconde ou la troisième coupe, parce qu'au moment où a lieu cette opération, l'air est sec et la chaleur élevée. Les tiges de la première pousse ont trop d'élévation et sont trop nombreuses pour qu'on les sacrifie aux semences. D'ailleurs, plus les tiges sont courtes et bien fleuries, plus elles donnent de graines. Mais comme cette production diminue la vigueur des luzernes qui la fournissent, on ne doit la demander qu'aux vieilles luzernières, et pendant l'année qui précède l'hiver durant lequel doit avoir lieu leur défrichement.

B. OPÉRATION. — Lorsque les graines sont bien formées et presque mûres, on coupe les sommités des tiges et on expose ces parties à l'action de l'air et du soleil afin qu'elles se dessèchent ainsi que les têtes. Cette dessiccation se fait soit sur une aire, soit sur une grande bâche ou une terrasse carrelée.

On peut aussi faucher les tiges rez terre, les réunir en petites bottes et les dresser sur le sol. Cette disposition est celle qu'il faut adopter de préférence quand on redoute des pluies abondantes ou continues.

C. BATTAGE. — Dès que les têtes sont sèches et les gousses noirâtres, on les bat au fléau ou au moyen d'une gaule, en ayant soin d'agir légèrement afin de ne pas écraser les graines. Cette opération a pour but de détacher les gousses de la partie supérieure des tiges. Quand elle est terminée, on sépare le mieux possible, à l'aide d'un râteau, les gousses des débris de tiges.

D. ÉGRENAGE. — L'égrenage, qui consiste à séparer la graine de son enveloppe, se fait de trois manières : 1° au fléau ; 2° à l'aide d'une meule verticale d'huilerie; 3° au moyen d'une machine à égrener. Le premier procédé est long, difficile et coûteux; les autres sont simples et très-expéditifs. Les industriels qui possèdent les appareils que je viens de nommer, entreprennent l'égrenage moyennant 10 cent. par kilog. de graines nettoyées.

Lorsque l'égrenage est terminé, on nettoie la graine au moyen d'un crible fin.

5 à 6 kilog. de gousses donnent 1 kilog. de graines.

Quantité de graines qu'on peut récolter. — Il est difficile de préciser la quantité de graines qu'on peut récolter. Dans le Midi, où le climat favorise la formation des semences de la luzerne, on obtient souvent jusqu'à 700 et 900 kilog. par hectare; dans le Centre, où les pluies gênent souvent leur maturité, le produit dépasse bien rarement 400 et 500 kilog.

Poids de l'hectolitre. — La graine de luzerne de bonne

qualité est aussi lourde que le froment; ainsi, elle pèse de 76 à 78 kilog. l'hectolitre mesuré ras. On augmente quelquefois le poids des graines de qualité inférieure, en y ajoutant un peu de sable fin. Les belles graines jaunes sont plus pesantes que les semences brunes ou noires.

Valeur nutritive. — La luzerne fournit trois produits qui ont chacun une valeur alimentaire différente.

A. Production verte. — La luzerne verte, si recherchée par les vaches laitières, est nutritive. M. Boussingault lui assigne, d'après la quantité d'azote qu'elle renferme, le chiffre 256. Voici la valeur alimentaire que lui attribue la pratique :

Block	430	Polh.............	450
Flotow	500	Thaër.	450
Pabst	460		
		Moyenne......	456

Ainsi, pour remplacer 10 kilog. de foin, il faut donner 46 kilog. de luzerne verte.

B. Foin. — Le foin de luzerne est plus nutritif que le bon foin des prairies naturelles quand il a été bien fané. M. Boussingault représente sa valeur alimentaire par 60. La pratique l'établit ainsi qu'il suit :

André.............	90	Pétri.............	90
Crud.............	90	Rieder	90
De Dombasle.......	90	Schnée.	90
Gemerhausen	90	Schwerz..........	100
Kramtz............	90	Thaër............	90
Meyer............	90	Weber	90
Pabst	100		
		Moyenne........	91

En général, les qualités alimentaires du foin de luzerne diminuent un peu à mesure que cette légumineuse s'éloigne des contrées méridionales.

C. **Regain**. — Le regain de luzerne bien récolté, ayant une belle couleur verte et non une teinte noirâtre comme cela arrive lorsque l'automne est pluvieux, est plus nutritif que le foin fourni par cette légumineuse.

Durée d'existence des luzernières. — La luzerne a une existence plus ou moins longue, selon la nature et la propriété des terres sur lesquelles elle est cultivée.

Dans les contrées du Midi, elle dure ordinairement de 8 à 10 ans, lorsqu'elle végète sur des terres profondes et sèches. Soumise annuellement aux effets des irrigations, son existence, dans les mêmes localités, est limitée à 6 ou 8 années au plus.

Dans les départements du Centre et du Nord, où elle redoute les plantes indigènes à racines traçantes, sa durée dépasse rarement 6 à 7 ans.

Nonobstant, par exception, cette légumineuse, dans l'une et l'autre région, donne quelquefois de très-bonnes coupes jusqu'à l'âge de 12 et même 15 ans.

Défrichement. — Lorsque la luzerne cesse de donner des récoltes moyennes, ou lorsque les plantes adventices se sont emparées de la couche arable, on procède à son défrichement. Cette opération s'exécute en automne lorsqu'elle doit être suivie par un blé d'hiver, et pendant les mois de décembre et de janvier, si le sol doit être ensemencé en février ou mars en avoine de printemps.

On se borne à exécuter un seul labour de $0^m,18$ à $0,25$ de profondeur. Ce labour se fait avec une charrue à laquelle on a attelé 3 ou 4 chevaux ou bœufs, suivant la résistance que présentent les racines. Si l'on donnait deux labours, le second ramènerait à la surface du sol le gazon et les racines de luzerne, et celles-ci continueraient à végéter l'année suivante au détriment de la céréale cultivée.

Avant de semer, on pratique un léger hersage afin de combler les cavités qui existent entre les bandes de terre, et après la semaille, on enterre les semences au moyen d'un scarificateur ou de deux hersages énergiques.

Quantité de racines laissées dans le sol. — La luzerne laisse dans le sol, lorsqu'on la défriche, une grande quantité de racines. Cette quantité est d'autant plus forte que cette légumineuse végète sur un sol profond et sous un climat plus méridional. Ainsi :

M. de Gasparin a recueilli, sur un hectare de luzerne, dans le département du Vaucluse, 37 000 kilog.

Dans le département de Seine-et-Oise, j'ai obtenu seulement, sur la même superficie, 20 000 kilog.

Amélioration du sol par la luzerne — Comme toutes les plantes, la luzerne diminue la fertilité du sol par les substances qu'elle y puise. Toutefois, si elle épuise la couche arable par son absorption, elle l'améliore par les racines qu'elle y laisse lorsqu'elle cesse de végéter. C'est pourquoi on l'a toujours considérée à bon droit comme une plante améliorante.

J'ai dit, page 239, que les racines de cette légumineuse contenaient 1,11 pour 100 d'azote. M. de Gasparin n'en a trouvé que 0,80 pour 100. Si l'on prend la moyenne de ces deux données, et si on l'applique aux quantités de racines de luzerne recueillies dans le midi et le nord de la France, on aura :

1° 37,000 × 0,95 = 351 kil. d'azote par hectare.
2° 20,000 × 0,95 = 190   —

Ainsi, une luzerne défrichée laisse dans le sol une quantité d'azote équivalant dans

le Midi, à 85 000 kil. de fumier dosant 0,40 d'azote.
le Nord, à 47 500   —   . . .

Cette fertilité explique pourquoi, après le défrichement des luzernières, on demande au sol plusieurs récoltes consécutives de céréales.

Plantes qui suivent le défrichement. — La plante qui réussit le mieux après défrichement de luzerne est l'avoine. Dans les environs de Paris, cette céréale, ainsi cultivée, donne jusqu'à 60 et même 70 hectolitres par hectare. Ce produit considérable n'empêche pas souvent de faire suivre l'avoine par un froment d'hiver cultivé sans engrais. Un exemple justifiera cette pratique :

Dans les environs de Paris, on récolte souvent sur une luzerne défrichée :

1° 25 hectolitres de blé qui absorbent	13 000 kil. de fumier.	
2° 60 — d'avoine —	17 000 —	
Total du fumier absorbé...	30 000 kil.	

Il restera donc dans le sol, après ces deux récoltes, une fertilité représentée par 17 000 kilog. de fumier. Ce reliquat ne paraîtra pas extraordinaire. On sait que les racines de la luzerne ne sont pas toutes décomposées deux ans après le défrichement.

Dans les départements du Midi, on observe des faits complétement analogues. Ainsi, on ne se borne pas à demander deux récoltes céréales à la terre qui a produit de la luzerne ; on exige d'elle très-souvent deux et trois récoltes de blé et une d'avoine. Dans le département de l'Aube, où cette pratique est en usage, le froment produit 20 hectolitres par hectare, et l'avoine 35 hectolitres. Ces trois récoltes enlèvent donc au sol, pendant les trois années qui suivent le défrichement des luzernières :

1° 60 hectolitres de blé........	31 000 kil. d'engrais.	
2° 35 — d'avoine.....	10 000 —	
Total.........	41 000 kil.	

Ces récoltes sont celles qu'il faut seulement demander au sol si l'on ne peut pas épuiser toute la fertilité qu'il a acquise par les racines de la luzerne. Dans le canton de Vienne (Isère), les luzernes défrichées sont suivies de cinq récoltes épuisantes : avoine, froment, méteil, seigle et colza. Ces plantes enlèvent à la couche arable la fertilité suivante :

```
1° 30 hectolitres avoine........    9 000 kil. d'engrais.
2° 20      —      blé...........   10 000        —
3° 25      —      méteil........   12 000        —
4° 30      —      seigle........   14 000        —
5° 20      —      colza.........   15 000        —
                              ________________
                  Total........   60 000 kil.
```

Ainsi, pour que ces récoltes successives n'occasionnent pas de prostration de fertilité, il est nécessaire que la luzerne laisse dans le sol la quantité de racines constatée par M. de Gasparin. Une telle suite de cultures serait impossible dans les provinces qui forment la région septentrionale. Quoi qu'il en soit, c'est mal comprendre les avantages que présentent les luzernes défrichées que de demander à la terre des récoltes successives aussi nombreuses. Dans les circonstances ordinaires, on doit se borner, dans les contrées du Midi, à la culture de deux ou trois céréales : une avoine, un blé et un seigle, et fumer ensuite le sol avant de cultiver d'autres plantes. (Voy. t. VIII, *Assolement.*)

Emploi de la luzerne verte. — La luzerne ne doit pas être donnée trop jeune aux animaux, car, à cet âge, elle est aqueuse ; on ne doit pas non plus l'administrer trop vieille, à cause de la grande consistance que présentent ses tiges.

La première pousse peut être fauchée un peu avant la fleur ; quant aux autres, on ne les fauche que lorsque les fleurs vont se développer.

Cette légumineuse doit être donnée à l'état vert avec précaution, parce qu'elle occasionne aux animaux qui en consomment beaucoup des indigestions ou des météorisations. On évite ces accidents en laissant les tiges se flétrir sur le terrain après qu'elles ont été coupées.

Action de la luzerne verte sur le bétail. — La luzerne verte convient particulièrement aux vaches laitières, parce qu'elle est à la fois nutritive et rafraîchissante.

D'après Arthur Young, les porcs la préfèrent au trèfle rouge; mais Mathieu de Dombasle a reconnu que ces animaux ne la consomment avec avidité que lorsque les tiges sont encore jeunes et tendres. En général, la luzerne verte ne convient pas très-bien aux animaux de travail, à moins qu'ils ne reçoivent en même temps une ration ordinaire d'avoine; car, en les rendant plus gras et plus gais, elle les rend plus mous et de moins longue haleine.

Emploi du foin de luzerne. — Le foin de luzerne ne subit aucune préparation avant d'être donné aux animaux : cependant, quand ses tiges sont très-dures, ligneuses, on peut les faire tremper dans de l'eau salée.

Lorsqu'une botte de foin de luzerne doit être divisée, partagée entre plusieurs animaux, on doit agir avec précaution et éviter de faciliter la chute des feuilles.

Quand le foin est vieux, âgé et poudreux, il faut le secouer en dehors du bâtiment et l'apporter aux animaux tout prêt à être consommé.

Action du foin de luzerne sur le bétail. — Ce foin est très-recherché des chevaux, des vaches et des bêtes à laine. Il rend le lait plus butireux, entretient les animaux en bonne santé et favorise l'engraissement des bêtes bovines et et des moutons.

Le regain est mangé avec avidité par les brebis et les agneaux.

Valeur commerciale. — A. Foin. — Le foin de luzerne se vend bottelé sur tous les marchés des environs de Paris. Les 100 bottes valent de 30 à 45 fr., suivant les années; soit de 6 à 9 fr. les 100 kilog. Dans le Tarn, cette même quantité se vend l'hiver de 7 à 8 fr. 50. Dans cette dernière contrée, le foin des diverses coupes a une valeur particulière qui répond exactement à sa valeur nutritive. Celui qui provient de la première coupe se vend, au moment où on le récolte, 6 fr. les 100 kilog.; celui de la deuxième et de la troisième, 5 fr.; celui de la quatrième et de la cinquième, 4 fr. 50.

En général, le prix du foin de luzerne est en rapport avec sa qualité et en raison inverse du produit des autres prairies artificiel s ou naturelles.

B. Regain. — Le regain a une valeur moindre que le foin. On le vend aux alentours de Paris de 25 à 30 fr. les 500 kilogrammes.

C. Graines. — Les graines de *luzerne de Provence*, belles, bien mûres et exemptes de semences brunes, se vendent, quelques mois après qu'elles ont été récoltées, de 140 à 150 fr. les 100 kilog. Celles de la *luzerne du pays* ou *du Poitou* sont ordinairement cotées de 120 à 130 fr. la même quantité. Les *mêmes graines âgées d'un an* perdent de 20 à 40 pour 100 de leur valeur. *Celles de deux ans* se vendent encore de 70 à 80 fr. les 100 kilog., quand elles sont de belle qualité et qu'on peut les préparer pour les mêler aux graines nouvelles.

Nous rappellerons qu'on doit examiner avec soin les graines qu'on veut acheter, afin de s'assurer si elles sont nouvelles, de bonne qualité et si elles ne contiennent pas de graines de *cuscute.* Les semences récoltées dans le Midi sont ordinairement bien nourries et elles ont une couleur jaune légèrement verdâtre. C'est pourquoi elles se vendent toujours plus cher que les semences provenant d'autres localités.

Prix de revient. — La culture de la luzerne engage peu de capitaux par hectare. Voici un résumé de la comptabilité de Grignon concernant cette plante fourragère. Les chiffres représentent la moyenne de huit années de culture, de 1846 à 1853 :

	Par hectare.	
Dépenses	176 fr.	47
Bénéfices........................	82	72
Prix de revient de 100 kil. de foin.	3	40

Ce prix de revient est considérable ; il a pour cause l'élévation des dépenses.

Voici trois autres comptes de :

	Célarié.		Minangoin.		Larclause.	
Dépenses.................	134 fr.	61	120 fr.	02	108 fr.	12
Bénéfices	261	61	29	25	304	50
Prix de revient de 100 kil...	2	17	3	24	1	14
Produit de l'hectare........	6200 kil.		3900 kil.		9500 kil.	

M. de Gasparin porte ce prix de revient, pour les contrées du Midi, à 1 fr. 59.

Le prix de revient constaté à Mettray, par M. Minangoin, est aussi élevé. Il résulte du *faible* produit fourni par la luzerne.

Gilbert, il y a un demi siècle, établissait pour la culture des environs de Paris le compte de la luzerne de la manière suivante :

Dépenses annuelles.............	73 fr.	50
Loyer du sol..	44	50
Total.......	118	00

La luzerne produisait en moyenne 6700 kilog. de foin qu'on vendait à raison de 40 fr. les 100 kilog.

Le foin de prairie naturelle revient à un prix moindre, mais sa valeur nutritive n'est pas aussi grande que la valeur alimentaire du foin fourni par la luzerne.

BIBLIOGRAPHIE.

Pline. — Historia naturalis, lib. XVIII, cap. xvi.
Columelle. — De re rustica, lib. II, cap. x.
Palladius. — De re rustica, lib. III, tit. vi.
Olivier de Serres. — Théâtre d'agric., in-4, t. I, p. 514.
Duhamel. — Éléments d'agric., 1779, in-12, t. II, p. 146.
De Fréville. — Voyage agronomique, 1775, in-12, t. II, p. 215.
Rozier. — Cours complet d'agric., 1785, in-4, t. IX, p. 233.
De Sutières. — Cours complet d'agric., 1788, in-8, t. I, p. 104.
Arthur Young. — Le Cultivateur anglais, 1801, in-8, t. I à XVII.
     ?   — Richesse du cultivateur, 1803, in-8, p. 136.
Bosc. — Encyclopédie méthodique, 1813, t. V, p. 219, in-4.
   —   — Cours complet d'agriculture, 1822, in-8, t. IX, p. 233.
Lullin. — Des prairies artificielles, 1819, in-8, p. 55.
Yvart. — Cours complet d'agriculture, 1823, in-8, p. 33.
Gilbert. — Traité des prairies artificielles, 1826, in-8, p. 70.
Thaër. — Principes raisonnés d'agric., 1831, in-8, t. IV, p. 433.
Boitard. — Traité des prairies artificielles, in-8, p. 103.
Crud. — Économie de l'agric., 1839, in-8, t. II, p. 212.
Laure. — Le Cultivateur provençal, 1839, in-8, t. II, p. 122
David Low. — Éléments d'agric. pratique, 1839, in-8, t. II, p. 81.
Burger. — Cours d'économie rurale, 1839, in-4, p. 230.
Vivien. — Cours d'agric. (Pourrat), 1839, in-8, t. XII, p. 339.
Moll. — Manuel d'agriculture, 1841, in-12, p. 153.
Schwerz. — Plantes fourragères, 1842, in-8, 132.
Bengy de Puyvallée. — Cult. des prairies artific., 1843, in-8, p. 68
Rendu. — Agriculture de l'Isère, 1843, in-8, p. 277.
Moll. — Colonisation de l'Algérie, 1845, in-8, t. II, p. 336.
Lecoq. — Traité des plantes fourragères, 1844, in-8, p. 428.
Schlipf. — Manuel populaire d'agric., 1844, in-8, p. 115.
Rendu. — Agriculture de l'Aude, 1847, in-8, p. 242.
De Gasparin. — Cours d'agriculture, 1848, in-8, t. IV, p. 424.
Lœuillet. — Encyclopédie moderne, 1849, in-8, t. XIX, p. 609.
Richard et Payen. — Précis d'agriculture, 1851, in-8, t. I, p. 339.
Girardin et Dubreuil. — Cours élém. d'agric., 1852, in-12, t. II, p. 202.
Mathieu de Dombasle. — Calendrier du bon cultivateur, 1856, in-12.
Vilmorin. — Bon jardinier, 1856, in-12, p. 585.

SECTION II.

Sainfoin ou Bourgogne.

(De ὄνος, âne ; ϐρύχειν, braire, c'est-à-dire fourrage demandé par les ânes.)

HEDYSARUM ONOBRYCHIS, L. — ONOBRYCHIS SATIVA, Lam.

Plante dicotylédone de la famille des Légumineuses.

Anglais. — Sainfoin.   *Espagnol.* — Esparcilla.
Allemand. — Süssknee.   *Italien.* — Jano-fieno.

Historique. — Climat. — Mode de végétation. — Variété. — Terrain : nature, préparation, fertilité. — Quantité d'engrais à appliquer. — Semis :
époque, sur sol nu ou ombragé, quantité de graines. — Semences. —
Recouvrement des graines. — Germination. — Association du sainfoin et
d'autres plantes. — Soins d'entretien. — Plantes nuisibles. — Récolte :
époque, fanage, bottelage. — Conservation du produit sec. — Pâturage.
— Rapport entre le fourrage vert et le produit sec. — Rendement. — Récolte des graines. — Quantité de graines. — Poids de l'hectolitre. — Valeur nutritive. — Emploi à l'état vert. — Emploi du foin. — Son action
sur le bétail. — Durée d'existence. — Défrichement. — Quantité de racines
laissées dans le sol par le sainfoin. — Amélioration du sol. — Plantes qui
suivent le défrichement. — Valeur commerciale du foin et des graines. —
Bibliographie.

Historique. — Le sainfoin, appelé autrefois *sainct foin*, est
originaire des parties méridionales de l'Europe. Il a été signalé en Belgique, en 1552, par Dodoens. Delachamp l'a désigné, en 1586, dans son *Historia plantarum*, sous le nom
d'*Onobrychis*. A cette époque, les Dauphinois l'appelaient
sparse. Il a été introduit, en 1651, en Angleterre.

Dans quelques contrées, on le connait sous les noms de
Bourgogne, Esparcette ou *Sainfoin de montagne*.

Despommier contribua beaucoup par ses écrits, en 1762,
à en répandre la culture en France.

Climat. — Cette légumineuse résiste parfaitement aux
froids de nos hivers; aussi est-elle cultivée dans toute l'Europe sur les sols qui lui conviennent.

Elle craint peu les grandes sécheresses; aussi la regarde-t-on dans le Midi comme la plante par excellence.

Mode de végétation. — Le sainfoin a une racine pivotante très-longue; sa tige est dressée, rameuse, pubescente et haute de 0ᵐ,40 à 0ᵐ,65; ses feuilles sont composées de 13 à 19 folioles oblongues, droites, linéaires et un peu pubescentes en dessous; ses fleurs sont roses ou purpurines, presque sessiles et disposées en épis coniques et terminaux; ses gousses sont droites, orbiculaires, à une seule loge, arrondies, marquées de fossettes dentées et épineuses sur leur face et leurs bords.

Le sainfoin commence à végéter lorsque la température de l'air à atteint + 9 + 10°; il épanouit ses fleurs quand cette même température s'est élevée à + 12° et + 13°.

Il résiste plus qu'aucune autre légumineuse, à la sécheresse. Cependant, quand, pendant l'été, le sol où il est cultivé ne contient pas au delà de 10 pour 100 d'eau, il reste stationnaire et ne végète de nouveau qu'avec les pluies d'août et de septembre.

Variété. — On connaît une variété originaire de la Suisse et introduite en France il y a bientôt un siècle, par Pincepré, que l'on désigne sous les noms de *sainfoin chaud*, *sainfoin à deux coupes*, *sainfoin géant* et *sainfoin grande graine*. Cette variété a les mêmes caractères que le *sainfoin ordinaire* ou *sainfoin petite graine;* mais elle en diffère par ses tiges, qui sont plus développées, plus vigoureuses et qui fournissent toujours, quand on la cultive sur des *terres de bonne qualité*, une excellente seconde coupe.

Le sainfoin à deux coupes est très-répandu en Picardie, dans la Brie et en Normandie.

Composition. — On n'a pas encore donné une analyse complète des tiges vertes ou sèches du sainfoin.

On a seulement trouvé que le sainfoin ordinaire contenait
les matières ci-après :

	Way.	*Woelcker.*
Matières nitrogénées.....	4,32	3,51
— non azotées.....	17,20	17,44
— minérales.......	1.84	1,73
Eau...................	76,64	77,32
	100,00	100,00

D'après M. Le Corbeiller, les racines de cette légumineuse
ont la composition suivante à l'état normal :

Eau...........	65,20 pour	0
Cendres........	4,52	—
Azote..........	1,04	—

Desséchées, elles renferment 3,01 pour 100 d'azote.

Terrain. — A. NATURE. — Le grand avantage du sainfoin
est de réussir dans les mauvais terrains calcaires, les
terres sèches, sablonneuses et graveleuses à sous-sols perméables.

Les terres argileuses, froides et compactes ne lui conviennent pas, car il redoute un excès d'humidité et surtout les
eaux stagnantes. Il réussit aussi très-mal sur les terres de
bruyères, les sols granitiques et tourbeux.

A cause de la forme très-pivotante de sa racine, on doit le
cultiver de préférence sur les points élevés, les sols en pente
à sous-sols friables. Dans les sols calcaires secs à sous-sols
crayeux ou à roches calcaires à fissures, ses racines atteignent souvent plus d'un mètre de longueur.

On ne cultive pas ordinairement le sainfoin sur des terres
argilo-calcaires ou calcaires-siliceuses profondes et fertiles.
Ces terrains sont très-favorables à la luzerne, et cette légumineuse y donne des produits qu'on ne peut jamais obtenir
avec le sainfoin.

Les Causses, plateaux calcaires de l'Auvergne et du Rouergue, et situés à une hauteur de 300 à 600 mètres au-dessus du niveau de la mer, présentent chaque année de magnifiques cultures de sainfoin.

B. Préparation. — Les terres sur lesquelles on cultive cette plante fourragère doivent être préparées comme s'il s'agissait de semer la luzerne. (Voir Luzerne, *préparation du sol*, p. 240.)

C. Fertilité. — La fertilité avec laquelle le sainfoin végète sur les terres calcaires pauvres, indique qu'il n'exige pas que la couche arable soit abondamment pourvue de substances nutritives, et qu'elle ait été fertilisée par de fortes fumures.

Nonobstant, ses produits, comme ceux de la luzerne, sont toujours en raison directe de la perméabilité, de la propreté et de la fécondité de la couche arable.

Quantité d'engrais à appliquer. — Le sainfoin étant la plante fourragère vivace des contrées pauvres, les terres sur lesquelles on le cultive ne reçoivent jamais de très-fortes fumures. Celles qu'on lui consacre ordinairement sont semblables aux fumures que l'on applique dans la culture des céréales. En général, on doit fumer les terres qu'on lui destine à raison de 8000 à 10 000 kilog. de fumier par chaque 1000 kilog. de foin qu'il produit. Cette fumure est la quantité minimum qu'on puisse appliquer. Ainsi, pour obtenir des récoltes annuelles de 3000 kilog., le sol devra être fumé à raison de 25 000 à 30 000 kilog. avant de recevoir la céréale qui doit protéger les premières phases d'existence du sainfoin. En Champagne, où les terres arables pauvres ne reçoivent que 15 000 kilog. de fumier par hectare, le sainfoin donne seulement sur la même superficie de 1200 à 1500 kilog. de foin.

Semis. — A. Époque. — Le sainfoin se sème en automne

ou au printemps. Dans le Midi, on choisit de préférence la première époque, parce que les plantes résistent mieux aux sécheresses de la fin du printemps. Cependant, quand la graine doit être confiée à des terres sur lesquelles les céréales sont sujettes à être déchaussées par les gelées et les dégels, on n'exécute les semis qu'en mars et avril. Dans la région septentrionale, c'est toujours vers la fin de l'hiver, lorsque la température moyenne de l'air a atteint $+ 6°$ à $+ 8°$, qu'on pratique les ensemencements.

Les graines se répandent toujours à la volée.

B. SEMIS SUR SOL OMBRAGÉ OU NU. — Lorsqu'on sème en automne ou au printemps, on répand ordinairement les graines sur les terres qui viennent d'être ensemencées en céréales. On agit ainsi pour que le sainfoin soit abrité au printemps de l'action du soleil.

Par exception, dans quelques localités du Midi, on sème sur des terres nues et que l'on a préparées spécialement pour cette légumineuse. Cette méthode n'est avantageuse que lorsque les terres restent fraîches sans être humides pendant le printemps.

C. QUANTITÉ DE GRAINES. — On répand par hectare de 4 à 5 hectolitres de graines, ou 126 à 160 kilog. Cette quantité suffit pour que le sol soit bien garni.

C'est à tort que l'on a dit qu'il fallait en semer 7 et même 8 hectolitres. Ces quantités ne sont nécessaires que lorsque les graines sont confiées à des sols nus, des terres pauvres, ou qu'on doute de leur bonne qualité.

Semences. — La semence du sainfoin est bonne lorsque sa gousse a une couleur jaune légèrement brune ou rougeâtre, et que la graine qu'elle contient est pleine et roux jaunâtre. Les gousses vertes ou très-verdâtres et celles de couleur brune ou noirâtre germent toujours difficilement, ou elles donnent naissance à des plantes qui restent toujours chétives, si elles ne meurent pas; les premières ne sont pas arrivées à parfaite maturité; les secondes sont vieilles ou ont été récoltées par des temps pluvieux.

On doit semer, autant que possible, des graines de la dernière récolte, parce que celles qui ont plus de deux ans germent mal.

Les graines de cette légumineuse sont souvent mêlées de *semences de pimprenelle* et de *brome doux*. On sépare ces graines des semences du sainfoin en nettoyant celles-ci avec un crible cylindrique.

Recouvrement des graines. — La grosseur des graines du sainfoin ne permet pas qu'on les abandonne à la surface du sol après les avoir semées. Pour que leur germination soit assurée, il faut les enterrer au moyen d'un ou deux hersages. Elles ne germent vite et complétement, quand elles sont de bonne qualité, que lorsqu'elles ont été placées de $0^m,02$ à $0^m,05$ de profondeur dans le sol. Il y a avantage, dans les terres légères et sèches, à faire suivre cet enfouissement par un roulage. Cette opération tasse la couche arable et lui permet de conserver plus de fraîcheur pendant les sécheresses d'avril ou de mai.

Le rouleau et la herse d'épines enterrent incomplétement les graines de cette plante.

Germination. — Les semences de sainfoin germent au bout de huit jours lorsque la température s'est élevée à $+ 8°$ ou $+ 10°$; mais leurs cotylédons n'apparaissent à la surface de la terre que quinze jours environ après que les germes ont rompu les gousses qui les enveloppent. Ces cotylédons se distinguent très-facilement, par leur forme, des cotylédons de la luzerne et du trèfle. (Voir Luzerne, *germination*, p. 249.)

Association du sainfoin et d'autres plantes. — On sème quelquefois du trèfle rouge avec le sainfoin, dans le but d'accroître les produits de cette dernière légumineuse. Cette association n'est avantageuse que quand le sainfoin doit être défriché à la fin de sa seconde ou de sa troisième année d'existence. (Voir LUZERNE, p. 251.)

Lorsque le sainfoin doit végéter pendant plusieurs années sur des sols pauvres ou crayeux, on doit préférer la *pimprenelle* au trèfle. Cette plante, qui est très-vivace et très rustique, produit autant que le sainfoin; en outre, elle ne disparaît pas comme le trèfle d'année en année, en laissant de nombreuses places vides sur le champ. On peut remplacer la pimprenelle par le *ray-grass*.

Soins d'entretien. — A l'exception des hersages, qui doivent être modérés, le sainfoin exige les mêmes soins d'entretien que la luzerne. (Voir LUZERNE, *soins d'entretien*, p. 251.)

Si les hersages étaient très-énergiques, comme le sainfoin a son collet hors de terre, beaucoup de plantes seraient déracinées ou en partie détruites, au détriment des produits.

Les plâtrages rendent le sainfoin plus productif quand il végète sur des sols privés pour ainsi dire de carbonate de chaux.

Plantes nuisibles. — Le sainfoin redoute aussi plusieurs plantes indigènes. Voici celles qui lui nuisent le plus :

A. Le *brome doux* (BROMUS MOLLIS, L.) est bisannuel; ses tiges ont de 0^m,30 à 0^m,40 de hauteur, et elles sont couvertes d'un duvet blanchâtre qui les rend douces au toucher. Cette graminée est une de celles qui se propagent le plus rapidement, parce que ses épillets mûrissent toujours avant la floraison complète du sainfoin. On prévient sa multiplication en fauchant une année les tiges de cette légumineuse avant le développement de ses épis floraux. Par ce moyen, on empêche la formation et surtout la maturité des graines du brome.

B. Le *brome stérile* (BROMUS STERILIS, L.) est annuel et produit des tiges un peu plus élevées que celles du précédent. Il mûrit aussi ses graines en juin. On doit encore hâter la première coupe si l'on veut l'empêcher d'envahir de nouveau le sol.

C. Le *chiendent* (TRITICUM REPENS, L.) est vivace; ses racines sont nombreuses et traçantes. On le détruit difficilement lorsqu'il a envahi le sainfoin. Il faut donc l'extirper avec soin des terres où il végète, quand ces terrains doivent être convertis par le sainfoin en prairies artificielles.

Récolte. — A ÉPOQUE. — On fauche le sainfoin en mai dans le Midi ou dans la première quinzaine de juin dans la région septentrionale, lorsque les fleurs sont épanouies et que les gousses des premières fleurs sont formées, c'est-à-dire lorsque les épis sont au tiers défleuris. Il ne faut pas attendre que les fleurs soient complétement fanées ou tombées, car les tiges forment alors un foin dur et de qualité très-secondaire.

La seconde pousse se récolte en septembre et quelquefois seulement en octobre.

B. FANAGE. — Le sainfoin se fane plus facilement que la luzerne et le trèfle, parce que ses tiges contiennent moins d'eau que ces deux plantes fourragères. (Voir LUZERNE, *fanage*, p. 262.)

Dans les provinces du Midi, on exécute souvent le fanage en réunissant les tiges en bottes et en appuyant quatre de celles-ci les unes contre les autres.

Quelques jours suffisent pour que la production verte soit convertie en foin.

Fauché et desséché lorsque le ciel est légèrement couvert,

le sainfoin donne un foin vert et plus aromatique que le foin de luzerne.

Dans les contrées du Nord, les pluies de juin nuisent parfois au fanage et noircissent les tiges et les feuilles.

Fané à l'extrême, le sainfoin perd une grande partie de ses feuilles et blanchit, et son odeur est presque nulle.

C. Bottelage. — Voir *Luzerne*, p. 263.

Conservation du produit sec. — Voir *Luzerne*, p. 264.

Pâturage. — La seconde pousse du sainfoin ordinaire est presque toujours consommée sur place par les animaux. Toutefois on doit éviter de la faire pâturer par les bêtes à laine, parce que leurs dents sont mortelles pour le sainfoin. Les bêtes à cornes ne nuisent nullement à cette plante ; c'est qu'elles ne rongent pas son collet, comme le font toujours les moutons. La dépaissance par les bêtes à laine n'est possible que lorsque le sainfoin doit être défriché.

Rapport entre le fourrage sec et le produit vert. — Le sainfoin à l'état vert donne plus de foin que la luzerne, parce qu'il contient moins d'eau. D'après :

Bosc....	100 kil. se réduisent à	30 kil.	
Londet..	—	—	32 33
Moyenne........	31 16		

Rendement. — Le produit sec du sainfoin est très-variable, parce qu'on le cultive presque toujours sur des terres pauvres. Nonobstant, on obtient par hectare, d'après M. Rendu, dans les départements qui suivent :

Aude.......	5000 à 6000 kil.
Tarn.......	4000 à 6000
Nord.......	3000 à 4000

Le sainfoin à deux coupes donne, d'après M. Is. Pierre, de 8000 à 9000 kilog. de foin dans la plaine de Caen.

A Grignon, le produit moyen est de 4500 kilog.

Le regain est compris dans ces divers produits.

On peut indiquer les divers rendements du sainfoin de la manière suivante :

	Fourrage vert.	*Foin.*
Très-bonne récolte......	25 000 kil.	7000 kil.
Bonne récolte..........	20 000	5000
Récolte passable........	15 000	3500
Récolte médiocre.......	10 000	2500

Récolte des graines. — La récolte des graines a lieu en juin, sur les sainfoins de trois années au moins d'existence. On fauche les tiges lorsqu'elles sont un .peu sèches, que la plupart des gousses ont perdu leur couleur argentée, qu'elles sont arrivées à maturité et qu'elles ont une teinte jaune, légèrement brune. Je dis que *beaucoup de gousses doivent avoir une teinte déjà foncée*, car toutes ne mûrissent pas au même moment. Il faut exécuter le fauchage de préférence le soir ou le matin, pour éviter la chute et la perte des graines mûres, qui se détachent facilement des épis. Les tiges restent en andains sur le champ. Le surlendemain on les place sur une bâche sur laquelle on les bat avec une fourche ou un fléau, pour n'en détacher que les semences bien mûres. On peut aussi exécuter ce battage au moyen d'une machine à battre fixe ou mobile.

Suivant Schwerz, quatre hommes peuvent battre en un jour le produit d'un hectare.

Quand le battage est exécuté, on sépare les folioles, les débris de tiges des gousses, à l'aide d'un tarare. Aussitôt que ce nettoiement est terminé, on porte les graines dans un grenier, où on les étend en couche peu épaisse. On doit les remuer une ou deux fois tous les huit jours. Dès qu'elles sont sèches et qu'aucune fermentation n'est à craindre, on les réunit en tas ou on les ensache.

Les tiges peuvent être données aux animaux, quoiqu'elles soient moins nutritives que si elles avaient été fanées.

Quantité de graines qu'on peut récolter. — La quantité de graines que fournit un hectare de sainfoin est toujours en rapport avec la vigueur et le développement des tiges. Les terres qui ne produisent que 1500 à 2000 kilog. de foin, ne donnent jamais au delà de 12 à 15 hectolitres de graines. Les terres riches en produisent souvent au delà de 20 à 30 hectolitres.

Poids de l'hectolitre. — Un hectolitre de bonne graine de sainfoin pèse de 31 à 32 kilog. Les gousses qui ne sont pas arrivées à maturité complète ne pèsent souvent que 27 à 28 kilog.

Valeur nutritive. — On ne fauche pas ordinairement le sainfoin pour le donner, à l'état vert, aux animaux qui vivent en stabulation dans les étables.

Le foin de sainfoin a une valeur nutritive un peu plus grande que le foin de luzerne. Voici les chiffres que la pratique lui assigne :

André	90	Rieder	90
Crud	90	Royer	84
Gemerhausen	90	Schnée	90
Krantz	90	Thaër	90
Pabst	90	Weber	90
Petri	85		
		Moyenne	89

Olivier de Serres a donc eu raison de dire que cette légumineuse était une *herbe valeureuse, exquise, appétissante et substantielle.*

Emploi à l'état vert. — Le sainfoin est rarement donné en vert au bétail, parce qu'on le convertit facilement en foin.

Emploi du foin. — Le foin de sainfoin est donné au bétail tel qu'il a été récolté.

Action du foin sur le bétail. — Ce foin convient spécialement aux chevaux, aux bœufs et aux vaches.

Il rend le lait plus butyreux et les chevaux plus vigoureux. De Dombasle le regardait comme le plus sain et le plus nutritif de tous les fourrages secs.

Durée d'existence des sainfoins. — La durée d'existence du sainfoin varie toujours suivant la fertilité des terres, leur propreté , et selon aussi la position qu'on lui accorde dans les assolements.

Lorsqu'il fait partie des rotations , on le défriche à la seconde ou à la troisième année, comme cela a lieu souvent dans un grand nombre de localités du Midi et du Nord. Quand, au contraire, on l'a placé hors d'assolement, il continue à végéter, quatre, cinq ou six années, selon sa productivité, la nature et l'état des terres sur lesquelles il existe.

Défrichement. — Le défrichement des sainfoins s'exécute comme celui des luzernières. (Voir LUZERNE, *défrichement*, p. 271.)

Quantité de racines laissées dans le sol. — Le sainfoin laisse dans le sol un poids moins considérable de racines que la luzerne, parce que ces racines sont toujours moins volumineuses que celles de cette dernière légumineuse.

J'ai trouvé dans les environs de Paris, alors que le sainfoin avait végété pendant six années sur des terres calcaires siliceuses , peu fertiles, qu'un hectare en contenait seulement 10 000 kilog. Dans des terres plus fécondes, produisant 18 hectolitres de froment, la quantité s'est élevée en moyenne à 15 000 kilog.

Amélioration du sol par le sainfoin. — Cette légumineuse accroît aussi , par les racines qu'elle produit, la fertilité des terres sur lesquelles elle a végété. On sait l'influence si remarquable qu'elle a exercée sur la fertilité des terres que Yvart cultivait, il y a quarante ans, à Maisons-sur-Alfort. C'est avec le sainfoin, en effet, qu'il est parvenu à transformer des terres à seigle en excellentes terres à froment. Des résultats entièrement semblables ont été obtenus dans le Gâtinais et la Champagne. Ces transformations sont uniquement dues à la facilité avec laquelle le sainfoin végète sur les terres pauvres et aux racines qu'il laisse dans le sol lorsqu'on le détruit.

Si l'on admet que les racines présentent par hectare seulement un poids de 10 000 kilog., d'après leur teneur en azote elles constitueraient, dans la couche arable, une richesse équivalente à 26 000 kilog. de fumier. Cette fécondité justifie cette phrase écrite par Olivier de Serres : *L'esparcet vient gaiement en terre maigre et y laisse certaine vertu engraissante, à l'utilité des bleds qui ensuite y sont semés;* elle confirme aussi ce que disait Duhamel : *Un des avantages qu'on retire du sainfoin, est qu'il met la terre en état de produire ensuite du froment ou du seigle.*

Plantes qui suivent le défrichement. — Les prairies artificielles de sainfoin ne sont jamais suivies par des récoltes céréales aussi nombreuses que celles qui viennent après défrichement de luzerne. (Voir Luzerne, p. 272.)

Lorsque cette plante a duré cinq ou six années, on demande à la terre une récolte d'avoine ou une récolte de seigle, et il n'est pas rare que cette céréale soit suivie par une culture de froment ou de seigle. Quand son existence a été limitée à deux ou trois ans, on se borne à cultiver une fois du froment.

Ces cultures répondent parfaitement à la quantité de racines que le sainfoin laisse dans le sol.

Suivant M. de Gasparin, le sainfoin, dans les environs de Nîmes, accroît la fécondité des terres qui ont une fertilité initiale équivalente à 30 000 kilog. de fumier, d'une richesse égale à 48 000 kilog.

Cette augmentation de fécondité permet de supposer que cette légumineuse laisse dans le sol 18 500 kilog. de racines par hectare.

Cette richesse est suffisante pour qu'on demande à la terre ainsi fécondée, trois récoltes consécutives de blé donnant chacune par hectare 25 hectolitres, et elle est assez élevée pour admettre, avec M. de Gasparin, que le reliquat de richesse qui reste dans le sol après ces trois récoltes, élève la fécondité initiale à 49 000 kilog.

Valeur commerciale. — A. FOIN. — Le foin de sainfoin bien récolté se vend toujours un peu moins cher que le foin de luzerne.

B. GRAINE. — La graine se vend à l'hectolitre. Son prix varie entre 9 et 16 fr., suivant l'abondance de la récolte, la qualité des graines et les besoins du commerce.

Prix de revient. — Voici deux comptes publiés par M. Cérarié indiquant le capital engagé dans la culture du sainfoin et le profit qu'on peut espérer en obtenir :

	1855.	1856.
Dépenses................. ...	131 fr. 33	158 fr. 47
Bénéfices................	172 06	127 78
Prix de revient de 100 kil...	2 57	3 04
Produit par hectare........	5100 kil.	4200 kil.

Si l'on compare le faible capital engagé au produit que donne ordinairement le sainfoin, on est forcé de reconnaître qu'il répond encore, sous ce rapport, aux éloges qu'on n'a cessé de lui donner depuis trois siècles.

Gilbert, il y a cinquante ans, établissait comme il suit le

compte moyen d'un hectare de sainfoin, cultivé sur dix exploitations dans les environs de Paris :

Dépenses.......... 94 fr.
Recettes ..:...... 197
Bénéfices.......... 103

Le produit moyen s'élevait à 4300 kilog. de foin, qui se vendait de 44 à 45 fr. les 1000 kilog.

BIBLIOGRAPHIE.

Olivier de Serres.— Théâtre d'agric., in-4, t. I, p. 518.
Despommiers. — L'art de s'enrichir en agric., 1762, in-12, p. 35.
De Vaugency. — Mémoire sur la culture du sainfoin, 1764, in-12.
Rigaud de Lille. — Culture de l'esparcet, 1769, in-8.
De Fréville. — Voyage agronomique, 1775, in-12, t. II, p. 191.
Duhamel. — Éléments d'agriculture, 1779, in-8, p. 101.
De Sutières. — Cours complet d'agric., 1788, in-8, t. I, p. 136.
Rozier. — Cours complet d'agric., 1796, in-4, t. IX, p. 136.
   ?   — Richesse du cultivateur, 1803, in-8, p. 158.
   ?   — Recueil d'expériences sur le sainfoin, 1806, in-12.
Bosc. — Encyclopédie méthodique, 1813, in-4, t. VI, p. 222.
Bornot. — Pratique raisonnée du sainfoin, 1817, in-8.
Lullin. — Traité des prairies artificielles, 1819, in-8, p. 101.
Bosc. — Cours d'agric., 1823, in-8, t. XIII, p. 367.
Yvart. — Cours d'agric., 1823, in-8, t. XIV, p. 155.
Gilbert. — Traité des prairies artificielles, 1826, in-8, p. 88.
Thaër. — Principes raisonnés d'agric., 1831, in-8, t. IV, p. 446.
Laure. — Le Cultivateur provençal, 1839, in-8, t. II, p. 359.
Crud. — Économie de l'agric., 1839, in-8, t. II, p. 222.
Schwerz. — Culture des plantes fourragères, 1842, in-8, p. 159.
Boitard. — Traité des prairies artificielles, 1842, in-8, p. 123.
De Puyvallée. — Prairies artificielles, 1842, in-8, p. 62.
Machard. — Essai sur les prairies artificielles, 1847, in-18, p. 97.
De Gasparin. — Cours d'agriculture, 1848, in-8, t. IV.
Richard et Payen. — Précis d'agriculture, 1851, in-8, t. I, p. 372.
Girardin et Dubreuil. — Cours élém. d'agr., 1852, in-12, t. II, p. 219.
Vilmorin. — Bon jardinier, 1856, in-12.

SECTION III.

Sainfoin d'Espagne ou Sulla.

HEDYSARUM CORONARIUM, L.

Plante dicotylédone de la famille des Légumineuses.

On cultive en Espagne, à Malte, en Sicile et dans la Calabre, un sainfoin particulier que l'on connaît en France sous le nom de *sainfoin d'Espagne, sainfoin couronné.* Cette espèce a des fleurs en épis ovales d'un beau rouge vif; ses tiges atteignent de 1ᵐ,50 à 2 mètres; ses feuilles sont composées de 7 à 11 folioles elliptiques ou arrondies et pubescentes en dessous; ses gousses sont glabres, à deux ou cinq articles orbiculaires et épineux.

Depuis longtemps on a cherché à naturaliser cette espèce dans les contrées méridionales de la France; mais les essais entrepris ont prouvé que notre climat ne lui convenait pas, puisqu'elle gèle lorsque la température descend à — 6°.

Le sainfoin d'Espagne ne peut être cultivé que dans les pays où les orangers vivent en pleine terre. Il réussit très-bien en Algérie si on le cultive sur des terres un peu fortes ou sur des sols argilo-ferrugineux.

A Malte, on le sème de la mi-mars à la fin de juin, aussitôt après la récolte des céréales d'automne. En Calabre, les semis ne se font que du 15 juin au 15 juillet, pendant les grandes chaleurs de l'été. Les semences ne doivent pas être enterrées profondément.

On emploie de préférence des semences de deux années, car les graines nouvelles ne germent pas très-bien.

Les semences germent du quinzième au vingtième jour.

Après la levée des graines, on sarcle avec soin dans le but d'enlever toutes les mauvaises herbes.

Les Maltais fauchent le sainfoin d'Espagne en mars lorsqu'ils veulent le faire manger en vert par les chevaux ou les mulets. Les plantes qu'on doit convertir en foin ne sont coupées que pendant le mois d'avril.

On convertit la production verte en foin en la liant en bottes aussitôt après qu'elle a été fauchée ; quand ces mêmes bottes sont sèches, on les rentre dans les greniers ou on les met en meule.

Les plantes qui ont mûri leurs semences doivent être fauchées en juin et juillet et avant le lever du soleil, si l'on veut perdre le moins possible de graines.

Cette légumineuse est très-productive. Son rendement s'élève souvent jusqu'à 8000 et même 10 000 kilog. de foin sec par hectare.

On la fauche quelquefois deux fois chaque année.

Sa durée d'existence est bien moins longue que celle du sainfoin ordinaire.

Le foin du sulla convient spécialement pour les chevaux et les mulets. Il est aussi utilisé dans l'engraissement des bêtes à cornes et des bêtes à laine.

SECTION IV.

Ajonc marin.

(Du celtique *ac*, pointe; allusion aux épines.)

ULEX EUROPÆUS, Sm.

Plante dicotylédone de la famille des Légumineuses.

Anglais. — Gorse ou whin.   *Espagnol.* — Aliaga.
Allemand. — Stechginster.

Historique. — Climat. — Végétation. — Variétés. — Composition. — Terrain. — Semis : époque, qualité des semences, recouvrement des graines. — Soins d'entretien. — Récolte de l'ajonc cultivé. — Durée d'existence des ajonnières. — Enlèvement des pousses sur les haies. — Division et pilage des parties herbacées. — Quantité d'ajonc qu'un homme peut préparer par jour. — Poid d'un hectolitre d'ajonc préparé. — Rendement. — Récolte des graines. — Poids d'un hectolitre de graines. — Valeur nutritive des pousses. — Action de l'ajonc sur les animaux. — Valeur commerciale de l'ajonc. — Bibliographie.

Historique. — L'ajonc marin ou ajonc d'Europe est cultivé depuis plusieurs siècles comme plante fourragère. En 1666, Querbrat-Calloet le recommandait pour la nourriture des poulains. Un siècle plus tard, Duhamel rappelait les avantages qu'il présente dans les localités où la culture des légumineuses vivaces est incertaine. Cette plante rend chaque année des services inappréciables dans la Basse-Bretagne : elle fournit, l'hiver, une excellente nourriture verte et fraîche.

L'ajonc sert de temps immémorial à nourrir le bétail dans les montagnes du pays de Galles (Angleterre), mais il n'y est cultivé que depuis le commencement du dix-huitième siècle.

Climat. — Cette légumineuse végète naturellement dans toutes les contrées de l'Europe; on la rencontre en Espagne sous le soleil brûlant des Castilles, en France, en Angleterre, sous le ciel brumeux de l'Écosse, en Belgique, en Russie, en Scandinavie, etc.

En France, l'ajonc est commun dans la Bretagne, le Berri, la Sologne, les Ardennes, la Guyenne, etc. On l'appelle vulgairement : *jaunet, jonc marin, ajonc majeur, sainfoin d'hiver, vignon, vignot, lardier, lande, landret, brusc, tuye, jan, jonc épineux, genêt épineux,* etc.

Les prairies d'ajonc marin sont souvent appelées *jonnières* ou *jaunaies.*

Végétation. — L'ajonc marin (fig. 30) est rustique et vivace ; ses tiges s'élèvent de un à deux mètres et portent des rameaux diffus ; ses feuilles sont petites, étroites, velues et terminées en épine persistante ; ses fleurs sont jaunes, pubescentes et odorantes ; ses gousses sont oblongues et très-velues.

Cette plante commence à végéter au mois de mai, mais elle ne fleurit que vers la fin de l'hiver, depuis le mois de janvier jusque dans la seconde quinzaine d'avril. Les pousses qu'elle développe chaque année ne passent à l'état ligneux que lorsque ses fleurs sont complétement épanouies. Ses graines arrivent à maturité complète dans les régions de l'Ouest, vers la fin de juin.

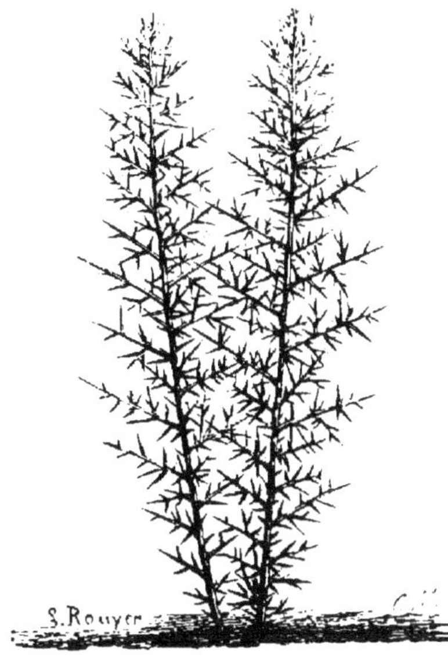

Fig. 30. — Ajonc marin. — Au 6ᵉ.

Variétés.— On cultive dans le département des Côtes-du-Nord et surtout aux environs de Dinan, une variété appelée *junie douce de Dinan*. Cette variété est moins épineuse que l'ajonc commun.

On utilise aussi, dans le même département, une variété à laquelle on a donné le nom de *queue de renard*. Les tiges de cet ajonc sont sans épines rudes et aiguës, parce que celles-ci sont toujours avortées ou à l'état rudimentaire.

Ces deux variétés méritent d'être essayées.

Le *petit ajonc* ou *ajonc mineur* (ULEX NANUS, L.) est employé avec avantage dans le pays de Galles comme plante fourragère. On ne lui fait subir aucune préparation avant de le donner aux animaux.

Composition. — Les pousses vertes de l'ajonc marin contiennent, suivant M. Le Corbeiller, les matières ci-après :

Matières sèches........	45,05
Eau.................	55,05
	100,00
Azote................	0,10 par 100.

M. I. Pierre a constaté que l'ajonc contenait à l'état vert et frais de 0,08 à 0,09 d'azote.

Johnston a trouvé qu'il contenait :

Matières organiques ...	21,23
— minérales.....	1,37
Eau.................	77,40
	100,00

A l'état frais, il renferme, d'après Vilmorin, 0,62 d'azote.

Terrain. — L'ajonc marin ne se rencontre pas sur les terrains calcaires; c'est sur les sols siliceux, granitiques, gneissiques ou schisteux perméables qu'il végète le plus habituellement.

C'est aussi sur les terres appartenant aux formations géologiques primitives et secondaires qu'on le cultive comme plante fourragère. Il pousse vigoureusement sur les terres argilo-siliceuses ou schisteuses profondes et saines. Sur de tels sols, son existence dépasse souvent dix et même quinze années.

Cette légumineuse redoute les sols ombragés, les terrains où l'eau reste stagnante, les fonds marécageux, et réussit rarement sur les terrains qui ne produisent que de la bruyère. Il végète aussi très-difficilement sur les terres compactes et les sols glaiseux.

Semis. — A. ÉPOQUE. — On sème les graines d'ajonc au printemps, en avril ou mai, ou en automne, en septembre et octobre. On doit préférer les premiers semis aux seconds, lorsque l'on a à redouter des gelées et des dégels subits et intenses pendant l'hiver.

L'ajonc, quoique très-rustique quand il a atteint la fin de sa première année, est délicat pendant sa jeunesse; c'est pour ce motif que les gelées d'hiver détruisent quelquefois les jeunes plantes qui ont pris naissance avant cette saison.

On peut aussi le semer en juin sur les terres où l'on a fait une semaille de sarrasin.

Les graines doivent toujours être répandues sur les terres qui ont été ensemencées en céréales, afin que ces plantes abritent les jeunes ajoncs, pendant les mois de juin et juillet, des rayons ardents du soleil. Dans l'ancienne province de Bretagne, où l'on a appris par l'expérience avec quelle difficulté l'ajonc résiste, quand il est jeune, à des chaleurs très-fortes, on n'effectue jamais les semis sur des sols nus et on coupe toujours la céréale qui le protége quand il est jeune à $0^m,15$ ou $0^m,20$ au-dessus du sol.

En Angleterre, on répand quelquefois les graines en lignes espacées de $0^m,20$ à $0^m,25$.

B. QUANTITÉ DE SEMENCES. — On sème la graine à la volée, à raison de 15 à 20 kilog. par hectare, selon la qualité des semences. On doit semer dru, afin que le sol se trouve bien garni de plantes et que leurs pousses soient aussi allongées et flexibles que possible.

Lorsqu'on se sert d'un semoir, on en répand seulement 8 à 10 kilog.

C. Recouvrement des graines. — Les semences doivent être enterrées légèrement soit par un râtelage, soit par un roulage ou un hersage léger.

Soins d'entretien. — La graine d'ajonc lève au bout de quinze à vingt jours.

Cette plante ne reçoit pas de culture d'entretien pendant sa végétation.

On se borne la première année à épierrer les champs, si cette opération est nécessaire.

Récolte de l'ajonc cultivé. — La récolte s'opère ordinairement depuis la fin de novembre jusqu'à la fin de février. On coupe rarement en mars, car à cette époque les ajoncs sont en pleine fleur et leurs tiges commencent à durcir.

L'ajonc en fleur a beaucoup d'amertume.

Il faut avoir le soin de couper rez terre. Quand la faux, à l'époque de la récolte, n'est pas bien conduite, lorsqu'elle n'est pas dirigée aussi près de terre que possible, les parties herbacées qu'on laisse sur le sol deviennent ligneuses, forment des tronçons qui résistent, l'année suivante, à la faux, et l'ébrèchent.

Dans les provinces de l'Ouest, l'ajonc n'est pas toujours cultivé. Dans plusieurs localités, on utilise les pousses annuelles des pieds qui existent le long des chemins sur les fossés, et qui forment ces haies si caractéristiques et si utiles aux récoltes en ce qu'elles naissent en quelques années.

Dans le centre de la Bretagne, on ne fauche souvent les

prairies d'ajonc que tous les deux ans. Alors les sommités servent de fourrage, les parties inférieures ligneuses sont employées comme combustible ou comme litière. Cette manière d'agir ne doit pas être recommandée, quoique les pousses des ajoncs ainsi traités soient souvent plus longues, car elle occasionne des dépenses que la récolte annuelle ne nécessite jamais.

Quoi qu'il en soit, on ne coupe l'ajonc qu'une seule fois chaque année. C'est à tort que Sutières a dit qu'on pouvait le faucher annuellement cinq ou six fois à partir de l'automne

Durée d'existence des ajonnières. — On défriche les prairies artificielles d'ajonc à la quatrième, sixième, huitième ou dixième année. Dans les terrains sains et profonds et les localités où les gelées à glace ne font pas périr les pousses et les pieds, l'ajonc est encore productif parfois à la quinzième et même vingtième année.

En Angleterre, l'ajonc fait souvent partie des assolements ; alors il ne dure que pendant quatre ans.

Enlèvement des pousses sur les haies. — La récolte des pousses annuelles des haies s'exécute de la manière suivante :

Un homme armé d'une faucille dans la main droite et d'un fort gant à l'autre, parcourt, pendant l'hiver, les ados de fossés et coupe toutes les pousses non ligneuses qui ont de $0^m,25$ à $0^m,50$ de longueur. Alors renversant les tiges avec la main gauche, il les coupe avec la faucille.

Souvent on ne se sert pas de gants. L'ouvrier tient dans sa main gauche une petite fourche en bois au moyen de laquelle il couche la pousse du côté opposé où il se trouve placé. Cette manière d'agir a un avantage très-grand sur le premier procédé, car la pousse une fois séparée de la tige ligneuse reste engagée entre les dents de la fourche. Quand on opère la récolte de cette manière, on attend ordinairement que la fourchette soit entièrement remplie avant de la débarrasser.

Comme les pousses, par cette méthode, sont pressées les unes contre les autres dans la fourchette, on peut les déposer sur une corde ou tout autre lien et les réunir en paquets ou fagots de 40 à 50 kilog.

La récolte terminée, les pousses ou les bottes sont rapportées à la ferme.

Un homme peut récolter par heure, lorsque les haies sont garnies de pousses nombreuses et bien développées, de 25 à 40 kilog. Une femme n'en coupe dans le même laps de temps que 15 à 20 kilog.

Préparation des pousses. — Avant d'être donné aux animaux, l'ajonc doit être soumis à une préparation particulière ; c'est qu'il importe de briser les épines nombreuses et très-fortes que présentent ses pousses ; sans cette précaution, les animaux refuseraient complétement ce fourrage. On conçoit, en effet, que des épines aussi longues et aussi roides que celles de l'ajonc doivent blesser le palais des animaux qui s'en nourrissent ou irriter leurs membranes muqueuses.

Les chevaux qui vivent presque continuellement sur les landes de la Bretagne mangent avec facilité les jeunes pousses de cette légumineuse, mais ceux qui résident dans les écuries ne pouvant choisir les parties les plus tendres, doivent recevoir indispensablement des pousses préalablement préparées.

Voici les moyens mis en usage :

1° Dans quelques contrées de la Basse-Bretagne et de la Normandie, on se sert d'une roue en pierre semblable à celle que l'on emploie pour le pilage des pommes. Cette machine est expéditive, mais elle broie mal les ajoncs. Il faut, lorsqu'on s'en sert, diviser préalablement les pousses avec un hache-paille rotatif; alors l'action que la meule exerce sur les épines est plus parfaite.

2° En Basse-Normandie, les cultivateurs forment, au moyen de madriers, une plate-forme semblable à celle d'un pressoir; ils établissent des rebords et étendent alors les ajoncs sur la surface de l'aire. Pour opérer le pilage, ils ont des *demoiselles* analogues à celles qu'emploient les paveurs, et les promènent en tout sens sur la plate-forme. Ce moyen est encore vicieux, et il faut beaucoup de temps et de fatigue pour pouvoir amortir les épines des pousses.

3° De tous les appareils employés jusqu'à ce jour pour préparer les ajoncs, il n'en est aucun qui soit plus économique que les machines à broyer le tan. Placés sous leur action, les ajoncs perdent en quelques instants leur propriété nuisible. On doit regretter que leur prix soit aussi élevé.

4° Le moyen le plus répandu en Bretagne consiste à piler les ajoncs à bras. Voici comment on exécute cette opération :

Après qu'une partie des pousses récoltées a été placée dans une auge en bois dont le fond n'a jamais moins de $0^m,16$ d'épaisseur, on la divise, on la coupe en tronçons de $0^m,03$ à $0^m,05$ de largeur au moyen d'un instrument en forme de hache. On peut effectuer cette division beaucoup plus rapidement avec un hache-paille rotatif. On a construit dernièrement en Bretagne des hache-ajoncs qui se recommandent par leur solidité et la facilité avec laquelle ils coupent les pousses.

L'auge ne doit pas être très-grande; 2 mètres de longueur et $0^m,50$ de largeur sur $0^m,35$ de hauteur suffisent toujours. Si sa capacité était plus considérable, les opérations s'exécuteraient mal, c'est-à-dire que toutes les tiges et les épines ne seraient pas coupées et broyées. Cette auge doit avoir un trou à sa partie basse, pour que l'eau que l'on verse sur les pousses puisse s'échapper quand le moment est venu.

Quand tous les ajoncs récoltés ont été divisés ou coupés, on les mouille et amortit leurs épines en les pilant. L'instrument dont on se sert pour cet usage est un long marteau en bois ayant beaucoup d'analogie avec celui que l'on emploie pour broyer les tuiles et les briques. La masse a de $0^m,35$ à $0^m,40$ de longueur, et elle est garnie à sa partie inférieure de forts clous à tête plate.

On cesse le pilage, lorsqu'en pressant la masse herbacée entre les doigts, on n'éprouve plus l'action des épines. C'est à tort que l'on réduirait les ajoncs en pâte. Aussitôt que les piquants sont détruits, on retire de l'auge les pousses qui s'y trouvent et on les remplace par de nouvelles : celles pilées sont placées dans une caisse ou un panier.

La quantité d'eau employée pour rendre le pilage plus facile est d'environ 20 litres par 100 kilog. de pousses.

Il est utile de bien connaître le moment de terminer la préparation des pousses. Si on pile les ajoncs le matin pour les donner le soir aux animaux, la belle couleur vert foncé qu'ils possèdent se transforme en une teinte noire. La masse n'a pas perdu, pour cela, de sa valeur nutritive, mais presque toujours les chevaux la mangent avec moins d'avidité et de plaisir. On doit récolter et diviser les pousses dans la matinée et ne commencer à les piler que pendant l'après-midi. En opérant de cette manière, la préparation des ajoncs est terminée le soir, au moment où les attelages rentrent des champs.

5° Wedlake a inventé un appareil propre à la préparation de l'ajonc. Ce broyeur, mû par deux hommes, prépare en une journée de 14 à 18 hectolitres d'ajonc. On y introduit les pousses telles qu'on les récolte.

Le hache-ajonc de M. Bodin a beaucoup de rapport avec un hache-paille. Les pousses une fois hachées ou divisées sont soumises à l'action d'un broyeur, appareil qui rappelle par sa disposition les concasseurs ou aplatisseurs de graines.

Quantité d'ajonc qu'un homme peut récolter par jour. — Dans beaucoup de fermes de la Bretagne, la récolte et la préparation des ajoncs sont données à la tâche.

Un homme actif peut diviser et piler jusqu'à 150 kilog. par jour, quand il se fait aider par une femme ou un enfant.

De Lorgeril a constaté que 100 kilog. de pousses d'ajonc convenablement préparées, exigent 3000 coups de hache et 1660 coups de marteau.

A Grand-Jouan, où je faisais préparer chaque année, de 30 000 à 40 000 kilog. de pousses, je payais, pour la récolte et le pilage, 1 fr. 40 c. par 100 kilog. Chaque soir on pesait la quantité que l'ouvrier avait préparée dans sa journée.

Un ouvrier, chez M. Masset, cultivateur à Ostrohove (Pas-de-Calais), prépare par jour, au moyen d'un hache-paille et d'un cylindre broyeur, 40 bottes de 9 kilog., soit 360 kilog.

Poids d'un hectolitre d'ajonc préparé. — Un hectolitre d'ajonc pilé pèse de 25 à 28 kilog.

Rendement. — L'ajonc cultivé sur des sols sains et profonds, où il prend un très-grand développement, fournit un produit très-élevé. De Lorgeril a récolté, dans le département d'Ille-et-Vilaine, jusqu'à 33 000 kilog. de pousses vertes par hectare. Dans le département du Morbihan, où on coupe l'ajonc tous les deux ans, on obtient jusqu'à 40 000 kilog.

Suivant Spooner, le rendement d'un hectare d'ajonc varie, en Angleterre, entre 18 000 et 25 000 kilog.

Récolte des graines. — C'est vers la fin de juin ou dans la première quinzaine de juillet qu'a lieu la récolte des graines. Cette récolte présente des difficultés, à cause de la déhiscence dont jouissent les gousses qui ont atteint leur parfaite maturité.

On doit procéder à cette récolte lorsque les gousses commencent à brunir, état où elles s'ouvrent difficilement sous l'action du soleil. Alors on coupe les extrémités des tiges avec une faucille, et on les place sur des bâches ou sur des draps à mi-soleil. Quand elles sont sèches, on les bat au fléau avec précaution afin de ne pas les faire sauter en dehors de la bâche, et on les nettoie ensuite au moyen de cribles ou du tarare.

Poids de l'hectolitre de graines. — Un hectolitre de graines d'ajonc marin pèse 70 à 72 kilog.

Valeur nutritive des pousses. — Voici, d'après la pratique, les chiffres représentant la valeur nutritive de l'ajonc :

G. Heuzé	144	De Lorgeril	300
Laboissière	150	Pabst	200
		Moyenne	198

D'après les expériences que j'ai faites à Grand-Jouan, il y a quinze ans, 12 kilog. d'ajonc pilé remplacent 5 litres d'avoine.

Action de l'ajonc sur le bétail. — Cette légumineuse a une action très-remarquable sur les chevaux : elle les entretient en bon état de santé, augmente leur embonpoint, leur énergie et rend leur poil luisant. Dans la basse Bretagne, la plupart des chevaux sont élevés à l'ajonc.

Les bêtes à cornes et les moutons mangent avec avidité ce fourrage vert. Les vaches qui en reçoivent journellement donnent un lait très-butyreux et très-agréable et elles se maintiennent en bon état.

M. Chouet, agriculteur à Senonches (Eure-et-Loir), donne par jour et par tête 18 à 20 kilog. d'ajonc pilé à ses chevaux et 10 à 11 kilog. à ses vaches. Ce fourrage vert a remplacé, en 1858-59, 14 000 kilog. de foin qui auraient coûté 980 fr.

Valeur commerciale. — M. Crussard et M. Saint-Martin attribuent à l'ajonc préparé une valeur de 20 fr. les 1000 kilog.

La même quantité, dans le département des Côtes-du-Nord, se vend 6 fr. prise sur le champ.

M. Saint-Martin établit de la manière suivante le prix de revient des 100 kilog. dans le département des Landes :

        Récolte et transport....... 0 fr. 50
        Préparation............... 1   50
                                   ─────────
                                   2 fr. 00

A cette somme il faut ajouter la valeur de l'ajonc, si on veut avoir un prix de revient exact.

M. Masset, cultivateur à Ostrohove, achète l'ajonc sur pied, pousse de l'année, au prix de 58 fr. l'hectare.

BIBLIOGRAPHIE.

Duhamel. — Éléments d'agric.. 1779, in-12, t. II, p. 171.
De Sutières. — Cours complet d'agric., 1788, in-8, t. I, p. 213.
Tessier. — Annales de l'agric. française, an VI, in-8, t. III, p. 82.
De la Villarmois. — Journal d'agric. pratique, 1837, gr. in-8, p. 549.
Heuzé. — Moniteur de la propriété, 1840, in-8, p. 345.
De Sainte-Marie. — Agriculture des Côtes-du-Nord, 1844, in-8, p. 210.
Elouet. — Statistique de Morlaix, 1849, in-4, p. 195.
Vilmorin. — Bon Jardinier, 1855, in-12, p. 578.

SECTION V.

Ray-grass anglais ou Ivraie vivace.

(Du celtique *loloa*, ivraie, que les Latins ont rendu par *lolium*.)

LOLIUM PERENNE, L.

Plante monocotylédone de la famille des Graminées.

Anglais. — Common rye grass.   *Espagnol.* — Bullico
Allemand. — Ausdauernder lolch.   *Flamand.* — Overbleyvend Roggegras.

Histoire. — Climat. — Mode de végétation. — Variétés. — Composition. — Terrain : nature, préparation, fertilité. — Semis : époque, quantité de graines, qualités des graines, recouvrement des semences. — Germination. — Association du ray-grass et du trèfle. — Soins d'entretien : Épierrement, engrais, arrosements. — Altération. — Récolte : produit vert et sec. — Rendement. — Récolte des semences; poids de l'hectolitre. — Emploi de la paille. — Valeur nutritive. — Durée d'existence. — Emploi du foin. — Son action sur le bétail. — Action du ray-grass vert sur les animaux domestiques. — Bibliographie.

Histoire. — Le ray-grass vivace est la plante que l'on emploie dans les jardins, sous le nom de *gazon anglais*, pour former des tapis de verdure. En Angleterre, les agriculteurs la considèrent comme la meilleure graminée fourragère, et ils se plaisent à en recommander la culture. Plot rapporte qu'ils le cultivaient dans l'Oxfordshire en 1677, et qu'ils le désignaient alors sous le nom de *gramen loliaceum*.

C'est par erreur évidemment qu'on a soutenu dernièrement que le ray-grass anglais n'est pas en France une bonne plante à faucher. Il peut y former, comme en Angleterre, soit seul, soit allié au trèfle rouge ou au trèfle blanc et à la lupuline d'excellentes prairies artificielles.

En Provence, on désigne cette graminée sous le nom de *margal*.

Climat. — Cette graminée végète naturellement sous tous

les climats, mais elle ne réussit comme plante fourragère que lorsqu'elle est cultivée sous des climats brumeux. En Angleterre, où les brouillards sont fréquents et où les sécheresses ne sont jamais aussi vives qu'en France, elle fournit un fourrage abondant et presque continuel. Dans les provinces du Midi, elle ne donne de bons produits que sur les terres fraîches et sur celles où les irrigations sont possibles.

On cultive le ray-grass en grand et avec succès dans le nord, le centre et l'ouest de la France.

Mode de végétation. — Le ray-grass a une racine fibreuse et des tiges lisses ascendantes, droites et hautes de $0^m,30$ à $0^m,80$; ses feuilles sont étroites, glabres et d'abord pliées en long; ses épillets sont sans arêtes, dépassent la glume et renferment de 6 à 12 fleurs; ses graines sont oblongues, à dos convexe et à face creusée en gouttière.

Sa végétation n'est interrompue que pendant les sécheresses et les gelées. Quand il existe sur des sols sains, il supporte les froids les plus rigoureux.

Sous l'influence des vents secs et froids du nord et de l'est, il prend au printemps, et aussi pendant l'été, une teinte plus ou moins rougeâtre ; cette coloration disparaît toujours lorsque la température s'adoucit.

Cette ivraie est commune sur les bords des chemins, dans les pâturages et les prairies naturelles.

On ne doit pas confondre l'ivraie vivace ou ray-grass anglais avec l'*ivraie des champs* (LOLIUM ARVENSE, Schrod), espèce qui est aussi mutique, mais qui est annuelle.

Variétés. — On cultive en Angleterre plusieurs variétés de ray-grass. Les plus répandues sont :

1° Le ray-grass vivace écossais ;

2° Le ray-grass vivace d'Orkney ;

3° Le ray-grass vivace de Pacey;

4° Le ray-grass vivace de Whitworth.

On préfère ces variétés au ray-grass ordinaire. Nous nous proposons de les étudier comparativement.

Composition. — Le ray-grass anglais contient, suivant M. Anderson, les substances suivantes :

Matières nitrogénées......	3,37
— grasses......... .	0,91
Amidon, sucre, gomme....	12,08
Fibres végétales..........	10,06
Matières minérales..	2,15
Eau........	71,43
	100,00

Cette graminée contient, d'après M. Vilmorin, les quantités d'azote ci-après :

A l'état frais.......	0,62
A l'état sec........	1,48

Terrain. — A. Nature, — Le ray-grass demande des terres fraîches sans être humides, des terrains plutôt argileux que légers. Il végète bien sur les terres argilo-calcaires ou argilo-siliceuses.

Sur les terres sablonneuses, sèches et brûlantes, et sur les sols très-crayeux, il languit et meurt souvent dès la seconde année de sa végétation, ou il reste si faible qu'on ne peut le faire pâturer avantageusement que par les bêtes à laine.

B. Préparation. — On ne prépare pas directement le sol pour le ray-grass, parce que la graine est ordinairement répandue sur des terres occupées par des céréales d'hiver ou de printemps.

Quand on exécute les semis en automne, sur des terres nues et saines ou perméables, on ameublit bien la couche arable par des labours et des hersages et on la dispose à plat. Lorsque les terres sont peu profondes et qu'elles sont situées sur des sous-sols imperméables, on les laboure en planches convexes et étroites.

Cette graminée se défend mal des plantes envahissantes à racines vivaces. Ainsi le *chiendent*, l'*agrostis*, la *petite oseille*, l'arrêtent presque toujours dans sa végétation quand ils s'emparent de la superficie du sol. On comprend dès lors combien il est utile que la terre soit débarrassée, avant les semis, des plantes à racines traçantes qui l'ont envahie.

C. FERTILITÉ. — Le ray-grass détruit, affaiblit plutôt la fertilité des terres qu'il ne l'accroît ou la maintient au degré qu'elle avait atteint. C'est pour ce motif que les cultivateurs anglais le regardent comme une mauvaise plante quand il doit précéder un froment.

Dans les contrées où cette graminée est bien cultivée, elle suit la première céréale qui vient après la fumure. Ainsi placée, elle est productive si le sol lui offre suffisamment d'humidité pendant les temps de sécheresse, et elle n'amoindrit pas sensiblement la fertilité de la terre.

Toutefois cette prostration de richesse n'est sensible qu'autant qu'il est cultivé seul. Quand on l'allie au trèfle rouge, on peut le regarder comme une plante un peu améliorante.

Le ray-grass qui mûrit ses graines épuise fortement le sol.

Semis. — A. ÉPOQUE. — Lorsque les terres sont fraîches et fertiles, on pratique les semis en mars ou avril. Dans les terres sujettes à souffrir de la sécheresse pendant l'été, on les exécute de préférence en septembre.

On peut aussi projeter les graines en mai ou en juin sur les terres qui ont été semées en vesce, pois gris ou sarrasin. Ainsi cultivé, le ray-grass fournit en automne un bon pâturage.

Quand on sème en automne, il faut, autant que possible, projeter les graines sur des terres nues. Les graines que l'on répand pendant cette saison dans des céréales d'hiver, nuisent souvent à ces plantes soit en épuisant le sol, soit en produisant au printemps des tiges très-élevées.

En général, on doit préférer les semis du printemps aux ensemencements de septembre et d'octobre.

B. QUANTITÉ DE GRAINES. — La quantité de graines qu'on emploie par hectare varie entre 40 et 60 kilog.

C'est par erreur que plusieurs auteurs ont soutenu qu'il fallait en répandre 250 à 280 litres.

On sème les graines à la volée. A cause de leur légèreté, on ne doit les répandre que quand l'air est calme.

C. QUALITÉ DES GRAINES. — La graine de ray-grass anglais est dépourvue d'arête.

On doit préférer celle qui est bien nourrie, lourde et qui n'est pas associée à des graines de *houlque laineuse*, de *fétuques* et de *renoncule des champs*.

D. RECOUVREMENT DES SEMENCES. — On enterre les semences avec une herse ou un râteau selon l'état et la nature du sol. Il importe qu'elles soient bien couvertes si on veut empêcher les oiseaux de les manger.

En automne et au printemps, on peut abandonner la graine à elle-même sur le sol, s'il survient aussitôt après les semis des pluies continues ou violentes.

Germination. — Quand le sol est frais, la graine de ray-grass lève en 12 ou 14 jours au plus tard.

Association du trèfle rouge au ray-grass. — On peut allier avec avantage le trèfle rouge au ray-grass. Cette graminée, étant très-hâtive, le protége des gelées tardives printanières.

Toutefois cette association n'est utile que lorsque les

terres sont encore dans les périodes de fertilité pacagère et fourragère. Le trèfle a trop d'aptitude sur les terres riches pour qu'il soit utile d'y associer le ray-grass.

C'est lorsque la réussite de cette légumineuse est incertaine, ou qu'on veut accroître la valeur nutritive du ray-grass, que la culture simultanée de ces deux plantes fourragères devient une nécessité.

On peut aussi associer ces deux plantes lorsque la production de la prairie artificielle doit être pâturée. Le ray-grass a l'avantage de tempérer, par sa nature plus sèche, plus fibreuse, l'action défavorable que le trèfle exerce sur les animaux par son eau de végétation, lorsqu'il est consommé en grande quantité à l'état vert. En outre, cette graminée rend le pâturage presque permanent par la rapidité avec laquelle elle repousse au fur et à mesure qu'elle est pâturée par le bétail.

Quand on cultive simultanément ces deux plantes, on ne répand par hectare que 25 à 30 kilog. de graines de ray-grass et 8 à 10 kilog. de semence de trèfle.

On a dit dans ces derniers temps qu'il fallait mêler ces deux graines. C'est une erreur! Quand on les mélange, la graine de trèfle, qui est plus petite et plus pesante que celle de ray-grass, tombe au fond du sac; alors on sème d'abord la seconde et ensuite la première. Pour que ces deux plantes couvrent bien le sol, il faut répandre la graine de ray-grass et l'enterrer par un hersage, et projeter ensuite la semence de trèfle. Un roulage suffit pour couvrir cette dernière graine.

On peut aussi lui associer la lupuline, s'il doit être pâturé.

On le sème encore avec le trèfle incarnat, avec lequel il rivalise de précocité.

Soins d'entretien. — Le ray-grass exige peu de soins d'entretien pendant son existence.

A. Épierrement. — Lorsqu'on cultive le ray-grass sur des sols cailouteux, on fait ramasser pendant l'hiver les pierres existant à la surface du champ, afin de pouvoir faucher l'année suivante aussi près de terre que possible.

B. Engrais. — Quand le ray-grass végète sur des terres peu fertiles on peut, dans les premiers jours du printemps, lui appliquer des engrais pulvérulents, dans le but d'exciter sa végétation et de le rendre plus productif.

Le guano est de toutes les substances fertilisantes celle qui agit avec le plus de promptitude et de succès sur le ray-grass. On l'emploie à la dose de 150 à 300 kilog. à l'hectare (Voir *guano*, t. II).

À défaut de guano, on peut employer le noir animal dans la proportion de 4 hectolitres par hectare.

En général, les substances riches en principes organiques ont beaucoup plus d'action sur le ray-grass que celles qui renferment des matières minérales dans une grande proportion. Ainsi, jusqu'à ce jour, les cendres ont toujours produit moins d'effet sur cette plante que les engrais animaux.

Le plâtre ne doit pas être appliqué, car ses effets sont nuls sur les graminées.

C. Arrosement. — Les irrigations, celles faites surtout avec des eaux riches en sels solubles, ont plus d'action sur le développement du ray-grass que le guano. Quand ces arrosements sont convenablement pratiqués, lorsque l'eau ne ruisselle pas pendant longtemps sur les mêmes endroits et qu'elle cesse de circuler à l'approche des grands froids, le ray-grass talle beaucoup et donne alors des produits abondants.

Toutefois il ne suffit pas de cesser de temps à autre les arrosements pour permettre aux rayons du soleil d'agir sur le sol et sur les plantes, il faut aussi les pratiquer après chaque coupe à diverses reprises pendant quelques jours. C'est en agissant ainsi en Italie et en Angleterre que l'on a forcé pour ainsi dire le ray-grass à donner, depuis le printemps jusqu'à la fin de l'automne, de nombreuses coupes successives.

En Angleterre, on obtient jusqu'à 5, 6 et même 8 coupes par an, lorsqu'on purine après chaque récolte.

Altération. — Le ray-grass, quoique très-rustique, est quelquefois sujet à la *rouille*. C'est ce champignon qui a été souvent cause que plusieurs cultivateurs ont renoncé à la culture de cette plante. On combat facilement cette altération en soumettant le ray-grass à l'action d'arosages pratiqués à l'aide d'eaux riches en matières organiques, ou en répandant à la surface du *guano* ou d'autres engrais très-actifs. Le *purin* arrête aussi le développement de cette maladie.

C'est la rouille qui a forcé Mathieu de Dombasle à renoncer à la culture de cette graminée.

Récolte. — On cultive le ray-grass pour faire consommer sa production en vert ou en sec.

A. PRODUIT VERT. — Quand il doit être consommé en vert, il faut le couper de bonne heure. Fauché quand ses épis sont développés, il est dur, et le bétail ne le consomme pas très-bien.

La fauchaison hâtive a un autre avantage : elle permet aux plantes de reposer plus promptement et de donner par conséquent des coupes et des produits plus abondants.. Toutefois cette coupe précipitée n'est utile que lorsque le ray-grass est cultivé seul. Allié au trèfle, ses tiges durcissent moins promptement, et il peut être fauché lorsque les fleurs de cette légumineuse sont complétement épanouies.

B. Produit sec. — Le ray-grass n'est fauché qu'une seule fois chaque année, lorsqu'il végète sur des terres ordinaires et un peu sèches.

Lorsqu'on veut convertir l'ivraie vivace en foin, il est urgent de la faucher avant que ses fleurs soient toutes développées. Il est vrai qu'en agissant ainsi, la production en vert subit un grand déchet par le fanage; mais lorsque les graines sont formées, on perd beaucoup plus en qualité qu'on ne gagne en quantité, parce que les tiges restent dures et semi-ligneuses.

La fenaison doit être conduite avec la plus grande activité possible. C'est qu'il importe que les tiges et les feuilles restent peu de temps exposées à l'action de l'air et du soleil. Quand le fanage a lieu avec lenteur, la production herbacée se décolore, prend une teinte blanchâtre, et le foin qu'elle forme n'a pour ainsi dire pas d'arome.

Pour que la production sèche soit aussi nutritive que possible, il faut exécuter la mise en meules quand les tiges ont été desséchées aux trois quarts. Alors il s'établit au sein de la masse une légère fermentation qui rend le foin meilleur et plus vert.

Pâturage. — La dernière pousse, et quelquefois même la première, sont consommées sur place par les animaux Ce pâturage ne nuit pas au ray-grass, parce qu'il repousse au fur et à mesure qu'il est brouté et qu'il se fortifie toujours en tallant quand on le coupe sans cesse.

Le pâturage que forme l'ivraie vivace est excellent. Dans la plaine de la Crau (Bouches-du-Rhône), où elle est connue sous le nom de *margaou des coussous*, les bêtes à laine qui pâturent sur cette vaste plaine caillouteuse, vont jusqu'à soulever les pierres à l'aide de leur nez pour la rechercher, et le peu qu'elles consomment suffit pour les nourrir.

Aussi les bergers de la Provence ont-ils coutume de dire en parlant de cette plante : *Bouccado cuo ventrado*, bouchée fait ventrée !

Rendement. — Le ray-grass est d'autant plus productif que le sol est riche et frais pendant le printemps et l'été.

Dans les terres produisant 16 hectolitres de froment, on obtient rarement au delà de 3000 kilog. de foin sec à l'hectare, mais dans les terrains qui donnent de 20 à 25 hectolitres de blé, il en produit ordinairement de 4000 à 5000 kilogrammes.

Quand on arrose après chaque coupe, il n'est pas rare d'obtenir en 3 à 4 coupes jusqu'à 8000 et 10 000 kilog. de foin sur la même superficie.

Comme le ray-grass, fauché au moment où les fleurs se développent, perd par la fenaison environ 50 pour 100 de son poids, il en résulte que :

```
3000 kil. de foin représentent   6000 kil. de tiges et feuilles vertes.
8000      —            —        16000     —              —,
```

Le ray-grass, allié au trèfle, fournit toujours un rendement supérieur au produit qu'il donne dans les circonstances ordinaires, lorsqu'on le cultive seul.

Récolte des graines. — Lorsqu'on veut obtenir des graines, on ne doit commencer la fauchaison que quand les plantes sont défleuries.

Le ray-gass s'égrène assez facilement quand il reste sur pied après la maturité des semences.

On fane la production comme à l'ordinaire, et lorsqu'elle est sèche, on la met en bottes On la bat à l'aide de fléaux ou d'une machine à battre. On nettoie la graine au moyen d'un crible ou d'un tarare. On peut demander ces graines à la première ou à la deuxième pousse.

Quantité de graines. — On récolte ordinairement par hectare de 12 à 15 hectolitres de graines.

La quantité de semence qu'on récolte par hectare en Angleterre atteint souvent 25 hectolitres.

A Hohenheim, le ray-grass a donné 580 kilog. par hectare, soit 14 hectolitres 50 litres. Ces semences provenaient de 2330 kilog. de tiges et feuilles.

Les graines étaient donc à la paille :: 100 : 400.

Poids de l'hectolitre. — Un hectolitre de graines pures et de bonne qualité pèse 38 à 40 kilog.

Emploi de la paille. — Les tiges qui ont mûri leurs semences peuvent être données aux bêtes à cornes, alors qu'elles consomment des racines.

Il faut que la paille du ray-grass soit couverte de rouille pour qu'on ne puisse pendant l'hiver l'utiliser dans l'alimentation du bétail.

Valeur nutritive du foin. — Lorsque le foin de ray-grass a été bien récolté, il a, bien que les tiges soient peu garnies de feuilles et un peu grossières et dures, une saveur douce et sucrée, et il plaît à tous les animaux. Sa couleur est verdâtre et il est pesant.

Le ray-grass qu'on a récolté tardivement fournit un foin presque blanchâtre, dur, cassant, n'ayant pas d'odeur.

J'ai cultivé longtemps le ray-grass et ai toujours reconnu que lorsqu'il a été fauché en fleurs, moment où ses tiges contiennent beaucoup de parties saccharines et albumineuses, il formait un bon foin. D'après mes observations, le foin de prairies naturelles est au foin de l'ivraie vivace :: 100 : 130.

Suivant M. de Gasparin, 100 kilog. de foin normal de ray-grass renferment 0,98 d'azote. D'après ces chiffres, sa valeur nutritive moyenne, comparée au foin de prairies naturelles, qui contient de 1,15 à 1,50 d'azote, serait représentée par 135.

Lorsque le ray-grass est allié au trèfle rouge, son foin est presque égal à celui que fournit cette légumineuse.

Emploi du foin. — Le foin de ray-grass ne subit aucune préparation avant d'être donnée aux animaux. Toutefois, lorsqu'il est poudreux, on le secoue fortement et on le réserve pour les bêtes à cornes qu'on hiverne.

Action du foin sur le bétail. — Le bon foin de ray-grass plaît à tous les animaux de travail et de rente. Dans l'engraissement, on le donne de préférence au début, car il développe plutôt la viande que la graisse.

Il a une faible action sur la production du lait.

Action du ray-grass à l'état vert. — Tous les animaux mangent le ray-grass à l'état vert s'il a été coupé en temps convenable.

Il est à la fois rafraîchissant et nutritif. Il convient très-bien aux vaches laitières.

Durée d'existence. — On a beaucoup discuté sur la durée de cette graminée. Les uns ont soutenu qu'elle pourrait donner de bons produits pendant quatre années ; les autres ont avancé qu'elle était encore très-productive à la huitième et même à la dixième année. Ordinairement sa durée d'existence dépend de la nature, de la fraîcheur et de la fécondité du sol où elle est cultivée et de la manière dont elle est consommée. Je l'ai vue dans d'excellentes situations donner de fort bonnes coupes pendant sept années. Nonobstant, dans des circonstances ordinaires, c'est-à-dire sur des terres non arrosées, le ray-grass vivace et les huit variétés que l'on cultive en Angleterre sont rarement fauchables au delà de trois années.

D'après M. de Behague, cette graminée ne serait plus productive après la deuxième année. C'est, en effet, sa durée ordinaire sur des terres pauvres pendant l'été.

Les prairies artificielles de ray-grass anglais qu'on soumet annuellement aux effets des irrigations peuvent durer 6, 8 et même 10 années si on a soin de les terreauter de temps à autre. Cette opération rechausse les plantes et facilite la végétation des pieds provenant de la germinaison des graines qui tombent sur le sol au moment de la fauchaison et du fanage.

BIBLIOGRAPHIE.

Duhamel. — Éléments d'agriculture, 1779, in-12; t. II, p. 167.
Yvart. — Cours d'agriculture, 1823, in-8, t. XIV, p. 332.
Gilbert. — Traité des prairies artificielles, 18?6, in 8, p. 128.
Crud. — Économie d'agriculture, 1839, in-8, p. 230.
Lecoq. — Traité des plantes fourragères, 1844, in-8, p. 90.
Richard et Payen. — Précis d'agriculture, 1851, in-8, t. I, p. 326.

SECTION VI.

Ray-grass ou Ivraie d'Italie.

LOLIUM ITALICUM, Braun.

Plante monocotylédone de la famille des Graminées.

Anglais. — Italian rye-grass.   *Allemand.* — Italienisch lolch.

Historique. — Mode de végétation. — Composition. — Terrain. — Semis. — Association du trèfle au ray-grass d'Italie. — Récolte. — Rendement. — Récolte des graines. — Poids de l'hectolitre. — Emploi de la paille.

Historique. — Le ray-grass d'Italie est originaire de l'Italie septentrionale.

Il a été propagé en France, en 1818, par A. Thouin, qui l'avait reçu de Genève, où il formait de très-belles prairies artificielles et d'excellents pâturages dans les parties élevées des Apennins.

Le ray-grass d'Italie, par la rapidité avec laquelle il végète, les produits extraordinaires qu'il fournit, la qualité de son foin, quand celui-ci a été bien récolté, est une des meilleures graminées fourragères vivaces que l'agriculture ait acquises depuis un siècle.

Il a été introduit en Écosse en 1831 par M. Lawson, d'Édimbourg. La quantité de graines importée cette année-là s'est élevée à 58 hectolitres. La vente faite par le même importateur, en 1855, a atteint 12 300 hectolitres.

Mode de végétation. — Cette graminée diffère du ray-grass ordinaire par ses tiges qui sont beaucoup plus élevées, ses feuilles plus larges et d'un vert plus foncé et par ses épillets et ses graines qui sont plus nombreux et constamment barbus, c'est-à-dire munis d'une arête droite.

Cette espèce est aussi très-précoce, mais si elle végète

beaucoup plus rapidement que le ray-grass anglais pendant la première année, elle a l'inconvénient de moins taller.

Composition. — Anderson a analysé le ray-grass d'Italie ; il a trouvé qu'il contenait :

Matières nitrogénées	2,45
— grasses	0,80
Amidon, sucre, gomme...	14,11
Fibres	4,82
Matières minérales	2,21
Eau	75,61
	100,00

Le ray-grass d'Italie contient moins de fibres et plus de parties nutritives que l'ivraie vivace.

M. Vilmorin a constaté qu'il contenait à l'état frais 0,57 d'azote, et à l'état sec 1,80.

Terrain. — Le ray-grass d'Italie réussit très-bien sur les terres à froment qui ne sont pas très-calcaires. Il végète mal sur les terrains légers, secs et médiocres et sur les sols humides et tourbeux ; sur ces derniers terrains, il reste petit, s'il ne périt pas, et prend souvent une teinte rougeâtre. Cultivé sur des sols frais et fertiles, sa vigueur et ses produits sont très-remarquables.

Cette espèce est plus exigeante que l'ivraie vivace.

Semis. — Les semis se font à la même époque et dans les mêmes circonstances que les semailles du ray-grass anglais.

On emploie de 50 à 60 kilog. de graines par hectare.

Association du trèfle au ray-grass d'Italie. — On peut semer le ray-grass d'Italie seul, quoiqu'il ne gazonne pas autant que l'ivraie vivace ; c'est ainsi qu'on le cultive en Angleterre, et que le sème M. Trochu, à Belle-Isle-en-mer, depuis 1818. Mais dans les terres qui souffrent en été de la sécheresse, il y a avantage à lui associer le trèfle rouge. Cultivées simultanément sur des terres non arrosables, ces deux plantes donnent toujours trois bonnes coupes chaque année : l'une en mai ou juin, l'autre en juillet ou août, la troisième en septembre ou octobre.

Lorsqu'on l'associe en Angleterre au trèfle rouge, on répand par hectare de 6 à 10 kilog. de graines de trèfle et de 10 à 20 kilog. de ray-grass.

Récolte. — On fauche le ray-grass d'Italie lorsque les plantes commencent à fleurir.

Une première coupe a donné à Grignon, en 1860, 25 000 kilog. de fourrage vert.

Rendement. — Les produits fournis par le ray-grass d'Italie sont parfois extraordinaires, parce qu'il repousse avec une extrême facilité quand il est cultivé sur de bons terrains. M. Desjardins a obtenu dans la Mayenne, pendant plus de six années, des récoltes annuelles qui s'élevaient jusqu'à 7500 kilog. de foin sec par hectare. Dans le Milanais, les prairies de la même plante, soumises à l'arrosement, fournissent chaque année jusqu'à huit coupes de fourrage vert et 15 000 kilog. de foin sec. Ce résultat a été obtenu, dans ces dernières années, en Angleterre, par M. Kennedy et M. Mechy.

A Belle-Isle, où le ray-grass d'Italie forme d'excellentes prairies artificielles, M. Trochu évalue le produit moyen des quatre coupes qu'il obtient, à 10 000 kilog. de foin sec par hectare.

En général, le ray-grass d'Italie est plus ou moins productif selon la nature du sol sur lequel il végète et selon aussi les engrais solides et liquides qu'on lui applique. On peut, par des arrosements exécutés avec de l'eau tenant en dissolution ou en suspension des parties actives salines ou organiques, le faire croître pour ainsi dire continuellement. On en jugera par les détails suivants.

M. Telfer, à Cunning-Park, a fauché 6 fois le ray-grass d'Italie, depuis la fin de mars jusqu'au commencement d'octobre. Voici la hauteur moyenne des pousses qu'il a récoltées :

1re coupe	0m,45
2e —	0m,56
3e —	1m,10
4e —	1m,10
5e —	0m,61
6e —	0m,45
Total.	4m,27

M. Telfer arrose copieusement après chaque coupe avec des engrais liquides très-fertilisants.

Le ray-grass d'Italie, semé le 7 septembre 1858 par M. Vandercolme, à Dunkerque, sur un champ qui avait porté une récolte de blé, a donné l'année suivante les produits suivants :

1re coupe, 28 mai........	8 900 kil. de foin sec.
2e — 7 juillet.....	4 000 —
3e — 20 août.......	1 500 —
Regain, octobre	1 700 —
Total..........	17 000 kil.

Après chaque coupe, M. Vandercolme fait répandre 113 litres de guano du Pérou par hectare.

On obtient dans le Midi sur des terres constamment arrosables des produits aussi remarquables, surtout si l'on fait usage d'eau limoneuse comme celle de la Durance.

Récolte des graines. — Le ray-grass d'Italie produit plus de semences que le ray-grass anglais.

En Angleterre, on en récolte de 30 à 50 hectolitres, ou de 750 à 1200 kilog. par hectare.

A Hohenheim, cette graminée a fourni par hectare 665 kilog. de graines et 3870 kilog. de paille. M. Trochu récolte, sur la même superficie, de 1200 à 1600 kilog. de graines.

Poids de l'hectolitre. — Un hectolitre de graines de ray-grass d'Italie, ne contenant pas de semence de plantes indigènes, pèse de 24 à 26 kilog.

Emploi de la paille. — La paille de ray-grass d'Italie est mangée par les bêtes à cornes et les chevaux.

Durée d'existence. — Les prairies artificielles formées par le ray-grass d'Italie ont une durée plus ou moins longue, selon les circonstances. Quand les terres sont de bonne qualité et fraîches, le ray-grass est encore fauchable à la quatrième année; dans les sols secs on limite son existence à deux ans.

BIBLIOGRAPHIE.

De Dombasle. — Annales de Roville, 1832, in-8, 8ᵉ livr., p. 367.
De Boutteville. — Le Cultivateur, 1835, in-8, t. XI, p. 453.
Fiquet. — Moniteur de la propriété, 1818, in-8, t. III, p. 697.
De La Motte-Rouge. — Revue agricole, 1843, in-8, p. 75.
Trochu. — Ferme de Bruté, 1847, in-8, p. 185.
Vilmorin. — Bon jardinier, 1855, in-12, p. 569.

SECTION VII.

Vulpin des prés.

(ἀλώπηξ, renard; οὐρά, queue; allusion à la forme de l'épi.)

ALOPECURUS PRATENSIS, L.

Plante monocotylédone de la famille des Graminées.

Anglais. — Meadow fox-tail grass.

Le vulpin des prés, que Linné regardait à juste titre comme une excellente graminée fourragère, est très-répandu dans le nord de l'Europe; il se recommande par sa *grande précocité* et l'abondance de ses produits.

Cette plante est vivace; ses racines sont fibreuses; ses tiges sont ascendantes, hautes de $0^m,80$ à $1^m,30$, et souvent glauques; ses épis sont velus, soyeux et cylindriques; elle croît dans les prairies naturelles situées sur des sols riches et un peu humides; elle fleurit en mai.

Suivant M. Vilmorin fils, elle contient :

        A l'état frais.......... 0,46 d'azote.
        A l'état sec........... 1,33   —

On la cultive de préférence sur les terrains fertiles et frais, les sols tourbeux et les étangs desséchés; elle redoute les sols humides et les eaux stagnantes.

Le vulpin des prés se cultive comme le ray-grass vivace. (Voir p. 310.)

On le sème à raison de 20 kilog. de graines par hectare.

La graine du vulpin des prés est très-légère, blanchâtre et munie d'une petite arète. Son faible poids exige qu'on la sème le matin ou le soir, lorsque l'air est calme.

Un hectolitre de semence pèse 11 kilog.

Son foin n'est pas aussi fin que le foin de ray-grass, mais il est nutritif et assez odorant ; les ruminants en sont très-avides.

Lorsque le vulpin végète sur des terrains frais et fertiles et qu'il a été fauché de bonne heure, il donne presque toujours une seconde coupe aussi abondante que la première, qu'on peut évaluer de 2500 à 3000 kilog. de foin sec par hectare.

On peut associer cette graminée au ray-grass, au fromental, au trèfle rouge et à la luzerne.

C'est à la deuxième et parfois à la troisième année seulement que le vulpin est en plein rapport.

A Hohenheim, cette plante a donné par hectare 155 kilog. de graines et 1532 kil. de paille.

La durée des prairies, que forme le vulpin cultivé seul, n'est pas très-longue, à moins que le sol soit de bonne qualité. Dans les circonstances ordinaires on défriche les prairies à la quatrième ou cinquième année de leur existence.

BIBLIOGRAPHIE.

Yvart. — Cours d'agriculture, 1823, in-8, t. XVI, p. 335.
Lecoq. — Traité des plantes fourragères, 1844, in-8, p. 42.
Vilmorin. — Bon jardinier, 1855, in-12, p. 577.

SECTION VIII.

Timothy ou Fléole des prés.

(De φλεων, abondant ; allusion au développement des tiges et des feuilles.)

PHLEUM PRATENSE. L.

Plante monocotylédone de la famille des Graminées.

Anglais. — Timothy grass.

Le timothy a été très-vanté, comme plante fourragère, par Timothy, Haller et Hartmann ; on le cultive beaucoup en Angleterre, où il est connu sous le nom de *Cat's tail grass ;* les Américains l'emploient aussi pour former d'excellentes prairies artificielles ; ils l'appellent *Timothy grass.*

Cette plante est vivace et indigène en Europe (fig. 31) ; elle a des tiges droites, un peu coudées inférieurement, hautes de $0^m,75$ à $1^m,40$, et garnies de feuilles planes et assez larges ; ses épis sont verdâtres, serrés et cylindriques ; on la rencontre dans les bonnes prairies naturelles.

Suivant Vilmorin fils, elle contient :

    A l'état frais............... 0,50 d'azote.
    A l'état sec................. 1,27   —

On a constaté en Amérique qu'elle renferme, lorsqu'elle est en pleine fleur :

    Eau.................. 70 à 75 pour 100.
    Matières sèches ...... 25 à 30   —

Les cendres que fournit le timothy contiennent sur 100 parties : potasse, 30 ; phosphate, 16 ; chlorure de sodium, 2,50. La fléole des prés fleurit en juin, végète de préférence sur les sols argileux frais sans être humides. Elle réussit aussi sur les terres légères et profondes. A Bonny (Loiret), elle a produit par hectare, sur d'excellentes terres sablonneuses, de 5000 à 7000 kilog. de foin.

On cultive le timothy comme le *ray - grass vivace*. (Voir p. 310.)

La graine est petite, luisante, de couleur grise et nous

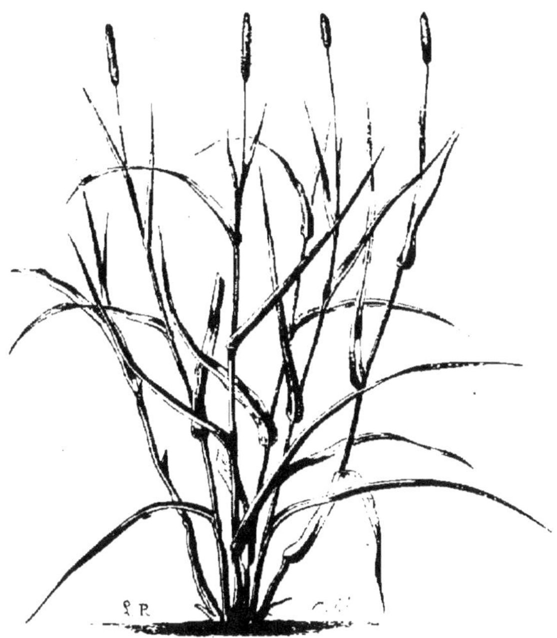

Fig. 31. — Timothy. — Au 10ᶜ.

vient ordinairement d'Amérique ; elle se répand à raison de 8 kilog. par hectare. On doit l'enterrer par un roulage ou un léger hersage.

Un hectolitre de graines pèse 63 kilog.

On peut allier la fléole des prés au trèfle rouge.

On ne doit pas associer cette graminée, qui est *très-tardive*, avec des espèces hâtives.

Le timothy donne un foin un peu gros, mais excellent. Fauché quand il commence à épier, il fournit des tiges vertes ou sèches que les bêtes à cornes et les chevaux consomment toujours avec avidité.

Le timothy fournit en moyenne 4000 kilog. de foin sec par hectare.

Son produit maximum n'a pas dépassé 8000 kilog.

En 1860, il a donné à Grignon 18 500 kilog. de fourrage vert ou 6000 kilog. de foin sec.

Le regain qu'il fournit est quelquefois très-abondant.

A Hohenheim, le timothy a donné 324 kilog. de graines et 4150 kilog. de paille par hectare.

En résumé, cette graminée peut former en France, dans les localités où le trèfle rouge ne réussit pas parfaitement, des prairies artificielles aussi productives que celles que possèdent annuellement les agriculteurs américains.

Ces prairies, bien entretenues, donnent encore des produits abondants à leur troisième et quatrième année d'existence.

BIBLIOGRAPHIE.

B. Roch. — Mémoire sur le timothy, 1767, in-12.
Yvart. — Cours d'agriculture, 1823, in-8, t. XIV, p. 337.
Lecoq. — Traité des prairies, 1855, in-8, p. 40.
Vilmorin. — Bon jardinier, 1855, in-12, p. 566.

SECTION IX.

Fromental ou Avoine élevée.

(De ἄρρην, mâle; ἀθήρ, pointe ; allusion au pédicelle effilé qui accompagne les fleurs mâles.)

ARRHENATHERUM AVENACEUM, Gaud. AVENA ELATIOR, L.

Plante monocotylédone de la famille des Graminées.

Anglais. — Oat like grass.   *Allemand.* — Hoher glœtthafer.

Cette graminée a été cultivée en Lorraine il y a plus d'un siècle par ordre de Stanislas. A la même date, Dom Miroudot la proposait comme une bonne plante fourragère pour les terres pauvres.

Les Anglais l'utilisent avec avantage dans la formation des prairies naturelles et artificielles. Le fromental a été souvent désigné sous le nom de *ray-grass de France* ou *fenasse*.

Cette plante est indigène et vivace; ses racines sont fibreuses ; ses tiges ont plus d'un mètre de hauteur et elles sont glabres; ses feuilles sont planes, larges et glabres ; ses panicules sont d'abord diffuses et ensuite lancéolées ; elles sont composées d'épillets luisants, blanchâtres ou violacés.

On rencontre le fromental dans toute l'Europe; il est très-commun dans les prairies du Lyonnais et dans les *marcites* du Milanais.

Le principal mérite de l'avoine élevée est de résister aux grands froids, de repousser facilement après avoir été fauchée ou pâturée, surtout sur les sols frais, et de réussir sur des sols secs, pierreux et peu fertiles, sablonneux , calcaires et granitiques.

Cette plante végète mal sur les terrains humides et marécageux.

Le fromental se cultive comme le *ray-grass vivace*. (Voir p. 310.)

On répand 50 kilog. de graines par hectare.

Un hectolitre de semence pèse 17 kilog.

On peut lui associer la houlque laineuse, lorsqu'il doit être irrigué. On lui associe aussi le sainfoin ou la lupuline quand on le cultive sur des terrains calcaires.

Quand l'avoine élevée végète sur une terre pauvre, elle demande à ne pas être pâturée la première année.

Ce n'est qu'à la seconde et souvent même à la troisième année de culture qu'elle commence à donner de bonnes coupes.

Le fromental est très-précoce; on doit le faucher avant le complet développement de sa panicule, parce qu'il a le défaut de sécher sur pied. Il est facile à faner.

Son foin est de bonne qualité, mais il est inférieur à celui que fournit le ray-grass; il contient 0,85 d'azote.

Le fromental, cultivé en Provence et soumis à des irrigations de printemps et d'été et convenablement exécutées, dure cinq à six ans et donne chaque année plusieurs coupes abondantes.

A Flottbeck, il a produit 11 200 kilog. de fourrage vert par hectare.

100 kilog. de parties vertes se réduisent à 35 kilog. par le fanage.

A Hohenheim, cette graminée a donné 435 kilog. de graines et 3300 kilog. de paille par hectare.

La durée d'existence du fromental est toujours limitée à la fécondité et surtout à la nature et à la fraîcheur du sol sur lequel on le cultive. Moretti cite une prairie de fromental située près de Pavie qui fournissait depuis dix-sept ans quatre bonnes coupes chaque année. M. Vilmorin en possède plusieurs dans le Gâtinais qui ont été créées il y a vingt ans sur de très-mauvais sols et qui sont encore passablement vives et garnies, quoiqu'elles n'aient jamais été fumées.

Schwerz s'est trompé quand il a blâmé les agriculteurs qui proposaient cette graminée comme plante fourragère pour les terres sèches et arides.

Le foin du fromental est un peu gros, mais il est assez souple. Il convient surtout aux bêtes à cornes. Dans la Provence, le Languedoc, le Ségala, etc., contrées où cette graminée est cultivée très en grand, le foin qu'elle fournit est regardé comme excellent quand elle a été fauchée en temps convenable.

Sans cette plante, beaucoup de localités dans le midi de la France et les montagnes du Lyonnais ne pourraient conserver les animaux domestiques qu'on y observe annuellement.

BIBLIOGRAPHIE.

Miroudot. — Mémoire sur le fromental, 1760, in-8.
Yvart. — Cours d'agriculture, 1823, in-8, t. XIV, p. 330.
Gilbert. — Traité des prairies artificielles, 1826, in-8, p. 135.
Crud. — Économie d'agriculture, 1839, in-8, t. II, p. 233.
Vilmorin. — Bon jardinier, 1855, in-12, p. 562.

SECTION X.

Chicorée sauvage.

(Κιχορα, nom grec de la chicorée.)

CICHORIUM INTYBUS, L.

Plante dicotylédone de la famille des Composées.

Anglais. — Chicory.   *Italien.* Cicorea.
Allemand. — Wegwart gemiene.

Historique. — Mode de végétation. — Composition. — Variété. — Terrain.
Semis. — Soins d'entretien. — Récolte. — Conclusions.

Historique. — La chicorée sauvage est connue depuis les temps les plus reculés. Elle a été très-recommandée pour la première fois, en 1784, comme plante fourragère par Cretté, de Palluel. En Angleterre, Arthur Young a beaucoup contribué à la propagation de sa culture.

Mode de végétation. — Elle a des racines vivaces et pivotantes, des tiges dressées, rameuses, hautes de 1 mètre à 1^m,50; les feuilles inférieures sont lissées à lobes aigus, larges de 0^m,08 à 0^m,10 et longues de 0^m,25 à 0^m,30; les feuilles caulinaires sont petites et demi-embrassantes; ses fleurs sont en capitules agglomérés et d'un beau bleu.

La chicorée sauvage végète naturellement sur les terres calcaires dans le nord comme dans le midi de l'Europe.

Elle est commune sur le bord des chemins et sur les lieux incultes, dans les contrées calcaires ou crayeuses, où elle se marie souvent à la mille-feuille ou à la primprenelle.

Elle résiste très-bien aux grandes sécheresses et aux froids les plus intenses.

Composition. — On ne connaît pas encore d'analyse complète de la chicorée sauvage.

Anderson a trouvé que les feuilles contenaient :

Matières nitrogénées		1,01
—	non nitrogénées	6,63
—	minérales	1,42
Eau		90,94
		100,00

Variété. — M. Jacquin a obtenu, il y a quelques années, une variété qui se recommande par la largeur de ses feuilles. Cette intéressante plante est connue sous le nom de *chicorée sauvage améliorée*.

Terrain. — La chicorée sauvage demande des terres argilo-calcaires ou calcaires-argileuses profondes.

Semis. — La chicorée se propage par graines ou par racines. Le semis est le mode de propagation le seul possible en agriculture.

On la sème à la volée au printemps ou pendant l'automne, dans une céréale d'hiver ou de printemps, à raison de 12 kil. à l'hectare. En Angleterre, les semis se font en lignes distantes les unes des autres de $0^m,16$ à $0^m,20$.

Cette plante n'est pas toujours cultivée seule ; souvent on l'associe par moitié avec le trèfle rouge, le sainfoin ou la pimprenelle.

Soins d'entretien. — La chicorée sauvage doit végéter sur un sol propre.

On doit la herser chaque année au printemps, afin de détruire les plantes à racines traçantes et vivaces qui ont envahi la couche arable.

Récolte. — Elle végète rapidement et fournit dans la même année trois à quatre et même six coupes. Cretté, de Palluel, l'a fauchée quatre fois : 1° en avril, 2° en juin, 3° en août, 4° en octobre. Ces quatre coupes ont produit 28 000 kil. de fourrage vert.

On la fauche chaque année pour la première fois quand ses feuilles et ses tiges ont atteint environ 0^m,30 de hauteur. Lorsqu'on laisse la chicorée parvenir à une plus grande élévation, ses tiges sont dures et les animaux refusent de les manger.

A. Young a obtenu les résultats suivants :

1789,	1re coupe,	21 mai........	12 800 kil.
	2e —	24 juillet.....	16 500
	3e —	3 décembre..	9 800
		Total......	39 100 kil.
1790,	1re coupe,	8 juin........	18 300 kil.
	2e —	15 août.......	19 300
		Total......	37 600 kil.

J'ai obtenu en 1860 une première coupe de 20 000 kilog.

On ne fane pas ses feuilles, car elles se dessèchent mal et prennent une teinte noire; c'est à l'état vert qu'on les donne aux bêtes à cornes ou aux moutons.

On peut aussi la faire consommer sur place.

Cultivée sur des terres un peu profondes, la chicorée sauvage peut durer quatre à cinq années.

Récolte des graines. — La récolte des graines a lieu au commencement de l'été. On doit couper les tiges quand elles sont blanchâtres. Lorsqu'elles sont complétement sèches, on les bat à l'aide du fléau.

Un hectolitre de graines pèse 30 kilog.

Action sur les animaux. — La chicorée sauvage doit être regardée comme une plante précieuse pour les pays où les terres sont calcaires et pauvres.

Elle fournit partout un fourrage vert excellent et tonique à cause de son amertume. Les vaches la consomment avec avidité, ainsi que les bêtes à laine et les porcs. C'est pour procurer à son troupeau une nourriture verte qui pût le préserver de la cachexie aqueuse et du sang de rate, que Cretté de Palluel a cultivé pendant longtemps la chicorée sauvage.

On a avancé que le lait des vaches qui se nourrissaient de chicorée sauvage avait une saveur amère. L'expérience a prouvé vingt fois que les vaches qui mangent les feuilles de chicorée sauvage à l'état vert donnent un lait aussi doux et aussi butyreux que lorsqu'elles reçoivent du trèfle ou de la luzerne.

La valeur nutritive des feuilles de cette plante n'a pas encore été déterminée. Toutefois, on sait que malgré la grande quantité d'humidité qu'elles renferment, elles sont salubres, nutritives et fortifiantes.

Conclusions. — En résumé, la chicorée sauvage ne peut lutter avec avantage avec la luzerne et le trèfle, mais cultivée seule ou alliée à d'autres plantes fourragères vivaces, elle constitue sur les terres médiocres, mais perméables, de précieuses prairies artificielles.

BIBLIOGRAPHIE.

Arthur Young. — Le Cultivateur anglais. 1801, in-8, t. XIII, p. 301.
Cretté de Palluel. — Traité des prairies artificielles, 1801, in-8.
De Père. — Manuel d'agriculture pratique, 1806, in-8, p. 49.
Bosc. — Cours d'agriculture, 1821, in-8, t. IV, p. 369.

SECTION XI.

Pimprenelle.

(Ποτήριον, coupe; allusion à la forme du calice.)

POTERIUM SANGUISORBA, L.

Plante dicotylédone de la famille des Rosacées.

Anglais. — Burnet. *Espagnol.* — Pimpinella.
Allemand. — Pimpinelle.

Historique. — Mode de végétation. — Composition. — Semis. — Poids de l'hectolitre. — Soins d'entretien. — Récolte. — Action sur le bétail. — Son utilité. — Propriétés qui la font rechercher.

Historique. — La grande pimprenelle est connue depuis très-longtemps comme plante appartenant aux prairies naturelles.

C'est en 1760 qu'elle a été cultivée pour la première fois en Europe comme plante fourragère. Les premiers essais furent faits en Angleterre, par Rocque, auquel la Société d'encouragement pour les arts utiles de Londres accorda une gratification de 1000 fr.

On a vendu, une année, à Rennes, il y a un siècle, 12000 kil. de graines de pimprenelle qui furent semés sur 140 hectares. Ces semences venaient de Normandie et de Hollande.

Mode de végétation. — La pimprenelle résiste aux froids les plus intenses et aux chaleurs les plus fortes.

Cette plante a des racines pivotantes, des tiges anguleuses, hautes de 0^m,50 à 0^m,60, garnies de feuilles composées de 11 à 15 folioles presque sessiles, petites, ovales, glabres ou velues, à dentelures profondes, des fleurs terminales en épi, pourvues à leur base d'une bractée et de deux bractéoles. Elle végète spontanément sur les terres calcaires, granitiques et volcaniques sèches et perméables, dans toutes les région astronomiques.

Composition. — On ne connaît pas encore la composition
exacte de la pimprenelle.

Sprengel a constaté par l'analyse qu'elle contenait les matières suivantes :

Substances solubles dans l'eau	6,60
— dans une lessive caustique.	17.55
Cire , résine................................	0,68
Fibre végétale	1,17
	100,00

Semis. — On propage la pimprenelle à l'aide de graines
qu'elle fournit en abondance.

On la sème à la volée ou en lignes, au printemps ou en automne, à raison de 30 kilog. de graines par hectare. On l'associe ordinairement au sainfoin, à la chicorée sauvage ou
au ray-grass. On doit éviter d'enterrer profondément les
graines.

On peut semer la pimprenelle soit dans une céréale de
mars, ou en juin sur les champs qu'on vient d'ensemencer
en sarrasin.

La graine de la pimprenelle est presque sphérique; elle
est un peu rugueuse et présente quatre angles assez apparents; sa couleur est jaune rougeàtre.

Elle met quinze jours environ à lever.

Poids de l'hectolitre. — Un hectolitre de semences pèse
26 kilog.

Soins d'entretien. — Cette plante ne demande aucun soin
d'entretien.

Récolte. — On ne fauche pas ordinairement la pimprenelle l'année où elle a été semée.

On la coupe quand elle a 0^m,15 à 0^m,30 de hauteur. On ne doit pas attendre que ses épis soient entièrement développés, car elle repousse lentement quand elle a été fauchée tardivement.

Quand elle est cultivée sur de bonnes terres, elle fournit chaque année, à cause de sa végétation accélérée, de très-bonnes coupes. En 1767, Anderson l'a fauchée huit fois depuis le 14 février jusqu'au 29 septembre; les pousses fauchées le 9 juin et le 5 août avaient chacune $0^m,33$ de hauteur.

Action sur le bétail. — Les vaches et les chevaux la consomment à l'état frais, mais ils la refusent quand elle a été fanée. Les bêtes à laine sont les seuls animaux domestiques qui la consomment avec avidité à l'état sec lorsqu'elle est cultivée seule.

Propriétés qui la font rechercher. — La grande pimprenelle est regardée à bon droit comme très-utile.

David Low dit qu'on peut comparer la pimprenelle aux trèfles et aux autres plantes légumineuses sous le rapport de ses qualités; je crois qu'il s'est un peu exagéré les qualités alimentaires que cette rosacée possède. Sprengel est beaucoup plus réservé à son égard; il fait observer avec raison qu'elle peut devenir nuisible aux animaux, si elle est donnée pure en trop grande quantité, à cause de ses propriétés excitantes et astringentes.

Si quelques animaux refusent de la consommer quand on la leur présente pour la première fois, ils la mangent avec plaisir quand ils y sont habitués.

Cette rosacée, fauchée de bonne heure, plaît beaucoup aux bêtes à laine et aux chevaux, mais surtout aux bêtes à cornes. Toutefois, il faut la donner avec ménagement aux vaches laitières parce qu'elle communique au lait une odeur forte et un peu pénétrante. Alliée au sainfoin ou à d'autres fourrages verts et fauchée avant que ses tiges soient dures ou desséchées, elle rend le lait meilleur et le beurre plus fin et plus agréable.

La pimprenelle ne météorise pas les bêtes bovines et les bêtes à laine.

Son principal mérite est de résister aux plus grandes sé-cheresses et aux plus grands froids, de fournir sur les terres pauvres, calcaires ou siliceuses, une excellente nourriture verte pendant toute l'année. Elle repousse promptement durant l'été, soit qu'elle ait été pâturée, soit qu'on l'ait fauchée.

Une prairie artificielle de pimprenelle peut durer en bon état pendant cinq ou six années.

Plusieurs parties de la Champagne ont été améliorées d'une manière remarquable par la culture de cette plante.

BIBLIOGRAPHIE.

Lambe. — Mémoires de la Société de Berne, 1766, in-12, p. 109.
Lefevre. — Mémoires de la Société d'agriculture, 1787, in-8, trim. d'hiver.
De Mantes. — Traité des prairies artificielles, 1788, in-4, p. 33.
De Sutières. — Cours complet d'agriculture, 1788, in-8, t. I, p. 80.
Lullin. — Des prairies artificielles, 1819, in-8, p. 121.
Yvart. — Cours d'agriculture, 1823, in-8, t. XIV, p. 381.
Gilbert. — Traité des prairies artificielles, 1826, in-8, p. 154.
Lecoq. — Traité des plantes fourragères, 1844, in-8, p. 366.
Vilmorin. — Bon jardinier, 1855, in-12, p. 617.

SECTION XII.

Ortie dioïque.

(De *urere, brûler*; allusion aux poils brûlants de la plante.)

URTICA DIOICA, L.

Plante dicotylédone de la famille des Urticées.

Historique. — Climat. — Mode de végétation. — Terrain. — Multiplication. — Semis. — Transplantation. — Soins d'entretien. — Récolte. — Emploi des tiges. — Action de l'ortie sur le bétail. — Bibliographie.

Historique. — L'ortie dioïque ou *grande ortie* est cultivée depuis longtemps en Suède comme plante fourragère. Elle a été recommandée en France par Rozier, Gilbert et Chalumeau.

Climat. — Cette précieuse plante est connue de tous et on la rencontre partout. Ainsi, elle croît dans les contrées du nord comme dans les provinces du midi, sur les coteaux ou dans les plaines et à l'exposition du nord comme à celle du midi. Dans ces diverses situations elle n'exige aucune culture.

Mode de végétation. — La grande ortie est vivace, ses racines sont fibreuses et traçantes; ses tiges sont simples, carrées et hautes de 0^m,50 à 1^m,50; ses feuilles sont cordiformes, lancéolées, dentées en scie et revêtues, comme les tiges, de poils brûlants; ses fleurs sont petites, verdâtres, dioïques et réunies en grappes axillaires dépassant de beaucoup le pétiole; ses graines mûrissent en été et tombent d'elles-mêmes.

Cette plante résiste au froid le plus intense et aux grandes chaleurs; elle végète jusqu'aux gelées.

Terrain. — L'ortie n'exige pas de terrain spécial. Toutefois, elle n'atteint son développement maximum que dans les sols riches, mais non humides.

Elle croît très-bien sur tous les sols perméables et pierreux, les terrains en pentes ou à plat; les terres brûlantes ou fraîches, les sols pauvres ou fertiles.

Multiplication. — On la multiplie de graines ou en divisant ses racines. Le premier mode de multiplication est le seul possible en agriculture.

Semis. — On sème les graines de la grande ortie en août et septembre dans des rayons espacés les uns des autres de 0^m,12 à 0^m,16.

La semence, à cause de sa finesse, doit être mêlée à du sable. On la couvre avec un fagot d'épines ou au moyen d'un léger râtelage. Elle ne lève qu'au printemps suivant.

Le semis fait en place doit être un peu épais, afin que les plants aient plus de tendance à s'élever.

Transplantation. — On transplante les plants provenant des pépinières au mois de septembre. On a soin d'enterrer les racines de manière que leur collet soit au-dessus du sol.

Soins d'entretien. — L'ortie n'exige aucun soin d'entretien pendant sa végétation.

Récolte. — Cette plante ne produit abondamment qu'à la deuxième et souvent même à la troisième année.

On la fauche tous les ans, pour la première fois pendant le mois de mai. Elle fournit une seconde coupe en août et un regain en octobre ou novembre.

On ne doit pas attendre pour la couper qu'elle ait 1 à 2 mètres de hauteur, car alors ses tiges sont grosses, dures et les animaux ne les mangent pas.

On la fait consommer en vert ou on la transforme en foin par le fanage.

On coupe la grande ortie avec la faux ou avec une faucille. Les ouvriers qui emploient ce dernier outil doivent avoir les mains garnies de gros gants.

Emploi des tiges. — Comme les poils qui recouvrent l'ortie dioïque introduisent dans les piqûres qu'ils font, une humeur âcre, un liquide caustique, il est indispensable quand on veut la donner verte au bétail, de la laisser se faner à l'air ou au soleil après qu'elle a été coupée. Lorsqu'elle a été ainsi abandonnée à elle-même pendant plusieurs heures, ses poils n'ont plus d'action nuisible sur le palais des animaux.

Action sur le bétail. — L'ortie flétrie plaît beaucoup aux vaches et aux porcs. Combien de localités en France ou les orties sauvages sont la principale ressource, la principale alimentation de la vache du pauvre !

Cette plante donnée jeune, tendre et à demi fanée, augmente et la quantité et la qualité du lait des vaches.

A Grignon, les porcs mangent avec avidité les fanes d'ortie à demi desséchées.

La valeur nutritive de cette plante fourragère est encore à déterminer.

On utilise les semences de l'ortie dans l'alimentation des volailles.

Durée d'existence. — La durée des prairies artificielles formées par la grande ortie est très-variable, parce que cette plante ne végète pas uniformément, même dans les terrains les plus fertiles.

BIBLIOGRAPHIE.

Chalumeau. — Feuille du cultivateur, in-4. 1796, t. VI, p. 395.

CHAPITRE II.

PLANTES BISANNUELLES.

SECTION I.

Trèfle rouge.

(De *tria*, trois; *folium*, feuille : c'est-à-dire feuille composée de trois folioles.)

TRIFOLIUM PRATENSE, **L.**

Plante dicotylédone de la famille des Légumineuses.

Anglais. — Red clover
Allemand. — Klee.
Flamand. — Klaver.

Espagnol. — Trebol.
Italien. — Trifoglio.

Historique. — Climat. — Végétation. — Variétés. — Espèces spéciales. — Composition. — Sol : nature, préparation, fertilité. — Quantité d'engrais à appliquer. — Semis : époque, exécution, quantité de graines, qualité des graines, recouvrement, germination — Soins d'entretien : épierrement, plâtrage, cendrage, fumure et couverture, chaulage, arrosages.— Association du trèfle rouge et du ray-grass vivace. — Plantes nuisibles.— Insectes nuisibles. — Récolte : époque, nombre de coupes, fauchaison, conversion du produit vert en foin, bottelage, pâturage. — Conservation du produit sec. — Rapport entre le fourrage sec et le fourrage vert. — Caractère du foin et du regain. — Rendement en vert, en sec et par coupes. — Poids du mètre cube de foin. — Récolte des graines : époque, récolte, battage. — Quantité de graines. — Poids de l'hectolitre. — Valeur nutritive de la production verte, du foin et du regain. — Emploi du trèfle vert. — Son action sur le bétail. — Emploi du foin. — Son action sur les animaux. — Durée d'existence des tréflières. — Défrichement. — Quantité de racines par hectare. — Amélioration du sol par le trèfle. — Plantes qui suivent le défrichement. — Valeur commerciale du foin et des graines. — Prix de revient. — Bibliographie.

Historique. — Le trèfle rouge, suivant John Gerarde, formait en Italie, en 1597, d'excellentes prairies artificielles. Sa culture a pris naissance en Flandre il y a près de deux siècles, et c'est de cette province qu'elle parvint sur les bords du Rhin, dans le Palatinat, en Angleterre et en France.

Cette légumineuse eut pour apôtre, en Allemagne, un habitant de la Saxe appelé Schubart, auquel l'empereur Joseph II donna des lettres de noblesse, en lui permettant d'ajouter à son nom celui de *Kleefeld*.

C'est Richard Weston qui l'a fait connaître pour la première fois en Angleterre, en 1645, lorsqu'il publia son ouvrage intitulé : *Travels in Flanders*, et c'est Schrœder qui l'a proposée le premier à l'Alsace, comme plante fourragère.

C'est par l'induction de la culture de cette légumineuse que plusieurs provinces du nord de l'Europe ont pu régénérer leur système agricole.

Climat. — Le trèfle rouge, appelé quelquefois *tremène* ou *trémaine*, occupe annuellement une plus grande surface de terrain dans le nord que dans le midi de l'Europe ; c'est que sa réussite complète dépend plutôt de la fraîcheur du sol et de l'humidité de l'atmosphère que d'une grande fertilité de la couche arable.

En général, il demande un climat plus brumeux que sec, et très-tempéré, et il supporte très-bien les froids d'hiver les plus intenses si le sol où il est cultivé n'est pas humide. Par contre, il végète mal quand les printemps sont secs, et souffre beaucoup des longues sécheresses, surtout dans les sols sablonneux et les terrains compacts.

On le cultive avec succès sur les terres alluvionneuses, fertiles et fraiches de la vallée de la Garonne.

Végétation. — Le trèfle rouge a une racine pivotante ; sa tige est ascendante, rameuse, et haute de 0^m,40 à 0^m,65 ; ses feuilles se composent de trois folioles ovales ou elliptiques quelquefois maculées ; ses fleurs roses sont d'abord globuleuses, puis ovales, et entourées à leur base de deux feuilles opposées ; ses gousses sont ovales, et elles s'ouvrent par un opercule ; enfin ses graines, de couleur jaunâtre ou violette, sont ovoïdes, et présentent à leur partie presque médiane une échancrure très-apparente.

Cette légumineuse entre en végétation au mois de mars et quelquefois vers la fin de février, lorsque la température moyenne de l'atmosphère a atteint $+ 7°$. Elle exige, pour fleurir, 1242° de chaleur totale. En général, elle montre deux fois ses fleurs chaque année, d'abord au mois de mai ou de juin, ensuite aux mois d'août et de septembre.

Variétés. — On a décrit depuis le commencement de ce siècle diverses variétés du trèfle rouge, auxquelles on a donné les noms de *trèfle de Hollande*, *trèfle de Normandie*, *trèfle de Styrie*, etc. ; ces trèfles divers ne forment pas des variétés. S'il existe une différence très-apparente entre le trèfle que l'on cultive dans la Brie, la Touraine, etc., et ceux qui végètent en Hollande, dans le Holstein, etc., elle résulte, sans nul doute, de la fertilité du sol, de l'état physique du climat, et des soins que les cultivateurs apportent dans la récolte et le choix des semences. Ainsi, lorsque la terre est argilo-calcaire ou argileuse, qu'elle a été chaulée ou marnée, et qu'elle appartient, quant à sa fertilité, à la période commerciale, le trèfle présente des feuilles larges et d'un vert très-prononcé, et des fleurs remarquables par leur développement et leur couleur rose très-foncée. Quand, au contraire, la terre est siliceuse et encore dans la période fourragère, cette légumineuse est toujours moins élevée, son feuillage est moins vert noir, et ses fleurs sont plus petites et plus roses.

Espèces spéciales. — On a proposé, depuis quinze ans environ, de remplacer le trèfle ordinaire, quand sa réussite est douteuse, par les deux espèces suivantes :

A. *Trèfle hybride* ou *trèfle d'alsike* (TRIFOLIUM HYBRIDUM, L.) — Cette espèce croît naturellement en Suède, où on l'emploie chaque année, depuis près d'un demi-siècle, pour former des prairies artificielles. Elle a des tiges moins grosses que celles du trèfle rouge, mais plus longues et plus nombreuses; ces tiges forment des touffes arrondies très-larges lorsque les pieds ne sont pas nombreux. Ses fleurs sont plus fortes que celles du trèfle blanc, et elles sont nuancées de rose vif.

Le principal mérite de cette espèce est de bien végéter sur les sols froids et humides. Elle réussit en Écosse.

B. *Trèfle élégant* (TRIFOLIUM ELEGANS, Savi). — Cette espèce croît naturellement en France dans les prés et les bois. Ses tiges sont moins développées, mais plus nombreuses et plus étalées et ramifiées que celles du trèfle hybride; ses fleurs sont rose rougeâtre uniforme.

Cette plante végète et fleurit quinze jours plus tard que le trèfle hybride; mais elle est beaucoup plus durable. M. Vilmorin a constaté que le trèfle élégant persistait pendant quatre années, tandis que le trèfle hybride disparaît ordinairement à sa troisième année d'existence. En outre, le trèfle élégant réussit très-bien sur les sols pauvres, siliceux ou argilo-siliceux à sous-sols ferrugineux.

Les aptitudes de ces deux espèces à réussir sur des terrains où le trèfle rouge végète difficilement, doivent engager les agriculteurs des contrées pauvres à les expérimenter.

Composition. — D'après M. Boussingault, le trèfle rouge présente la composition suivante :

	Tr. vert non fleuri.	Tr. vert en fleur.	Tr. fané.
Eau	82,4	77,0	20,0
Amidon, sucre, etc	1,6	1,4	5,0
Albumine, caséine	4,2	6,3	22,0
Matières grasses	0,8	0,9	3,2
Ligneux et cellulose	8,3	11,2	39,2
Sels	2,7	3,2	10,6
	100.0	100,0	100,0
Il contient en azote	0,42	0.50	1,70

Voici deux analyses qui permettent de comparer le trèfle hybride au trèfle rouge :

	Tr. hybride.	Tr. rouge.
Matières azotées.........	4,82	2,81
— non azotées.....	16,45	14,02
— minérales.......	2.06	1,49
Eau.................	76,67	81,68
	100,00	100,00

Ces résultats montrent le rôle que le trèfle hybride est appelé à remplir dans les contrées où le trèfle commun ne réussit pas parfaitement.

M. Le Corbeiller a analysé les racines du trèfle rouge. Voici les résultats moyens qu'il a obtenus :

Eau	67,00 p. 100.
Cendres	5,37
Azote.......	0,97

Desséchées, les racines renferment 2,94 pour 100 d'azote.

Terrain. — A. NATURE. — Le trèfle est difficile sur la nature du sol ; il demande de préférence des terres dites à froment ou argilo-calcaires, calcaires-argileuses ou silico-calcaires ; il végète mal sur les sols compactes et sablonneux, sur les sols tourbeux et de bruyères et sur les terrains très-crayeux, à moins que ces terrains n'aient été fortement fumés ou chaulés ou marnés, et drainés. En général, il réussit difficilement sur les terrains sujets à souffrir des alternatives toujours fâcheuses de gels et de dégels.

J'ai dit que les terres calcaires favorisaient la végétation du trèfle ; je dois faire observer que la présence du carbonate de chaux n'est pas indispensable pour qu'il puisse convenablement végéter. Les sels de soude, et surtout de potasse, suppléent victorieusement au calcaire dans les sols siliceux, granitiques et schisteux, qui n'en contiennent que quelques centièmes.

A part sa texture, la couche arable doit être profonde et perméable. C'est en vain que l'on espérerait obtenir des trèfles ayant une végétation luxuriante sur des terrains dont la couche végétale n'aurait que quelques centimètres de profondeur, lors même qu'ils auraient été abondamment fumés. Quand la terre arable est profonde, les racines pénètrent jusqu'au sous-sol, et y puisent facilement pendant l'été la fraîcheur qui leur est nécessaire pour végéter vigoureusement et donner plusieurs bonnes coupes.

B. Préparation. — La préparation des terrains destinés aux tréflières doit être aussi parfaite que. possible. Si le sol a été mal labouré et hersé, le trèfle reste chétif, s'il ne disparaît pas pendant ses premières phases d'existence; s'il est envahi par de mauvaises herbes ou des plantes à racines traçantes, cette plante est bientôt envahie et étouffée.

Il est donc nécessaire, sous tous les climats et dans tous les terrains, que la préparation de la terre destinée à la plante qui doit protéger le trèfle pendant ses premiers moments d'existence, ait été faite avec la plus grande attention. En général, et lors même que le sol serait calcaire, il est indispensable de faire précéder l'établissement des tréflières par la culture d'une plante sarclée, afin que le sol soit exempt, autant que possible, de cette multitude de plantes parasites qui paralysent son développement.

Les labours s'exécutent, soit à plat, soit en planches convexes, soit en petits billons, selon le degré de perméabilité de la couche végétale. La disposition du sol en billons, ou mieux en planches bombées, est nécessaire quand les eaux pluviales rendent la couche arable humide depuis l'automne jusqu'au printemps.

C. Fertilité. — Le trèfle rouge ne croît avec vigueur que quand la terre est naturellement riche, et qu'elle a été fertilisée par des engrais abondants. Cultivée sur des *terres propres, profondes, perméables, calcaires et non acides* et de *bonne fertilité*, cette légumineuse est pleinement fauchable plusieurs fois depuis le mois de mai jusqu'en octobre, et elle fournit des produits abondants.

Dans les sols peu fertiles, ceux qui ont été épuisés par une mauvaise culture, ou que l'on a mal fumés, le trèfle végète mal, s'élève peu s'il continue à croître, et on ne peut le considérer que comme une plante de pâturage. Ordinairement le trèfle n'est réellement fauchable que lorsque la terre, quelle que soit sa nature, produit de 15 à 16 hectolitres de froment par hectare, et qu'elle peut être classée au nombre des terrains appartenant à la période fourragère.

Quantité d'engrais à appliquer. — Le trèfle exige des fumures aussi abondantes que la luzerne (voir, LUZERNE, p. 235).

On a souvent répété que cette légumineuse améliorait les terres sur lesquelles elle végétait, et qu'il n'était pas utile, par conséquent, de faire précéder sa culture par une fumure. Il est aujourd'hui parfaitement démontré que le trèfle est améliorant par les racines qu'il laisse dans le sol et les débris divers qui restent sur la terre pendant la fenaison ; mais s'il enrichit le terrain lorsqu'on le défriche, il l'épuise pendant sa végétation, puisqu'il lui enlève, quand il produit 4000 kilog. de foin sec à l'hectare, l'équivalent de 15 000 kilog. de fumier de ferme dosant 0,40 d'azote (voir. t. VIII, ASSOLE-MENT).

Ainsi, le trèfle diminue d'abord la fécondité du sol, et il l'accroît ensuite par les racines et les feuilles qu'il laisse en terre quand il cesse de végéter.

Semis. — A. ÉPOQUE. — On sème la graine de trèfle, soit à l'automne, soit au printemps, soit même pendant l'hiver.

Lorsque les terres sont arrivées dans la période céréale, et qu'on a la certitude que les froments d'hiver ne seront pas remplis de mauvaises herbes, et qu'il y aura possibilité de se dispenser de les herser au printemps, on peut exécuter les semailles dès le mois de janvier ou de février, soit sur la neige si elle n'est pas très-épaisse, soit directement sur la terre. La neige, en fondant, attache la graine au sol.

Ces semis, assez en usage dans le nord de l'Europe et dans plusieurs cantons du département de l'Isère, sont ordinairement favorables, si le sol est disposé de manière à bien s'égoutter durant les pluies, et si ces dernières ne sont pas tellement abondantes, que le sol sera désensemencé par les eaux courantes. Les plantes, en apparaissant de bonne heure, acquièrent assez de force de végétation pour résister, soit aux vicissitudes climatériques du printemps, soit aux sécheresses opiniâtres de l'été.

Les semis que l'on pratique en automne ne donnent pas toujours d'heureux résultats. Il faut, pour qu'ils soient véritablement avantageux, que l'hiver soit, en général, fort doux, que la terre ne soit pas sujette à être soulevée par les gelées, que l'on n'ait point à redouter les dégâts que commettent souvent les limaces sur les jeunes trèfles vers la fin de l'automne et même durant l'hiver, et que les semis aient lieu sur des sols nus comme on les pratique quelquefois dans le Dauphiné, la Provence et le Languedoc. On doit renoncer à de tels semis quand on veut répandre la graine sur une terre couverte par une céréale en végétation, si la nature du sol exige que cette plante soit hersée vigoureusement au printemps.

Lorsque le trèfle doit végéter en concurrence avec les céréales d'hiver, il est de toute prudence d'attendre que le hersage ou le râtelage ait été exécuté, et que le sol soit, par conséquent, ameubli et nettoyé.

Dans la région septentrionale de la France et dans quelques parties du Midi, on répand de préférence la graine de trèfle sur les terres qui ont été ensemencées au mois de mars, en avoine ou en orge du printemps.

Dans les contrées où le sol est très-humide pendant l'hiver et très-sec durant le printemps, les semences de trèfle sont souvent répandues durant les mois de mai et de juin sur des terres nouvellement ensemencées en sarrasin, en vesce, en lin ou en chanvre. C'est ainsi que l'on sème cette légumineuse dans l'Anjou, la Bretagne, etc.

Toutes choses égales d'ailleurs, on doit dans les semailles de trèfle : 1° profiter de l'humidité du sol et de celle de l'atmosphère; 2° prévoir, autant que possible, à l'avance, les effets des sécheresses qui surviennent immédiatement après les semailles; 3° choisir de préférence le moment où la surface du sol a été ameublie par la herse; 4° répandre la graine lorsque la plante protectrice n'a encore que quelques centimètres d'élévation, si l'on ne peut la disséminer aussitôt que la semence de cette plante aura été enfouie dans le sol; 5° enfin, exécuter les ensemencements quelques semaines avant l'époque où les plantes naturelles nuisibles envahissent la couche arable.

B. Sur sol nu. — La graine de trèfle est rarement semée sur les sols nus dans les contrées du Nord. (Voir Luzerne, p. 243.)

C. Exécution. — Les semences de trèfle se répandent à la volée ou en lignes. J'en ai vu de très-beaux champs, en 1860, en Angleterre, qui avaient été semés en rayons. (Voir Luzerne, p. 244.)

D. Quantité de graines. — La quantité de graines que l'on répand par hectare varie entre 9 et 30 kilog. suivant la qualité des semences, la fertilité de la terre, l'état du sol et de l'atmosphère, et l'époque des semis. En général, les semis doivent être plutôt épais sur les terres légères et peu fertiles, et quand on les pratique en automne ou sur des sols mal préparés et infestés de mauvaises herbes, et clairs sur les terres argilo-calcaires sur lesquelles le trèfle a plus d'aptitude ou lorsqu'on les exécute au printemps sur des sols riches et propres. La quantité moyenne la plus convenable, dans les circonstances ordinaires, est de 15 à 20 kilog. à l'hectare.

Dans le Midi, où la germination des graines est souvent contrariée par les sécheresses, on répand parfois les graines de trèfle alors qu'elles sont encore dans leur enveloppe. Ainsi confiée au sol, la graine germe plus promptement, parce que la gousse lui fournit continuellement une humidité suffisante.

Dans la Haute-Garonne, où l'on sème 20 à 25 kilog. de graines nues par hectare, on répand 10 à 15 hectolitres de gousses sur la même superficie.

Semences. — A. CARACTÈRES. — La graine de trèfle est ovoïde et présente une dépression due à ce que l'un des bouts se rétrécit tout à coup et présente dès lors un développement bien moins considérable que l'autre extrémité. Cette semence est moins aplatie que la graine de luzerne et de lupuline; sa largeur égale celle de la minette.

La couleur des semences de trèfle n'est pas uniforme. Ces graines sont jaunâtres, jaune verdâtre, violet, violet verdâtre, violet jaunâtre. La couleur violette enveloppe toujours le gros bout de la graine et elle permet de la distinguer *à priori* des graines de lupuline, de trèfle incarnat ou de luzerne. Lorsque la partie la plus développée de la semence est violette, l'autre extrémité, le petit bout, est rouge très-clair ou bien jaunâtre.

B. Qualité. — La semence nouvelle de trèfle est toujours luisante et quand elle a pu arriver à parfaite maturité elle est lourde et parfaitement nourrie.

Si sa nuance est brunâtre, si elle est terne, c'est qu'elle a mûri difficilement et que l'humidité de l'atmosphère est venue empêcher le perfectionnement de sa maturité en modérant l'essor végétatif de la plante.

Avec le temps, la graine de trèfle perd son aspect brillant et ses nuances claires. Ainsi, après une année, elle est déjà un peu terne et un peu rougeâtre ; au bout de deux et surtout de trois ans, elle est très-peu luisante et prend une teinte rougeâtre plus ou moins foncée, selon la couleur primitive des graines ; quant à la couleur violette, elle est aussi moins vive, moins remarquable.

Selon Gilbert, la graine de trèfle de couleur violette serait moins bonne que celle qui est d'un jaune doré. Cette opinion est contraire à toutes les observations. Les graines jaunes peuvent être aussi mauvaises que celles violettes, si, par des causes diverses, les unes et les autres ont perdu leur faculté germinative.

C. Altération. — De toutes les semences agricoles, la graine de trèfle est celle sur laquelle le commerce exerce de préférence son industrie pour spéculer sur la crédulité publique.

Dans les années humides, alors que les graines se détachent difficilement des gousses, ces dernières, après avoir été séparées des tiges et nettoyées, sont soumises à l'action de la chaleur d'un four après la cuisson du pain. Lorsque les gousses ont séjourné dans ce four pendant huit à dix heures, on les retire et on les soumet au battage. Ce procédé de dessiccation est mauvais, car généralement il enlève aux semences leur faculté germinative.

Lorsque la graine est déjà ancienne on la rend brillante en la couvrant d'une couche légère et transparente d'huile. (Voir LUZERNE, *altération*, p. 246.)

Il ne suffit pas que la semence de trèfle soit nouvelle et qu'elle soit exempte de graines de minette ou lupuline, il faut aussi qu'elle ne soit pas mélangée à des capsules de cuscute et à des semences de plantain lancéolé.

J'ai indiqué, page 212, comment on séparait les capsules de cuscute des graines de luzerne.

Quant à la semence du plantain, on la distingue très-aisément de celle du trèfle : elle est très-allongée, presque triangulaire, cornée, et elle est divisée longitudinalement par un sillon peu profond, mais très-ouvert.

Dans quelques localités on attache une certaine importance à ce qu'un peu de sable ou quelques petits graviers soient mêlés à la graine, parce qu'ils indiquent qu'elle a été battue par une aire en terre avec le concours du soleil, et que les gousses n'ont pas été desséchées au four. Il y a quelque chose de vrai dans cette manière d'apprécier la qualité des semences de trèfle, mais on commettrait une grande erreur si on acceptait pour bonnes toutes les graines auxquelles sont alliés du sable et des graviers. Les spéculateurs connaissent parfaitement les avantages que possèdent souvent de tels mélanges; aussi ajoutent-ils fréquemment du sable très-fin aux semences qu'ils ont préparées, afin de satisfaire aux conditions exigées par les acheteurs et de gagner aussi un peu sur le poids.

Recouvrement des graines. — On recouvre les graines de trèfle comme celles de la luzerne. (Voir LUZERNE, *recouvrement des semences*, p. 247.)

Germination. — Les graines de trèfle germent aussi facilement que les semences de luzerne. Les deux cotylédons auxquels elles donnent naissance sont très-différents de ceux de la luzerne et de la lupuline. (Voir LUZERNE, *germination.*)

Les feuilles ordinaires du trèfle, celles qui ont trois folioles, n'apparaissent ordinairement qu'après vingt jours environ, lorsque la feuille première a de 7 à 9 millimètres de diamètre, qu'elle présente déjà une maculure et que son pétiole a 0^m,22 de longueur.

Association du trèfle et du ray-grass. — Le ray-grass peut être allié au trèfle avec succès quand on cultive cette légumineuse sur des terres de fertilité secondaire et qu'on doute encore de sa réussite complète. Le ray-grass, qui est bien moins exigeant que le trèfle, végète facilement sur les terres en période fourragère si elles conservent un peu de fraîcheur vers la fin du printemps et pendant l'été, et il augmente sensiblement la prodution herbacée de la tréflière.

Quand le sol est aride ou sec pendant l'été, le ray-grass reste presque stationnaire pendant cette saison, mais il végète de nouveau avec une grande vigueur sous l'influence des brouillards et des pluies de septembre. La facilité avec laquelle il repousse lorsqu'il a été fauché ou pâturé par les animaux le rend précieux pour les exploitations qui ont intérêt à conserver le trèfle en végétations pendant deux années. (Voir RAY-GRASS, p. 312.)

Soins d'entretien. —Le trèfle exige chaque année, comme toutes les légumineuses vivaces ou bisannuelles, des soins d'entretien.

A. ÉPIERREMENT. — Cette opération se pratique pendant l'automne ou l'hiver. (Voir LUZERNE, *épierrement*, p. 251.)

B. FUMURE EN COUVERTURE. — Lorsque les tréflières sont établies sur des terres encore dans la période fourragère, quand les plantes n'ont pas bien végété ou qu'elles sont peu nombreuses, on applique en automne ou pendant l'hiver une fumure en couverture.

Les fortes fumures appliquées trop tôt ont quelquefois des inconvénients : elles activent la végétation du trèfle en automne, le rendent plus sensible aux gelées ou favorisent la multiplication des plantes nuisibles. Aussi ne doit-on fumer de bonne heure que dans les localités où le trèfle ne souffre pas du froid et dans celles où la terre se plombe et laisse à nu une partie du collet et des racines des plantes.

Mais doit-on employer des fumiers pailleux de préférence aux fumiers décomposés ? Les fumiers à demi consommés produisent des effets plus sensibles que les premiers, parce que leur décomposition est plus prompte et qu'ils ont plus de tendance à s'attacher au sol. Les fumiers pailleux ne sont réellement avantageux que lorsqu'ils ont pour but de protéger les jeunes plantes de l'influence défavorable des gelées et des dégels. Hors cette circonstance unique, ils ont l'inconvénient, quand ils ont été appliqués tardivement, d'adhérer difficilement au sol ; alors, les parties non décomposées et libres se mêlent aux tiges au moment de la fauchaison et du fanage, et elles diminuent leur qualité nutritive.

C. PLÂTRAGE. — Le plâtre répandu en poudre au printemps après les dernières gelées, et quand le trèfle commence à couvrir le sol, produit parfois des effets très-sensibles. Sous son influence, les plantes prennent un développement remarquable : les feuilles sont plus larges, plus nombreuses, plus foncées en couleur, et les tiges acquièrent plus de consistance. (Voir t. II, PLÂTRE.)

D. CENDRAGES. — Dans les contrées où les plâtrages sont sans action sur le développement du trèfle, on les remplace par des cendrages exécutés en octobre ou en mars, au moyen

de *cendres pyriteuses*, de *cendres de tourbe* et de *houille*, ou de
charrée. Ces engrais minéraux ont une action puissante sur
les trèfles qui végètent sur des sols non calcaires. (Voir CEN-
DRES PYRITEUSES, CENDRES DE HOUILLE, CENDRES DE TOURBE et
CHARRÉE, t. II.)

En Flandre, la cendre de tourbe est employée sur les trèfles
à la dose de 25 hectolitres par hectare. On la répand en
mars par un temps humide.

E. CHAULAGE. — On peut remplacer avantageusement le
plâtre et les cendres par de la poussière de chaux. Cette opération, presque inconnue en France, est destinée à jouer un
rôle important dans la production des légumineuses cultivées sur des terres siliceuses, argilo-siliceuses, schisteuses,
argileuses et granitiques. Ce chaulage doit être exécuté par
un temps sec et lorsque l'air n'est pas agité. On l'exécute aux
mois de juillet et d'août, aussitôt après l'enlèvement de la
céréale qui a protégé le trèfle pendant ses premières phases
d'existence.

F. ARROSAGES. — On peut arroser le trèfle avec du purin
ou des eaux vannes de vidange étendues d'eau.

M. Du Breil, à Vitré (Ille-et-Vilaine), a expérimenté sans
succès, en 1840, l'arrosage des tréflières avec de l'acide sul-
furique étendu d'eau, sur des terres schisteuses ou argilo-
siliceuses.

Plantes nuisibles. — Le trèfle résiste difficilement à l'en-
vahissement du sol par les plantes vivaces à racines traçantes.
Les végétaux qui lui nuisent le plus sont l'*agrostis traçante*
(AGROSTIS VULGARIS, Wilh.), l'*agrostis stolonifère* (AGROSTIS
STOLONIFERA, L.), le *chiendent* (TRITICUM REPENS, L.), la *folle
avoine* (AVENA FATUA, L.), la *cynosure hérissée* (CYNOSURUS
ECHINATUS, L.), et la *petite oseille* (RUMEX ACETOSELLA, L.). Cette
dernière plante, que l'on appelle vulgairement *vinette*, est

très-commune dans les provinces de l'Ouest; elle se multiplie par ses semences et par ses racines. On parvient à modérer son action envahissante et nuisible en fauchant à l'automne de la première année, quelque peu abondante que soit la végétation du trèfle ou en appliquant durant l'hiver, alors que les gelées ont durci la couche arable, une fumure en couverture. Cette fumure accroît la vigueur du trèfle au détriment de l'existence de la petite oseille.

Le *cuscute* envahit aussi parfois les tréflières. J'ai indiqué, page 256, en parlant de la luzerne, le moyen de la détruire ou d'arrêter ses ravages.

L'*orobanche du trèfle* (OROBANCHE MINOR, Sutt.) nuit aussi au trèfle en se développant sur ses racines ; mais jusqu'à ce jour on ne connaît aucun moyen de prévenir l'apparition de cette plante parasite.

Cette plante apparaît le plus ordinairement en juillet et en août. On doit l'arracher à la main avant qu'elle ne soit en fleur, afin qu'elle ne puisse mûrir ses graines. On répète cette opération toutes les fois que cela est nécessaire. L'orobanche repousse très-promptement.

Animaux nuisibles. — Quelque grande que soit la fertilité du sol, le trèfle redoute l'attaque des *limaces*, du *ver blanc*, des *souris* et des *mulots*.

Les limaces nuisent surtout aux tréflières qui proviennent de semis pratiqués en automne. Ainsi, elles profitent de l'humidité du sol et de l'atmosphère pour vivre pendant cette saison aux dépens des jeunes plantes, en rongeant leurs premières feuilles au fur et à mesure qu'elles apparaissent.

Quant aux souris et aux mulots, toujours communs dans les contrées où les champs sont entourés de fossés ou de haies vives, ils se réfugient durant l'hiver au sein des tréflières ou sous les fumures, et c'est sous leur abri protecteur qu'ils scient, rongent toutes les racines ou les tiges.

Dans la plupart des cas, on néglige de suivre les désastres occasionnés par ces insectes et ces animaux. Alors si le trèfle s'anéantit, si sa végétation est languissante, on attribue cette non-réussite à des causes complétement étrangères à la culture, et on est porté à maudire le climat sous lequel on est placé, ou bien on accuse la terre d'être avare de ses productions.

On arrête les ravages des limaces en répandant sur les tréflières de la chaux vive en poudre, et on évite les dégâts occasionnés par les souris et les mulots, en renonçant à appliquer pendant l'automne des fumiers pailleux.

Récolte. — A. ÉPOQUE. — Le trèfle fournit ordinairement deux coupes dans le midi comme dans le nord de l'Europe. On fauche la première pousse en mai ou en juin; la seconde se récolte en août et septembre. Quant au regain, il apparaît en octobre.

On procède à la récolte de la première pousse lorsque les boutons apparaissent ou qu'ils commencent à s'épanouir. Il y a avantage à faucher un peu prématurément lorsque le temps est beau. Si la production est un peu plus faible, par contre, elle est de meilleure qualité.

En outre, le trèfle couvre de nouveau la terre plus promptement, et il est alors moins exposé à souffrir des sécheresses de l'été.

L'association du ray-grass au trèfle oblige toujours le cultivateur à faucher plus tôt que quand cette légumineuse ombrage seule le sol.

Lorsqu'on attend, pour procéder à la fauchaison, que toutes les fleurs soient complétement épanouies, on ne récolte qu'un foin de qualité secondaire, parce que les tiges sont déjà dures et que les feuilles s'en détachent très-facilement pendant le fanage.

On fauche toujours la deuxième pousse, quand elle doit être convertie en foin, lorsque les plantes sont en pleine floraison.

B. FAUCHAGE. — On coupe ordinairement le trèfle avec la faux, soit que le sol ait été labouré à plat ou en planches, soit qu'on l'ait disposé en petits billons. Dans ce dernier cas, et lorsque les planches sont étroites et bombées, les faucheurs doivent suivre une ligne perpendiculaire à la direction du dernier labour.

En Flandre, on fauche souvent les trèfles versés à l'aide de la sape ou *piquet*.

On cesse généralement de couper les tréflières pendant le milieu du jour, si les plantes sont en pleine fleur et si la chaleur est très-forte. Quand on fauche à cette heure du jour par un soleil ardent, on coupe moins facilement les tiges si les plantes ne sont pas nombreuses, et on facilite la chute d'un grand nombre de feuilles. (Voir LUZERNE, *fauchage*, p. 262.)

C. FANAGE. — Le fanage du trèfle n'est pas une opération facile à exécuter. Cette opération, pour être bien faite, doit être sans cesse surveillée. Voici comment on opère :

On laisse les tiges en andains sur le sol pendant vingt-quatre ou quarante-huit heures sans y toucher. Quand les tiges ont subi un commencement de dessiccation, c'est-à-dire lorsque la partie supérieure des andains est desséchée ou en partie sèche, on retourne ces andains avec une fourche ou un râteau, de manière que la partie inférieure prenne la position de la partie supérieure. Le lendemain de cette opération, on ouvre les andains et on abandonne de nouveau les tiges et les feuilles à l'action desséchante de l'air ou du soleil. Le soir on rassemble toutes les tiges en mamelons demi-sphériques, afin qu'elles ne restent pas sur le sol pendant la nuit à l'action de la rosée. Le jour suivant, on ouvre ces petites meules, en évitant de secouer violemment les tiges afin de ne pas faciliter la chute des feuilles; le soir, on remet le fourrage en meulons pour le soustraire de nouveau à l'action de la rosée.

Lorsque le fanage est fait par un soleil ardent et pendant le milieu du jour, la quantité de feuilles qui se détachent des tiges et restent sur le sol s'élève à 10, 15 et même 20 pour 100 du fourrage récolté.

Les pluies continues et abondantes nuisent aussi au fanage de cette légumineuse. Sous leur action prolongée, les tiges et surtout les feuilles prennent une teinte très-noire et perdent une partie de leur valeur alimentaire.

On évite ces inconvénients en desséchant les tiges au moyen de *cavaliers*, ou en suivant la méthode de dessiccation par fermentation, inventée par Klapmayer. Ce dernier procédé de dessiccation permet de rentrer un foin d'excellente qualité, quand il a été bien exécuté. (Voir FANAGE, t. III.)

D. BOTTELAGE. — La facilité avec laquelle le trèfle fané perd ses feuilles a conduit depuis longtemps à le botteler avant de le rentrer dans les bâtiments d'exploitation. (Voir LUZERNE, *bottelage*, p. 263.)

E. PÂTURAGE. — La dernière pousse du trèfle, soit que cette légumineuse occupe la terre pendant dix-huit mois seulement, soit qu'elle continue à végéter pendant près de trois années, est souvent consommée sur place par les animaux domestiques. Ce pâturage a l'avantage de permettre d'utiliser les tiges non fauchables.

On fait parfois pâturer la première et la seconde pousse.

En général, le trèfle résiste mal à la dent du bétail, parce que son collet existe sur la terre. Les seuls animaux qui peuvent le pâturer sans trop lui nuire sont les bêtes à cornes. On doit le préserver des moutons, à moins qu'il soit question de le défricher. Les animaux appartenant à l'espèce chevaline ne le pâturent avantageusement que lorsqu'on les fixe à un piquet, ainsi que cela se pratique dans la plaine de Caen. Lorsque les chevaux pâturent en liberté sur des trèfles en pleine végétation, ils gaspillent beaucoup de tiges par leurs pieds.

Quoi qu'il en soit, de tous les pâturages il n'en est aucun qui demande plus de surveillance que celui du trèfle. Lorsque les animaux errent librement sur des tréflières, ils consomment beaucoup de fourrage, parce que ce dernier leur plaît, et peuvent être exposés à de graves accidents. Si les indigestions sont moins fréquentes chez les chevaux que la météorisation chez les ruminants, elles ont nonobstant des conséquences aussi dangereuses.

Conservation du produit sec. — Le foin de trèfle peut être rentré botté ou non botté et conservé dans des fenils ou en meules. (Voir Luzerne, *conservation*, p. 264.)

Rapport entre le fourrage sec et le produit vert. — Le trèfle vert fauché en pleine fleur perd davantage de son poids par le fanage que la luzerne verte. Cette perte s'élève en moyenne à 75 pour 100.

Ainsi, d'après :

Bosc	100 kil. se réduisent à	22 kil.	500
Perrault de Jotemps	—	27	270
Londet	—	28	000
Boussingault	—	28	800
Schwerz	—	22	000
	Moyenne........	25 kil.	700

Le trèfle que l'on fauche avant la floraison éprouve une

plus grande perte. M. Boussingault a reconnu que 100 kilog. donnaient seulement 21 kilog. 200 de foin.

Lorsqu'on le coupe complétement fleuri, alors que les tiges commencent à devenir ligneuses, on obtient ordinairement de 35 à 36 kil. de trèfle sec de seconde qualité pour 100 kil. de trèfle vert.

La seconde pousse, qui est toujours moins élevée, moins productive, et qui renferme bien moins d'humidité que la première, a donné à Bechelbronn 29 kilog. de foin sec pour 100 kilog. de trèfle vert.

Le foin de trèfle perd, pendant sa conservation dans les greniers, un poids égal au déchet qu'éprouve le foin de lu-zerne dans les mêmes circonstances.

Le foin réputé sec et vendable contient encore 10 pour 100 d'eau.

Caractères du foin et du regain. — Le *foin de trèfle* bien fané a une couleur brune et une saveur sucrée; ses tiges sont un peu dures, assez grosses et un peu garnies de feuilles.

Le foin qui a été desséché par un soleil ardent a très-peu de feuilles et il se brise avec facilité. Celui qu'on a fané par la pluie est noirâtre et a peu de saveur.

Le *regain de trèfle* a une couleur plus foncée que le foin, mais ses tiges sont moins fortes, plus garnies de feuilles et moins cassantes.

Rendement. — Les produits du trèfle varient toujours sui-vant la fertilité et la propreté du sol, la fraîcheur de la couche arable, et l'humidité du climat où il est cultivé.

A. Produit en vert. — On peut facilement évaluer la quantité de fourrage vert qu'un hectare de trèfle peut don-ner, si on établit la proportion suivante :

25,700 : 100 :: foin récolté : x.

Ainsi, si une tréflière donne en moyenne 6000 kilog. de foin sec par hectare, la même superficie produira 23 000 kilog. de tiges et feuilles vertes.

B. Produit en sec. — La quantité de foin que fournit le trèfle ordinaire est tantôt faible, tantôt considérable suivant la nature et la fertilité des terres et l'état de l'atmosphère. Voici les résultats moyens que l'on a obtenus par hectare :

Grignon............	5400 kil.
Boussingault..	5100
Hohenheim	7000
Pluchet............	9600
Moyenne.....	6800 kil.

Voici maintenant les divers rendements moyens constatés par département :

Maine-et-Loire......	2500 kil.
Tarn	5000
Côtes-du-Nord......	5000
Isère	6000
Haute-Garonne	6000
Moyenne....	4900 kil.

Schwerz évalue le produit moyen du trèfle à 5000 kilog. Cette production est, en effet, celle que l'on peut espérer récolter sur des terres argilo-siliceuses ou argilo-calcaires produisant 25 hectolitres de froment d'hiver par hectare.

On dit chaque jour dans les feuilles périodiques qu'on peut compter récolter communément sur des terres en période céréale, 8000 kilog. de foin de trèfle. Ce renseignement manque d'exactitude. Un tel produit ne peut être récolté que sur des *terres à la fois saines, profondes, fertiles et toujours fraîches*. Les cultivateurs anglais n'obtiennent que très-rarement un produit moyen aussi élevé.

D'après M. de Gasparin, les terres fraîches du Midi produisent 6000 kilog. de foin sec par hectare.

Voici les rendements moyens obtenus en Belgique depuis
1850 jusqu'en 1856 :

Provinces.	Rendement en vert.	Rendement en sec.
Anvers	38 900 kil.	4800 kil.
Brabant	25 300	5500
Flandre occidentale	26 400	6100
Flandre orientale	28 700	6100
Hainaut	23 600	5900
Liége	20 400	5500
Limbourg	33 900	5800
Namur	18 200	4000
Luxembourg	20 900	4500
Moyennes	26 000 kil.	5300 kil.

Les chiffres suivants caractérisent les divers rendements
moyens du trèfle.

	Foin sec.
Très-bonne récolte	8000 kil.
Bonne récolte	6000
Récolte passable	4000
Récolte médiocre	2500

Le trèfle produit souvent dans le Brabant et le Limbourg
10 000 kilog. de foin sec par hectare. Ce rendement doit être
regardé comme un produit maximum.

C. PRODUIT PAR COUPES. — La première pousse du trèfle
est celle qui fournit le plus de foin. Voici les faits que l'on a
observés :

	Pluchet.	Gilbert.	Crud.	Rendu.
1ʳᵉ coupe	6600 kil.	3880 kil.	7200 kil.	6000 kil.
2ᵉ coupe	3000	1880	1200	3000
Totaux	9600 kil.	5760 kil.	8400 kil.	9000 kil.

La seconde pousse est souvent nulle dans les provinces
du Midi, à cause des sécheresses de juillet et d'août.

Quoi qu'il en soit, dans les circonstances ordinaires, la
première coupe est ordinairement double de la seconde. Il
faut que le trèfle végète sur des terres fraîches pour que le

produit de la pousse d'août atteigne les deux tiers du rendement de la première coupe.

Le regain n'est pas compris dans ces produits. Lorsque le trèfle est suivi par un blé d'hiver, il est nul, puisque le défrichement de la prairie artificielle a lieu en septembre ou dans les premiers jours du mois d'octobre.

Les tréflières âgées de trois ans donnent toujours des récoltes vertes et sèches moins abondantes que celles qu'elles fournissent pendant la seconde année. C'est que le trèfle disparaît ordinairement en partie à la fin de sa troisième année d'existence, et qu'il est remplacé par des graminées ou d'autres plantes adventices peu productives.

Poids du mètre cube. — Un mètre cube de foin de trèfle pèse le même poids qu'un mètre cube de foin de luzerne. (Voir LUZERNE, p. 268.)

Récolte des graines. — A. ÉPOQUE. — La graine de trèfle se récolte au mois d'août sur la seconde pousse. A cette époque de l'année, les tiges de cette légumineuse, quoique toujours moins élevées et nombreuses, présentent des fleurs plus développées et plus garnies de graines. (Voir LUZERNE, *récoltes des graines.*)

On doit éviter de procéder à cette récolte sur les tréflières que la cuscute a envahies.

B. OPÉRATION. — On coupe les tiges quand les plantes sont entièrement défleuries et que les têtes ont pris une teinte brune, et on les laisse sur le sol jusqu'à ce qu'elles soient sèches. La coupe des tiges se fait à la faucille ou au moyen de la faux.

Dans diverses contrées, on enlève les têtes à la main, ou on les récolte à l'aide d'un appareil que l'on nomme *cueilloir.* Lorsque cette récolte a eu lieu, on les expose à l'action du soleil sur une aire à battre, et lorsqu'elles sont sèches, on les emmagasine dans des locaux secs, si on ne procède pas immédiatement au battage des gousses.

Toutes ces opérations doivent être faites par un beau temps, car la belle qualité des graines dépend souvent de l'état de l'atmosphère au moment où elles sont égrenées.

C. BATTAGE. — On bat les têtes du trèfle par un beau soleil, avec le fléau ou au moyen d'un rouleau en pierre ou en bois, soit en plein air, sur une aire garnie de bouse de vache délayée dans l'eau, soit sur l'aire d'une grange à battre. Cette opération est faite dans le but de détacher les têtes des tiges ou de séparer les gousses.

D. ÉGRENAGE. — L'égrenage des capsules se pratique au moyen de machines spéciales ou d'une meule verticale. (Voir LUZERNE, *égrenage*, p. 269.)

On ne doit exécuter cette opération, que l'on désigne en Normandie sous le nom d'*éhouper*, que lorsque les gousses sont parfaitement sèches.

100 kilog. de gousses donnent 30 à 36 kilog. de graines nettoyées.

Quantité de graines qu'on peut récolter. — Le rendement en graines de trèfle est très-variable. Ordinairement ce produit est en raison directe de la beauté du temps, du nombre des fleurs et en raison inverse de la longueur des tiges.

Schwerz évalue la quantité moyenne qu'on récolte par hectare en Belgique à 360 kilog. Cette production est celle que l'on obtient dans les départements du Tarn, de l'Aude, de la Haute-Garonne, etc.

On a souvent dit qu'un hectare pouvait donner jusqu'à 1000 et même 1100 kilog. de graine; de tels produits s'obtiennent très-rarement.

Poids de l'hectolitre. — La graine de trèfle est aussi pesante que celle de la luzerne; l'hectolitre, mesuré ras, pèse 78 à 80 kilog., quand la semence n'est pas mêlée à du sable et qu'elle est de première qualité.

Valeur nutritive. — Les tiges et les feuilles vertes ou sèches du trèfle ont une valeur alimentaire presque égale à celle que l'on assigne à la luzerne verte ou desséchée.

A. PRODUCTION VERTE. — Le trèfle vert, si recherché par tous les animaux domestiques, doit être regardé comme un excellent fourrage.

M. Boussingault ayant égard à la quantité d'azote qu'il contient représente sa valeur nutritive par 230.

Voici la valeur alimentaire que lui assigne la pratique quand il a été fauché en pleine floraison :

Block	400	Polh	450
Flotow	500	Thaër	450
Pabst	425		
		Moyenne	445

Ainsi, 45 kilog. de trèfle vert peuvent remplacer 10 kilog. de foin de prairies naturelles.

B. FOIN. — Le foin de trèfle est très-nutritif lorsqu'il a été convenablement récolté. M. Boussingault représente sa valeur alimentaire par 67. La pratique lui a assigné les chiffres suivants :

Block	100	Royer	136
Crud	90	Schwerz	100
Pabst	100	Thaër	90
Petri	90		
		Moyenne	100

Ainsi, le foin de trèfle ne serait pas plus nutritif que le foin des prairies naturelles. Ce fait ne surprendra aucun agriculteur. On sait que cette légumineuse perd facilement ses feuilles, les parties les plus nutritives, qu'elle est difficile à faner, et qu'elle subit de grands changements quand il survient des pluies abondantes ou des chaleurs très-élevées pendant le fanage.

Quant au foin qui a porté graine et que l'on a récolté dans le mois d'août, il est bien moins nutritif. Block représente sa valeur alimentaire par 193.

C. REGAIN. — Le regain de trèfle est un peu plus nutritif que le foin que fournit cette légumineuse.

Emploi du trèfle vert. — Le trèfle vert qu'on destine au bétail ne doit être fauché que lorsque ses fleurs vont s'épanouir. Fauché avant la formation des boutons, il nourrit mal et peut météoriser les animaux, surtout s'il est donné en grande quantité. Fauché après la floraison, il est dur et le bétail le mange fort mal. Comme il relâche les animaux quand ses capitules ne sont pas fleuris, on le donne alors peu à peu ou on le mélange à des fourrages secs. Plus tard on le donne seul, en ayant, toutefois, la précaution de bien régler les rations.

Action du trèfle vert sur le bétail. — Le trèfle vert a une action puissante sur les animaux de rente. Les vaches qui le consomment avec une grande avidité donnent, sous son influence, un lait très-abondant, mais moins riche en parties butyreuses que quand elles sont nourries avec de l'herbe d'excellentes prairies naturelles.

Les cochons recherchent aussi cette nourriture, qui les entretient et même les engraisse parfaitement. On peut encore le donner avec succès aux bœufs à l'engrais, aux jeunes poulinières et aux bêtes à laine.

Les chevaux et les bœufs de travail aiment beaucoup le trèfle vert, qui est sans contredit la nourriture la plus agréable aux animaux, mais elle diminue leur énergie et les rend un peu mous. C'est pourquoi on évite ordinairement d'en donner aux chevaux qui ont des travaux pénibles à exécuter.

Emploi du foin. — Le foin de trèfle perdant très-aisément ses feuilles, ne doit pas être secoué; il faut le transporter avec précaution et le botteler avant de l'emporter du grenier aux bâtiments dans lesquels sont confinés les animaux auxquels on le destine.

Quand il est moisi, on doit l'agiter avec une fourche, le laisser exposé à l'air pendant quelque temps et l'arroser d'eau salée.

On peut aussi, quand ses tiges sont dures, coriaces, insipides, le faire macérer dans de l'eau légèrement salée.

Action du foin sur le bétail. — Le foin de trèfle est un excellent aliment; il convient à tous les animaux; il engraisse avec succès les bêtes bovines et ovines; il favorise la production du lait; il augmente l'énergie des animaux de travail; il engraisse et fortifie les chevaux; il donne beaucoup de force aux agneaux.

Quoique beaucoup moins échauffant que la luzerne, le foin de trèfle nouveau ne doit pas être donné seul aux animaux; car autant il est salubre lorsqu'il a ressué, autant il est échauffant lorsqu'il vient d'être récolté.

Le regain doit être donné de préférence aux brebis et aux agneaux.

Durée d'existence des tréflières. — La durée d'existence des tréflières varie suivant les assolements, les conditions locales et climatériques.

Dans les cultures bien dirigées et lorsque le trèfle n'a pas été associé au ray-grass ou au timothy, elles n'occupent le sol que pendant dix-huit mois.

Quand cette légumineuse fait partie d'assolements appartenant à la culture pastorale mixte, ou qu'elle a été alliée à d'autres plantes, on la conserve ordinairement pendant deux ans et demi. Alors on la fauche la seconde année, et on la fait pâturer par les bêtes à cornes ou les moutons pendant la troisième.

Défrichement. — Lorsque le trèfle ne doit durer que pendant dix-huit mois ou deux années, on le défriche en septembre ou en octobre. Cette opération se fait à l'aide d'un seul labour profond. Il est très-important qu'il s'écoule plusieurs semaines entre le défrichement et la semaille de la céréale d'automne qui suit ce labour. Pendant ce laps de temps, les tiges du trèfle se décomposent et la terre se tasse. Alors le froment est moins sujet à souffrir, à la fin de l'hiver, des alternatives des gelées et des dégels. Lorsqu'on sème sur un labour récent, cette céréale est presque toujours exposée aux fâcheuses conséquences du déchaussement.

Le trèfle qui a végété pendant trois années doit être suivi par une culture de seigle ou par une récolte d'avoine d'hiver ou de printemps. Dans ce dernier cas, on n'exécute le défrichement de la tréflière que vers la fin de l'automne ou pendant l'hiver. (Voir LUZERNE, *défrichement*, p. 271.)

Quantité de racines laissées dans le sol. — Le trèfle laisse toujours moins de racines dans le sol que la luzerne.

La quantité de racines recueillies en Alsace, par M. Boussingault, s'est élevée seulement, après avoir été desséchées au soleil, à 2500 kilog. par hectare.

Dans le département de Seine-et-Oise, j'ai obtenu sur la même superficie 5200 kilog. de racines. Ces parties, avant le pesage, avaient été exposées pendant plusieurs heures à l'action de la chaleur solaire.

Amélioration du sol par le trèfle. — Le trèfle améliore la terre sur laquelle il a végété, par ses racines et les tiges et les feuilles vertes et sèches que l'on enfouit lorsqu'on le défriche. Mais cette amélioration est bien moindre que celle que fait naître la luzerne. Nonobstant, elle est suffisamment apparente pour qu'on ne puisse la mettre en doute. A Bechelbronn, elle accroît la production moyenne du blé de 3 à 4 hectolitres par hectare. Cette augmentation permet de dire que le trèfle enrichit la terre d'une fertilité égale à près de 2000 kilog. de fumier dosant 0,40 d'azote, puisque chaque hectolitre de blé enlève au sol une richesse équivalente à 450 kilog. de cet engrais.

Les faits observés par M. Boussingault justifient cette hypothèse. Ainsi, les racines de trèfle recueillies par ce savant renferment 50 kilog. d'azote, quantité qui correspond très-exactement avec celle que contiennent les 20 hectolitres produits par le froment qu'il cultive après le défrichement de cette légumineuse.

Les remarques que j'ai faites à Grignon confirment tous ces résultats, qui expliquent pourquoi une tréflière ne permet pas au sol de produire, sans engrais supplémentaires, plusieurs récoltes consécutives de céréales.

Plantes qui suivent le défrichement. — Le froment est la plante que l'on cultive de préférence sur le défrichement de trèfle de dix-huit mois. Lorsque cette légumineuse réussit, qu'elle fournit de belles coupes, le froment est toujours exempt de mauvaise herbes et il produit tout ce que la fertilité de la terre permet d'obtenir. Mais il est nécessaire, pour que la réussite de cette céréale soit complète, eu égard à la richesse de la couche arable, que le défrichement soit pratiqué, ainsi que je l'ai dit page 311, quelque temps avant le moment de procéder à l'exécution des semailles.

Le trèfle de trois années a de trop fortes racines pour qu'il soit possible de compter obtenir sur son défrichement une bonne récolte de blé. J'ajouterai que la couche herbue qui couvre le sol contribue aussi à rendre incertaine la réussite de cette céréale.

Toutefois, si les tréflières qui ont occupé le sol pendant trois années, ne permettent pas ordinairement au froment d'être productif, par contre elles sont très-favorables à la végétation du seigle et de l'avoine. Ces deux céréales y donnent presque toujours d'excellentes récoltes. (Voir Assolement, t. VIII.)

Valeur commerciale. — A. Foin. — Le foin de trèfle se vend toujours plus cher sur les marchés des environs de Paris, que le foin de luzerne. Les 100 bottes valent en moyenne de 28 à 35 fr.

B. Graines. — Les graines de trèfle bien nourries et remarquables, par leur belle couleur, se vendent de 100 à 125 fr. les 100 kilog. Celles de deux ans et que l'on désigne sous le nom de *vieilles graines de trèfle*, se vendent encore de 60 à 80 fr. Lorsque leur couleur n'est pas très-brune, on les emploie pour frauder les graines nouvelles.

Ces graines se vendent en balles; chaque balle pèse 100 kilog.

Prix de revient. — La culture du trèfle engage peu de capitaux par hectare. Voici un résumé de deux comptabilités concernant cette légumineuse. Les chiffres de Grignon représentent la moyenne de dix années de culture, de 1843 à 1853 :

	Grignon.		*Célarié.*	
Dépenses........................	164 fr.	35	172 fr.	63
Bénéfices...	49	92	229	33
Prix de revient de 100 kil. de foin...	3	58	2	30

Le produit récolté par M. Célarié s'est élevé à 7500 kilog par hectare.

M. de Gasparin, qui admet une production moyenne de 6000 kilog. de foin par hectare, porte le prix de revient à 2 fr. 20 les 100 kilog.

BIBLIOGRAPHIE.

De Ferrand. — Mémoire sur la culture du trèfle, 1769, in-12.
Chaves. — Mém. sur la manière de récolter la graine de trèfle, 1774, in-12.
Duhamel. — Éléments d'agriculture, 1779, in-12, t. II, p. 164.
Frommel. — Théorie de la culture du trèfle, 1784, in-8.
Blanchot. — Du trèfle, 1786, in-12.
De Sutlères. — Cours d'agriculture, 1788, in-8, t. I, p. 160.
Rozier. — Cours complet d'agriculture, 1796, in-4, t. IX, p. 471.
Parmentier. — Traité de la culture des grains, 1802, in-8, t. I, p. 386.
    ?   — Richesse des cultivateurs, 1803, in-8, p. 9.
De Père. — Manuel d'agriculture pratique, 1806, in-8, p. 52.
Bosc. — Encyclopédie méthodique, 1813, in-4, t. VI, p. 507.
Bornot. — Culture du trèfle, 1817, in-8, p. 9.
Lullin. — Traité des prairies artificielles, 1819, in-8, p. 65.
Cordier. — Mémoire sur la Flandre française, 1823, in-8, p. 369.
Bosc. — Cours complet d'agriculture, 1823, in-8, t. XV, p. 477.
Yvart. — —   — t. XIV, p. 476.
John Sainclair. — L'agriculture pratique, 1825, in-8, t. II, p. 30.
Gilbert. — Traité des prairies artificielles, 1826, in-8, p. 102.
Thaër. — Principes raisonnés d'agriculture, 1831, in-8, t. IV, p. 401.
Crud. — Économie de l'agriculture, 1832, in-8, t. II, p. 192.
De Dombasle. — Annales de Roville, 1839, in-8, t. VII, p. 282.
Schwerz. — Assolement de l'Alsace, 1839, in-8, p. 217.
Bengy-Puyvallée. — Culture des prairies artificielles, 1842, in-8, p. 53.
Schwerz. — Culture des plantes fourragères, 1842, in-8, p. 13.
Rendu. — Agriculture du Nord, 1843, in-8, p. 272.
    —   — des Hautes-Pyrénées, 1843, in-8, p. 331.
    —   — de la Haute-Garonne, 1843, in-8, p. 220.
    —   — de l'Isère, 1843, in-8, p. 266.
De Sainte-Marie. — Agriculture des Côtes du-Nord, 1844, in-8, p. 203.
Lecoq. — Traité des plantes fourragères, 1844, in-8, p. 390.
Rendu. — Agriculture du Tarn, 1845, in-8, p. 318.
Machard. — Essai sur les prairies artificielles, 1847, in-8, p. 76.
De Gasparin. — Cours d'agriculture, 1848, in-8, t. IV, p. 445.
Boussingault. — Économie rurale, 1851, in-8, t. II, p. 167.
Richard et Payen. — Précis d'agriculture, 1851, in-8, t. I, p. 354.
Girardin et Dubreuil. — Cours élém. d'agr., 1852, in-12, t. II, p. 160.
De Villeneuve. — Manuel d'agric. pratique, 1853, in-8, t. I, p. 109.
Vilmorin. — Bon jardinier, 1856, in-12, p. 593.

SECTION II.

Lupuline ou Minette.

(Μηδική, nom donné par Théophraste à la luzerne.)

MEDICAGO LUPULINA, L.

Plante dicotylédone de la famille des Légumineuses.

Anglais. — Yellow trefoil.

Historique. — Climat. — Mode de végétation. — Composition. — Terrain. — Semis. — Soins d'entretien. — Récolte : fauchage, fanage, pâturage. — Rendement.— Emploi de la lupuline verte. — Son action sur le bétail. — Récolte des graines. — Poids de l'hectolitre de graines. — Valeur nutritive. — Défrichement. — Bibliographie.

Historique. — La lupuline, que l'on appelle souvent *minette dorée, trèfle jaune, mignonnette, bujoline,* est connue depuis fort longtemps, parce qu'elle croît naturellement dans les prairies et les champs de toute l'Europe; mais son introduction comme plante propre à former des prairies artificielles ne remonte pas à plus de soixante-dix ans. Duhamel, Rozier et Gilbert ne l'ont pas mentionnée dans les ouvrages qu'ils ont publiés avant les premières années de ce siècle.

On l'emploie souvent dans le nord de la France pour utiliser les jachères.

Climat. — Cette légumineuse est rustique; elle végète aussi bien dans le midi que dans le nord de la France.

Mode de végétation. — La lupuline est velue; elle a des racines fibreuses, des tiges étalées et anguleuses, des folioles obovales, dentelées au sommet ou entières. Ses fleurs d'un très-beau jaune et au nombre de 8 à 12, réunies en tête serrée sur un long pédoncule, s'épanouissent vers le 15 de mai. Ses gousses ont leur sommet courbé en spirale ; elles sont noires, réniformes et renferment une graine ovoïde.

Composition. — Anderson a constaté par l'analyse que la lupuline contenait les substances suivantes :

Matières nitrogénées........	5,70
Gomme, sucre, amidon......	7,73
Fibres végétales..	6,32
Matières grasses...........	0,94
— minérales........	2,50
Eau.....................	76,80
	100,00

Terrain. — La lupuline se plaît principalement sur les terres calcaires et les coteaux crayeux et arides, parce qu'elle résiste très-avantageusement aux grandes sécheresses. C'est sur les sols argilo-calcaires qu'elle végète le plus facilement. On peut aussi la cultiver sur les terres sablonneuses.

Cette plante ne demande pas des terres riches; mais ses tiges prennent d'autant plus de développement qu'elle croît sur des sols frais et fertiles.

Semis. On la sème en automne ou au printemps selon le climat sous lequel elle est cultivée. Dans le Midi, les semis se font ordinairement en septembre ou en octobre. Dans le Nord, on la sème généralement en mars.

Les semis ont toujours lieu sur des terres couvertes par des céréales en végétation. (Voir LUZERNE, *semis*, p. 242.)

On répand 15 kilog. de graines par hectare.

La graine de cette légumineuse est plus aplatie que la graine de trèfle et moins allongée que celle de la luzerne; sa couleur est uniforme : elle est jaune verdâtre.

En germant, elle donne naissance à deux cotylédons aussi larges, mais plus allongés que ceux du trèfle. La feuille primordiale de la lupuline est mucronée et comme tronquée à sa base.

Soins d'entretien. — La lupuline ne demande aucun soin d'entretien pendant sa végétation, à moins que les semis aient mal réussi ou qu'ils aient été exécutés sur des terres très-pauvres. Alors, on lui applique à la fin de l'automne ou pendant l'hiver une fumure en couverture, afin que ses tiges soient plus nombreuses, plus rameuses, et qu'elles couvrent mieux le sol au printemps suivant.

On doit éviter de la faire pâturer la première année, car ce pâturage nuit toujours à son développement.

Récolte. — A. FAUCHAGE. — On fauche rarement la lupuline pour convertir ses tiges en foin.

En général, on n'exécute cette opération que quand elle a été alliée au trèfle, au sainfoin ou au ray-grass, ou lorsque ses tiges ont atteint leur maximum de développement, $0^m,40$ à $0^m,60$ de hauteur.

On ne fauche qu'une seule fois.

B. FANAGE. — La lupuline se fane très-aisément. Le foin qu'elle fournit est toujours vert si elle n'est pas restée très-longtemps sur le sol à l'action du soleil.

100 kilog. de lupuline verte donnent 33 kilog. de foin.

C. PÂTURAGE. — Le plus ordinairement on fait consommer la lupuline sur place par les bêtes à laine qui en sont très-avides. On peut aussi la faire pâturer par des bêtes à cornes ou des chevaux.

Cette légumineuse ne météorise pas les animaux.

C'est en mai, alors que ses petites fleurs jaunes sont développées, que ce pâturage a lieu. Cette consommation sur place dure une quinzaine de jours.

C'est à tort qu'on a dit qu'elle continuait à fournir un bon pâturage pendant l'été, car elle cesse pour ainsi dire de végéter après le pâturage de mai ou de juin.

Rendement. — La lupuline est bien moins productive que le trèfle et le sainfoin.

Sur les bonnes terres à blé, elle ne donne jamais au delà

de 3000 à 4000 kilog. de foin sec par hectare. Ce rendement suppose une production de 9000 à 12 000 kilog. de tiges et feuilles vertes.

En Belgique, on récolte en moyenne 12 000 kilog. de fourrage vert par hectare dans les provinces du Hainaut et de Namur.

Les chiffres suivants caractérisent les divers rendements de la lupuline :

	Fourrage vert.	Foin.
Très-bonne récolte.. ..	16 000 kil.	5000 kil.
Bonne récolte.........	12 000	3500
Récolte passable.......	8 000	2500
Récolte médiocre......	6 000	1500

Récolte des graines. — La lupuline mûrit ses graines en juin.

On la fauche lorsque ses tiges sont presque sèches et que ses gousses sont noirâtres.

Le battage se fait avec le fléau ; il est très-facile.

On égrène les gousses au moyen des appareils que l'on emploie pour exécuter la même opération dans la culture du trèfle,

Un hectare garni de tiges nombreuses et développées peut donner de 400 à 600 kilog. de graines nettoyées.

Poids de l'hectolitre de graines. — Un hectolitre de graines pèse de 80 à 81 kilog.

Valeur nutritive. — Le fourrage vert qui fournit la lupuline est très-recherché de tous les animaux : il est sain, sapide et très-nourrissant. Il a beaucoup contribué dans les provinces du Nord à la propagation de la race ovine mérinos et à l'amélioration des troupeaux.

Emploi de la lupuline verte. — La lupuline peut être donnée sans précaution aux animaux, car elle ne les météorise pas, quand bien même elle serait couverte de rosée ou d'eau.

Action sur les animaux. — Les tiges et feuilles vertes de la lupuline sont très-recherchées des animaux; elles forment un fourrage tendre et très-nutritif. Elles conviennent spécialement aux bêtes à laine et aux vaches.

Défrichement. — Le défrichement des prairies artificielles de lupuline a toujours lieu en juin. C'est à tort qu'on les abandonne avec l'espérance d'obtenir une seconde pousse. On ne peut compter sur un nouveau pâturage que quand la lupuline a été fauchée ou pâturée vers la fin d'avril ou dans les premiers jours de mai.

Lorsque cette prairie artificielle doit être suivie par un colza, une vesce de printemps ou une céréale d'automne, on doit la défricher aussitôt qu'elle a été pâturée, afin d'enfouir les tiges, les feuilles et les excréments qui existent à la surface du sol. Ces substances ont l'avantage d'accroître la fertilité de la terre.

On a proposé, dans ces dernières années, de cultiver la *luzerne maculée* (MEDICAGO MACULATA, Wild.) de préférence à la lupuline. Cette espèce fournit, il est vrai, un fourrage très-abondant et nutritif, et elle croît avec beaucoup de vigueur sur les sols humides; mais jusqu'à ce jour il a été presque impossible d'égrener les gousses qu'elle produit en abondance. Ces fruits sont comprimés, forment quatre à cinq spires, et ils sont garnis d'aiguillons très-divergents. On doit désirer qu'on parvienne à vaincre cette difficulté, car la luzerne maculée peut être cultivée avec succès sur les terres où la lupuline réussit difficilement.

Cette légumineuse est annuelle et végète de très-bonne heure au printemps.

Elle se distingue de la Lupuline par la grande longueur de ses tiges, qui sont généralement étalées, par ses folioles obovales, dentées et maculées par une tache noire et ses feuilles jaunes disposées au nombre de 3 à 5 au sommet de ses pédoncules.

BIBLIOGRAPHIE.

Parmentier. — Cours complet d'agriculture, 1805, in-4, t. XII, p. 226.
Yvart. — Cours complet d'agriculture, 1823, in-8, t. XIV, p. 164.
Lecoq. — Traité des prairies artificielles, 1844, in-8, p. 436.
Richard et Payen. — Précis d'agriculture, 1851, in-8, t. I, p 352.
Girardin et Dubreuil. — Cours élém. d'agr., in-12, 1852, t. II, p. 216.
Vilmorin. — Bon jardinier, 1856, in-12, p. 585.

SECTION III.

Choux non pommés.

(De *Bressic*, nom celtique du chou.)

BRASSICA OLERACEA ACEPHALA , DeC.

Plante dicotylédone de la famille des Crucifères.

Anglais. — Green-Kale.   *Espagnol.* — Berzas.
Allemand. — Blatter-Kolh.

Historique. — Climat. — Variétés. — Composition. — Terrain. — Quantité
d'engrais nécessaire. — Semis : pépinières, époque, éducation des plants.
— Transplantation. — Espacement des lignes et des plants. — Soins d'entretien. — Insectes nuisibles. — Récolte : effeuillage d'automne, enlèvement des pieds pendant l'hiver, effeuillage de printemps, enlèvement des pieds garnis de fleurs, effeuillage d'été. — Enlèvement des tronçons. — Rendement. — Récolte des graines. — Poids des graines. — Valeur nutritive. — Bibliographie.

Historique. — Les choux non pommés sont cultivés en France depuis fort longtemps; mais c'est en Bretagne, dans le Poitou, l'Anjou et la Flandre, qu'on a le mieux apprécié les avantages qu'ils présentent dans l'alimentation du bétail.

Climat. — Ces plantes fourragères exigent les mêmes conditions climatériques que les choux pommés. (Voir CHOU CABUS, p. 221.)

Variétés. — Les variétés que l'on cultive en grand appartiennent à deux classes : 1° les choux à feuilles lisses; 2° les choux à feuilles frisées. Les unes et les autres ont des avantages particuliers.

A. — *Choux à feuilles lisses.*

Cette classe renferme quatre varétés distinctes :

1° Le CHOU CAVALIER ou *chou arbre de Laponie*, ou *grand chou à vaches*, ou *grand chou de Bretagne.* La tige de cette va-

riété (fig. 32) s'élève à la hauteur de 1ᵐ,60 à 2 mètres ; elle
est garnie dans sa partie supérieure de feuilles très-longues,
presque entières, arrondies, unies et d'un beau vert glauque ;

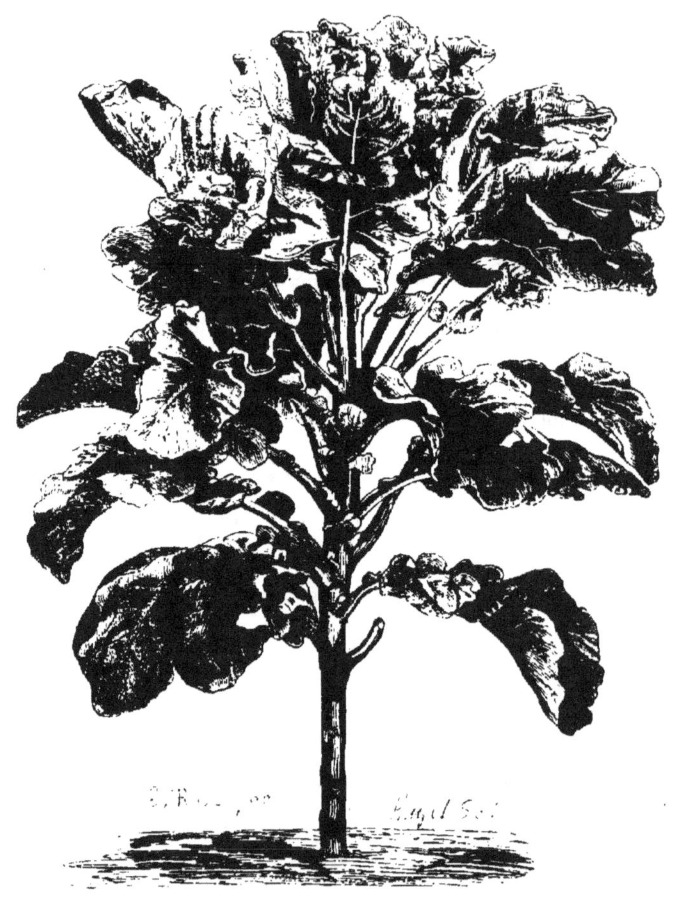

Fig. 32. — Chou cavalier. — Au 12ᵉ.

le pétiole de ces feuilles est ordinairement nu, mais il est
souvent accompagné d'oreillettes épaisses. Ses fleurs sont entièrement blanches.

Le chou cavalier est très-rustique; il souffre peu dans les hivers rigoureux si la terre où il existe n'est pas humide, mais il est moins productif que les autres choux non pommés.

2° Le CHOU CAULET DE FLANDRE, ou *chou cavalier rouge*. Ce chou est une sous-variété du chou cavalier; il en diffère par

Fig. 33. — Chou branchu. — Au 12ᵉ.

sa tige, et les pétioles et les nervures de ses feuilles, qui sont colorés de violet.

Cette variété est plus rustique que le chou cavalier.

3° Le CHOU BRANCHU ou *chou du Poitou*, ou *chou à mille têtes*, ou *chou d'Angers*. Cette variété (fig. 33) est moins élevée que la précédente. Ses tiges dépassent rarement 1ᵐ,60; ses

V.   25

feuilles sont un peu moins glauques que celles du chou cavalier; ses fleurs ressemblent, quant à leur coloration, à celles du colza.

Le chou branchu est moins rustique, mais beaucoup plus productif que le chou cavalier, parce que, à l'aisselle de

Fig. 34. — Chou moellier. — Au 12°.

chaque feuille, il se développe des branches ou des faisceaux de feuilles qui donnent à toutes les plantes l'aspect d'un buisson.

4° Le CHOU MOELLIER ou *chou à moelle*, ou *chou chollet*. La tige de cette variété (fig. 34) atteint aussi 1^m,60 de hauteur;

elle est très-fortement renflée en massue à sa partie médiane, et remplie d'une moelle que les bêtes à corne mangent
avec avidité. Ses feuilles sont presque entières et supportées

Fig. 35. — Chou frisé vert. — Au 12ᵉ.

par des pétioles courts et blonds. Quant à ses fleurs, elles
sont blanc jaunâtre.

Cette variété est sensible aux gelées à glace, et elle pourrit
sur le pied pendant l'hiver, si le sol où elle est cultivée est
humide. Le *chou moellier à tige rouge* a les mêmes défauts.

On avait proposé de cultiver en grand le *chou vivace de Daubanton* et le *chou à faucher*, mais l'expérience a prouvé qu'ils n'avaient aucun avantage sur les variétés que je viens de signaler.

Le premier a des feuilles très-longues portées par des pétioles assez flexibles qui se couchent sur le sol et s'y enracinent.

Le second produit uniquement des feuilles radicales formant une touffe bien fournie.

B. — *Choux à feuilles frisées.*

Cette division ne renferme que deux variétés agricoles :

1° Le Chou frisé vert ou *grand chou frisé du Nord*, ou *chou frisé d'Écosse* (fig. 35). Cette variété a une tige haute de 1^m,30, garnie supérieurement de feuilles longues, étroites, profondément lobées et frisées, et d'un très-beau vert.

Cette belle variété est très-rustique. Dans le nord de la France, elle supporte très-bien les hivers les plus rigoureux.

2° Le Chou frisé rouge ou *chou capousta.* Ce chou diffère du précédent par ses feuilles qui sont d'un beau rouge violacé. Il est aussi très-rustique.

Composition. — Les choux non pommés n'ont point encore été analysés. Voici, d'après les faits que M. le Corbeiller a constatés à Grignon, le 12 avril 1856, la quantité d'eau qu'ils contiennent :

Tige	Ch. cavalier.	Ch. branchu.	Ch. moellier.	Ch. frisé vert.
Partie supérieure..	90,50	89,25	89,00	89,00
— moyenne ...	85,00	84,50	87,50	88,50
— inférieure...	80,00	82,90	85,75	80,50
Moyenne....	85,16	85,18	87,41	86,00
Feuilles supérieures	82,50	83,50	82,00	81,50
— moyennes.	84,00	05,50	85,00	84,50
— inférieures.	86,50	86,56	86,50	87,90
Moyenne...	84,30	85,10	84,50	84,33

Ainsi, en moyenne les tiges et les feuilles des choux à tige contiennent de 84 à 87 p. 100 d'eau et 13 à 16 p. 100 de matières sèches.

Terrain. — Les choux non pommés exigent les mêmes terrains, la même préparation et la même fertilité que les choux pommés. (Voir CHOU CABUS, p. 221 et 222.)

Quantité d'engrais nécessaire. — On doit fumer les terres où l'on cultive les choux cavalier, branchu, moellier ou frisé, à raison de 30 000 kilogr. de fumier. J'ai constaté, page 223, que cette fumure était rigoureusement nécessaire.

Toutefois, cet engrais n'est pas la seule matière fertilisante que l'on emploie dans cette culture. On répand souvent dans la Vendée et l'Anjou, avant la plantation ou au moment où l'on applique la fumure, des composts de chaux. Cette substance calcaire a une influence puissante sur la réussite des choux, et c'est à son emploi qu'il faut attribuer l'extension considérable que cette culture a prise depuis un demi-siècle dans la région de l'Ouest.

Semis. — Les choux non pommés ne se sèment pas en place. On les propage par pieds provenant de semis exécutés en pépinières.

A. PÉPINIÈRE. — Les pépinières que l'on consacre à la culture de ces plantes doivent satisfaire aux conditions que j'ai signalées en parlant de la multiplication du chou quintal. (Voir CHOU CABUS, p. 224.)

B. *Époque des semis.* — Les semis de tous les choux non pommés se font au mois de mars et avril. (Voir CHOU CABUS, p. 224.)

Le chou cavalier, par exception, se sème vers la fin de juillet ou dans les premiers jours d'août. Les plantes qui proviennent de ces semis tardifs se mettent en place au mois de novembre, et ils fournissent des feuilles pendant l'été suivant. Ainsi cultivée, cette variété ne fleurit qu'après deux années de végétation. Lorsqu'on la sème au mois de mars, elle épanouit ses fleurs au printemps suivant et cesse de végéter vers la fin de juin.

C. ÉDUCATION DES PLANTS. — Les plants de choux à vaches ou choux verts, exigent des soins semblables à ceux que demandent les plants des variétés pommées. (Voir CHOU CABUS, p. 224.)

Transplantation.—On transplante les choux non pommés de la même manière et avec les mêmes soins que l'on met en place les plants des variétés qu'on cultive pour leurs têtes ou pommes. (Voir CHOU CABUS, p. 225.)

J'ajouterai, toufefois, qu'on peut, lorsque les plants sont développés et qu'ils ont déjà de fortes racines, remplacer le plantoir par la pioche ou tranche. En opérant la mise en place de cette manière, la reprise des plants est toujours plus certaine.

Pour exécuter cette transplantation, l'ouvrier implante l'outil dans le sol de manière qu'il y pénètre jusqu'à $0^m,20$ et même $0^m,25$ de profondeur. Alors, exerçant une légère pression sur le manche avec la main gauche, il soulève le fer, saisit l'un des plants que les femmes ou les enfants ont déposés sur les lignes qui doivent être plantées et il l'introduit dans la cavité qui existe entre le sol et la lame de la pioche. C'est alors que par un mouvement presque vertical il retire l'outil. Il termine la plantation en exécutant avec le pied une pression sur la racine du plant pour que la terre l'enveloppe de toutes parts.

Quelquefois, et cela vaut mieux, il affermit le plant en frappant la terre à une ou deux reprises avec la douille de la pioche.

Les plants vigoureux qui ont été ainsi plantés reprennent

toujours mieux, parce qu'ils sont moins exposés à souffrir du manque d'humidité atmosphérique.

Espacement des lignes et des plants. — Les plants doivent être placés en lignes distantes les unes des autres de 0^m,65 à 0^m,85 ; on conserve le même éloignement sur les lignes.

L'écartement maximum est de 1 mètre en tous sens.

Les choux branchu et moellier sont ceux qui doivent être le plus espacés, parce qu'ils couvrent par leurs feuilles ou leurs ramifications le plus grand espace. (Voir CHOU CABUS, p. 227.)

Soins d'entretien. — J'ai signalé en parlant de la culture du chou pommé, toutes les cultures d'entretien que réclament les choux non pommés pendant leur végétation.

Je ferai observer que le buttage se pratique en août et septembre, et qu'il faut impérieusement l'exécuter dans toutes les cultures de choux non pommés. Il a l'avantage de contribuer à l'assainissement du sol pendant l'automne et l'hiver, et d'augmenter la fixité des variétés qui ont des tiges très-élevées et des ramifications nombreuses. Le chou moellier ne résiste bien aux hivers ordinaires dans les provinces de l'ouest de la France, que quand on a pratiqué avant les pluies d'octobre et de novembre un ou deux buttages. (Voir CHOU CABUS, *soins d'entretien*, p. 228.)

Insectes nuisibles. — Les insectes qui nuisent aux choux à vaches sont ceux que j'ai mentionnés, page 228, en signalant les précautions à prendre pour en préserver les choux pommés.

Récolte. — La récolte des parties alimentaires que fournissent les choux non pommés a lieu à quatre époques pendant la végétation.

A. EFFEUILLAGE D'AUTOMNE. — La cueille des feuilles commence vers le 15 septembre et elle se continue jusqu'à l'approche des gelées.

Il est nécessaire, pendant cette opération, de ne pas détacher les pétioles de haut en bas; on doit les casser ou les couper de manière qu'une partie de leur longueur reste adhérente à la tige; quand le pétiole est entièrement arraché, il en résulte une plaie qui oblige presque toujours l'œil qui est situé sur la tige au point d'insertion de la feuille et qui est encore latent, à s'annuler; alors la tige reste en partie nue et présente au printemps un moins grand nombre de ramifications et de feuilles. Ce fait a une importance si grande en Vendée, que les fermiers ont soin de surveiller les personnes qui pratiquent l'enlèvement des feuilles pendant tout l'automne.

Les ouvriers qui exécutent cette opération ont devant eux un grand tablier ayant les deux extrémités relevées en forme de poche. C'est dans ce tablier qu'ils déposent les feuilles au fur et à mesure que celles-ci sont détachées des choux pour les amonceler ensuite en tas sur les cheintres ou les fourrières.

Quand le temps est beau, on peut pratiquer l'effeuillage depuis le matin jusqu'au soir. Il n'en est pas ainsi quand il est tombé de la pluie. Il faut attendre que l'air ou le soleil ait en partie séché les feuilles afin que les vêtements des ouvriers ne soient point promptement mouillés.

Quoi qu'il en soit, les hommes et surtout les enfants conviennent mieux que les femmes pour exécuter ce travail quand les feuilles sont couvertes de rosée ou de pluie; parce que leurs vêtements se chargent toujours d'une plus faible quantité d'eau.

On ne doit enlever sur chaque pied, toutes les fois qu'on pratique l'effeuillage, que deux à trois feuilles. Il importe

aussi de ne détacher que celles qui sont situées le plus inférieurement, c'est-à-dire celles qui commencent à jaunir ou
qui sont arrivées à leur complet développement. Quand on
enlève un trop grand nombre de feuilles, toutes les fois
qu'on opère, les plants s'élèvent, sont plus sujets à souffrir
des gelées à glace et ils produisent moins de ramifications et
de feuilles au printemps suivant.

On doit cesser l'effeuillage quand le froid se fait sentir.

Il ne faut cueillir que la quantité qui pourra être consommée par les animaux pendant les vingt-quatre heures qui
suivent l'effeuillage.

On compte, en Vendée, qu'un homme peut effeuiller
en automne et au printemps de 20 000 à 25 000 pieds de
choux.

A Grand-Jouan, un homme et un enfant me récoltaient
chaque jour, pendant l'automne et lorsque le temps était
beau, de 250 à 300 kilogr. de feuilles, soit de 50 à 60 kilogr.
par heure.

B. ENLÈVEMENT DES PIEDS PENDANT L'HIVER. — Le chou
moellier n'est pas assez rustique pour rester intact l'hiver en
terre, surtout quand le sol est humide et que les gelées à
glace sont très-intenses. Quand on manque de nourriture
verte et qu'on prévoit que cette variété sera altérée par les
gelées, on coupe les tiges presque rez terre au fur et à mesure des besoins, et avant de les donner aux animaux on les
divise longitudinalement en plusieurs parties. Cette opération est nécessaire; sans elle, les vaches ou les bœufs ne
pourraient pas consommer la moelle ou le tissu cellulaire
que les tiges renferment en abondance.

Les choux moelliers que l'on récolte de cette manière dans
le Bocage de la Vendée, pendant les mois de décembre et
janvier et quelquefois seulement en février, constituent la

principale nourriture des bœufs soumis dans les étables aux effets de l'engraissement.

On peut aussi couper les choux pendant les mois d'octobre et de novembre, lorsqu'on n'a pas la main d'œuvre nécessaire pour faire récolter les feuilles ou qu'on n'a pas assez de racines fourragères pour hiverner les animaux qu'on possède.

C. EFFEUILLAGE DU PRINTEMPS. — Dans la région de l'Ouest, les choux non pommés commencent à végéter de nouveau dans le courant de février. On saisit cette nouvelle végétation pour enlever à chaque pied de chou une nouvelle quantité de feuilles. Ce deuxième effeuillage se continue jusqu'en mars.

D. ENLÈVEMENT DES PIEDS GARNIS DE FLEURS. — Les choux que l'on a plantés en mai et en juin fleurissent toujours au commencement du printemps. C'est lorsque les premières fleurs s'épanouissent qu'on enlève les pieds qui ont passé l'hiver et que l'on a effeuillés de nouveau en mars. Alors les choux sont très-élevés et garnis de nombreuses ramifications On ne les coupe pas rez terre, parce que la partie inférieure des tiges est déjà dure et ligneuse. C'est à $0^m,10$, $0^m,15$ et même $0^m,20$ que la coupe doit être faite. En agissant ainsi, on ne récolte que des parties herbacées et tendres.

Avant de donner ces tiges aux animaux, on les fend aussi longitudinalement en lanières, au moyen d'un couteau, ou on les écrase légèrement à l'aide d'un maillet.

Les ramifications et les jeunes pousses ne subissent aucune préparation.

E. EFFEUILLAGE D'ÉTÉ. — Les choux cavaliers que l'on plante en novembre ou décembre fournissent des feuilles pendant l'été suivant. Leur effeuillage s'effectue comme celui que l'on pratique en automne sur les choux.

Enlèvement des tronçons. — Les tronçons qui restent

dans le sol après la récolte des tiges doivent être arrachés avant le labour que l'on exécute dans le but de commencer la préparation pour les cultures qui suivent celles des choux. Cet arrachage se fait au moyen d'une pioche. Après leur dessiccation complète, les tronçons servent parfois de combustible dans la cuisson du pain.

Rendement. — La quantité de feuilles de choux branchus ou moelliers que l'on récolte par hectare est considérable. Chaque pied de chou produit en moyenne dans l'année de 40 à 60 feuilles et 1 hectare de 800 000 à 1 200 000. Mais comme toutes ces feuilles ne sont pas consommées par les animaux parce qu'un tiers environ se dessèche et tombe sur le sol, on ne peut pas compter récolter au delà de 600 000 à 900 000 du poids moyen de 60 grammes. Ainsi, 1 hectare peut produire de 36 000 à 54 000 kilogr. de feuilles, soit par jour, si l'effeuillage dure quatre mois ou cent vingt jours, environ 140 kilogr. de feuilles.

Leclerc Thouin a constaté que cette superficie, bien garnie de pieds, donnait chaque jour, en moyenne, pendant l'automne et le printemps, 250 kilogr. de feuilles vertes et en totalité 30 000 kilogr.

Si l'on ajoute à ce produit le poids des tiges et des ramifications que l'on récolte en mars et avril, on aura un rendement total de 80 000 à 120 000 kilogr.

En Vendée, on compte environ 20 000 pieds par hectare, et chaque chou, au printemps, pèse de 3 à 4 kilogr. Suivant Cavoleau, chaque chou branchu cultivé dans cette contrée fournit au moins 5 kilogr. de feuilles et de ramifications, et 1 hectare produit 100 000 kilogr. de fourrage vert.

A Grand-Jouan, j'ai récolté souvent 90 000 kilogr. de tiges.

Récolte des graines. — Lorsqu'on veut récolter des graines, il faut choisir les pieds les plus vigoureux et ceux qui présentent le mieux les caractères de la variété à laquelle ils appartiennent, et les laisser en place.

On peut aussi arracher en motte vers la fin de l'automne les pieds que l'on destine à graine et les planter dans un jardin. En opérant ainsi, le champ consacré à la culture de cette plante fourragère est entièrement libre et peut être ameubli facilement en tous sens par les instruments aratoires.

Il est utile d'éloigner le plus possible les variétés les unes des autres, afin d'éviter des hybridations.

Lorsque les graines des siliques inférieures sont mûres, on coupe les pieds, on les laisse sécher complétement et on procède au battage. (Voir NAVET, *porte-graines*, p. 111.)

Les graines de choux conservent leur faculté germinative pendant cinq à six ans.

Poids des graines. — Un hectolitre de graine de choux pèse de 63 à 70 kilogr.

Valeur nutritive. — La valeur alimentaire des tiges et des feuilles de choux non pommés n'a pas encore été déterminée ni théoriquement ni pratiquement. Je suis porté à croire, d'après ce que j'ai observé à Grand-Jouan, où j'ai cultivé chaque année les choux non pommés sur plusieurs hectares, qu'elle est semblable à celle des choux pommés. (Voir CHOU CABUS, *Valeur alimentaire*, p. 231.)

Quoi qu'il en soit, on ne doit pas nourrir les bêtes à cornes exclusivement avec des feuilles ou des tiges de choux. C'est lorsque cette nourriture est alliée au foin de prairies naturelles ou artificielles qu'on peut la regarder à la fois comme un aliment rafraîchissant et substantiel.

Les choux non pommés sont utilisés dans la Vendée dans l'engraissement des *bœufs de pouture*. En général, on ne les donne aux animaux qu'après avoir fait une petite distribution de foin.

Les feuilles de choux données en grande quantité météorisent très-promptement les ruminants.

J'ai indiqué à la fin de cet ouvrage les moyens à prendre pour soulager promptement les animaux météorisés.

BIBLIOGRAPHIE.

Commerel. — Mémoire sur la culture du chou à faucher, 1792, in-8.
Turbilly. — Mémoire de la Société écon. de Berne, 1764, in-12, p. 83.
Depère. — Manuel d'agriculture pratique. 1806, in-8, p. 78.
Lullin. — Traité des prairies artificielles. 1819, in-8, p. 137.
Yvart. — Cours complet d'agriculture, 1823. in-8, t. XIV. p. 546.
Rendu. — Agriculture du Nord, 1843, in-8, p. 326.
Leclerc-Thouin. — Agriculture de l'Ouest, 1843. gr. in-8, p. 335.
Giraud. — Traité élémentaire d'agriculture, 1842, in-12, p. 226.
Cavoleau. — Statistique de la Vendée, 1844. in-8, p. 528.
Jamet. — Cours d'agriculture, 1846, in-12, p. 176.
De Gasparin. — Cours d'agriculture, 1848, in-8, t. IV, p. 131.
Chatel. — Le chou branchu, 1852, in-8.
Cora-Millet. — Journal d'agric. pratique, 1855, 4ᵉ série, t. III, p. 267.
Vilmorin. — Bon jardinier, 1855, in-12, p. 607.

SECTION IV.

Pastel.

(Ἰσάζω, unir; allusion à la propriété qu'on lui attribuait autrefois, celle de détruire les inégalités de la peau.)

ISATIS TINCTORIA, L.

Plante dicotylédone de la famille des Crucifères.

Anglais. — Woad.   *Italien.* — Guade.
Allemand. — Waid.   *Espagnol.* — Gualda.

Historique. — Climat. — Végétation. — Terrain. — Semis. — Récolte fauchage. pâturage. — Rendement. — Récolte des graines. — Action du pastel sur le bétail.

Historique. — Le pastel, quoique connu depuis les temps les plus reculés pour la couleur bleue qu'il fournit, n'a été cultivé comme plante fourragère que vers 1766. C'est Bohadsch, de Prague, qui l'a recommandé le premier à l'attention des agriculteurs de l'Europe. Daubenton l'a cultivé avantageusement à Montbard; il l'employait à l'entretien du troupeau de mérinos que Turgot avait eu l'heureuse idée de lui confier. De nos jours, M. Vilmorin père l'a vivement recommandé pour les contrées qui ne récoltent pas de fourrages légumineux.

Les habitants du canton de Romilly-sur-Seine (Aube) recueillent avec soin les pieds du *pastel sauvage* auxquels il donne le nom de *galoches* pour les utiliser dans la nourriture de leurs vaches.

Climat. — Cette plante est très-rustique; elle supporte les froids les plus rigoureux. C'est cette grande rusticité qui lui permet de végéter l'hiver et de fournir au commencement du printemps un excellent fourrage vert.

Végétation. — Le pastel cultivé a des feuilles radicales oblongues et pétiolées, et des feuilles caulinaires lancéolées et amplexicaules. Les unes et les autres sont lisses. Le pastel que l'on trouve à l'état sauvage a des feuilles velues et moins glaucescentes. Ces feuilles ne sont pas très-recherchées par les animaux.

Nonobstant, cette crucifère fleurit à la fin d'avril ou au commencement de mai, et elle mûrit ses graines vers la fin de juin ou en juillet.

Terrain. — Le pastel réussit très-bien sur les sables, les terres caillouteuses, les sols argileux à sous-sols imperméables; mais il acquiert toujours plus de vigueur sur les terrains calcaires. Sur les sols calcaires-argileux ou calcaires-siliceux il produit des feuilles nombreuses et développées.

Quoiqu'il ait une très-grande aptitude à réussir sur les sols pauvres, il fournit toujours des tiges plus fortes et des feuilles plus larges lorsqu'il végète sur des terres de fertilité ordinaire.

Semis. — On exécute les semis en mars ou avril sur les terres destinées aux avoines de printemps. On peut aussi ne les pratiquer qu'en mai ou juin, si la couche arable est encore fraîche, sur les sols que l'on ensemence en vesce ou en sarrasin. Les semis faits en automne ne sont favorables que quand on cultive le pastel sur des terres fertiles.

La graine est une silicule de couleur violet noirâtre; elle est légère et ne pèse que 11 à 12 kilogr. l'hectolitre. La semence du pastel sauvage est jaunâtre.

Sa légèreté exige qu'on la répande le matin et le soir, c'est-à-dire lorsque l'air n'est pas agité.

On sème 10 à 12 kilogr. de graines par hectare.

Les semis se font à la volée, et la graine doit être enfouie par un hersage léger.

Récolte. — A. FAUCHAGE. — Lorsque les ensemencements

ont eu lieu au printemps, les plantes sont suffisamment vigoureuses pour résister aux premières gelées de l'hiver, et continuer de végéter pendant cette saison.

C'est vers la fin de mars ou les premiers jours d'avril, lorsque les tiges commencent à monter, quand les boutons vont s'épanouir, qu'on procède à la fauchaison.

Lorsqu'on coupe de bonne heure, on obtient une seconde pousse dans le courant de mai.

B. PÂTURAGE. — On peut faire pâturer le pastel par les bêtes ovines pendant les mois de février et mars. La facilité avec laquelle il repousse après avoir été pâturé d'aussi bonne heure, le rend très-précieux, puisque c'est le seul fourrage vert qu'on puisse faire consommer sur place à cette époque.

Rendement. — Le produit que fournit le pastel n'est pas très-considérable ; il dépasse rarement 15 000 kilogr. à l'hectare, lorsqu'on fauche cette plante vers la fin de l'hiver.

Quoi qu'il en soit, si l'on réfléchit à la facilité avec laquelle le pastel végète sur les sols pauvres, l'époque où il peut être fauché ou pâturé, on reconnaîtra qu'il est digne de l'attention des agriculteurs qui multiplient l'espèce ovine sur des terres médiocres.

Récolte des graines. — (Voir t. VII, PLANTES TINCTORIALES.)

Action du pastel sur le bétail. — Les bêtes à laine mangent très-bien le pastel lorsqu'elles y sont accoutumées. En outre, il forme une nourriture saine et nutritive pour les bêtes à cornes.

Toutefois, il est hors de doute que les animaux auxquels on donne du trèfle, de la luzerne, des vesces, etc., refuseront de le consommer, mais il est incontestable, ainsi que j'en ai acquis la certitude, que les bestiaux soumis à un régime de paille et de jeûne s'en accommoderont très-bien.

On a souvent répété que les bêtes ovines et les bêtes bovines refusaient le pastel. Loin de moi la pensée d'affirmer
que de semblables faits n'ont pas été quelquefois observés.
Toutefois, ils ne sont pas assez nombreux pour détruire les
résultats que j'ai obtenus, et qui confirment les observations
faites par Daubanton et MM. de Gasparin et Vilmorin, à savoir que le pastel est mangé sans répugnance par les brebis,
les moutons et les vaches au pâturage ou dans les bergeries
et les étables.

BIBLIOGRAPHIE.

De Lasteyrie. — Du Pastel, 1811, in-8, p. 18.
Vilmorin. — Journal d'agriculture pratique, 1842, 2ᵉ série, t. VI, p. 305.

CHAPITRE III.

PLANTES ANNUELLES.

SECTION I.

Trèfle incarnat.

(De *tria* trois, *folium* feuille : c'est-à-dire feuille composée de trois folioles.)

Trifolium incarnatum, L.

Plante dicotylédone de la famille des Légumineuses.

Anglais. — Scarlet clover.   *Allemand.* — Incarnat-Klee.

Historique. — Climat. — Végétation. — Variétés. — Composition. — Terrain : nature, préparation et fertilité. — Semis : époque, conditions de réussite, quantité de graines, exécution. — Recouvrement des semences. — Germination. — Association du farouch à d'autres plantes. — Soins d'entretien : assainissement du sol, application d'engrais, plâtrage. — Animaux nuisibles. — Produit en vert. — Production sèche. — Rendement. — Récolte des graines. — Rendement en graines. — Poids d'un hectolitre de semences. — Valeur nutritive. — Emploi de la paille. — Bibliographie.

Historique. — La culture du trèfle icarnat n'est pas très-ancienne ; elle a pris naissance il y a bientôt un siècle dans l'ancienne province du Roussillon. C'est Prince-Pré de Buire, près Péronne, qui l'a introduite en 1791 dans les départements du Nord.

De Candolle rapporte qu'au commencement de ce siècle on le désignait dans le Roussillon sous les noms de *Farragde alfé* et de *Medouches de bourrou* (Fraises d'ane). Simon de Sismondi l'a vu cultivé en Toscane dans le val de Nevole sous le nom de *lupinelle*.

Cette plante réunit des avantages qu'aucune autre plante n'est susceptible de donner. Ainsi, elle fournit une coupe

précoce et abondante, elle n'occupe le sol que peu de temps, elle peut être cultivée sans que l'ordre des récoltes soit interverti ; enfin, elle n'exige pas des terres très-fertiles.

Fig. 36. — Trèfle incarnat à fleurs blanches.

Depuis plusieurs années, sa culture s'est étendue dans un grand nombre de localités des régions du Nord, de l'Est et de l'Ouest, parce qu'il fournit, au mois de mai, une abondante et utile production verte.

Climat. — Originaire du midi de la France, le trèfle incarnat que l'on connaît sous les noms de *farouch, trèfle du Roussillon, trèfle d'Espagne, trèfle italien,* redoute les gelées et les dégels, à moins qu'il végète sur des sols perméables et exempts d'une humidité sensible durant l'automne et l'hiver.

Quand on le cultive sur de semblables terrains dans les départements du Nord, il résiste parfaitement aux froids ordinaires.

Végétation. — Le trèfle incarnat a des tiges droites et simples ; ses folioles sont obovales, dentelées vers l'extrémité et portées par des pédicelles très-courts. Les fleurs sont disposées en épis d'un rouge très-vif, serrés, allongés, légèrement coniques et inclinés à l'époque de leur maturité ; les calices sont velus et

contiennent chacun une graine presque arrondie et de couleur jaunâtre.

Variétés. — 1° *Trèfle incarnat tardif à fleur rouge.* Cette variété est plus tardive de 15 à 20 jours que l'espèce ordinaire et elle convient très-bien pour regarnir les semis trop clairs faits avec le trèfle incarnat ordinaire. Elle défleurit moins promptement.

Ce trèfle mérite sous tous les rapports d'être vivement recommandé aux agriculteurs qui cultivent annuellement l'espèce type; il se propage de plus en plus chaque année parce qu'il est très-productif.

2° *Trèfle incarnat tardif à fleur blanche.* M. Lejeune a obtenu il y a quelque temps seulement une variété de trèfle incarnat ayant des fleurs blanches. Cette variété (*fig.* 36) est plus tardive de 8 à 10 jours que la variété précédente; en outre, elle est remarquable par sa rusticité, sa force de végétation et le grand produit qu'elle fournit.

Ses tiges sont moins creuses et moins fortes. Sa graine est blanc jaunâtre, coloration qui ne permettra pas au commerce de la remplacer par la graine de trèfle incarnat tardif à fleur rouge.

Cette nouvelle variété se propagera très-certainement dans les contrées où la culture du trèfle incarnat est facile, lorsqu'elle sera plus connue.

On a dit que cette variété exigeait un sol plus fertile que les autres trèfles incarnats; ce fait n'a pas été jusqu'à ce jour confirmé par l'expérience.

Composition. — M. J. Pierre a constaté que le trèfle incarnat ordinaire contenait les matières suivantes :

	Avant la floraison.	*A la floraison.*	*Après la floraison.*
Matières sèches...	13,60	18,00	20,50
Eau............	86,40	82,00	79,50
	100,00	100,00	100,00

Anderson a trouvé les mêmes éléments.

Matières sèches.....	17,44
Eau	86,56
	100,00

Le trèfle analysé contenait 0,52 par 100 d'azote.

Terrain. — A. NATURE. — Le trèfle incarnat est un peu difficile sur la nature du sol. En général, il réussit très-bien sur toutes les terres à froment et à seigle.

Les sols argileux, argilo-siliceux, siliceux à sous-sol imperméable, qui retiennent beaucoup d'eau pendant l'automne et l'hiver, ne lui sont pas favorables.

Les terres crayeuses qui se gonflent beaucoup par l'effet des pluies et se soulèvent sous l'action des gelées, et les sols calcaires de formation oolitiques ne conviennent pas au trèfle incarnat des gelées.

Les terres argilo-siliceuse, granitique, schisteuse, silico-argileuse, les terres calcaires du grès vert et des terrains secondaires et tertiaires saines ou perméables, sont celles sur lesquelles il acquiert son plus grand développement.

Cette plante est trop délicate pour qu'on puisse la cultiver avec quelque espérance de succès sur les terres sablonneuses pures, et principalement sur celles qui n'ont point encore entièrement perdu leur caractère acide.

B. PRÉPARATION. — Un fait bien digne de remarque et qui a parfois plus de puissance dans la réussite du trèfle incarnat que la nature et la fertilité du sol, c'est que sa semence doit être répandue sur un sol dur, ferme et battu, ou sur un labour très-ancien. L'expérience prouve chaque jour que la réussite de cette plante fourragère est douteuse, et qu'elle est moins productive lorsque la couche arable a été ameublie par la charrue, parce qu'elle aime à développer ses premières radicules sur un sol bien raffermi. Aussi peut-on dire : Pour que le trèfle incarnat puisse braver les influences atmosphériques de l'automne et de l'hiver, il faut éviter, autant que possible, d'ameublir le sol à une profondeur aussi marquée que celle exigée par la plupart des autres plantes agricoles fourragères, céréales ou industrielles.

Comme cette plante suit ordinairement une céréale d'hiver ou de printemps, il en résulte qu'on peut et doit même exécuter les semailles après avoir donné seulement un ou deux hersages au chaume. Il est rare, quand la terre est saine, que les plantes ne végètent pas alors avec vigueur. Toutefois, si le sol était envahi par des plantes parasites traçantes, cette simple opération serait insuffisante. Il faudrait recourir à l'extirpateur, au scarificateur ou à la charrue. Celle-ci, lorsqu'elle fonctionne superficiellement, exécute une opération utile et permet à la semence de se trouver dans de meilleures conditions de propreté, sans cependant être à l'abri des influences défavorables des façons d'ameublissement.

Néanmoins, quelle que soit la nature de la terre à laquelle on confie les semences du farouch, il est nécessaire d'ameublir la couche arable le moins possible, surtout si elle se soulève sous l'influence des gelées et si elle se plombe sous l'action d'une pluie battante. En général, il ne s'agit que d'une seule chose dans la préparation que l'on doit donner à la terre, c'est de placer les semences dans un milieu où elles puissent germer. La végétation avant l'hiver n'est qu'un point accessoire : elle aura toujours lieu avec succès si le sol n'est point humide pendant l'automne, quoiqu'il soit très-dur, ferme, au moment de l'ensemencement. L'aptitude du trèfle incarnat sur les terres dures et battues est même telle qu'on répand parfois la semence sur les chaumes sans autre opération qu'un hersage ou roulage destiné à couvrir la graine avec la certitude d'obtenir une abondante production herbacée au printemps suivant.

C. Fertilité. — Mais si le trèfle incarnat donne parfois de beaux résultats sur des sols sains et légers, on ne doit point en conclure qu'il puisse réussir sur des terres ingrates quant à leur fertilité. Pour que cette plante couvre la couche arable vers la fin d'avril ou les premiers jours de mai d'une abondante production herbacée, il faut que sa semence soit confiée à des sols existants depuis plusieurs années dans la période fourragère ou sur le point d'arriver dans la période céréale. C'est que la rapidité avec laquelle elle ombrage la couche arable, son élévation qui dépasse parfois $0^m,80$, ses tiges et ses feuilles nombreuses, exigent que la terre soit fertile ou qu'elle ait été bien fumée pour les récoltes précédentes.

Les marnages et les chaulages assurent la réussite du trèfle incarnat sur les terres argileuses et siliceuses non calcaires.

Semis. — A. Époque. — Les semis doivent être faits de la première quinzaine d'août à la première quinzaine de septembre.

Il y a avantage à ne pas retarder l'époque des ensemencements, car les semailles hâtives sont celles qui donnent toujours les meilleurs résultats. Donc, toutes les fois que la nature du sol et l'état de l'atmosphère le permettront, on choisira le mois d'août, comme époque des ensemencements, afin que les plantes puissent mieux se développer avant les premières gelées d'automne et principalement celles de l'hiver. J'ai dit que le trèfle incarnat était plus sensible aux froids que le trèfle ordinaire.

J'ajouterai qu'il existe des localités où les conditions climatériques obligent le cultivateur à pratiquer les semis encore plus tôt. Ainsi, dans les départements de l'Isère, des

Hautes-Pyrénées et de la Haute-Garonne, les semailles sont ordinairement faites du 15 juillet au 20 août.

Les semis les plus tardifs sont ceux que l'on exécute en Provence et dans le département du Gard : ils ont lieu vers la fin de septembre.

B. Conditions de réussite. — Quelle que soit l'époque déterminée pour exécuter les semis, il est nécessaire de répandre la semence quand le temps est disposé à la pluie ou après une pluie récente. Alors la germination est plus assurée et plus prompte, à cause de l'humidité que la terre tient à la disposition de la force vitale des graines.

Dans quelques parties du Midi, dans le Roussillon, par exemple, on est souvent obligé, à cause des sécheresses d'août, de rafraîchir la terre par des irrigations ou d'attendre le mois de septembre et quelquefois même le mois d'octobre pour pouvoir répandre la graine soit sur les chaumes de céréales, soit sur les terres occupées par la culture du maïs.

C. Quantité de graines. — La semence du farouch se répand ordinairement dépouillée de son enveloppe, c'est-à-dire mondée ; mais on peut aussi la semer revêtue du calice, c'est-à-dire en *bourre*.

La graine nouvelle a une couleur jaune clair ; âgée d'un an à deux, elle est plus ou moins rougeâtre. Les graines de deux ans ne lèvent pas toujours très-bien.

Lorsqu'on emploie de la graine mondée il faut en répandre de 20 à 25 kilogr. par hectare. Les semailles épaisses sont regardées avec juste raison comme les meilleures. On a dit que 15 kilogr. étaient suffisants. Cette quantité est trop faible pour que les plantes se pressent en automne les unes contre les autres. Plus les plantes sont nombreuses, moins les tiges sont fortes et plus la production est élevée et abondante au printemps. On ne doit pas oublier que si le trèfle incarnat talle en automne, et s'il prend durant cette saison une vigueur remarquable, un certain nombre de jeunes plantes disparaissent toujours pendant l'hiver, sous l'influence des gelées et des dégels.

La graine en bourre se répand dans des proportions assez variables. Suivant M. Vilmorin, il faut en employer 8 hectolitres ou 45 à 50 kilogr. par hectare. Dans le département de l'Aude on en répand de 6 à 7 hectolitres; dans celui des Hautes-Pyrénées, de 11 à 12 hectolitres. Dans le Dauphiné on en emploie 100 kilogr. ou 13 à 15 hectolitres. Ces différences résultent évidemment de la plus ou moins grande propreté de la graine.

D. Exécution. — La graine dépouillée de son enveloppe se répand aussi facilement que les semences de luzerne ou de trèfle. Il n'en est pas de même de celle qui est encore en bourre, on la sème assez difficilement. Ainsi, à cause de sa manière d'être et de sa légèreté, elle s'agglomère dans la main du semeur et se répartit très-mal sur le champ, surtout si le vent est un peu sensible. De là la nécessité de ne la répandre que par petites poignées, de diviser entre les doigts les gousses agglomérées, et de choisir de préférence le matin ou le soir pour exécuter le semis.

Recouvrement des graines. — Quand on répand la graine en bourre, on doit l'enterrer au moyen d'un hersage léger. Un roulage suffit pour couvrir les semences qui ont été dépouillées de leur calice. Il est même des cultivateurs qui se bornent à les répandre sur les chaumes qui ont été hersés ou labourés très-légèrement. Cette manière d'agir, en usage dans quelques localités du midi, n'est réellement favorable que s'il doit pleuvoir après la semaille. Toutefois, quand on projette les graines dans le lupin, le maïs, etc., on est forcé de les abandonner à elles-mêmes à la surface de la terre, attendu l'impossibilité de les recouvrir avec la herse ou le rouleau.

Germination. — La graine de trèfle incarnat lève aussi promptement que celle de lupuline. Après quinze jours de végétation, les jeunes plantes développent une feuille trifofoliée portée par un pétiole très-pubescent.

Cette légumineuse se distingue très-facilement des autres plantes fourragères appartenant à la même famille. En germant, elle produit des cotylédons ovales, semi-elliptiques et assez épais. La largeur de ces feuilles séminales varie entre 6 et 8 millimètres et leur longueur égale le plus ordinairement 1 centimètre ; elles se rapprochent beaucoup plus des feuilles cotylédonaires du sainfoin que celles du trèfle rouge, de la lupuline et de la luzerne.

La première feuille apparaît aussi repliée sur elle-même dans le sens de la direction du pétiole ; elle est réniforme, pubescente sur les faces et sur les bords, et sa largeur dépasse rarement 1 centimètre. Le pétiole présente aussi des poils très-apparents sur toute son étendue.

Association du farouch à d'autres plantes. — Le trèfle incarnat n'est pas toujours cultivé seul. En Bretagne, je l'ai associé avec succès au ray-grass et à l'avoine d'hiver ; en Normandie, M. Colombel le cultive avec un peu de vesce d'hiver. Dans le Lot-et-Garonne on lui associe ordinairement du seigle et des navets. Ces racines sont enlevées à la main vers la fin de l'automne et pendant l'hiver. Les navets qui ont échappé à la cueillette montent en fleurs au printemps et forment avec le seigle une deuxième récolte.

Les vesces, le ray-grass, l'avoine d'hiver, ont cet immense avantage qu'ils augmentent considérablement les propriétés alimentaires du trèfle incarnat et lui permettent de rester vert pendant plus longtemps.

Soins d'entretien. — Le trèfle incarnat exige quelques soins d'entretien pendant sa végétation.

A. ASSAINISSEMENT DE LA COUCHE ARABLE. — Il est utile de surveiller pendant l'hiver l'état du sol, lorsque le farouch est cultivé sur des terrains argileux ou argilo-siliceux à sous-sol imperméable quand même ces mêmes terres auraient beaucoup de pente, parce que l'eau ne doit point y séjourner.

On doit donc pratiquer le plus tôt possible en automne, sur les terres qui ne sont pas très-perméables, des rigoles d'écoulement afin de prévenir la stagnation des eaux pendant les pluies ou après la fonte des neiges.

B. APPLICATION D'ENGRAIS. — Lorsque le trèfle incarnat a mal levé, quand il laisse peu d'espoir ou que l'on veut s'assurer à l'avance d'un produit en vert aussi abondant que possible, on active sa croissance en lui appliquant une fumure en couverture ou en répandant sur la surface du champ des engrais pulvérulents, du noir animal ou du plâtre.

Les fumures en couverture ne produisent pas toujours de très-bons effets dans les contrées où les hivers sont très-doux et pluvieux; elles augmentent l'humidité de la couche arable durant l'hiver ou servent d'abri aux insectes et animaux nuisibles. Il n'en est pas ainsi des engrais pulvérulents; la poudrette, par exemple, seconde puissamment la végétation et le tallement des plantes sans nuire à aucune d'elles.

Toutefois, l'emploi du fumier ou des engrais pulvérulents ne peut, en aucune manière, déterminer au sein d'une exploitation l'étendue que doit avoir le trèfle incarnat. Si cette plante nécessitait, pour croître vigoureusement, un supplément de matières organiques, elle perdrait bientôt tous ses avantages et elle ne pourrait plus recevoir la dénomination de plante fourragère peu coûteuse. Pour qu'elle soit réellement utile, il faut que le reliquat des substances organiques mêlées à la couche arable dans le but de favoriser les productions des cultures précédentes puisse satisfaire ses exigences. Alors le trèfle incarnat est une véritable plante intercalaire qui ne change en rien la succession des cultures et ne modifie pas très-sensiblement la fertilité de la terre où elle est cultivée.

C. PLATRAGE. — Le plâtre peut aussi être appliqué sur le trèfle incarnat. Dans les localités où il agit sur cette légumineuse, il a une puissante influence sur son avenir. En Touraine, il permet au farouch de donner chaque année des produits qu'aucune autre plante fourragère légumineuse ne peut égaler au printemps.

Animaux nuisibles. — Le farouch redoute la présence des limaces pendant les mois de septembre et d'octobre. Ces animaux sont si nombreux quand leur existence est favorisée par des pluies continues ou des brouillards fréquents, qu'ils détruisent parfois complétement cette légumineuse quand elle commence à végéter, c'est-à-dire à développer des feuilles et des rudiments de tiges. (Voir TRÈFLE ROUGE, *Animaux nuisibles*, p. 360.)

Produit en vert. — On cultive le trèfle incarnat dans le but de faire consommer ses tiges et ses feuilles à l'état vert pendant le printemps.

C'est vers la fin d'avril, mais le plus ordinairement dans la première quinzaine de mai, qu'on le fauche pour le donner aux animaux domestiques. A cette époque, qui est toujours beaucoup plus tardive dans la région septentrionale que dans les provinces du midi, du sud-ouest et de l'ouest, les fleurs du farouch sont en partie épanouies et ont acquis leur brillante couleur cramoisie.

Le trèfle incarnat tardif à fleurs rouges est encore très-vert dans les environs de Paris et de Lisieux dans la première quinzaine de juin.

Le trèfle incarnat tardif à fleurs blanches succède à cette dernière variété. On le fauche un mois environ après le trèfle incarnat ordinaire.

Le trèfle incarnat, qui ne donne qu'une coupe et disparaît ensuite, doit être récolté prématurément; on ne doit pas attendre, pour commencer la fauchaison, que toutes les fleurs soient développées et qu'elles aient perdu une partie de leur riche coloration. Coupées après le complet épanouissement des fleurs, les plantes perdent de leur saveur et de leur qualité, et les animaux les consomment plus difficilement.

C'est à cause de la dureté que les tiges acquièrent en peu de temps, quand les fleurs sont bien épanouies, de la promptitude avec laquelle les graines apparaissent dans le fond des calices, qu'il est indispensable de commencer la fauchaison de bonne heure, principalement lorsque l'étendue cultivée est bien supérieure au nombre d'animaux de rente ou de travail existant sur l'exploitation.

Fauché avant le développement des épis, il repousse et fournit une petite seconde coupe s'il végète sur des terres de très-bonne qualité.

Je ferai observer que le trèfle incarnat ne météorise pas les bêtes bovines et ovines, quoi qu'en aient dit Pictet et Mathieu de Dombasle. Cette propriété est précieuse en ce qu'elle permet de faucher cette légumineuse de très-bonne heure et de laisser au trèfle rouge et à la luzerne le temps d'élaborer plus parfaitement les liquides qu'ils renferment.

Production sèche. — On ne convertit pas ordinairement la production verte en foin. Ce dernier est très-gros, dur, sec, peu substantiel et d'une dessiccation assez difficile.

Quand la production verte excède les besoins des animaux

dans les départements du sud-ouest, au lieu de laisser perdre ce qui reste sur le champ, on fauche cet excédant, on le laisse en andains deux ou trois jours, on l'éparpille ensuite avec précaution si le temps est beau, et on le roule en corde ou on le met en tas. Ce foin, quoique de qualité secondaire, est mangé par les animaux.

Rendement. — Le produit en vert est plus ou moins abondant selon : 1° la nature et l'humidité du sol; 2° la préparation donnée à la terre; 3° la fertilité de la couche arable; 4° les ravages occasionnés par les limaces.

Quand les semis ont réussi et qu'ils ont été exécutés sur des terres à froment ne renfermant pas beaucoup de calcaire, on peut espérer un produit en vert de 20 à 25 000 kilogr. par hectare. Ces produits sont ceux que j'ai obtenus à Grand-Jouan sur des terres produisant 18 hectol. de froment par hectare.

Comme le farouch contient 75 p. 100 d'eau quand il commence à épanouir ses fleurs, il en résulte que cette production représenterait 5000 à 6250 kilogr. de foin sec. Suivant M. de Gasparin, on récolte dans les environs de Genève l'équivalent de 5500 à 5800 kilogr. de foin; dans le Languedoc, M. de Villèle obtient 4100 kilogr.; les cultivateurs de Vic (Hautes-Pyrénées) récoltent 6800 kilogr. M. de Thiais (Saône-et-Loire) a obtenu 8000 kilogr. par hectare.

En Belgique on a obtenu pendant les années 1851 à 1856 les rendements suivants :

Provinces.	Produit vert.
Flandre occidentale....	18 000 kil.
Flandre orientale......	16 000
Hainaut	19 000
Liége................	17 500
Namur	18 000
Brabant	18 000
Anvers	25 500
Moyenne........	18 800 kil.

Les chiffres suivants caractérisent les diverses récoltes fournies par le trèfle incarnat :

Récolte très-bonne...	40,000 kil.
Bonne récolte.......	30,000
Récolte assez bonne..	20,000
Récolte médiocre....	10,000

Récolte des graines. — Les graines mûrissent ordinairement vers la Saint-Jean ou dans les premiers jours de juillet au plus tard. Alors les tiges et les épis sont blanchâtres, et ces derniers sont fortement inclinés vers la terre.

Les procédés de récolte varient beaucoup. Ici, des femmes et des enfants ramassent les épis à la main et les déposent sur une toile. Là, on enlève les têtes au moyen de cueilloirs. Ailleurs, on procède à l'arrachage des tiges comme on opère pour le lin, puis on forme de petites bottes que l'on place debout sur le sol jusqu'à ce que la dessiccation des tiges soit presque complète. Plus loin, on fauche les tiges quand les graines sont sur le point de terminer leur maturité, on les rapporte à la ferme et on les dépose dans un local où elles puissent sécher. Nonobstant ces divers procédés, dès que les graines ont achevé de mûrir, on procède au battage. Comme les capsules se détachent facilement de leur support, on doit opérer un battage léger.

Après ces diverses opérations, les gousses sont soumises à l'action des machines qui les égrènent.

Quel que soit le procédé mis en usage, on ne doit point entreprendre la récolte des graines tardivement. Lorsque les semences sont parfaitement mûres au fond des calices, le moindre vent détache ces derniers avec facilité des épis et les transporte à de grandes distances. En fauchant à la rosée on évite en grande partie cet égrenage.

Rendement en graines. — Le produit en graines non mondées s'élève à 35, 40 et même 60 hectolitres par hectare.

Un hectolitre de graines en bourre pèse de 6 à 7 kilog. et peut donner de 2 kilog. 500 à 3 kilog. de graines nues ou nettoyées.

En admettant une production de graine non nettoyée de 40 hectolitres par hectare, cette même superficie produirait 250 kilog. de graines en gousse ou 120 kilog. de semences dépouillées de leur enveloppe.

M. de Villeneuve a constaté qu'on peut obtenir 40 kilog. de graines nues de 100 kilog. de semences enveloppées de leur calice. Selon Pictet, le rendement en graines varierait de 2 à 9 kilog. de graines nettoyées par chaque 100 kilog. de fourrage sec que donnerait le farouch.

Poids de l'hectolitre. — La graine de trèfle incarnat bien mûre et bien nettoyée pèse de 80 à 82 kilog. l'hectolitre.

Valeur nutritive. — Le farouch vert convient à tous les animaux domestiques quand il a été coupé avant le complet épanouissement de ses fleurs.

Fauché tardivement, c'est-à-dire lorsque ses fleurs sont entièrement développées, il est moins nutritif que le trèfle ordinaire.

J'ai reconnu par des expériences faites sur des chevaux et des vaches que sa valeur nutritive pouvait être représentée par le chiffre 420, et que par conséquent 42 kilog. de ce fourrage vert pouvaient remplacer 10 kilog. de bon foin de prairies naturelles.

L'urine des chevaux qui mangent du trèfle incarnat vert a une couleur rouge très-prononcée.

Les porcs consomment ce fourrage avec moins d'avidité que le trèfle ordinaire.

Emploi de la paille. — La paille que l'on obtient après la récolte des graines ne peut être utilisée que comme substance litière; elle est trop sèche, trop dure, trop peu alimentaire pour que les animaux puissent la consommer avec avantage.

Valeur des graines. — La graine de farouch se vend dépouillée de son enveloppe; son prix varie de 80 c. à 1 fr. le kilogramme.

Défrichement. — Quoique le farouch soit annuel, il repousse toujours un peu quand il a été fauché de bonne heure. Pour éviter qu'il effrite de nouveau le sol, car il est un peu épuisant, on doit labourer la terre qui l'a produit, aussitôt, je dirai même au fur et à mesure du fauchage.

La plante qui suit cette légumineuse doit toujours être précédée par une fumure.

BIBLIOGRAPHIE.

Costa Serradell. — Mém. de la Soc. cent. d'agr., 1789, in-8, t. I, p. 1
Princepré. — Mém. de la Société cent. d'agr., 1803, in-8, t. V, p. 399.
De Père. — Manuel d'agriculture pratique, 1806, in-8, p. 65.
Bosc. — Encyclopédie méthodique, 1813, in-4, t. VI, p. 515.
Yvart. — Cours complet d'agriculture, 1823, in-8, t. IV, p. 497.
De Dombasle. — Annales de Roville, 1828, in-8, t. II, p. 131.
Fabre-Lichaire. — Mém. de la Soc. d'agr. du Gard, 1838, in-8, p. 130.
Collasson. — Moniteur de la propriété, 1840, gr. in-8, t. V, p. 81.
Rendu. — Agriculture de la Haute-Garonne, 1843, in-8, p. 227.
Lecoq. — Traité des plantes fourragères, 1844, in-8, p. 406.
Martegoute. — Journal d'agr. prat., 1848, gr. in-8, 2ᵉ série, t. V, p. 452.
De Gasparin. — Cours d'agriculture, 1848, in-8, t. IV, p. 459.
De Villeneuve. — Manuel d'agriculture pratique, 1853, in-8, t. I, p. 138.
Vilmorin. — Bon jardinier, 1855, in-12, p. 599.

SECTION II.

Vesce.

(De *vincere*, entrelacer; allusion à la tige, qui est volubile.)

VICIA SATIVA, L.

Plante dicotylédone de la famille des Légumineuses.

Anglais. — Sitch-Vetch.   *Flamand.* — Vitse.
Allemand. — Wicke.   *Espagnol.* — El Arveja.
Danois. — Vikker.   *Italien.* — Vezza.

Historique. — Végétation. — Variétés. — Composition. — Climat. — Terrain : nature, préparation, fertilité. — Quantité d'engrais à appliquer. — Semis : d'automne, de printemps, quantité de semence, nécessité d'allier les vesces à d'autres plantes fourragères, exécution. — Recouvrement des graines. — Soins d'entretien. — Oiseaux et insectes nuisibles. — Récolte : époque, fauchage, fanage, bottelage. — Consommation sur place. — Rapport entre le fourrage sec et le fourrage vert. — Rendement en vert et en sec. — Récolte des graines. — Quantité de graines qu'on peut récolter. — Poids de l'hectolitre. — Valeur nutritive de la production verte, du foin, des fanes et des graines. — Valeur commerciale des graines. — Prix de revient. — Bibliographie.

Historique. — La vesce est connue depuis les temps les plus reculés. Les Grecs et les Romains la cultivaient comme plante fourragère. Au temps de Caton et de Columelle on la semait en automne et au printemps. Elle est aujourd'hui répandue dans toute l'Europe.

Végétation. — Cette légumineuse a des tiges droites ou couchées, rameuses et hautes de $0^m,40$ à $0^m,65$; ses feuilles sont alternes, terminées en vrilles simples ou rameuses, et elles sont composées de 6 à 8 paires de folioles oblongues, échancrées et mucronées au sommet; ses stipules sont dentées en demi-fer de flèche et elles portent à leur base une tache brun noirâtre. Quant aux fleurs, elles sont presque sessiles, solitaires ou géminées et de couleur violette ou purpurine. Les gousses qu'elles produisent sont oblongues,

comprimées, un peu velues, et elles renferment de 8 à 12 graines lisses un peu globuleuses.

Variétés. — On cultive cinq espèces ou variétés de vesce :

1° La VESCE D'HIVER, que l'on désigne dans la région de l'ouest sous le nom de *jarosse*. Cette plante est rustique et résiste aux gelées de l'hiver si elle végète sur une terre saine, c'est-à-dire exempte d'une humidité sensible.

La vesce qu'on cultive dans les environs de Bernay est très-belle et elle fournit des semences qui sont très-grosses et très-recherchées par les cultivateurs de l'Eure. On la désigne souvent sous le nom de *vesce de Bernay*.

2° La VESCE DE PRINTEMPS. Cette variété est très-cultivée dans la région septentrionale ; elle est aussi productive que la vesce d'hiver.

Ces deux légumineuses sont aussi connues sous le nom de *vesces noires*, parce que leurs semences sont brunes.

3° La VESCE BLANCHE ou *vesce d'Amérique* ou *lentille du Canada*. Cette variété (fig. 37) est plus rustique et plus productive que la vesce noire de printemps. Ses graines sont presque blanches. Quant à ses fleurs, elles sont violettes ; c'est à tort que l'on a dit qu'elles étaient de couleur blanche.

4° La *vesce à gros fruits* (VICIA MACROCARPA). Cette variété (fig. 38) diffère entièrement des autres variétés par ses feuilles et ses tiges, qui sont très-développées. Ses fleurs, d'un beau violet foncé, produisent des gousses très-grosses qui contiennent des semences globuleuses et noirâtres. Cette espèce est digne d'être expérimentée.

Aucune espèce ne lui est supérieure quant à la vigueur. Elle est hâtive. On la sème en automne ou au printemps.

5° La VESCE HOPETOUN ou *vesce écossaise*, variété à fleurs blanches, très-productive et cultivée avec succès en Écosse. Sa semence, un peu aplatie, est blond grisâtre.

On a proposé depuis longtemps de cultiver la *vesce velue* ou *vesce de Russie* (VICIA VILLOSA), variété vivace et rustique. Cette légumineuse a des tiges de plus de 2 mètres de longueur;

Fig. 37 — Vesce blanche.

ses fleurs, d'un beau bleu violet, sont disposées en longues grappes comme celles de la *vesce multiflore* (VICIA CRACCA) s'épanouissent en juillet. Elle mérite d'être essayée. Il faut impérieusement l'allier au seigle pour éviter que ses tiges longues et nombreuses ne s'altèrent en restant couchées sur le sol.

Les vesces de printemps ont des avantages que ne possède

Fig. 38. — Vesce à gros fruits.

pas celle d'hiver. Ainsi, elles suppléent au trèfle ordinaire, au trèfle incarnat et à la vesce d'hiver, quand ces légumineuses ont été détruites par les gelées ou par les pluies d'automne et d'hiver. En outre, elles peuvent former la base de la nourriture des animaux soumis à la stabulation, depuis le mois de juin jusque dans le courant de septembre.

Ces légumineuses ont beaucoup aidé dans la Beauce, la Brie, la Picardie, etc., à la suppression de la jachère et à la propagation de la race ovine mérinos.

Composition. — La vesce, d'après le docteur Vœlcker, ontient à l'état vert les substances suivantes :

Substances solubles dans l'eau...	6,07
Matières minérales..............	1,37
Fibres végétales................	10,37
Matières grasses................	0,47
Eau....	82,16
	100,00
Azote	0.56

Climat. — La *vesce d'hiver* résiste aux gelées d'hiver lorsqu'elle réside sur des terrains sains qui ne souffrent pas des brusques alternatives des gels et des dégels et quand elle a été semée de bonne heure en automne. Dans le nord comme dans le midi de la France, elle occupe annuellement une étendue importante et on la regarde comme une plante inséparable d'une culture progressive ou d'une exploitation bien dirigée.

Les *vesces de printemps* demandent, contrairement à celles d'hiver, une température un peu fraîche, un peu humide, et elles redoutent bien .plus qu'elles les sécheresses intempestives et prolongées ainsi que les pucerons.

Terrain. — A. NATURE. — La *vesce d'hiver* est un peu difficile sur la nature du sol. Comme elle redoute l'humidité, elle doit être semée sur des terres plutôt siliceuses qu'argileuses, plutôt légères que compactes. Les terres calcaires-argileuses, calcaires-siliceuses à sous-sols perméables sont les terrains sur lesquels elle acquiert au printemps le plus de vigueur.

Les *vesces de printemps* ne demandent pas des terres aussi légères, aussi perméables ou sèches que la vesce d'automne, parce qu'elles y réussissent mal, à moins que l'année ne soit humide ou pluvieuse.

Les terres argileuses, argilo-calcaires, argilo-siliceuses, fraîches au printemps et en été, sont les seules qui conviennent à ces légumineuses. Toutefois, il ne faut pas que l'humidité du sol et celle de l'atmosphère soient très-prononcées, parce que ces plantes peuvent végéter trop vigoureusement sur les terres arrivées dans la période céréale et industrielle, se coucher et pourrir en partie.

B. Préparation. — Le sol destiné à la *vesce d'hiver* n'exige pas une préparation complète.

Lorsque cette légumineuse suit une céréale, on retourne le chaume en août, par un léger labour ou au moyen d'un scarificateur, selon l'état du sol cultivable, et on fait suivre cette opération par un hersage énergique. Quelques jours avant d'exécuter les semailles, on laboure de nouveau en disposant la terre arable en petits billons ou mieux en planches convexes de 2 à 3 mètres de largeur.

Lorsque le sol est exempt de plantes nuisibles, qu'il se laisse travailler facilement et qu'il n'est pas nécessaire d'enfouir des fumiers pailleux, un seul labour, parfaitement exécuté, suffit généralement.

Les terres ne peuvent être labourées à plat ou en planches de 20 mètres que lorsqu'elles sont perméables.

Quelle que soit la place que l'on accorde aux *vesces de printemps* dans les assolements, il est nécessaire que le sol soit convenablement préparé et surtout débarrassé, autant que cela est possible, des plantes naturelles à racines vivaces. La propreté du sol est une des conditions premières de réussite dans les années de sécheresse et sur les terres qui sont encore dans la période de fertilité fourragère ; car, quoi qu'on en puisse dire, les vesces de printemps ne sont réellement des plantes étouffantes que quand elles sont cultivées sur des terres calcaires, argilo-calcaires et silico-calcaires en période céréale et industrielle.

Lorsqu'on fait précéder la culture des vesces par une jachère, la terre doit recevoir, si elle est argileuse, un labour avant l'hiver et une seconde façon au printemps quelques jours avant l'époque des semailles.

La disposition du sol en billons n'est plus nécessaire même sur les terres fortement argileuses. Quelle que soit la nature de la terre, on doit exécuter les labours à plat, disposition qui permet à la couche arable de conserver davantage d'humidité pendant les sécheresses.

C. FERTILITÉ. — Les *vesces d'hiver* sont des plantes assez exigeantes et leur réussite complète est douteuse sur les terres en période fourragère et surtout en période pacagère, quoiqu'elles soutirent de l'atmosphère, par leurs tiges et leurs nombreuses feuilles, une partie de leur nourriture.

Lorsque la terre est encore dans ces périodes de fertilité, on doit la fumer avant de terminer sa préparation. Cette fumure ne sera jamais entièrement absorbée et profitera encore largement à la plante qui suivra cette culture fourragère.

Les terrains plus riches ne réclament pas d'engrais ; leur vieille force est suffisante, quand ils sont argilo-calcaires ou calcaires-siliceux, pour que la vesce d'hiver y donne des récoltes fourragères abondantes.

Les *vesces de printemps* exigent que les terres soient fumées, à moins que celles-ci ne soient sans cesse fraîches pour ainsi dire pendant l'été et qu'elles appartiennent aux périodes céréale et industrielle.

Cultivées sur des terres sur lesquelles on a appliqué une fumure, ces légumineuses végètent assez rapidement, pendant leurs premières phases de végétation, pour ne pas être arrêtées dans leur développement par les sécheresses du printemps.

Quand les vesces sont cultivées pour leurs graines, il est nécessaire de les placer dans des conditions de fertilité supérieures à celles où les vesces fourragères doivent végéter.

Quantité d'engrais à appliquer. — J'ai dit que les vesces ne donnaient de bonnes récoltes que lorsqu'on les cultivait sur des terres déjà fertiles. Il faut, en effet, que la richesse du sol résultant de la dernière fumure soit équivalente à 8500 kilog. de fumier dosant 0,40 d'azote, pour qu'on puisse récolter 3000 kilog. de foin sec par hectare. Cette fertilité correspond à celle que possèdent les terres qui produisent 17 hectolitres ou 1350 kilog. de blé.

De ces faits on doit conclure qu'il faut que la terre recèle une fertilité de 285 kilog. de fumier par chaque 100 kilog. de foin qu'on espère récolter, et qu'il est nécessaire d'appliquer cette même richesse quand la couche arable n'a pas une fécondité double de cette richesse.

Ainsi, une terre qui ne contiendrait plus de reliquat de la fumure qu'elle aurait reçue avant l'existence des plantes qui précèdent la culture de la vesce, et qui pourrait produire, à cause de sa nature, 4000 kilog. de foin de vesce, devrait être fertilisée avec une fumure de 11 500 à 12 000 kilog. de bon fumier par hectare.

Semis. — A. ÉPOQUE. — 1° *Vesce d'hiver.* — La vesce d'hiver se sème en automne, depuis les premiers jours du mois de septembre jusqu'à la mi-novembre.

Les semis faits pendant le mois de septembre, sont ceux qui donnent les meilleurs résultats, surtout lorsque le sol est argileux et qu'il repose sur une couche imperméable. La pratique constate, en effet, chaque année, qu'il est nécessaire que les vesces soient un peu élevées à l'entrée de l'hiver. Quand elles ont pu se développer avant l'apparition des premiers froids, elles résistent mieux aux gelées à glace et à une humidité excessive et prolongée pendant l'hiver.

En général, les semis d'automne doivent être exécutés avant la fin d'octobre. Pratiqués après cette époque, ils donnent rarement de bons résultats, parce que la plupart des plantes périssent sous l'influence des dégels suivis de gels.

2° *Vesce de printemps.* — L'époque à laquelle les vesces de printemps peuvent être semées est très-variable.

Ainsi, on peut pratiquer les semis depuis les mois de mars jusqu'en juillet, et les répéter successivement tous les quinze ou vingt jours, de manière à obtenir du fourrage vert pendant tout l'été et surtout pendant le mois de juillet, époque où le trèfle rouge est rarement fauchable.

Toutes choses égales d'ailleurs, les semis exécutés dans les premiers jours de mars, ne donnent pas toujours de très-bons résultats, à cause de la température froide et des vents du nord et de l'est qui règnent parfois au commencement du printemps et qui retardent et arrêtent même la végétation des plantes.

Les vesces semées au commencement de mars, sont habituellement fauchables à la fin de juin ; celles qui proviennent des semis faits en avril, peuvent être consommées vertes dans les derniers jours de juillet ; enfin, celles que l'on sème vers le 15 de mai, se fauchent dans la deuxième quinzaine d'août.

Ces faits concernent principalement l'agriculture de la région septentrionale, car on sème peu de vesce au printemps dans les contrées du Midi, à moins que cette légumineuse soit cultivée pour les semences qu'elle fournit lorsqu'elle arrive à maturité,

B. Quantité de semence. — Il est impossible de préciser la quantité de graines de *vesce d'hiver* que l'on doit répandre par hectare. Cette quantité varie suivant la nature du sol et le climat où cette légumineuse est cultivée. Ainsi, on en sème tantôt 200, tantôt 250 et même 300 litres. Il y a avantage à faire les semis un peu drus, afin que la vesce soit moins exposée aux chances défavorables de l'hiver.

La vesce de printemps se répand dans une proportion un peu plus faible, mais qui varie encore selon la nature du sol, son exposition et l'âpreté du climat. Lorsque le terrain est calcaire, siliceux ou argilo-siliceux et en période céréale, 180 à 200 litres suffisent pour l'ensemencement d'un hectare.

C. Nécessité d'allier les vesces a d'autres plantes. — Les vesces d'hiver ou de printemps ne se sèment pas ordinairement seules; on les associe à des plantes appartenant à la famille des céréales. Ce mélange a pour but de faciliter les vesces à s'élever, en leur permettant de s'attacher aux tiges de ces plantes culmifères à l'aide de leurs vrilles.

Semées seules, les vesces s'élèvent bien pendant quelque temps; mais il arrive toujours une époque, quand leur végétation est luxurieuse, où elles se renversent sur le sol, jaunissent et pourrissent.

Les plantes qui, par leur végétation, s'allient le mieux aux *vesces d'automne* sont l'avoine d'hiver ou l'escourgeon. Ces plantes sont préférables au seigle, qui végète et durcit trop promptement au printemps. Ainsi cette céréale épie en avril, et elle n'est plus alimentaire, pour ainsi dire, quand la floraison est terminée. Il n'en est pas ainsi de l'avoine; elle ne développe sa panicule que lorsque les fleurs des vesces sont complétement épanouies. A cette époque cette céréale est verte, très-nutritive, et les animaux la consomment plus aisément que le seigle. On ne doit préférer cette céréale à l'avoine que quand le climat et la nature des terres l'exigent.

Les vesces de printemps ne s'allient qu'à l'avoine.

Là quantité de semence des plantes destinées à soutenir les tiges de vesce varie suivant la nature de ces végétaux, leur aptitude et la richesse du sol. Nonobstant, on ne peut exécuter cette association au delà des rapports déterminés par l'expérience. Ainsi, on doit éviter, en général, de dépasser le rapport suivant :

$$\text{Vesce : avoine :: } 100 : 10, 15 \text{ ou } 20.$$

On commettrait une faute si l'on renversait les deux derniers termes de cette proportion, parce que l'avoine aurait au printemps une végétation trop forte et qu'elle anéantirait les vesces.

Le terme représentant l'avoine, l'orge ou le seigle ne peut s'élever à 40 ou 50 que lorsque le sol est peu fertile ou que la vesce y redoute l'influence des gelées, des dégels ou des sécheresses.

Les vesces associées à l'avoine ou à l'escourgeon constituent le mélange auquel on a donné les noms de *dravière*, *dragée*, *mélarde* ou *bargelade*.

D. Exécution. — Les vesces d'hiver ou de printemps se sèment ordinairement à la volée.

Avant d'exécuter les semis, il est souvent utile de herser la terre.

Cette opération détruit les cavités que présente le labour et elle contribue à rendre les ensemencements plus réguliers.

Dans le département du Puy-de-Dôme on sème quelquefois la vesce en lignes.

Recouvrement des graines. — Les semences des vesces doivent être parfaitement enterrées. Cet enfouissement s'exécute à l'aide de la herse à dents en fer sur les sols argileux et humides, et au moyen de la charrue quand les terres sont légères, perméables, ou sèches.

Quelquefois on exécute au printemps ce recouvrement avec un scarificateur, afin d'enterrer les graines plus profondément que quand on emploie une herse, et de les soustraire ainsi aux pigeons, aux tourterelles, qui en sont excessivement avides.

Sur les terres sujettes à souffrir des sécheresses, on fait suivre la herse par un rouleau. Cet instrument plombe la terre, unit la surface du sol, enfonce les pierres et rend par conséquent le fauchage plus facile à exécuter au moment où l'on récolte la production herbacée.

Soins d'entretien. — Les vesces d'hiver, comme celles de printemps, n'exigent aucune culture d'entretien pendant leur croissance. C'est que ces légumineuses, auxquelles on a donné le nom de *plantes étouffantes*, arrêtent toujours la végétation des mauvaises herbes, si elles végètent sur une bonne terre et si une température à la fois chaude et humide favorise au printemps leur développement. De là, on comprendra facilement combien il est utile d'avoir égard à la propreté et à la fertilité du sol dans la détermination de la quantité de graine que l'on doit répandre par hectare.

Oiseaux nuisibles. — Les oiseaux qui nuisent le plus aux vesces lorsqu'elles ont été semées ou lorsque leurs graines sont arrivées à maturité, sont les *tourterelles* (COLUMBA TURTUR, L.) et les *pigeons ramiers* (COLUMBA PALUMBUS, L.). On doit donc prendre toutes les précautions possibles pour empêcher qu'ils ne nuisent aux semailles ou qu'ils mangent les semences à mesure qu'elles mûrissent.

Insectes nuisibles. — Les insectes qui attaquent les vesces pendant leur végétation sont aussi au nombre de deux :

A. — Les *pucerons* (APHIS CROECCÆ) vivent principalement sur les sommités des vesces. Ces insectes sont parfois si nombreux qu'ils couvrent complétement toutes les parties supérieures des ramifications. On doit éviter de donner en vert les tiges que les pucerons ont fortement attaquées ; il faut les faucher et les faner le plus tôt possible si on veut obtenir un fourrage de bonne qualité.

B. — Les *coccinelles ponctuées* ou *bêtes du bon Dieu* (COCCINELLA PUNCTATA), dont les larves se développent en juin, attaquent les sommités des vesces et empêchent leur floraison. Quand ces insectes sont nombreux, on doit s'empresser de faucher et dessécher les plantes ; le fanage les oblige à abandonner les tiges et les ramifications.

Récolte. — A. ÉPOQUE. — L'époque de la fauchaison des vesces varie suivant les latitudes et la variété cultivée.

Les *vesces d'hiver* se fauchent dans les provinces du Midi durant la première quinzaine de mai ; dans les départements du Nord, on ne les coupe que pendant la première quinzaine de juin.

Ordinairement on fauche ces légumineuses entre la première et la seconde pousse du trèfle ou de la luzerne.

Les *vesces de printemps* se fauchent pendant l'été, plus ou moins tardivement, selon que les semis ont été exécutés en mars, en avril, en mai ou en juin.

B. FAUCHAGE. — Les vesces, quelles qu'elles soient, doivent être fauchées avant que toutes les fleurs soient disparues, c'est-à-dire lorsque les graines contenues dans les gousses produites par les premières fleurs sont déjà formées. Fauchées quand elles sont en pleine fleur, elles sont plus nutritives et secondent davantage la secrétion du lait.

Si l'on attend, au contraire, qu'elles soient toutes défleuries, que les graines soient bien formées dans toutes les cosses,
les vaches et les bœufs ne les consomment qu'avec lenteur et
souvent même ne mangent que les sommités des tiges.

Les chevaux et les bêtes à laine sont les seuls animaux qui
les mangent avec avidité quand les gousses sont très-développées.

Quoi qu'on en ait dit, on ne peut espérer une seconde
pousse que lorsque les vesces ont été fauchées de très-bonne
heure. Ce second produit est toujours très-casuel, même sur
les sols fertiles. Il vaut mieux ne demander à la plante qu'une
seule pousse, parce que celle ci est toujours supérieure aux
deux productions que l'on peut espérer. Cependant si l'avoine
d'hiver dominait sur la vesce et si elle avait une végétation
très-prononcée, il pourrait y avoir avantage à faucher avant
que toutes les fleurs des vesces fussent développées. La repousse de l'avoine conjointement avec celle de la vesce for-
merait un bon pâturage, si la production n'était pas fauchable.

C. FANAGE. — Lorsque le produit en vert ne peut être consommé par les animaux parce qu'il est trop abondant ou que
les plantes ont déjà séché sur pied, il est utile de faucher le
reliquat et de le convertir en foin.

La fauchaison, qui se fait ou à la faux ou à la faucille, selon l'état et l'étendue de la récolte, ne doit point avoir lieu
tardivement, c'est-à-dire lorsque les semences sont complétement mûres. Arrivée à cet état de végétation, la vesce a perdu
la presque totalité de ses feuilles et ses tiges sont entièrement desséchées.

Pour que cette légumineuse conserve par le fanage toute
sa faculté nutritive, pour qu'elle donne un foin délicat et recherché par tous les animaux, il faut opérer sa conversion

en substance sèche quand la plupart des gousses commencent à grossir, lorsque les tiges ont déjà perdu leur couleur verte pour prendre une teinte jaune verdâtre; car ce ne sont pas les tiges, les feuilles, que les animaux recherchent lorsque la vesce a été convertie en foin; ce sont les gousses, les semences qu'ils préfèrent à toutes autres parties.

Le fanage des vesces n'est pas toujours facile à exécuter. Il est très-long, parce qu'il s'opère et doit avoir lieu lentement. Cette opération exige le concours d'un beau temps surtout quand les plantes sont couchées sur le sol. Si la température est humide, quelles que soient les précautions prises, les tiges et les feuilles prendront une teinte brune et perdront de leur qualité nutritive.

Après la fauchaison, la production herbacée reste sur le sol pendant un jour ou deux, afin qu'elle se ressuie; ce n'est qu'après qu'elle a éprouvé cette modification qu'on exécute le fanage. Il faut éviter, pendant cette opération, de laisser les plantes longtemps dans la même position sur le sol. Exposées toute une journée à l'ardeur du soleil et à l'action de la lumière, les tiges acquièrent une teinte blanc jaunâtre qui leur est préjudiciable. Pour éviter cette altération, on réunit d'abord les plantes en gros andains que l'on soulève et retourne de temps à autre. Lorsque la dessiccation est avancée, on réunit le foin en très-petites meules ou *veilloches*. Celles-ci sont renversées et reformées le lendemain, suivant que l'humidité a une tendance à se concentrer à l'intérieur de la masse.

D. Bottelage. — Aussitôt que les plantes ont perdu la presque totalité de leur eau de végétation, on procède au bottelage. Cette mise en botte se fait avec des liens de paille de seigle. On rentre ensuite le foin dans des locaux sains.

Consommation sur place. — Dans un grand nombre de

fermes de la région du nord de la France, les vesces, à l'époque de leur floraison, sont consommées sur place par les troupeaux. Ce pâturage ne doit avoir lieu ni trop tôt, ni trop tard : dans le premier cas on perd en quantité et on fait consommer un fourrage qui peut nuire aux animaux; dans le second, les tiges, à cause de leur dureté, sont délaissées par les bêtes à laine et il en résulte une perte souvent considérable.

La consommation sur place des vesces en fleurs a beaucoup contribué, dans la Beauce et la Brie, à la propagation de la race mérinos et à l'amélioration des troupeaux.

Rapport entre le fourrage sec et le produit vert. — La vesce à l'état vert donne plus de foin que le trèfle et la luzerne quand elle a été bien fanée. D'après M. Le Corbeiller, elle contient :

Eau	18,65
Matières sèches.	81,35
	100,00

Suivant Bosc, 100 kilog. de tiges vertes fournissent 37 kilog. de foin. M. de Villeneuve indique le même chiffre.

Rendement. — Le produit en foin varie suivant la fertilité des terres. Mais on l'apprécie facilement. Quant au produit en vert, il est plus difficile à déterminer, parce que la fauchaison est toujours successive, et que dès lors les diverses coupes ne doivent et ne peuvent présenter des poids identiques.

A. Produit en vert. — Pour évaluer aussi exactement que possible la quantité de fourrage vert qu'un hectare de vesce peut fournir, il faut supputer le rendement en sec et établir la proportion suivante :

$$37 : 100 :: \text{foin} : x.$$

Ainsi, un hectare qui produirait 4000 kilog. de foin donnerait 10 000 kilog. de fourrage vert. Sur les sols argilo-calcaires fertiles, ce produit peut s'élever jusqu'à 15 000 et même 20 000 kilog. par hectare.

B. PRODUIT EN SEC. — La production en foin suit aussi une graduation selon que le sol est en période fourragère, céréale ou industrielle.

Voici les produits moyens que l'on a constatés par hectare :

Mœllinger	2,200 kil.	Pluchet	4,300 kil.
Lecoq	3,000	Dailly	4,500
Thaër, sol non fumé	2,400	Crud	5,000
— sol fumé	4,000	De Gasparin	5,000
Gilbert	4,000	Meyer	5,500
Hohenheim	4,200		
		Moyenne	4,000 kil.

Ce produit de 4000 kilog., est celui sur lequel on est en droit de compter, quand les terres donnent en moyenne 25 hectolitres de blé par hectare.

En Flandre, sur les terres riches, on obtient de 6000 à 8000 kilog. de foin, soit 1200 à 1600 bottes de 5 kilog.

Je crois utile d'observer que le seigle, l'avoine ou l'escourgeon, que l'on sème avec les vesces, augmentent plus ou moins le produit suivant la proportion dans laquelle ces graminées se trouvent mêlées aux légumineuses.

Récolte des graines. — A. ÉPOQUE. — Lorsque la vesce est destinée à produire des semences, il faut la laisser sur pied plus longtemps, si on veut obtenir des graines bien nourries.

Toutefois, comme les cosses s'ouvrent facilement sous l'influence simultanée de la chaleur et de l'humidité, on ne doit point attendre, pour opérer la récolte, que toutes les gousses soient entièrement mûres.

On fauche ou on faucille lorsque les semences des premières fleurs ont atteint leur complète maturité ou lorsque la plupart des gousses se sont décolorées et qu'elles commencent à se sécher. Les graines encore un peu vertes achèveront de mûrir pendant le javelage.

On doit opérer de préférence le matin ou le soir, afin d'éviter l'égrenage.

Quand les tiges ont séjourné 24 ou 48 heures sur le sol, on les met en bottes et on les rentre dans les bâtiments d'exploitation.

B. BATTAGE. — Lorsque les gousses sont parfaitement sèches, on procède au battage. Cette opération ne demande pas autant de force que l'égrenage des céréales ; il suffit de frapper légèrement avec le fléau pour que les gousses s'ouvrent et que les semences s'échappent au dehors.

Les pailles ou les tiges qui ont été dépouillées de leurs semences, quoique peu nutritives, peuvent être données durant l'hiver aux animaux que l'on alimente avec des betteraves, des navets ou des carottes.

Quantité de graines qu'on peut récolter. — Le produit en graines est, en général, accidentel, et la faible étendue de terrain que l'on consacre ordinairement à cette récolte, permet difficilement de préciser le nombre d'hectolitres que l'on peut espérer par hectare.

Quand les vesces sont cultivées en grand pour leurs semences, il n'est pas rare de récolter 18 à 20 hectolitres par hectare. C'est avec raison qu'on considère 35 hectolitres comme un produit maximum. Sur les sols de fertilité ordinaire, on n'obtient souvent que 15 et même 12 hectolitres.

Poids de l'hectolitre. — Un hectolitre de graines bien nourries pèse 78 à 80 kilog.

Valeur nutritive. — Les vesces fournissent trois produits qui diffèrent l'un de l'autre par leur valeur nutritive :

A. PRODUCTION VERTE. — Les tiges vertes des vesces forment une nourriture saine, nutritive et d'une digestion facile. Elles secondent, mais à un moindre degré que le trèfle vert, la sécrétion du lait chez les vaches et les brebis.

Elles conviennent aussi à tous les animaux qu'on élève et qu'on engraisse ; elles les fortifient et les rafraîchissent.

Nonobstant elles doivent être données avec précaution à tous les animaux, car elles développent, comme le trèfle, la météorisation et échauffent les chevaux qui en consomment beaucoup pendant plusieurs semaines.

Voici la valeur alimentaire que la pratique leur a attribuée :

Block	430	Polh	450
Flotow	500	Thaër	450
Pabst	450	Veit	460
		Moyenne	455

Les vesces fauchées en vert ont donc une valeur nutritive égale à celle que l'on assigne à la luzerne.

B. Foin de vesce. — Le foin de vesce bien récolté est recherché par tous les animaux. Ordinairement on le réserve pour la saison hivernale, comme nourriture des bêtes à laine, des vaches et des chevaux.

Les vaches qui sont nourries exclusivement de foin de vesce donnent peu de lait, et le beurre qu'on obtient de ce liquide a toujours une saveur un peu amère.

Ce foin a une couleur blonde, une saveur agréable ; mais son odeur est très-faible, si on la compare à l'odeur du foin de luzerne, de sainfoin, etc.

Il moisit facilement quand on le conserve dans des bâtiments humides ou lorsqu'il a été mal récolté.

M. Boussingault a reconnu que le foin de vesce contenait :

Azote	1,14	pour 100.
Eau	11,00	—

Il représente sa valeur nutritive par 101.

Voici les chiffres que la pratique lui assigne :

Crud..............	90	Royer......... ...	94
Gemerhausen..	90	Schnée............	90
Pabst	100	Thaër.......... ..	90
Petri........	125	Veit.............	90
		Moyenne...... .	96

Le foin de vesce qu'on a fauché et fané par un beau temps est toujours de bonne qualité.

C. FANE DE VESCE. — La fane de vesce, lorsqu'elle n'a pas souffert de l'humidité pendant la récolte des graines, nourrit assez bien les bêtes à cornes et les moutons. Les chevaux ne la mangent pas très-bien.

On a représenté sa valeur nutritive par les chiffres ci-après :

Block.............	165	Petri............,.	200
Pabst.............	150	Thaër.............	120
		Moyenne........	159

Cette fane est plus dure que le foin de vesce ; elle est assez cassante et devient toujours poudreuse avec le temps. On doit la secouer avant de la donner aux animaux.

D. GRAINES. — La graine des vesces est nutritive ; elle remplace l'avoine dans la nourriture des chevaux et sa farine joue parfois un rôle important dans l'alimentation des vaches et l'engraissement des bœufs et des porcs.

Suivant M. Boussingault, elle présente la composition suivante :

Eau.....................	14,6
Amidon, sucre, etc.......	48,9
Albumine, caséine........	27,3
Matières grasses..........	2,7
Ligneux et cellulose.......	3,5
Sels.............	3,0
	100,0
Elle contient en azote......	4,37

Ce savant chimiste représente sa valeur nutritive par 26 et

celle de l'avoine par 61. Ainsi, 43 litres de graines de vesce pourraient remplacer 100 litres d'avoine.

Voici la valeur nutritive que lui attribue la pratique :

Block..............	33	Thaër..............	66
Pabst..............	40	Royer.	45
Petri..............	45	Veit...............	35
		Moyenne........	44

D'après l'expérience, la valeur alimentaire de l'avoine serait 55. Il faudrait donc, d'après ces chiffres, 80 litres de vesce pour suppléer à 100 litres d'avoine.

Avant de donner cette graine aux animaux, on la divise ou on la fait légèrement tremper dans l'eau. On la donne entière aux pigeons.

Valeur commerciale des graines. — Les semences de vesces valent ordinairement de 14 à 18 fr. l'hectolitre.

Prix de revient. — La culture de la vesce n'engage pas par hectare un capital considérable, mais le prix de revient du foin qu'elle fournit est souvent plus élevé que la valeur intrinsèque du foin de trèfle ou de luzerne. Voici les faits que la pratique a enregistrés par hectare :

Agriculteurs.	*Dépenses.*		*Produit en foin.*	*Prix de revient de 100 kil.*	
Lefèvre......	291 fr.	00	4,300 kil.	6 fr.	85
Raquinard ...	202	90	4,300	4	71
Advicelle	164	30	2,900	5	66
Huvier	176	40	5,000	3	53
De La Forest.	203	00	7,200	2	82
Moyennes..	207 fr.	50	4,700 kil.	4 fr.	70

La valeur locative des terres était par hectare : 1° 88 fr. ; 2° 53 fr. ; 3° 58 fr. ; 4° 35 fr. ; 5° 65 fr. ; moyenne 58 fr.

M. Célarié a obtenu en 1854 les résultats suivants :

Dépenses.......	253 fr.	54
Bénéfices.....................	20	17
Prix de revient de 100 kil. à l'état vert.	0	93
Produit à l'hectare................	27,300 kil.	

Le foin revient donc à 3 fr. environ les 100 kilog., puisque le rendement, qui est exceptionnel en vert, représente 10 000 kilog. de foin sec.

M. de Gasparin porte les dépenses à 174 fr. 30 c. et le prix de revient de 100 kilog. de foin à 3 fr. 48 c.

BIBLIOGRAPHIE.

De Sutières. — Cours complet d'agriculture, 1788, in-8, t. I, p. 223.
Rozier. — Cours complet d'agriculture, 1800, in-4, t. X, p. 72.
Tessier. — Mémoire sur la vesce, 1806, in-8.
Lullin. — Des prairies artificielles, 1819, in-8, p. 105.
Yvart. — Cours complet d'agriculture, 1823, in-8. t. XIV, p. 523.
Thaër. — Principes raisonnés d'agriculture, 1831. in-8. t. IV, p. 203.
Burger. — Cours d'économie rurale, 1839, petit in-4, p. 225.
Schwerz. — Culture des grains farineux, 1840, in-8, p. 395.
Boitard. — Traité des prairies artificielles, in-8, p. 149.
Lecoq. — Traité des prairies artificielles, 1844, in-8, p. 456.
Rendu. — Agriculture du Tarn, 1844, in-8, p. 343.
De Dombasle. — Calendrier du cultivateur, 1846, in-12.
Trochu. — Ferme de Bruté, 1847, in-8, p. 177.
De Gasparin. — Cours d'agriculture, 1848, in-8, t. IV, p. 475.
Richard et Payen. — Précis d'agriculture, 1851, in-8, t. I, p. 391.
De Villeneuve. — Mémoire d'agriculture prat., 1853, in-8, t. I. p. 132.
Vilmorin. — Bon jardinier, 1856, in-12, p. 603.

SECTION III.

Gesse cultivée ou Lentille d'Espagne.

(De λάθυρος, nom donné par les Grecs au pois chiche.)

LATHYRUS SATIVUS, L.

Plante dicotylédone de la famille des Légumineuses.

Anglais. — Chickling Vetch.   *Italien.* — Cicerchia bianca.

Cette légumineuse est très-cultivée dans les provinces du Midi et en Espagne comme plante fourragère. On lui a donné les noms de *garoute, garousse, tapissoli, pois breton, pois carré, lentille suisse.*

Elle a des tiges anguleuses et ramifiées, grimpantes ou couchées, des feuilles à deux folioles étroites et lancéolées, des fleurs solitaires ayant un étendard blanc et une carène bleue et portées par des pédoncules plus longs que les pétioles, des gousses larges, glabres, réticulées et munies de deux ailes membraneuses, des graines blanc jaunâtre, cubiques et très-anguleuses.

Cette légumineuse n'est pas difficile sur la nature du sol. Elle réussit très-bien sur les terres calcaires et les sols légers, médiocres et perméables; elle redoute les terrains argileux et humides, mais elle résiste très-bien aux sécheresses du printemps et de l'été.

Dans le midi de l'Europe, on la sème de préférence en automne. Ainsi cultivée, elle fournit au printemps suivant un fourrage vigoureux et abondant. On peut aussi la semer en mars et avril.

On répand de 180 à 200 litres de graines par hectare.

L'hectolitre pèse 70 kilogr.

Dans les contrées méridionales, on l'associe souvent à l'avoine d'hiver.

On la fauche vers la fin du printemps quand elle est en pleine fleur, ou lorsque les gousses des premières fleurs sont déjà formées et apparentes. (Voir VESCE, *récolte*, p. 430.)

Ainsi récoltée, elle fournit un aliment vert excellent et moins échauffant que la production verte des vesces. Ce fourrage convient très-bien aux brebis et aux agneaux.

En 1785, Dussieux récolta dans l'Angoumois 50 hectolitres de graine et 6800 kilogr. de fanes par hectare.

La fane de la gesse cultivée convient très-bien aux moutons ; les bêtes bovines la mangent aussi avec avidité, parce qu'elle est aussi nutritive et aussi fortifiante que les fanes de vesce et de lentillon.

Les semences de cette légumineuse forment un très-bon aliment ; elles conviennent spécialement à tous les animaux que l'on engraisse et les échauffent moins que les graines des vesces.

Nous étudierons cette plante plus en détail dans les PLANTES ALIMENTAIRES.

BIBLIOGRAPHIE.

Yvart. — Cours complet d'agriculture, 1823, in-8, t. XIV, p. 536.
Lecoq. — Traité des prairies artificielles, 1844, in-8, p. 451.
Vilmorin. — Bon jardinier, 1856, in-12, p. 582.

SECTION IV.

Jarosse.

(De Λάθυρος, nom donné par les Grecs au pois chiche.)

Lathyrus cicera, L.

Plante dicotylédone de la famille des Légumineuses.

Anglais. — Chickling Vetch.

Historique. — Climat. — Mode de végétation. — Terrain. — Semis. — Récolte du fourrage. — Rendement. — Récolte des graines. — Poids de l'hectolitre. — Valeur nutritive du fourrage. — Propriétés nuisibles des graines. — Bibliographie.

Historique. — Il y a à peine un siècle qu'on cultive la jarosse comme plante fourragère. On la désigne sous les noms de *petite gesse, jarat, gesse chiche, pois cornu, garousse, garoute, pois carré, gessette, arosse.*

Climat. — Cette légumineuse, dont la culture s'étend chaque année, est très-rustique et peut être cultivée sous toutes les latitudes. Ainsi elle résiste aussi bien aux froids rigoureux qu'aux grandes sécheresses.

Mode de végétation. — La jarosse est glabre et a des tiges hautes de $0^m,40$ à $0^m,60$; ses feuilles se composent de deux folioles opposées, lancéolées et mucronées; les stipules sont ovales ou lancéolées; les fleurs sont solitaires, rouge brique et portées sur des pédoncules plus courts que les feuilles; les gousses sont oblongues, comprimées et canaliculées; les graines sont anguleuses et gris cendré ou légèrement brunes.

Terrain. — Cette plante végète très-bien sur toutes les terres, si celles-ci ne sont pas humides l'hiver; mais c'est sur les terres calcaires, argileuses ou siliceuses qu'elle croît avec le plus de vigueur.

Elle n'exige pas que la terre soit riche pour donner un abondant fourrage.

La couche arable doit être préparée comme s'il était question d'y semer des vesces. (Voir VESCE, *préparation du sol*, p. 423.)

Semis. — La jarosse se sème en septembre. On doit exécuter cette opération par un beau temps.

On répand de 250 à 300 litres de graines par hectare.

On les recouvre comme les semences de vesces. (Voir VESCE, *recouvrement des graines* p. 429.)

Récolte du fourrage. — On fauche cette légumineuse, quand on la cultive pour le fourrage vert qu'elle produit, lorsque ses fleurs sont épanouies, mais avant la formation des gousses et la maturité des graines. (Voir VESCE, *récolte*, p. 430.)

La fauchaison a lieu ordinairement pendant le mois de juin.

Rendement. — La jarosse donne des produits en vert ou en sec égaux à ceux que fournit la vesce d'hiver, quoiqu'elle soit ordinairement cultivée sur des terres de moins bonne qualité.

Récolte des graines. — La récolte des graines s'effectue à la même époque et de la même manière que celles des semences de vesce. (Voir VESCE, *récolte des graines*, p. 434.)

Poids de l'hectolitre. — Un hectolitre de graines de jarosse pèse de 80 à 82 kilogr.

Valeur nutritive des tiges et feuilles. — Le fourrage vert que fournit la gesse est recherché des bêtes à laine; il convient aussi aux chevaux, mais comme il est échauffant, on doit le leur donner avec précaution. Les vaches le mangent aussi avec avidité.

La valeur nutritive du fourrage vert n'a pas encore été déterminée. Ce fourrage contient 15,60 pour 100 d'eau.

Le foin qu'on en obtient est aussi un excellent aliment.

Propriétés nuisibles des graines. — Les semences de la gesse jarosse ont des propriétés très-nuisibles : elles occasionnent la mort des chevaux qui en consomment habituellement, et elles rendent bouffis et œdémateux les porcs auxquels on en donne. M. Dard, vétérinaire, a constaté, en faisant l'ouverture des animaux qui avaient succombé sous l'action toxique de la graine de cette légumineuse, une altération profonde des membranes de l'estomac et une lésion apparente des reins et des uretères.

Ces graines sont aussi un aliment dangereux pour l'homme; les personnes qui vivent de pain dans lequel il entre une certaine quantité de jarosse, sont presque toujours frappées de paralysies incurables, si elles ne succombent pas [1].

Ces faits doivent engager les cultivateurs à ne pas faire consommer par leurs animaux des tiges sèches de jarosse non battues, si elles portaient des gousses remplies de graines arrivées à parfaite maturité.

BIBLIOGRAPHIE.

Yvart. — Cours complet d'agriculture, 1823, in-8, t. XIV, p. 538.
Lecoq. — Traité des plantes fourragères, 1844, in-8, p. 451.
Vilmorin. — Bulletin de la Société d'agriculture, 1846, in-8, p. 422.
— — Bon jardinier, 1856, in-12, p. 582.

(1) En 1840, le tribunal correctionnel de Niort (Deux-Sèvres) a condamné le fermier Lucas, en vertu des articles 317 et 319 du Code pénal, à faire une pension viagère à quatre de ses domestiques qu'il avait rendus complétement paralytiques en les nourrissant avec du pain fait avec de la farine de froment à laquelle il avait ajouté de la farine de jarosse.

SECTION V.

Pois gris ou Bisaille.

(Πίσος, nom grec du pois.)

PISUM ARVENSE, L.

Plante dicotylédone de la famille des Légumineuses.

Anglais. — Field pea.
Allemand. — Klee erbsen.

Italien. — Piselli.
Espagnol. — Pesoles.

Historique. — Climat. — Végétation. — Variétés. — Composition. — Terrain. — Semis. — Soins d'entretien. — Récolte. — Rendement. — Poids de l'hectolitre, — Valeur nutritive : production en vert, foin, graines. — Valeur commerciale des semences. — Bibliographie.

Historique. — La culture du pois gris n'est pas très-ancienne ; elle ne s'est développée en France qu'à partir du milieu du siècle dernier.

On connaît cette légumineuse sous les noms de *pois de brebis, pois des champs, pois d'agneau.*

Climat. — Cette plante réussit moins bien dans les plaines du Midi que dans les contrées septentrionales de la France. C'est qu'elle exige, pour végéter vigoureusement, un climat plutôt humide que sec, c'est qu'elle redoute beaucoup plus que les vesces et les gesses l'influence des fortes chaleurs du printemps et de l'été.

Elle végète très-bien dans la Brie, la Picardie, la Flandre, le Maine, l'Anjou, la Beauce et la Bretagne.

Les pois gris prennent une teinte rougeâtre quand le temps est froid.

Mode de végétation. — Le pois gris a des tiges flexibles qui se soutiennent moins bien que celles des vesces ; ses feuilles sont à vrilles rameuses et composées de deux folioles ovales ou oblongues ; les stipules sont aussi ovales et dentées à leur base. Les pédoncules portent une à deux fleurs à corolle bleuâtre et à ailes pourpre foncé ; les gousses sont comprimées et réticulées ; elles renferment des graines presque cubiques, verdâtres ou jaune rougeâtre.

Cette légumineuse se soutient moins bien que les vesces ; ordinairement, quand elle est cultivée seule, ses tiges rampent en partie sur le sol.

Variétés. — On distingue trois variétés du pois gris :

1° Le *pois gris d'hiver*, variété rustique et précieuse pour les terrains secs et graveleux.

2° Le *pois gris de printemps*. Cette variété comprend deux races : le *pois gris de printemps hâtif* que l'on sème en mars et avril, et le *pois gris de printemps tardif*. Ce dernier pois convient particulièrement pour les semis que l'on exécute en mai et en juin.

3° Le *poids perdrix*, qui résiste très-bien à la gelée et qu'on sème soit en automne, soit au printemps. Cette variété est plus productive que les précédentes. Elle a été introduite d'Angleterre en France par M. Bille. Ses graines sont mouchetées ou marbrées de brun.

Composition. — Les pois gris contiennent, d'après Sprengel et Horsford, les matières suivantes :

Fane sèche.

Substances solubles dans l'eau	46,60
— dans une lessive alcaline..	23,24
Cire et résine.......................	1,54
Fibre végétale.....................	28,62
	100,00

Semence.

Matières nitrogénées......	29,18
— minérales........	2,79
Fibre ligneuse..........	6,00
Amidon et sucre.........	62,03
	100,00

En général les pois contiennent 30 à 40 pour 100 d'amidon, 15 à 20 pour 100 de légumine et 2 pour 100 de sucre incristallisable.

Terrain. — Les pois gris doivent être cultivés sur des terres un peu argileuses et un peu fraîches. Ils réussissent très-bien sur les terres à froment argilo-calcaires ou argilo-siliceuses, si ces derniers terrains ont été chaulés ou marnés.

Ces plantes réclament la préparation que l'on donne aux terres sur lesquelles on cultive des vesces. (Voir Vesce, *préparation du sol*, p. 423.)

Elles demandent aussi la même fertilité qu'exigent ces plantes fourragères.

Semis. — Les *pois gris d'hiver* se sèment en septembre et en octobre.

Les semis des *pois gris de printemps* peuvent être pratiqués tous les 15 ou 20 jours depuis le commencement du mois de mars jusque vers le 15 de juin.

Dans les deux cas, il faut opérer par un beau temps et lorsque la terre est meuble.

On répand ordinairement 250 litres de graines par hectare quand on les cultive seuls. Les semis se font à la volée.

Ces légumineuses doivent être alliées au seigle ou à l'avoine d'hiver quand on les sème pendant l'automne, et à l'avoine de printemps lorsqu'on exécute les semis en mars, avril et mai.

Dans quelques localités on les cultive concurremment avec les féveroles; dans d'autres on les associe au sarrasin et au colza.

J'ai indiqué page 427, en exposant la culture des vesces, les quantités de seigle ou d'avoine qu'il fallait allier aux semences de ces légumineuses; ces quantités sont celles qu'il faut adopter lorsqu'on associe les pois gris à ces céréales.

Il est très-utile de bien enterrer les graines des pois, afin de les soustraire aux oiseaux, qui les recherchent. Les semences lèvent au bout de 12 à 15 jours.

Dans les sols pierreux, on fait suivre le hersage que l'on pratique pour couvrir les semences, d'un roulage. Cette opération unit le sol, enfonce les pierres dans la couche arable et rend toujours le fauchage plus facile.

Soins d'entretien. — Les pois gris ne réclament aucun soin pendant leur végétation. Cependant si on constatait après l'apparition des cotylédons, c'est-à-dire 15 à 20 jours après les semis, qu'une croûte dure s'est formée à la surface du sol, sous l'influence des pluies et des hâles ou de la chaleur, on exécuterait une excellente opération en pratiquant un hersage sur toute l'étendue du champ. Ce hersage, en ameublissant le sol, aura l'avantage de rendre plus active la végétation des pois gris.

Les plâtrages augmentent souvent le développement de ces légumineuses quand elles végètent sur des sols non calcaires.

Récolte. — On fauche les pois gris quand ils sont presque défleuris et que les cosses inférieures sont parfaitement formées. Les pois gris d'hiver fleurissent en mai et juin; ceux de printemps montrent leurs fleurs en juillet et août.

On doit éviter de laisser longtemps les tiges couchées sur le sol. Quand il survient, à l'époque où elles doivent être coupées, des pluies abondantes et continues, elles jaunissent et pourrissent par le pied.

La fauchaison n'est pas très-facile quand la plupart des tiges sont en contact avec la terre.

Les pois gris que l'on cultive pour leurs graines, doivent être fauchés de préférence le matin et le soir, afin d'éviter

l'égrenage. Les cosses parfaitement mûres s'ouvrent facile-
lement sous l'action du soleil.

On rentre les tiges quand elles sont sèches et après les avoir
réunies en bottes avec des liens de paille. (Voir Vesce, *fauchage*, *fanage*, etc., et *récolte des graines*, p. 430).

Les fanes de pois qui ont subi pendant le fanage l'action
de pluies prolongées ont toujours une couleur brune.

Rendement. — Les pois gris fournissent plus de fourrage
vert et sec que les vesces. Ainsi les terres qui produisent
4000 kilog. de foin de vesce peuvent donner 6000 kilog. de
fourrage sec de pois gris.

Ces plantes donnent de 15 à 25 hectolitres de graines par
hectare. En 1841, on a récolté à Grignon 26 hectolitres et
4600 kilog. de tiges sèches.

Poids de l'hectolitre. — Un hectolitre de pois gris pèse
de 78 à 80 kilog., à moins que les semences ne soient attaquées par la *bruche* (Bruchus pisi, *Fab.*), coléoptère dont la
larve consomme une partie de la substance amylacée qui
forme leur partie médiane. Dans ce cas les 100 litres de
graines ne pèsent souvent que 70, 72 ou 75 kilog.

Valeur nutritive. — A. Production verte. — Le fourrage
vert que fournit le pois gris est recherché par les bêtes à
laine et les vaches et les bœufs, parce qu'il est nutritif. Beaucoup de cultivateurs le préfèrent aux vesces qui ont été fauchées en fleurs.

D'après Pabst, sa valeur alimentaire doit être représentée
par 450.

Les pois à l'état vert contiennent 78 pour 100 d'eau.

Les cosses vides des pois alimentaires contiennent beaucoup
de parties saccharines. Les cultivateurs des environs des
grandes villes les achètent aux fruitières pour les donner aux
vaches laitières qui s'en nourrissent très-bien.

B. Foin. — Le foin de pois gris, quoique un peu dur et grossier, est excellent quand il a été bien récolté ; les bêtes à laine, les vaches et les bœufs de travail le mangent avec plaisir.

Suivant M. Boussingault il renferme :

Eau..........	8,05 pour 100.
Azote........	1,79 —

La pratique lui assigne les chiffres suivants :

Block.............	165	Pétri............	200
Flotow...........	200	Polh..	90
Meyer............	150	Schnée.......... .	143
Pabst	150	Thaër	130
		Moyenne........	153

En général, la valeur nutritive de ce fourrage est d'autant plus élevée qu'il contient davantage de gousses remplies de graines mûres.

Le foin de pois ne conserve ses qualités que lorsqu'il a été emmagasiné dans des locaux secs. Exposé à l'humidité, il prend une teinte brune et se couvre de moisissures.

Les rats et les souris sont avides des semences mûres qu'il contient.

C. Semences. — Il n'est pas de graines, après les semences du maïs, qui soient aussi favorables aux animaux que l'on engraisse que les semences de pois. Ces graines rendent la chair du mouton et du porc plus abondante, plus ferme et plus savoureuse. On les considère comme plus nourrissantes pour le cheval que l'avoine et la féverole. On les donne cuites ou concassées, ou, ce qui vaut mieux, réduites en farine. Les volailles s'accommodent aussi très-bien des pois qu'on a fait cuire.

Les pois gris, d'après M. Boussingault, contiennent :

Eau...............	8,06 pour 100.
Azote.............	3.84 —
Matière grasse..	2,00 —

On représente leur valeur nutritive par les chiffres suivants :

Block	30	Rieder	47
Meyer..............	48	Royer.............	27
Pabst..............	40	Thaër.............	66
Pétri..............	54	Veit..............	33
Polh	47		
		Moyenne.......	44

Valeur commerciale des graines. — Les semences de pois gris ont une valeur commerciale presque égale à celle des vesces.

BIBLIOGRAPHIE.

Yvart. — Cours complet d'agriculture, 1823, in-8. t. XIV, p. 513.
De Dombasle. — Annales de Roville, 1829, in-8, t. III, p. 50.
Thaër. — Principes raisonnés d'agriculture, 1831, in-8, t. IV, p. 177.
Boitard. — Traité des prairies artificielles, in-8, p. 120.
Schwerz. — Culture des plantes fourragères, 1842, in-8, p. 184.
Richard et Payen. — Précis d'agriculture, 1851, in-8, t. I, p. 386.
Vilmorin. — Bon jardinier, 1856, in-12, p. 590.

SECTION VI.

Féverole.

FABA VULGARIS, Mœnch., VICIA FABA, L.

Plante dicotylédone de la famille des Légumineuses.

Anglais. — Bean.
Allemand. — Bohnen.
Italien. — Fave,

Espagnol. — Habas.
Portugais. — Favas.
Russe. — Boobii.

Dans les contrées où l'on cultive la féverole pour la nourriture de l'homme, on utilise souvent ses tiges vertes, lorsque les gousses des premières fleurs sont formées, comme fourrage vert.

Cette légumineuse doit être cultivée sur des terres argileuses, argilo-calcaires, un peu fraîches et profondes; elle réussit mal sur les sols légers et les terrains secs.

On cultive deux variétés de féverole :

1° La *féverole d'hiver*, qui est suffisamment rustique pour être semée en automne dans le nord de la France.

2° La *féverole de printemps*, qui est la plus répandue dans les provinces de la région septentrionale.

La première se sème ordinairement en automne, dans le Nord comme dans le Midi, depuis le commencement d'octobre jusqu'à la fin de novembre.

Les semis que l'on pratique avec la féverole de printemps se font depuis le mois de février jusque dans le courant d'avril. Ceux que l'on exécute sur des terres sujettes à souffrir de la sécheresse doivent être exécutés de bonne heure.

On répand ordinairement 200 à 250 litres de semences à l'hectare; les semis se font à la volée.

Sur plusieurs fermes de la région du Nord, on allie les féveroles à l'avoine ou aux pois gris dans le but d'empêcher ces dernières plantes de rester couchées sur le sol.

Les graines doivent être enfouies de $0^m,06$ à $0^m,10$ de profondeur.

On fauche les féveroles quand elles sont en pleine floraison. On ne doit couper chaque jour que la quantité que les animaux doivent consommer, afin qu'elles soient toujours fraîches.

On ne les fane pas, parce qu'à la dessiccation elles prennent une teinte noire. Quand la surface cultivée excède les besoins, on laisse sur pied les tiges superflues pour qu'elles terminent leur végétation et qu'elles mûrissent leurs graines.

La féverole donne de 25 000 à 40 000 kilog. de fourrage vert à l'hectare.

Cette légumineuse est quelquefois attaquée par les pucerons. Alors, si elle doit être consommée à l'état de vert, il faut la faucher avant le développement de ses fleurs.

Un hectare ne produit pas en moyenne au delà de 20 à 25 hectolitres de semence.

Un hectolitre de graines de féverole pèse de 78 à 80 kilog.

Les semences de la féverole sont aussi attaquées par la *bruche*. (Voir p. 449.)

Les *féveroles vertes* nourrissent très-bien les animaux ; mais il faut qu'ils y soient accoutumés pour qu'ils les mangent avec plaisir. Les vaches, qui ne les refusent pas, donnent du lait d'aussi bonne qualité que lorsqu'elles sont nourries au trèfle vert. En Angleterre, le bétail, et surtout les chevaux, en consomme beaucoup. On les regarde comme plus alimentaires que les tiges et feuilles vertes de pois gris.

En général, on augmente sa valeur alimentaire en l'associant à de l'avoine et des pois gris. Alors les animaux la mangent sans aucune répugnance.

Les *semences* de ces légumineuses jouent un très-grand rôle dans l'alimentation des animaux domestiques; on les leur donne concassées, réduites en farine, délayées dans l'eau, ou après les avoir fait gonfler dans l'eau. La féverole qu'on allie à l'orge est moins échauffante et plus alimentaire.

Les chevaux auxquels on donne des féveroles ont un poil luisant et se maintiennent en bonne santé. Toutefois, comme ces semences sont très-alibiles et échauffantes, il est utile de les donner avec modération aux poulains et aux chevaux qui séjournent dans les écuries. On les emploie aussi avec succès dans l'engraissement des bœufs et des moutons; elles augmentent promptement la viande et le suif. On les donne encore aux vaches sous forme de breuvage; ainsi administrées, elles secondent puissamment la sécrétion du lait.

Suivant M. Boussingault, les graines de féverole contiennent :

Eau	12,50
Amidon	47,70
Albumine, caséine	31,90
Matières grasses	2,00
Ligneux et cellulose	2,90
Sels divers	3,00
	100,00

Voici d'après la pratique les chiffres représentant la valeur alimentaire des semences de févérole :

Block	30	Rieder	50
Meyer	50	Royer	35
Pabst	40	Thaër	73
Petri	30	Veit	40
Polh	50		
		Moyenne	46

M. Boussingault leur assigne le chiffre 23 d'après les 5,11 pour 100 d'azote qu'elles renferment.

La fane de féverole, exempte de rouille et non moisie, est presque noire et très-dure. Nonobstant, elle nourrit assez bien les chevaux, les bêtes à cornes et les moutons.

On la donne entière et seule. On peut aussi la diviser à l'aide d'un hache-paille et la mêler à des pulpes de betteraves.

Je décrirai en détail la culture de la fève et de la féverole dans le VIᵉ volume, qui a pour titre : LES PLANTES ALIMENTAIRES.

La féverole est souvent désignée sous les noms de *fève à cheval, gourgane, petite fève.*

BIBLIOGRAPHIE.

Depère. — Manuel d'agriculture pratique, 1806, in-8, p. 70.
Gilbert. — Traité des prairies artificielles, 1826, in-8, p. 181.
Lecoq. — Traité des plantes fourragères, 1844, in-8, p. 470.
Schwerz. — Culture des plantes fourragères, 1842, in-8, p. 185
Trochu. — Ferme de Bruté, 1847, in-8, p. 179.
Vilmorin. — Bon jardinier, 1856, in-12, p. 581.

SECTION VII.

Lentillon.

(De *arva*, guéret, c'est-à-dire plante croissant sur les terres labourées.)

ERVUM LENS MINOR, C. V.

Plante dicotylédone de la famille des Légumineuses.

Anglais. — Lentil.   *Italien.* — Lenticio.
Allemand. — Lentzen.

Le lentillon ou *lentille à la reine*, ou *petite lentille*, ou *lentille rouge*, est connu depuis longtemps, mais il y a à peine un siècle qu'on le cultive comme plante fourragère.

Cette plante (fig. 39) a des tiges dressées, grêles et rameuses, des feuilles composées de cinq à sept paires de folioles oblongues, des vrilles, des fleurs blanches veinées de violet et réunies au nombre de 1 à 3, des gousses comprimées et jaunâtres à la maturité, des graines rondes, aplaties, bombées et rougeâtres.

Le lentillon végète sous tous les climats; on le cultive aussi bien dans le Nord que dans le Midi.

On connaît deux variétés :

1° Le *lentillon d'hiver*, variété assez rustique pour être semée à l'automne et résister aux froids ordinaires de l'hiver.

2° Le *lentillon de printemps*, qui est le plus répandu et que l'on cultive dans un grand nombre de départements du Nord, de l'Est et du Centre.

Ces légumineuses réussissent très-bien sur les terres silico-argileuses, silico-calcaires, siliceuses et graveleuses; elles redoutent les sols argileux, les terrains humides et froids.

Leur principal mérite est de réussir et de fournir un excellent fourrage sur les sols secs, meubles et peu fertiles.

Les semis se font ou en septembre et octobre, ou en mars et avril, suivant la variété que l'on cultive. Les terres doivent avoir été bien ameublies par des labours et des hersages.

On répand de 120 à 150 litres de graines par hectare. Les semis se font à la volée.

Le lentillon d'hiver fleurit en juin ; le lentillon de printemps épanouit ses fleurs en juillet.

Fig. 39. — Lentillon.

On fait consommer ces légumineuses sur place ou on les coupe quand la plupart de leurs gousses sont formées pour convertir leurs tiges en foin. Cette dessication se fait très-facilement.

On les fauche très-rarement pour donner leur production verte aux animaux qui séjournent dans les étables ou les bergeries.

La récolte des graines s'effectue quand les gousses sont sèches. Les semences sont sujettes à être attaquées par la *bruche*. (Voir POIS GRIS, p. 449.)

Le foin de lentillon récolté par un beau temps est doué d'un arome qui stimule l'appétit des animaux. Il convient très-bien aux bêtes à cornes, surtout aux brebis et aux agneaux. Mais il n'est pas assez alibile pour être donné seul aux animaux qu'on veut engraisser.

D'après M. Boussingault, il contient :

Eau	9,02 pour 100.
Azote	1,01 —

Le foin de lentillon bien récolté est jaune-roussâtre, celui qu'on a récolté par la pluie a une teinte brune ou noirâtre et n'est pas très-alimentaire.

La pratique représente sa valeur nutritive par les chiffres suivants :

Block	160
Pabst	150
Thaër	130
Moyenne	146

Les graines de cette excellente plante fourragère sont très-nutritives ; elles contiennent, suivant M. Boussingault :

Eau	9,0 pour 100.
Azote	4,0 —
Matières grasses	2,5 —

Voici quelle serait d'après la pratique leur valeur alimentaire :

Pabst	40
Veit	33
Moyenne	37

Ces semences conviennent très-bien aux bêtes à laine. On peut aussi les donner aux bœufs à l'engrais ; mais la viande des animaux qui en mangent n'est pas de parfaite qualité.

On ne doit les donner aux animaux de travail que mêlées à des semences d'orge ou en petite quantité ; car elles sont aussi échauffantes que les graines de vesce et de féverole.

Un hectolitre de graines de lentillon pèse de 80 à 82 kilog. Ce poids considérable résulte de leur petitesse.

Cette légumineuse n'est pas très-productive. Elle ne donne pas en moyenne au delà de 1200 à 1500 kilog. de foin par hectare.

La semence du lentillon est consommée par l'homme. (Voir LES PLANTES ALIMENTAIRES.)

BIBLIOGRAPHIE.

Yvart. — Cours complet d'agriculture, 1823, in-8, t. XIV, p. 172.
Boitard. — Traité des prairies artificielles, in-8, p. 96.
Vilmorin. — Bon jardinier, 1856, in-12, p. 584.

SECTION VIII.

Lentille d'Auvergne.

(De *arra*, guérets, c'est-à-dire plante végétant sur les terres cultivée-.)

ERVUM MONANTHOS, L.; VICIA MONANTHA, Lam.

Plante dicotylédone de la famille des Légumineuses.

Anglais. — Single flowered Lentil.   *Italien.* — Viccia serena.

Cette légumineuse présente un grand intérêt en ce qu'elle réussit très-bien sur les mauvais terrains, sur les sols légers où la vesce, le pois gris, ne peuvent végéter. On la désigne souvent sous les noms de *jarosse d'Auvergne, jaraude, lentille à une fleur*.

Elle a une tige anguleuse et ramifiée, des feuilles glabres, composées de trois à sept paires de folioles linéaires, tronquées, mucronées au sommet et terminées par une vrille rameuse. Ses fleurs sont petites, blanc bleuâtre avec carène maculée de noir; ses graines sont globuleuses, comprimées et de couleur fauve marbrée de noir.

Cette espèce est indigène; on la rencontre dans les champs du midi et du centre de la France. Elle résiste aux hivers les plus rigoureux.

Dans les premiers moments de sa végétation, sa tige et ses feuilles sont tellement déliées et fines qu'on les aperçoit à peine; mais plus tard elle couvre la terre d'une masse herbacée compacte et comme feutrée.

On la cultive de préférence sur les mauvaises terres sablonneuses, schisteuses et volcaniques. Elle ne végète pas très-bien sur les sols calcaires.

On la sème à la volée en septembre et octobre, à raison de

cent litres par hectare. On peut aussi la semer en mars ou avril.

La lentille d'Auvergne se fauche en juin. On peut la faire consommer sur place.

Ses tiges vertes se convertissent facilement en foin.

Un hectolitre de semences pèse de 78 à 80 kilog.

Cette légumineuse, dont les tiges ne dépassent pas 0ᵐ30 en moyenne de hauteur, n'est pas très-productive, mais néanmoins elle est précieuse par sa facilité à réussir sur des terres arides et pauvres.

Sa semence est utilisée dans la nourriture de l'homme. (Voir LES PLANTES ALIMENTAIRES.)

Les pigeons la recherchent. Les bêtes à laine la mangent aussi avec avidité.

SECTION IX.

Lentille ers.

De *arva*, guérets, c'est-à-dire plante croissant sur les terres labourées.)

ERVUM ERVILIA, L.; ERVUM VERUM, Tourn.; ERVILIA SATIVA, Link.; VICIA
ERVILIA, Willd.

Plante dicotylédone de la famille des Légumineuses.

Anglais. — Cultivated ervilla.

Cette légumineuse croît naturellement dans les moissons.
Les Grecs et les Romains la regardaient comme une excellente plante fourragère. On la cultive dans le midi.

On l'appelle quelquefois *lentille bâtarde*, *lentille ervillière*,
ers, *ers ervillier*, *éros*, *goirils*, *comin*.

La lentille ers a des tiges droites et rameuses, des feuilles
composées de huit à douze paires de folioles étroites, tronquées et mucronées, des fleurs roses à étendard veiné, des
gousses oblongues, ondulées, pendantes à trois ou quatre
graines arrondies, un peu anguleuses et brun rosé ou gris
rougeâtre.

Cette plante réussit très-bien sur les terrains secs et calcaires, mais elle redoute les gelées.

M. Laure a observé, dans la Provence, qu'elle est d'autant
plus productive, qu'elle a été semée dans un terrain plus
maigre. Je l'ai vue en 1858 très-bien végéter sur de mauvais
terrains à olivier.

Dans les contrées du Midi, on la sème en automne; dans
les départements du Nord, les semis doivent être faits au
printemps, en mars, avril et mai.

On répand 50 kilog. de graines par hectare.

L'hectolitre pèse de 78 à 80 kilog.

On la fait ordinairement consommer sur place par les bêtes à laine, lorsqu'elle est en pleine fleur. La qualité du fourrage vert qu'elle fournit compense sa faible production.

Suivant M. Sautayra, de Montélimart, les tiges vertes de cette légumineuse seraient mortelles pour les porcs.

Les graines de la lentille ers sont aussi nutritives que les semences du lentillon, mais elles sont beaucoup échauffantes. Dans le Midi on les donne aux mulets et on les emploie avec avantage dans l'engraissement des bœufs et des porcs. Les volailles en sont avides.

On doit éviter de les employer en mélange dans le pain, parce qu'elles ont des propriétés aussi nuisibles que les graines de la jarosse (*lathyrus cicera*). (Voir JAROSSE, p. 444.)

BIBLIOGRAPHIE.

Yvart. — Cours complet d'agriculture, 1823, in-8, t. XIV, p. 175.
Boitard. — Traité des prairies artificielles, in-8, p. 97.
Vilmorin. — Bon jardinier, 1856, in-12, p. 580.

SECTION X.

Serradelle.

(ὄρνις, oiseau, πούς; pied; allusion à la disposition des gousses figurant les doig s
d'un oiseau.)

ORNITHOPUS SATIVUS, Brot.; ORNITHOPUS COMPRESSUS, L.; ORNITHOPUS
ROSEUS, Duf.

Plante dicotylédone de la famille des Légumineuses.

Flamand. — Vognel-voet.   *Portugais.* — Serradella.

Historique, — Climat. — Mode de végétation. — Terrain. — Semis. — Récolte de la production herbacée. — Conversion du produit vert en foin.—
Rendement. — Récolte des graines. — Bibliographie.

Historique. — La serradelle ou *pied d'oiseau* est cultivée
depuis longtemps sur les terres sablonneuses et sèches en
Portugal, dans le Minho, les environs de Porto et aux îles
Açores. Elle fut cultivée, en 1794, par Millington, à Rushfort
(Angleterre); mais les froids de l'hiver ne lui permirent pas
de donner au printemps suivant une récolte abondante, bien
qu'elle eût atteint en décembre près de 0ᵐ60 de hauteur. Nonobstant, cet agriculteur en sema, en 1796, plus de 5 hectares sur des sols sablonneux. Cette légumineuse est aujour-
d'hui cultivée en grand dans la Campine et sur quelques
points de l'ancienne province de Bretagne.

Climat. — Cette plante végète sous toutes les latitudes;
mais redoutant les gelées un peu intenses, elle doit être semée au printemps dans les parties septentrionales.

Dans la région de l'ouest, où elle réussit bien quand on l'a
semée en automne, les grands froids la font souvent périr
pendant l'hiver.

Mode de végétation. — La serradelle a une racine pivotante, des tiges ascendantes ou couchées, longues de 1 mètre

à 1 mètre 30, des feuilles velues composées d'un grand nombre de folioles, des fleurs pédonculées au nombre de 2 à 5 et de couleur rose ou lilas, des gousses presque droites contenant de 5 à 9 graines, des semences aplaties, chagrinées gris rougeâtre ou gris brun.

Ses tiges et feuilles vertes contiennent 80 pour 100 d'eau.

On a confondu cette légumineuse avec l'*ornithope délicat*, (ORNITHOPUS PERPUSILLUS, L.), qui croît naturellement dans toutes les contrées de la France, sur les lieux arides et sablonneux. Cette espèce est plus grêle, plus petite, et les dents du calice des fleurs sont trois fois plus courtes que le tube; en outre, ses gousses sont arquées. Les dents du calice de la serradelle égalent le tube.

Cette légumineuse, quelque rapide que soit sa croissance, ne peut jamais lutter dans les bons sols avec le trèfle rouge.

Elle ne donne qu'une coupe.

Terrain. — La serradelle vient très-bien sur les sables, les sols légers, pierreux et chauds et les terres silico-argileuses. Elle végète mal sur les terres très-argileuses et les sols humides. Sur ces derniers terrains, elle perd facilement ses feuilles inférieures.

Mais il ne suffit pas pour qu'elle végète avec vigueur que les terres soient légères, il faut aussi qu'elles soient fraîches ou résidant sur un sous-sol perméable. C'est lorsque cette légumineuse peut plonger ses longues racines dans la couche arable et le sous-sol qu'elle résiste très-bien aux sécheresses de l'été et qu'elle fournit pendant cette saison un abondant fourrage.

La finesse de la graine exige que la couche arable soit parfaitement ameublie par des labours et hersages.

Semis. — Dans les contrées méridionales de l'Europe, on

sème la serradelle en automne, au mois de septembre ou octobre. La douceur des hivers de la région de l'ouest de la France permet aussi de pratiquer les semis pendant cette saison.

Dans le centre et le nord de notre pays, en Belgique, en Allemagne et en Angleterre, on doit la semer de préférence au printemps, en mars, avril et mai après les gelées.

On répand 25 à 30 kilog. de graines à l'hectare. Cette quantité est suffisante parce que la serradelle forme ordinairement des touffes larges.

La tendance des tiges à se coucher sur le sol oblige à associer la serradelle au moha de Hongrie ou à l'avoine.

M. Vilmorin recommande de la semer dans une céréale de printemps; alors on pourrait en automne ou la faire consommer sur place ou la faucher si la longueur des tiges le permettait. Dans la Campine on la sème en mars sur les terres occupées par le seigle d'hiver. Après la récolte de cette céréale, elle repousse très-bien et fournit une bonne récolte après les premières pluies de septembre.

La semence doit être enterrée très-superficiellement au moyen d'un hersage léger.

Elle ne lève qu'au bout de quinze à vingt jours, suivant la température du sol et de l'atmosphère.

Récolte de la production herbacée. — On fauche les tiges de la serradelle quand elle est en pleine fleur. En général, deux ou trois mois suffisent, après l'apparition des pousses à la surface du sol, pour que les tiges épanouissent leurs fleurs.

La serradelle que l'on a semée en septembre fleurit en mai; celle qui provient de semis exécutés au commencement de mai se couvre de fleurs vers la fin d'août ou pendant le mois de septembre.

On peut aussi faire consommer la production verte de cette légumineuse sur place par les vaches ou les bêtes à laine.

Récolte de la production sèche. — Quand on veut dessécher la serradelle ou convertir en foin sa production verte, on doit la faucher au moment où les graines commencent à mûrir, c'est-à-dire lorsque les siliques blanchissent.

Rendement. — Cette plante fournit un abondant fourrage quand on la cultive sur des terres légères, fraîches et bien fumées; mais ce produit, quoi qu'on en ait dit, est loin d'atteindre sur les sols pauvres le rendement de la vesce et des pois gris, quand bien même la serradelle aurait été associée à de l'avoine.

M. Schmitz Warner, près Vendelle, a obtenu en 1856, en Sologne, 6000 kilog. de fourrage sec par hectare. Les terres qu'il avait consacrées à cette légumineuse étaient légères et avaient une étendue de 20 hectares. M. Warner avait appliqué 120 kilog. de guano par hectare.

M. Boulard Moreau a obtenu dans le département de l'Yonne des résultats analogues en répandant avant la semaille 100 kilog. seulement de guano par hectare.

On peut évaluer le produit sec que donne la serradelle sur des terres de bonne qualité à 4000 ou 5000 kilog.

Dans les circonstances ordinaires, là où on a intérêt à la cultiver, le produit qu'elle donne est à peu près égal à celui que fournissent la spergule et le lentillon lorsque ces plantes sont cultivées sur des terres qui leur conviennent.

Sa facilité de résister aux sécheresses, de végéter sur des sols peu fertiles, sur des terres de landes défrichées, permet de la regarder comme une bonne plante et de ne pas trop se préoccuper de la quantité de fourrage qu'elle peut donner, puisqu'on ne la cultivera que lorsque la réussite des autres légumineuses annuelles sera douteuse ou casuelle.

Récolte des graines. — On procède à la récolte des graines lorsque les tiges et les gousses sont presque sèches.

L'égrenage des gousses se fait à l'aide du fléau.

Un hectolitre de graines pèse 46 kilog.

La serradelle ne produit qu'une petite quantité de graines. Cette faible production nuit beaucoup à sa propagation dans les contrées où elle serait d'une utilité incontestable.

Valeur nutritive du fourrage. — La valeur alimentaire du fourrage vert et du foin fournis par la serradelle paraît être la même que la valeur nutritive du fourrage vert et du foin produits par la lupuline.

BIBLIOGRAPHIE.

Sprengel. — Annales de Roville, 1832, in-8, t. VIII, p. 234.
Lecoq. — Traité des prairies artificielles, 1844, in-8, p. 481.
Morren. — Moniteur de la propriété, 1848, in-8, t. XIII, p. 150.
Philippar. — Bulletin de la Soc. cent. d'agric., 1856, in-8, t. II, p. 164.
Vilmorin. — Bon jardinier, 1856, in-12, p. 592.

SECTION XI.

Lupin jaune.

(De *Lupus*, loup ; allusion à sa faculté épuisante.)

LUPINUS LUTEUS, L. ; LUPINUS ODORATUS, H.

Plante dicotylédone de la famille des Légumineuses.

Historique. — Climat. — Mode de végétation. — Terrain : nature et préparation. — Semis : époque, exécution, quantité de graines. — Soins
d'entretien. — Récolte. — Produit en sec. — Récolte des graines. — Produit en graines. — Poids de l'hectolitre.— Action du foin sur les animaux.
— Emploi des graines.

Historique. — Cette légumineuse est cultivée en Prusse
comme plante fourragère depuis 1840. Elle est aujourd'hui
très-répandue en Saxe, en Silésie, dans la Poméranie et les
provinces du Brandebourg. L'extension de sa culture a produit une véritable révolution agricole dans la Prusse orientale. C'est avec raison qu'on la regarde comme une plante
précieuse pour les contrées pauvres et sablonneuses.

M. de Gourcy a fait connaître le premier en France le lupin jaune comme plante fourragère.

Climat. — Le lupin jaune végète aussi bien au nord de
l'Europe que dans les contrées méridionales.

Mode de végétation. — Cette plante est annuelle ; ses racines sont pivotantes ; ses tiges sont dressées, rameuses vers
le sommet, couvertes de poils courts, soyeux et argentés, et
hautes de 0ᵐ,80 à 1ᵐ,20 ; ses feuilles sont composées de 7 à
9 folioles obovales·ou oblongues. Ses fleurs jaunes et odorantes sont disposées en épis ayant 0ᵐ,10 à 0ᵐ,15 de longueur ; elles produisent des gousses pubescentes contenant
de 3 à 5 graines petites, presque rondes, comprimées, lisses
et brunes parsemées de blanc.

Le lupin jaune se développe d'abord lentement; mais lorsqu'il a atteint 0ᵐ,12 à 0ᵐ,16 de hauteur il croît très-rapidement. Il résiste à la sécheresse et ses tiges conservent leur belle couleur verte sous l'influence des plus grandes chaleurs. Sa floraison est magnifique.

Terrain. — A. NATURE. — Le lupin végète très-bien sur les sols de consistance moyenne un peu frais, sur les terres sablonneuses profondes, les sols légers et ferrugineux, les terres de bruyère qui ont perdu leur caractère acide.

Il ne réussit pas sur les sols imperméables et les terrains calcaires, ainsi que je l'ai constaté cette année par expérience. En général, il reste petit sur les terrains peu profonds.

A part sa nature, le champ sur lequel on veut cultiver le lupin jaune ne doit pas être ombragé. Cette légumineuse se développe d'autant plus qu'elle végète en plein air et subit l'action du soleil.

B. PRÉPARATION. — Les terrains qu'on consacre au lupin jaune doivent être bien préparés et propres. Il reste toujours chétif sur les sols qui n'ont pas été complétement ameublis.

Semis. — A. ÉPOQUE. — On sème le lupin jaune dans la région septentrionale de l'Europe quand on n'a plus à craindre de gelées.

En Allemagne et en France on fait des semis successifs tous les quinze jours, depuis la fin d'avril ou la première quinzaine de mai jusqu'au 15 de juillet.

B. EXÉCUTION. — On répand les graines à la volée.

On les enterre légèrement au moyen d'un hersage exécuté avec une herse ayant des dents en bois.

On doit se garder de rouler le sol après la semaille.

C. QUANTITÉ DE GRAINES. — On sème par hectare de 100 à 150 kilog. de graines.

Le lupin végète inégalement lorsque le semis est clair.

Soins d'entretien. — Cette légumineuse n'exige pendant sa croissance aucun soin d'entretien. Toutefois, on la plâtre dans les contrées où le sulfate de chaux en poudre opère efficacement sur les légumineuses.

Récolte. — On ne fait pas ordinairement consommer le lupin jaune en vert, car à cet état il est un peu amer et les chevaux et les bêtes à cornes n'en veulent pas. Quant aux bêtes à laine, elles s'en accommodent très-lentement.

Lorsqu'on veut le convertir en foin on le fauche quand la tige principale de la plupart des pieds a perdu ses fleurs. Alors on le laisse en andains pendant huit jours environ, puis on le met en tas ou en meulons ayant 1 à 1^m,50 environ de hauteur. Au bout de douze à quinze jours, quand il a perdu presque toute son humidité, on le rapporte à la ferme et on le conserve dans un lieu sec.

En général, malgré une température élevée, la dessiccation du lupin jaune est très-longue.

Le foin qu'on obtient en suivant le procédé que je viens d'indiquer a une belle couleur verte.

Dans quelques fermes, en Allemagne, aussitôt après la fauchaison, on stratifie les tiges du lupin jaune avec de la paille. Ce moyen dispense de les laisser en andains pendant une semaine.

Produit en sec. — La quantité de foin que fournit le lupin jaune varie suivant la nature du sol.

En général, on peut compter sur un rendement moyen de 4000 à 5000 kilog. par hectare.

Il faut que les terres soient sablonneuses, profondes et fraîches pour que cette légumineuse donne de 6000 à 8000 kilog. de foin sec sur la même superficie.

On ne fauche le lupin jaune qu'une seule fois.

Récolte des graines. — La récolte des graines n'est pas

facile, parce que les gousses s'ouvrent facilement sous l'action du soleil en deux valves non roulées en spirale, et elles lancent à deux ou trois mètres de distance les semences qu'elles contiennent.

Cette déhiscence oblige à couper les tiges quand les gousses commencent à brunir pour les mettre aussitôt en bottes qu'on place ensuite au milieu d'une aire ou sur une bâche. Dès que les tiges sont sèches, on les bat avec un fléau. Cette opération est assez difficile, car les gousses restent longtemps humides et verdâtres. On doit éviter que la pluie arrive sur les siliques ou sur les graines.

Cette récolte se fait ordinairement à la fin d'août.

Produit en graines. — Le lupin jaune produit de 15 à 30 hectolitres de graines par hectare.

Poids de l'hectolitre. — Un hectolitre de graines pèse en moyenne de 72 à 76 kilog.

Action du foin sur les animaux. — Le foin de lupin jaune est mangé par tous les animaux, mais il convient plus spécialement aux bêtes à laine. Son amertume les préserve de la *pourriture* ou cachexie aqueuse.

On peut, lorsque les moutons refusent de le manger ou lorsqu'ils le consomment d'abord difficilement, le mélanger avec d'autres fourrages secs.

Emploi des graines. — En Allemagne on fait cuire les graines de lupin jaune ou on les met à tremper dans l'eau pendant vingt-quatre heures pour les donner ensuite aux animaux qu'on engraisse.

SECTION XII.

Fenugrec.

(De τρεῖς, trois, et γωνία, angle; allusion à la forme triangulaire de sa corolle.)

TRIGONELLA FŒNUM GRÆCUM, L.

Plante dicotylédone de la famille des Légumineuses.

Arabe. — Helbé.   *Espagnol.* — Las olholvas.
Italien. — Fieno greco.   *Allemand.* — Bockshorn.

Historique. — Mode de végétation. — Terrain. — Semis. — Poids de l'hectolitre de graines. — Soins d'entretien. — Récolte. — Rendement.

Historique. — Le fenugrec est connu depuis la plus haute antiquité. Les Grecs, autrefois, le cultivaient pour le transformer en foin. On le cultive de nos jours comme plante fourragère en Arabie, en Syrie et en Égypte. Il existe un proverbe égyptien qui dit : Heureux sont les hommes dont les pieds pressent la terre sur laquelle croit le helbé.

Cette légumineuse est aussi cultivée sur quelques fermes du midi de la France.

Mode de végétation. — Le fenugrec a une racine simple et fibreuse ; sa tige est ronde, creuse et d'un vert clair; ses feuilles sont légèrement dentées sur les bords. Ses fleurs blanches, avec une nuance de jaunâtre, produisent des gousses étroites et recourbées en faucille. Ses graines sont brun jaunâtre ou jaune rougeâtre, aplaties, de forme irrégulière et divisées par une rainure.

Les tiges, les feuilles et les graines ont une odeur forte, pénétrante et aromatique.

Terrain. — Cette légumineuse ne réussit bien que sur les sols de consistance moyenne, les sols argilo-siliceux ou silico-argileux bien exposés.

Les terres argilo-calcaires sont celles sur lesquelles elle acquiert le plus grand développement.

Semis. — On la sème, dans le Midi, depuis la fin d'août jusqu'au commencement d'octobre. Il est utile que les plantes soient fortes avant l'hiver. On la sème aussi quelquefois au mois de février ou de mars.

Dans les provinces du Nord, les semis se font pendant les mois d'avril et de mai, lorsqu'on n'a plus à craindre de gelées.

Les semences doivent être peu enterrées.

On répand les graines en lignes espacées de $0^m,40$ à $0^m,50$ ou à la volée.

Poids de l'hectolitre. — Un hectolitre de graines de fenugrec pèse, en moyenne, 68 kilog.

Soins d'entretien. — Au printemps, on bine, si cela est nécessaire, les semis exécutés en ligne.

Récolte. — On fauche le fenugrec lorsque ses tiges ont de $0^m,50$ à $0^m,65$ de hauteur et lorsqu'elles sont en fleur.

On procède ensuite à la conversion en foin. Les tiges ne durcissent pas en se séchant.

Rendement. — Cette légumineuse peut donner, lorsqu'elle est bien développée, de 3000 à 5000 kilog. de foin sec par hectare.

Ce foin n'est pas donné seul au bétail; on le mêle avec du foin ordinaire ou de la paille. Les chevaux et les bêtes à cornes mangent ce mélange avec plaisir.

SECTION XIII.

Moha de Hongrie.

(De *panis*, pain ; allusion à la propriété nutritive des graines du millet.)

PANICUM GERMANICUM, Bauh. ; SETARIA GERMANICA, Pal.

Plante monocotylédone de la famille des Graminées.

Anglais. — German millet.

Historique. — Climat. — Mode de végétation. — Terrain : nature, fertilité, préparation. — Semis : époque, quantité de graines, chaulage et trempage des graines, exécution. — Récolte de la production verte. — Fanage. — Rendement. — Récolte des graines. — Valeur nutritive. — Prix de revient. — Bibliographie.

Historique. — Cette graminée est cultivée depuis longtemps en Allemagne. Elle a été importée de cette contrée dans la Moselle, en 1816, par le père de l'Arthur Young français, M. le comte de Gourcy. En 1820, M. Vilmorin père l'a reçue de M. Borda, agriculteur des environs de Metz. Grâce aux essais et aux écrits de M. Vilmorin, le moha de Hongrie est aujourd'hui connu et cultivé par un grand nombre de cultivateurs de la France.

Climat. — Ce panis est, comme tous les autres millets, assez sensible aux froids du printemps et de l'automne. C'est pour ce motif qu'on ne peut le semer que lorsque la température moyenne s'est élevée à 12° au-dessus de zéro.

Quoiqu'il résiste très-bien aux sécheresses et qu'il développe des feuilles larges et d'un vert très-foncé pendant les grandes chaleurs de juillet et d'août, il demande une certaine humidité dans le sol ou l'atmosphère pour végéter avec vigueur. Nonobstant, les grandes chaleurs lui sont bien moins contraires que les pluies torrentielles et les vents secs et froids.

S'il survient pendant la végétation des vents du nord ou de l'est, il s'arrête, ne pousse plus, pour ainsi dire, et les extrémités de ses feuilles et de ses tiges prennent une teinte rouge très-prononcée. Cet état stationnaire se prolonge jusqu'à ce que l'air soit plus chaud et plus humide.

Mode de végétation. — Le moha de Hongrie (fig. 40) a des tiges droites, hautes de 0ᵐ,70 à 1ᵐ ; ses feuilles sont planes à gaînes lisses ; ses fleurs verdâtres sont disposées en une panicule spiciforme. Les épillets sont munis d'une involucre persistante composée de soies roides et dirigées en haut. A la maturité des semences qui sont petites, jaunâtres et violettes, l'épi a une teinte violacée, noirâtre.

Chaque pied produit de 6 à 15 tiges.

Terrain. — A. NATURE. — Cette graminée doit être cultivée sur des terres argilo-calcaires ou calcaires siliceuses. Les terrains sablonneux, argileux et crayeux ne lui conviennent pas.

Mais il ne suffit pas que la couche végétale soit plutôt légère que compacte, il faut aussi qu'elle soit profonde, afin que le moha puisse résister plus victorieusement aux plus grandes sécheresses.

Les terres argilo-siliceuses ou silico-argileuses que l'on a chaulées ou marnées conviennent aussi très-bien à cette plante fourragère.

On peut remplacer la chaux ou la marne par des cendres pyriteuses, du noir animal ou du guano.

B. FERTILITÉ. — Le moha de Hongrie, quoique moins exigeant que le maïs, végète mal sur les terres pauvres. Il faut que les sols soient déjà riches, qu'ils appartiennent à la période fourragère ou céréale pour que cette plante puisse fournir un abondant fourrage.

On doit, quand la terre est peu fertile, lui appliquer une

fumure ou la fertiliser avec de la poudrette, du guano ou des cendres pyriteuses.

On se dispense d'appliquer des engrais lorsque le sol a été

Fig. 40. — Moha de Hongrie. — Au 10ᵉ.

bien fumé les années précédentes et qu'il n'a produit, après cette fumure, qu'une ou deux récoltes de céréales.

C. Préparation. — Le moha de Hongrie est aussi exigeant

que les autres millets par rapport à la préparation du sol. Quand les terres ont été bien divisées, il profite mieux, pendant les mois de juillet et d'août ou les temps de sécheresse, de l'influence si féconde des petites pluies ou des rosées.

La terre doit être propre, c'est-à-dire aussi exempte que possible de mauvaises herbes, car le moha se défend mal, pendant les premières phases de sa végétation, de l'apparrition des plantes nuisibles, de celles surtout qui végètent promptement et qui prennent un grand développement.

Semis. — A. Époque. — C'est dans le courant de mai, dans les provinces du Nord et de l'Ouest, et vers la fin d'avril, dans les contrées du Midi, lorsqu'on n'a plus à craindre de gelées tardives, que l'on pratique les semailles.

Lorsqu'on veut obtenir des productions vertes successives de moha, il faut exécuter plusieurs semis à des époques différentes et successives.

On peut pratiquer des semis jusqu'à la mi-juillet. Semé après cette époque, le moha ne serait pas assez développé pour être consommé avant les gelées du mois d'octobre.

B. Quantité de graines. — On répand par hectare de 10 à 12 kilog. de graines. Mathieu de Dombasle a commis une erreur quand il a dit qu'il fallait en répandre de 30 à 40 kilog. M. Vilmorin en indique 7 à 8 kilog. Je trouve cette quantité un peu faible, parce que toutes les graines ne germent pas.

C. Chaulage des semences. — Avant de projeter les graines sur les terres destinées à la culture du moha de Hongrie, on doit les chauler ou les sulfater, parce que cette plante est sujette au *charbon* (UREDO CARBO, Dec.). (Voir Les plantes alimentaires, t. VI.)

D. Trempage des semences. — On a proposé de faire tremper les graines du moha pendant 24 heures. Cette opération n'est pas utile, parce que les graines sont petites et qu'elles ne peuvent être enterrées profondément. (Voir Maïs, *trempage des graines.*)

E. Exécution des semailles. — Les graines se répandent à la volée. On les recouvre au moyen d'une herse légère. On doit éviter de faire suivre cette opération par un roulage, à moins que les terres ne soient très-légères.

Lorsqu'il survient des pluies abondantes après les semailles, les terres se battent, se plombent et elles ne tardent pas, sous l'influence du soleil, à se prendre en croûte. Quand les choses se passent ainsi, comme la récolte du moha est gravement compromise, il faut s'empresser de donner de nouveau un léger hersage sur toute la superficie du champ.

Le moha ne végète bien que quand son cotylédon, qui a la forme d'un petit cornet, apparaît sur une terre meuble.

Récolte de la production verte. — C'est dans le courant d'août et de septembre, suivant l'époque à laquelle les semis ont été exécutés, que l'on procède à l'enlèvement de la production herbacée.

On ne doit pas faucher trop tôt pour ne pas perdre sensiblement en quantité; mais la fauchaison peut se prolonger jusqu'à la maturité des graines.

Quand le moha a été coupé un peu vert, c'est-à-dire avant le développement des épis, il repousse avec assez de vigueur et fournit alors un bon pâturage aux bêtes à laine.

Fanage. — On peut faner les tiges de cette graminée. Cette opération ne présente pas de difficultés.

200 kilog. de tiges et feuilles vertes donnent 100 kilog. de foin.

Rendement. — Cultivé sur des terrains qui lui sont favorables, le moha donne de 15 000 à 20 000 kilog. de fourrage vert. C'est ce produit que j'ai obtenu en Bretagne, où j'ai introduit cette graminée en 1840. A Grignon, on obtient souvent des produits plus élevés.

En 1842, année mémorable par la sécheresse désastreuse qu'elle a forcé d'inscrire dans les annales de l'agriculture, le moha s'est constamment maintenu chez M. Péan de Saint-Gilles, dans le Loiret, sur un sol calcaire, dans un état sinon de grande vigueur, au moins de vie et de verdeur; il a donné dans ces conditions 7900 kilog. de foin sec à l'hectare. Ce produit représente 15 000 à 16 000 kilog. de fourrage vert.

Récolte des graines. — Le moha mûrit sa graine en juillet dans les provinces du Midi, et vers la fin d'août dans la région septentrionale.

On procède à cette récolte lorsque les graines de la moitié inférieure des épis sont arrivées à maturité.

On coupe les tiges à la faucille ou à la faux.

Au fur et à mesure que les tiges sont coupées, on les met en javelles dressées sur le sol; elles restent dans cet état jusqu'à ce qu'elles soient sèches et les graines parfaitement mûres. Ces faisceaux, après avoir été écartés à leur base, doivent être liés avec les tiges les plus vertes.

Si les javelles restaient étendues sur la terre, il faudrait, s'il survenait des pluies fréquentes et continues, les retourner de temps à autre pour que les semences ne s'altèrent pas.

Le battage se fait à l'aide d'un fléau léger ou au moyen d'une machine à battre.

On nettoie les graines avec un van ou un tarare.

Un hectolitre de graines de moha pèse 63 à 65 kilog.

La paille peut être donnée comme aliment aux bêtes à cornes, si elle n'a pas été détériorée par le javelage.

Valeur nutritive. — Quoique les chevaux mangent très-bien le fourrage vert de moha, on doit le réserver pour les bêtes à cornes, principalement pour les vaches laitières.

Suivant Pabst, la valeur nutritive du millet donné aux animaux à l'état vert devrait être représentée par 425; ce chiffre ne peut être appliqué au fourrage vert du moha. D'après les faits que j'ai observés en nourrissant des vaches avec du maïs vert et d'autres avec du moha fauché avant que ses graines soient mûres, cette valeur serait égale à 275.

M. Bella a constaté que 100 kilog. de moha sont aussi nutritifs que 152 à 156 kilog. de maïs et qu'il faut 341 kilog. de moha pour produire 100 litres de lait; la même quantité de lait n'a été obtenue qu'à l'aide de 468 kilog. de maïs vert.

Les semences du moha peuvent être données aux poules ou aux dindons; ces oiseaux en sont avides.

Prix de revient. — Voici le compte d'une culture de moha faite par M. Célarié :

Dépenses par hectare	89 fr. 40
Bénéfice......................	110 60
Prix de revient de 100 kil.......	2 03

Le produit sec s'est élevé à 4200 kilog. par hectare.

BIBLIOGRAPHIE.

De Dombasle. — Calendrier du cultivateur, 1846, in-12, p. 153.
De Gasparin. — Cours d'agriculture, 1848, in-8, t. IV, p. 509.
Vilmorin. — Bon jardinier, 1856, in-12, p. 661.

SECTION XIV.

Maïs ou Blé de Turquie.

(De ζάειν, vivre; allusion à la qualité nutritive des semences.)

ZEA MAYS, L.

Plante monocotylédone de la famille des Graminées.

Anglais.—Indian-corn.
Allemand.—Turkischer Weitzen.
Hollandais. — Turksche tarwe.
Espagnol.—Trigo de Indias.
Italien.— Grano turco.
Piémontais. — Melia.
Portugais.—Milho.

Historique. — Climat. — Mode de végétation. — Variétés. — Terrain : nature, fertilité, préparation. — Quantité d'engrais à appliquer. — Semis : époque, exécution, quantité de graines, enfouissement des graines. — Trempage des semences. — Soins d'entretien. — Récolte. — Rendement en vert. — Foin sec. — Récolte des graines. — Valeur nutritive : fourrage vert, semences. — Emploi du maïs vert. — Son action sur le bétail. — Prix de revient. — Bibliographie.

Historique. — Le maïs est venu d'Orient en Europe. Les peuples de l'Asie et de la Grèce le cultivent depuis très-longtemps. C'est à tort qu'on a écrit que la France, l'Italie, etc., ne le connaissaient pas avant la découverte de l'Amérique. Des chartes du treizième siècle prouvent qu'il a été importé de l'Asie Mineure en Italie, en 1204. En 1819, M. Rifaud a découvert des graines de maïs dans un hypogée trouvé dans les ruines de Thèbes.

Climat. — Cette graminée ne mûrit pas ses graines sous toutes les latitudes de l'Europe; mais elle peut y être cultivée comme plante fourragère. C'est qu'elle n'exige pour développer des tiges entièrement fauchables, que 1400 à 1500° de chaleur totale, soit 80 à 90 jours ayant une température moyenne de 16 à 18°.

Mode de végétation. — Le maïs a une tige simple, articulée et garnie à chaque nœud d'une feuille lancéolée, engainante à sa base, ciliée sur les bords et longue de 0^m,30 à 0^m,70. Les fleurs mâles forment une panicule au sommet de la tige, et les fleurs femelles sont situées aux aisselles des feuilles; ces dernières produisent des épis enveloppés de feuilles nombreuses superposées les unes aux autres. Quant aux graines, elles varient de grosseur et de couleur suivant les variétés qu'elles caractérisent, mais elles sont disposées par séries verticales et forment toujours des rangées qui se trouvent en nombre pair.

Variétés. — On possède aujourd'hui un grand nombre de variétés de maïs, mais celles que l'on cultive comme plantes fourragères se réduisent à cinq, savoir:

1° *Maïs jaune gros.*—Épi à 12 ou 14 rangées de 30 à 35 grains; grain jaune orangé très-gros; tige élevée de 2 mètres. Cette variété est un peu tardive.

2° *Maïs quarantain.* — Épi à 8 ou 12 rangées de 24 à 28 grains; grain de moyenne grosseur et d'un jaune pâle; tige haute de 1 mètre environ. Cette variété est hâtive et convient pour les semis tardifs et les contrées septentrionales.

3° *Maïs de Pensylvanie.* — Épi à 8 ou 10 rangées de 50 à 60 grains; grain un peu aplati et d'un jaune clair; tige haute de 2 à 4 mètres. Cette variété est plus tardive que le maïs jaune gros, mais elle fournit, quand elle a été semée de bonne heure, un abondant fourrage.

4° *Maïs blanc des Landes.* — Épi à 12 ou 14 rangées de 35 à 38 grains; grain blanc un peu moins gros que celui du maïs jaune; tige haute de 1^m,50. Cette variété est un peu moins précoce que le maïs quarantain; dans le Tarn, on la préfère aux précédentes.

5° *Maïs perle.* — Épi à 8 ou 10 rangées de 40 à 50 grains; grain blanc, bleuâtre ou noirâtre; tige élevée de 2 mètres. Cette belle variété est tardive, mais elle est très-fourragère.

Terrain. — A. Nature. — Le maïs doit être cultivé sur des terres profondes, argileuses, argilo-calcaires, de bonne qualité et un peu fraîches. Lorsque les terrains sont secs et peu profonds, il est petit et donne moins de fourrage vert que les pois gris, les vesces ou le moha de Hongrie. En général, il réussit bien sur les terres où l'on cultive le froment.

B. Fertilité. — Cette graminée est épuisante et elle doit être cultivée sur des terres riches, sur des sols fumés. On a dit qu'elle était trop exigeante pour qu'on puisse la regarder comme une bonne plante fourragère. Il est incontestable qu'elle diminue la fertilité de la couche arable et qu'il est utile de la faire précéder ou suivre par une fumure ; mais si l'on réfléchit à la grande quantité de fourrage vert qu'elle fournit, aux avantages qu'elle présente dans les contrées où les nourritures vertes sont rares pendant les mois de juillet, août et même septembre, on reconnaîtra qu'elle doit être regardée comme une plante précieuse. Le fumier qui résulte de la consommation des tiges et feuilles vertes qu'elle fournit, dépasse bien au delà la quantité d'engrais qu'elle exige et que doit contenir la terre où elle est cultivée.

C. Préparation. — Le maïs, à cause de ses racines fibreuses, exige que la terre ait été bien préparée et ameublie. On enterre le fumier par le dernier labour préparatoire. Le sol doit être disposé à plat.

Dans plusieurs localités du Midi on se borne à donner à la terre un seul labour. Cette simple préparation n'est bonne que lorsque le maïs a été précédé par une culture fourragère verte.

Ainsi, après des vesces d'hiver, du trèfle incarnat, etc., on peut n'exécuter qu'un seul labour, parce que la terre après ces cultures est toujours dans un bon état de propreté et qu'elle s'ameublit facilement.

Quantité d'engrais à appliquer. — Le maïs cultivé pour ses tiges et feuilles vertes demande moins d'engrais que lorsqu'on le cultive pour ses graines.

Lorsque les terres appartiennent à la période fourragère ou à la période céréale, on doit appliquer 450 kilog. de fumier dosant 0,40 d'azote par chaque 1000 kilog. de fourrage vert que l'on peut récolter par hectare. Si une terre devait produire 30 000 kilog. de tiges et feuilles vertes, il faudrait lui appliquer de 13 000 à 14 000 kilog. de fumier. Le maïs qui mûrit ses semences en exige 600 kilog. par 100 kilog. ou 450 kilog. par hectolitre.

Un hectare qui donnerait 40 hectolitres exigerait donc une fumure de 18 000 à 20 000 kilog.

Semis. — A. ÉPOQUE. — Le maïs se sème depuis la première quinzaine d'avril ou les premiers jours de mai, suivant la latitude où il est cultivé, jusque vers le 1ᵉʳ août. On sème beaucoup plus tôt et plus tardivement dans le midi que dans le nord de l'Europe. En Provence et dans le Languedoc on exécute les premiers semis vers la fin d'avril.

Il est utile de répéter les semis tous les 15 ou 20 jours. C'est en opérant des semis successifs qu'on parvient dans le Midi à obtenir du fourrage vert d'une manière continue depuis la fin du mois de juin ou la première quinzaine de juillet jusque dans le courant de septembre.

B. EXÉCUTION. — Les semis se font à la volée ou en lignes. Les semis en lignes sont ceux qu'il faut préférer parce qu'ils permettent de biner et de butter les plantes. Les semailles à la volée ne sont favorables que lorsqu'on associe aux maïs des pois gris, des vesces, du colza ou du sarrasin.

On espace les lignes les unes des autres de 0ᵐ,50, 0ᵐ,60 à 0ᵐ,80, suivant la variété cultivée et la fertilité et la fraîcheur de la terre.

Il est nécessaire que les pieds soient rapprochés les uns des autres sur les lignes afin qu'ils ombragent le plus possible le sol par leurs tiges et leurs feuilles.

C. QUANTITÉ DE GRAINES. — Les semis doivent être un peu épais, afin que les plantes nuisibles n'envahissent pas le sol. Lorsqu'on sème à la volée, on répand de 120 à 200 litres par hectare, suivant la grosseur de la graine. M. Hœlzlin en sème 200 litres. Burger recommande d'en appliquer 265 litres et M. Trochu en emploie 4 hectolitres. Cette dernière quantité est évidemment trop forte.

Les semis en lignes n'exigent que 70 à 100 litres. C'est par erreur évidemment que Royer a indiqué 36 litres.

Voici le poids de l'hectolitre des variétés de maïs que l'on cultive comme plantes fourragères :

Maïs jaune..........	70 kil.	Maïs blanc.........	72 kil.
— quarantain	76	— perle	78

D. ENFOUISSEMENT DES GRAINES. —On enterre les graines au moyen d'un labour ou à l'aide de deux hersages énergiques.

Il faut que la couche de terre qui couvre les semences ait au moins 0^m,03 à 0^m,05 de profondeur.

Trempage des semences. — On a proposé de faire tremper les graines de maïs avant de les semer, dans le but de rendre leur germination plus prompte et plus certaine. Cette opération n'est bonne que lorsque les semences sont enterrées profondément aussitôt après la semaille. Quand elles sont confiées à des terres sèches ou lorsqu'elles sont enfouies à une faible profondeur, elles perdent promptement l'humidité qu'elles avaient absorbée, elles se dessèchent et germent alors plus difficilement que si elles n'avaient pas subi cette préparation.

Nonobstant, ce trempage n'est utile que lorsque les semis

sont pratiqués en juin ou juillet, sur des terres sujettes à souffrir des sécheresses.

Association du maïs à d'autres plantes. — On peut associer le maïs au pois gris, au moha de Hongrie, au colza et au sarrasin ordinaire ou de Tartarie.

Soins d'entretien. — Le maïs cultivé en lignes doit recevoir un binage pendant sa végétation.

On peut aussi biner le maïs qu'on a semé à la volée.

Quand on le cultive en lignes sur des terres légères siliceuses ou crayeuses, on butte les rangées afin de concentrer le plus de fraîcheur possible à la base des pieds.

Récolte. — On coupe cette céréale quand les panicules que forment les fleurs mâles commencent à se développer. Si l'on attendait pour commencer la récolte que les fleurs femelles fussent très-apparentes, les tiges seraient trop dures pour que les animaux puissent les consommer avec avidité.

Huit semaines à trois mois suffisent ordinairement au maïs pour atteindre 1 mètre environ de hauteur.

Dans le Midi, les tiges qui proviennent de semis exécutés vers le 1er avril, peuvent être coupées dans la 2e quinzaine de juin; — vers le 1er mai, dans la 1re quinzaine de juillet; — vers le 1er juin, dans la 1re quinzaine d'août; — vers le 1er juillet, dans la 1re quinzaine de septembre; — vers le 1er août, dans la 1re quinzaine d'octobre.

La récolte dure de 15 à 20 jours.

On coupe les tiges au moyen d'une serpe, d'une faucille ou de la faux, selon le développement et la dureté des tiges.

Il est souvent utile d'écraser un peu la base des tiges lorsque celles-ci sont très-développées, avant de les donner aux animaux.

On peut aussi diviser les tiges à l'aide d'un hache-paille.

Rendement en vert. — Le maïs cultivé sur des terres riches ou fumées et un peu fraîches, fournit une abondante production fourragère. Voici les produits moyens que l'on a obtenus par hectare :

Gasparin.....	20 000 kil.	Higonnet	36 000 kil.
Royer	30 000	Vilmorin.....	40 000
Bella........	30 000	Burger......	44 000
		Moyenne..	33 000 kil.

Les produits minimum et maximum ont été :

De Villeneuve.	16 400 kil.	Bonafous......	60 000 kil.

Chaque pied pèse de 1 à 2 kilog., et on compte en moyenne, quand le sol est bien garni, de 15 000 à 25 000 plantes par hectare.

Foin sec. — On fait rarement consommer le maïs après l'avoir fait sécher.

Les tiges se sèchent lentement. En général leur dessiccation dure de 8 à 12 jours si le temps est beau.

Suivant M. de Gasparin, le fourrage vert : fourrage sec :: 100 : 25. Ce rapport est celui qu'indiquent Bonafous et de Villeneuve.

Récolte des graines. — Voir pour les détails de la récolte des épis de maïs arrivés à maturité, t. VI, LES PLANTES ALI- MENTAIRES.

Valeur nutritive. — A. FOURRAGE VERT. — Le maïs vert forme un excellent fourrage ; il contient de l'albumine vé- gétale, de la fécule et du sucre. D'après M. Payen, il ren- ferme :

Eau	19,72
Substances sèches	80,28
	100,00

et il dose 0,178 pour 100 d'azote.

Suivant Pabst, sa valeur nutritive devrait être représentée par 275.

B. Semences. — Les graines du maïs sont employées avec succès dans l'alimentation et l'engraissement des animaux domestiques et des volailles.

Selon M. Boussingault, les semences du maïs contiennent 17 à 18 pour 100 d'eau et 1,64 à 2 d'azote, et 7,8 à 8,8 de matières grasses. Il représente leur valeur nutritive par 58. Voici les chiffres que la pratique a obtenus :

André	40	Petri	52
Burger	28	Veit	36
Pabst	45	Royer	28
		Moyenne	38

Avant de donner les graines de maïs aux animaux, on les concasse, on les réduit en farine ou on les fait tremper dans l'eau. Alors, leurs diverses parties sont plus assimilables et servent mieux à la nutrition.

Emplois de maïs vert. — On donne souvent les tiges vertes du maïs telles qu'on les récolte, mais il vaut mieux les diviser à l'aide d'un hache-paille ou d'une serpe. On peut aussi se contenter d'écraser leur partie inférieure au moyen d'un maillet.

En général, il est utile de ne donner le maïs vert aux animaux qu'après l'avoir laissé faner pendant plusieurs heures, une demi-journée par exemple. Le maïs coupé au milieu du jour, par un soleil ardent et amoncelé en tas volumineux, s'échauffe très-promptement.

Action du maïs vert sur le bétail. — Le maïs vert récolté lorsque les fleurs mâles ou les panicules commencent à se montrer convient à tous les animaux. Les bœufs de travail qui s'en nourrissent ont une peau souple et un poil luisant.

Peut-on donner ce fourrage aux vaches laitières ? D'après M. Bonafous le maïs vert, donné avec modération, ravive les vaches qui tarissent et rend leur lait plus sucré et plus abondant. Cette opinion concorde avec les faits observés par Rozier et Bosc, et confirme l'observation de Parmentier. M. de Gasparin soutient une opinion toute différente. Ainsi, il dit avoir constaté que les vaches qui se nourrissent à discrétion de maïs vert perdent de leur lait. Je puis affirmer que toutes les fois que j'ai fait consommer un semblable fourrage à des vaches laitières, j'ai toujours obtenu une abondante quantité de lait, et un lait sucré et très-agréable. On constate les mêmes faits chaque année à Grignon.

Il résulte des observations constatées dans les provinces du Sud-Ouest, que le maïs vert est un des fourrages les plus salutaires, les plus agréables et les plus alimentaires qu'on puisse donner ou aux bœufs ou aux vaches.

Prix de revient. — Le compte suivant a été établi en 1854 par M. Célarié :

Dépenses par hectare..........	176 fr.	46
Bénéfice.....................	23	53
Prix de revient de 100 kil.......	0	88

Le produit en vert s'est élevé à 20 000 par hectare.

BIBLIOGRAPHIE.

Parmentier. — Traité de la culture des graines, 1802, in-8, t. II, p. 463.
Depère. — Manuel d'agriculture pratique, 1806, in-8, p. 73.
Bonafous. — Traité du maïs, 1834, in-8, p. 92.
Vilmorin. — Le Cultivateur, 1841, in-8, t. XVII, p. 262.
Royer. — Moniteur de la propriété, 1841, in-8, t. VI, p. 74.
Boitard. — Traité des prairies artificielles, in-8, p. 49.
Rendu. — Agriculture du Tarn, 1845, in-8, p. 261.
Trochu. — Ferme de Bruté, 1847, in-8, p. 191.
De Gasparin. — Cours d'agriculture, 1848, in-8, t. IV, p. 509.

SECTION XV.

Sorgho sucré.

(De *sorghi*, nom indien du sorgho.)

HOLCUS SACCHARATUS, L.; ANDROPOGON SACCHARATUS, Kunth.

Plante monocotylédone de la famille des Graminées.

Historique. — Mode de végétation. — Climat. — Terrain. — Préparation du sol. — Fertilité du sol. — Semis. — Poids des graines. — Levée des semences. — Soins d'entretien. — Récolte des tiges. — Rendement. — Préparation des tiges. — Valeur nutritive. — Action vénéneuse du sorgho sucré.

Historique. — Le sorgho sucré est connu en Chine depuis longtemps. Il est aussi très-répandu dans les Indes orientales, la Sénégambie et la Nigritie.

Pierre Arduino l'a introduit en Italie, en 1786, comme plante saccharifère. Il est aujourd'hui cultivé en France comme plante fourragère et comme industrielle.

Mode de végétation. — Cette graminée (fig. 41) est annuelle ; elle produit plusieurs tiges pleines et glabres qui atteignent, suivant la latitude où elles végètent, de 2 à 4 mètres de hauteur. Ces tiges forment une touffe plus ou moins forte ; elles portent des fleurs disposées en épi droit et serré et qui produisent des graines d'un beau noir luisant et enveloppées en partie par les glumelles.

Elle est plus tardive que le maïs. Les arrêts dans sa végétation ne lui permettent jamais d'atteindre son développement maximum.

Cette plante émerveille par l'élévation de ses tiges, la beauté de ses feuilles et la qualité alimentaire du fourrage vert qu'elle fournit.

Climat. — Le sorgho sucré, considéré comme plante fourragère, peut être cultivé dans toutes les provinces de la France. Toutefois, ses produits ne sont jamais aussi élevés dans les localités septentrionales et sur les terres situées à une grande altitude que dans les contrées du Midi et dans les terres en plaine.

Terrain. — Il demande une terre de consistance moyenne, profonde et fertile. Les sols argileux lui sont bien moins défavorables que les terres qui contiennent une notable proportion de sable.

On a dit souvent que le sorgho sucré végétait difficilement sur les terres qui renferment beaucoup de carbonate de chaux. L'expérience a prouvé l'inexactitude de cette assertion.

Toutes choses égales d'ailleurs, les terrains frais, ceux qui conservent une certaine humidité pendant les fortes chaleurs, sont ceux qui conviennent le mieux à cette graminée.

Le sorgho sucré ne réussit bien sur les sols secs, siliceux ou calcaires, que quand on peut, pendant les sécheresses, y exécuter des arrosements.

Préparation du sol. — Les terres destinées à cette plante fourragère doivent être bien préparées. On ne doit négliger ni un labour, ni un hersage ou roulage.

Fertilité du sol. — Le sorgho sucré demande un sol fertile. Cette richesse n'exclut pas l'emploi des engrais qui agissent promptement.

Quiconque veut obtenir beaucoup de fourrage vert doit appliquer dans la culture de cette plante une forte proportion de guano, de fumier ou de poudrette. Plus l'engrais appliqué agit promptement, plus le sorgho à sucre accomplit ses premières phases d'existence avec promptitude.

Semis. — Les semis se font en place, à la volée ou en lignes.

Fig. 41. — Sorgho sucré. — Au 12ᵉ.

On les exécute à l'époque où l'on opère les semailles de maïs, de millet ou de haricots.

On peut faire germer les graines dans l'eau pendant 24 heures si on veut hâter la germination.

1° Lorsqu'on sème à la volée, on répand de 8 à 10 kilog. de graines par hectare.

On couvre les semences avec la herse ou à l'aide d'un râteau.

2° Les semis en lignes, bien préférables à la semaille à la volée, se font avec un semoir à brouette ou un semoir à cheval.

A défaut de semoir on opère de la manière suivante : à l'aide d'un rayonneur à cheval ou d'un cordeau et d'un traçoir on ouvre des rayons parallèles profonds de $0^m,03$ à $0^m,05$ dans le sens de la longueur du champ. Ces raies sont espacées les unes des autres de $0^m,65$ à $0^m,75$. Une fois ce travail exécuté, on répand les graines dans les sillons, en ayant soin qu'elles soient réunies au nombre de 3 à 4 et que les poquets soient séparés de $0^m,40$ à $0^m,60$. On recouvre ensuite ces graines avec la herse ou un râteau.

Ce mode d'ensemencement exige de 2 à 3 kilog. de graines par hectare.

Il est utile de semer un peu dru, surtout dans le Midi, afin que le sol soit bien abrité du soleil par les plantes et qu'il conserve mieux son humidité pendant les fortes chaleurs.

Poids des graines. — Un hectolitre de sorgho sucré pèse de 60 à 65 kilog.

Un kilog. contient environ 45 000 graines.

Levée des semences. — La graine de sorgho sucré confiée à la terre pendant le mois de mai lève ordinairement entre le douzième et le quinzième jour.

Les cotylédons restent presque toujours jaunâtres s'il survient des pluies à l'époque de leur apparition et si le temps reste froid pendant plusieurs semaines après leur premier développement.

Soins d'entretien. — Le sorgho sucré végète d'abord lentement. Cette croissance tardive oblige à donner au sol un binage dès que les mauvaises herbes commencent à s'emparer de la surface du sol.

On répète cette opération pendant le mois de juillet.

Récolte des tiges. — On procède à la récolte des tiges en août, septembre ou octobre, suivant le développement du sorgho et l'époque à laquelle les semis ont été exécutés.

On l'opère un peu avant le développement complet des panicules. Si, en agissant ainsi, on perd un peu en quantité, par contre on récolte un fourrage vert qui plaît mieux aux animaux.

En général, 3 à 4 mois suffisent, au sorgho sucré semé en temps convenable pour atteindre, comme plante fourragère, son développement complet.

Suivant la force des tiges, on les coupe à la faux, à la faucille ou à la serpe.

Rendement. — Le sorgho sucré, cultivé sur des terres de consistance moyenne, profondes, fraîches et bien fumées, peut donner de 80 000 à 100 000 kilog. de tiges et feuilles vertes par hectare.

Voici les produits qu'on a obtenus :

M. Nivière (Ain)............	120 000 kil.
M. Nodler (Eure-et-Loir) ...	112 000
M. Noël Lecomte (Loiret)...	73 000
M. Du Peyrat (Landes)	123 000
M. Laurens (Ariége)........	100 000
M. Binette (Calvados).......	80 000
M. Balincourt (Vaucluse)....	40 000
Moyenne.......	91 000 kil.

On avait pensé que cette graminée fourragère donnerait, si

elle était coupée prématurément, une bonne seconde coupe. On a reconnu que le regain qu'elle fournit, quand elle a été ainsi récoltée, est peu abondant.

Préparation des tiges. — On donne les tiges aux animaux après les avoir divisées avec une serpe ou un hache-paille.

Valeur nutritive. — Les tiges vertes du sorgho sucré sont mangées avec avidité par les bêtes à cornes et les chevaux. Sa valeur nutritive égale, si elle ne la surpasse pas, la valeur alimentaire des tiges vertes du maïs.

D'après M. J. Pierre, le sorgho sucré contient en moyenne, à toutes les époques où il peut être consommé comme fourrage, 30 pour 100 de parties sèches et 70 pour 100 d'eau.

Action vénéneuse du sorgho sucré. — On a attribué au sorgho sucré, en 1858, une propriété vénéneuse. Les faits constatés en 1859 et 1860 ont prouvé la complète inocuité de cette plante. D'un autre côté, M. Clément, professeur de chimie à l'École impériale d'Alfort, n'a découvert aucun principe vénéneux, ni dans les tiges ni dans les feuilles. C'est donc avec raison qu'on doit attribuer à des causes inconnues et indépendantes du sorgho sucré, la mortalité des vaches auxquelles M. Doussineau, cultivateur à Allones (Eure-et-Loir), en avait donné.

Aucun écrit publié en Amérique n'a signalé jusqu'à ce jour cette belle graminée fourragère comme une plante mortifère.

SECTION XVI.

Seigle.

(De *segal*, nom celtique du seigle.)

SECALE CEREALE, L.

Plante monocotylédone de la famille des Graminées.

Anglais. — Rye.
Allemand. — Roggen.
Hollandais. — Rodgge.

Italien. — Sehala.
Espagnol. — Centeno.
Russe. — Rosch.

Le seigle ordinaire est souvent cultivé comme plante fourragère.

Il réussit très-bien sur les terres siliceuses, granitiques, volcaniques et calcaires de moyenne consistance.

Il n'exige pas des terres très-fertiles.

On le sème ordinairement sur un seul labour.

Les semailles se font dans le mois de septembre ou d'octobre.

On répand 250 litres par hectare.

Au mois d'avril ou dans les premiers jours de mai, quand il commence à épier, on le coupe pour faire consommer ses tiges par les chevaux, les bœufs et les vaches. Il est utile de le faucher de bonne heure, parce qu'il durcit promptement après le complet développement des épis, et de s'arranger de manière que toute la quantité produite soit consommée avant le moment où les tiges deviennent dures.

Quand le seigle a été fauché, on le laisse se flétrir sur le sol pendant quelques heures. L'expérience m'a prouvé l'avantage de cette manière d'agir, qui est connue depuis fort longtemps dans plusieurs localités.

On peut aussi le faire consommer sur place par les bêtes

à laine. Dans ce cas, on ne doit pas attendre le développement des épis.

On cultive aussi le *seigle de la Saint-Jean* ou *seigle multicaule*, variété plus élevée, plus productive et plus tardive. On le sème en septembre, à raison de 100 litres seulement, parce que son grain est petit; mais on peut aussi le semer vers la Saint-Jean.

Quand le seigle de la Saint-Jean a été semé à la fin de juin, on le fauche pendant les mois de septembre et d'octobre ou bien on le fait pâturer jusqu'à l'approche des fortes gelées.

Le *seigle commun* est productif. Voici les quantités moyennes de fourrage vert qu'il a données :

Schwerz............	13 450 kil.
Royer.............	13 700
G. Heuzé..........	13 500
Moyenne......	13 870 kil.

On a obtenu à Hohenheim, comme produits minimum et maximum, 10 000 kilog. et 24 120 kilog.

Le *seigle multicaule* fournit davantage de fourrage vert parce que ses touffes sont plus fortes et plus vigoureuses. Semé par Le Breton, en 1785, le 28 juin, il donna le 1er septembre une coupe de 0m,52 de hauteur, et le 28 du même mois une seconde coupe de 0m,30 d'élévation. Gilbert a obtenu la même année des résultats complétement semblables.

Le seigle vert fauché avant que ses épis soient complétement formés convient à tous les animaux : il les rafraîchit et les nourrit bien. Les chevaux qui en consomment ont un poil fin et luisant et se maintiennent en bonne santé; les vaches, sous son action, produisent beaucoup de lait.

La consommation du seigle vert dure environ quinze jours.

Il contient 78 pour 100 d'eau. Pabst représente sa valeur alimentaire par 150.

Les semences de seigle qui ont éprouvé l'action de la cuisson conviennent particulièrement aux chevaux. Ces animaux
les mangent difficilement lorsqu'elles sont données à l'état
naturel, à cause de leur dureté. Le seigle cuit augmente
beaucoup de volume : un litre en produit trois. Ce grain réduit en farine convient spécialement aux bêtes à cornes et
aux porcs à l'engrais.

D'après Royer et M. Dailly, la valeur nutritive du seigle
cuit doit être représentée par 33.

Les semences de seigle contiennent à l'état normal, suivant
M. Boussingault :

        Eau.................   14,00 à 16,60 pour 100.
        Matières grasses......   2,00   —
        Azote.............. ...   1,42 à 2,00   —

Ce savant représente leur valeur nutritive par 58.

Voici les chiffres que la pratique assigne à ces graines :

Block.............	33	Polh..............	38
Dailly.............	26	Rieder............	52
Flotow............	44	Royer.............	28
Kramst	65	Schnée............	58
Meyer.............	51	Thaër.............	71
Pabst.............	45	Veit..............	40
Petri.............	54	Moyenne......	47

Un hectolitre de seigle commun pèse 72 à 74 kilog.; le
seigle multicaule a un poids de 71 à 72 kilog.

BIBLIOGRAPHIE.

Yvart. — Cours complet d'agriculture, 1823, t. XIV, p. 142.
Gilbert. — Traité des prairies artificielles, 1826, in-8, p. 145.
Schwerz. — Culture des plantes fourragères, 1842, in-8, p. 195.

SECTION XVII.

Avoine.

(De *avere*, désirer, c'est-à-dire graine recherchée par les animaux)

AVENA SATIVA, L.

Plante monocotylédone de la famille des Graminées.

Anglais. — Oat.
Allemand. — Hafer.
Hollandais. — Haver.
Danois. — Havre.

Italien. — Vena.
Portugais. — Avea.
Espagnol. — Avena.
Russe. — Owes.

L'avoine est aussi cultivée comme plante fourragère verte dans la plupart des localités de l'Europe.

On la sème en septembre dans le midi et l'ouest de la France, contrées où l'on cultive principalement l'*avoine d'hiver*.

Dans les localités où on ne cultive que des *avoines de printemps*, on exécute les semis en février, mars et avril.

On répand dans l'un ou l'autre cas de 220 à 250 litres de graines par hectare.

Cette céréale se plaît de préférence sur les terres un peu argileuses et argilo-calcaires.

Un hectolitre de semence de bonne qualité pèse de 46 à 50 kilog.

On fauche l'avoine d'hiver vers la fin de mai et pendant la première quinzaine de juin; l'avoine de mars se récolte vers la fin de juin ou durant la première quinzaine du mois de juillet.

Cette céréale ne doit être coupée que lorsque ses panicules sont formées, car, quoique fauchée un peu tardivement, les animaux la mangent très-bien. Elle ne durcit pas aussi promptement que le seigle.

Un hectare d'avoine peut fournir de 15 000 à 20 000 kilog. de fourrage vert.

L'avoine coupée quand ses grains sont encore laiteux, constitue une nourriture à la fois substantielle et rafraîchissante. En Allemagne, on la regarde avec raison comme le fourrage vert le plus nutritif qu'on puisse donner aux chevaux, aux vaches et aux bêtes à laine.

La valeur nutritive de l'avoine verte n'a pas encore été déterminée ; mais on doit la considérer comme plus alimentaire que le seigle vert.

Les semences d'avoine renferment, d'après M. Boussingault :

Eau.....................	14,00 à 20,00 pour 100.
Matières grasses.......	5,50 —
Azote.................	1,70 à 1,90 —

La pratique représente leur valeur nutritive ainsi qu'il suit :

André.............	40	Rieder	55
Block.............	40	Royer..............	57
Pabst.............	50	Thaër	86
Petri	70	Veit...............	50
Polh.............	50	Moyenne..	56

M. Boussingault leur assigne le chiffre 61.

Ces graines conviennent à tous les animaux et oiseaux domestiques.

(Voir, pour plus de détails sur la culture de l'avoine, LES PLANTES ALIMENTAIRES.)

SECTION XVIII.

Orge escourgeon.

(De *hordus*, lourd ; allusion à la pesanteur du pain que l'on fait avec l'orge.)

HORDEUM HEXASTICHON, L.

Plante monocotylédone de la famille des Graminées.

Anglais. — Barley.
Allemand. — Gerstengraupen.
Hollandais. — Garst.
Suédois. — Korn ou Ryg.

Russe. — Fatschmea.
Italien. — Orzo.
Espagnol. — Cebada.
Danois. — Byg.

L'orge est aussi cultivée comme plante fourragère, mais bien moins communément que le seigle et l'avoine. Columelle et Olivier de Serres l'ont vivement recommandée.

Le plus ordinairement on préfère l'escourgeon d'hiver aux orges de mars.

On répand de 250 à 300 litres de graines par hectare. Les semis se font en septembre ou au commencement d'octobre.

L'escourgeon fournit autant de fourrage vert que l'avoine. On doit le faucher avant le développement complet des épis, afin que les barbes de ces derniers ne blessent pas le palais des animaux. Cette récolte se fait depuis la première quinzaine de mai jusqu'au 10 juin.

Dans le Sud-Ouest on le coupe huit à douze jours après le seigle.

On le laisse se faner sur le sol pendant plusieurs heures après qu'il a été fauché.

Les tiges vertes de l'escourgeon sont souples et très-riches en matières saccharines. Elles forment un excellent fourrage vert. Les chevaux et les poulains les mangent avec avidité, et les vaches qui s'en nourrissent donnent beaucoup de lait et un lait d'excellente qualité.

Quoi qu'il en soit, l'orge fauchée en vert, malgré ses qualités rafraîchissantes, doit être donnée modérément aux chevaux et aux mules, car, comme le dit Olivier de Serres, *leur en donner à discrétion, seraient en danger de s'en trouver mal, par trop de replection, tant abondante est-elle en substance nutritive.*

La semence de cette céréale joue un rôle important dans l'alimentation des chevaux en Afrique et en Asie. Dans ces contrées elle a des propriétés alibiles très-prononcées. Dans le nord de l'Europe elle est plutôt rafraîchissante qu'alimentaire. Nonobstant, on l'utilise très-avantageusement dans l'engraissement des animaux domestiques et des volailles.

Suivant M. Boussingault, l'orge d'hiver contient :

Eau	13,00 pour 100.
Matières grasses	2,80 —
Azote	2,14 —

Il représente sa valeur nutritive par 54.

La pratique assigne à la semence d'orge les chiffres suivants :

Block	33	Rieder	52
De Dombasle	47	Royer	41
Meyer	53	Thaër	76
Pabst	50	Veit	44
Petri	61	Moyenne	51

Cette moyenne concerne seulement les graines d'orge récoltées dans les contrées du nord de l'Europe.

(Voir, pour plus de détails sur la culture de l'orge, LES PLANTES ALIMENTAIRES.)

SECTION XIX.

Alpiste.

(De φαλαρός, brillant ; allusion à l'aspect luisant dés graines.)

PHALARIS CANARIENSIS, L.

Plante monocotylédone de la famille des Graminées.

On cultive quelquefois le millet commun comme fourrage ; mais cette graminée n'a pas les avantages que présente l'alpiste, que l'on nomme souvent *millet long.*

Cette plante a une tige haute de 0ᵐ,50 à 0ᵐ,65, rameuse, droite, garnie de feuilles planes et longues. Ses fleurs sont disposées en épis ovales et panachés de blanc et de vert. Ses graines sont jaunâtres, ovales, aplaties, pointues et luisantes ; elles ressemblent par leur forme à celles du lin.

L'alpiste végète bien sur les sols secs et sablonneux de moyenne fertilité. Il est moins exigeant et plus rustique que le millet ordinaire.

On le sème en avril, mai ou juin, à raison de 30 à 40 litres par hectare.

Cretté de Palluel l'a cultivé en 1788 ; il a reconnu que les bêtes à cornes le consommaient avec plus d'avidité que le millet commun. Semé à la fin de juillet, il s'est conservé vert sur pied jusqu'en décembre et a donné 4900 kilog. de foin par hectare.

On doit faucher l'alpiste au moment où les panicules spiciformes se développent. Récolté plus tard, il fournit un fourrage vert un peu dur ou un foin grossier de qualité très-ordinaire.

J'ai récolté en Bretagne 5000 et 5500 kilog. de foin par hectare.

SECTION XX.

Sarrasin commun.

(De φηγός, hêtre, πυρός, blé ; c'est-à-dire fruit semblable à celui du hêtre et employé
comme le blé.)

FAGOPYRUM VULGARE, N.; POLYGONUM FAGOPYRUM, L.

Plante dicotylédone de la famille des Polygonées.

Anglais. — Buckwheat.   *Italien.* — Grano saraceno.
Allemand. — Buckweizen.   *Espagnol.* — Trigo saraceno.

Historique. — Climat. — Végétation. — Terrain. — Nature. — Semis. —
Association du sarrasin à d'autres plantes. — Récolte. — Rendement. —
Valeur nutritive : fourrage vert, semences.

Historique. — Le sarrasin ordinaire, connu sous les noms
de *blé noir, carabin*, est originaire de l'Asie. Suivant Regnier,
les Celtes le cultivaient et le désignaient sous le nom de *had
razin* (blé rouge), mot d'où est venu son nom actuel. On le
cultivait en Angleterre avant 1597. Noël Fail rapporte qu'il a
été introduit de Lyon dans l'ancienne province de Bretagne,
au seizième siècle, par L. Champenois. C'est à tort que plusieurs écrivains ont dit qu'il avait été importé en France par
les Maures ou les Sarrasins.

Le sarrasin est cultivé comme plante fourragère dans la
Champagne, la Sologne et la Savoie.

Végétation. — Cette plante a une tige droite, rameuse,
garnie de feuilles inférieures pétiolées, ovales ou cordiformes
sagittées et de feuilles supérieures pétiolées. Ses fleurs sont
blanches ou rosées et disposées en corymbe. Quant à ses
graines, elles sont brunes, lisses, et présentent trois angles
bien prononcés.

A l'époque de l'épanouissement des fleurs et surtout au
moment de la maturité des fruits, les tiges et les ramifica-

tions présentent supérieurement une teinte rouge très-apparente.

Climat. — Le sarrasin est sensible aux froids tardifs du printemps et aux gelées blanches qui apparaissent de bonne heure en automne; il souffre aussi pendant l'été quand il survient de longues sécheresses. C'est pour ces causes que sa culture ne s'est étendue en France que dans les provinces de l'ouest et du nord, où l'atmosphère est moins sèche que dans les contrées méridionales.

Terrain. — Cette plante n'est pas difficile sur la nature du sol et elle réussit très-bien sur les terres argilo-siliceuses, silico-calcaires, silico-argileuses, schisteuses et granitiques. Elle ne végète mal sur les terres sablonneuses que quand elles sont arides et sèches pendant l'été.

En général, toutes les terres à froment et à seigle conviennent au sarrasin.

Quoique peu exigeant, le sarrasin ne réussit que lorsque les terres ont été bien ameublies. On doit donc donner aux terrains que l'on destine à cette plante les labours et les hersages qu'ils nécessitent.

Lorsqu'on le cultive sur des terres pauvres on accroît la fertilité du sol en appliquant du noir animal, de la charrée ou de la poudrette. Les terres à froment n'exigent pas d'engrais pour produire une bonne récolte verte.

Semis. — On sème le sarrasin commun quand on n'a plus à redouter de gelées tardives, c'est-à-dire depuis le 15 mai jusqu'en août. Dans l'Ouest et le Nord, on termine les semis vers le 15 juillet. Dans le Centre et le Midi, on les continue jusqu'à la fin d'août.

Les graines se sèment à la volée à raison de 80 à 100 litres par hectare. On les enfouit au moyen d'un hersage.

Association du sarrasin à d'autres plantes. — On ne

cultive pas toujours le sarrasin seul. Souvent on l'associe au maïs, pois gris, vesce, alpiste et moha de Hongrie. Ainsi cultivé, il fournit toujours un fourrage plus abondant et de meilleure qualité.

Récolte. — Le sarrasin doit être fauché lorsque les fruits des premières fleurs sont formés. Récolté quand ses fleurs blanches ou purpurines s'épanouissent, il fournit un fourrage trop humide et de qualité très-secondaire. Toutefois, il importe de ne pas attendre pour le faucher que ses fleurs n'existent plus; récolté trop tardivement, les tiges ont perdu une partie de leur propriété alimentaire.

Rendement. — Un hectare de sarrasin peut fournir, quand le développement de ses tiges n'a pas été contrarié par la sécheresse, de 15 000 à 20 000 kilog. de fourrage vert.

Valeur nutritive. — A. FOURRAGE VERT. — Cette polygonée forme un assez bon fourrage vert pour les vaches et les bœufs, mais il faut qu'elle soit donnée avec modération. On a dit qu'elle occasionnait des vertiges aux animaux qui en consommaient; je n'ai jamais observé un fait semblable. J'ai seulement remarqué que les bœufs et les vaches qui en mangeaient à discrétion étaient sujets à la météorisation.

J'ajouterai que les bêtes à cornes ne mangent le sarrasin avec avidité que lorsqu'elles y sont habituées.

Le sarrasin vert contient, suivant Crome :

Eau	82.50
Fécule	4,70
Fibres	10,00
Albumine	0,20
Matières extractives	2,60
	100.00

Thaër regarde ce fourrage comme aussi nutritif que la production verte des vesces. Pabst représente sa valeur alimentaire par 425 et Veit 450. Ainsi, 44 kilog. de sarrasin vert remplaceraient 10 kilog. de foin de prairies naturelles.

B. SEMENCES. — Les graines du sarrasin sont très-alimentaires. Sous leur action, les animaux des espèces bovine et porcine s'engraissent promptement. On les emploie aussi avec avantage dans l'engraissement des volailles.

Un hectolitre de sarrasin commun pèse 64 à 65 kilog.

Les graines de cette polygonée non dépouillées de leur enveloppe contribuent à rendre les chevaux poussifs.

D'après M. Boussingault, les semences du sarrasin commun renferment :

Eau....................	13,00
Amidon, sucre.........	64,00
Ligneux et cellulose.....	3,50
Albumine, etc..........	13,10
Sels..................	2,50
Matières grasses........	3,90
	100,00

Elles contiennent 3,90 pour 100 d'azote.

M. Boussingault représente leur valeur nutritive par 58. Voici les chiffres que leur accorde la pratique :

Block..............	33	Petri..............	52
G. Heuzé..........	60	Royer.............	52
Pabst.............	50	Veit..............	50
		Moyenne.......	50

Ainsi, les graines du sarrasin seraient aussi nutritives que les semences de l'orge, du seigle et de l'avoine.

(Voir, pour plus de détails sur la culture du sarrasin, LES PLANTES ALIMENTAIRES.)

SECTION XXI.

Sarrasin de Tartarie.

FAGOPYRUM TARTARICUM, Gœrtn.; POLYGONUM TARTARICUM, L.

Plante dicotylédone de la famille des Polygonées.

Cette espèce, originaire de la Tartarie, a beaucoup de rapport avec le sarrasin commun. Toutefois, les fleurs, au lieu d'être disposées en corymbe, forment un épis lâche. En outre, les graines sont chagrinées ou tuberculeuses.

Le sarrasin de Tartarie est plus rustique et végète avec plus de vigueur sur les sols médiocres que l'espèce précédente. De plus, il est moins sensible aux gelées tardives du printemps et à celles d'automne et supporte mieux les grandes chaleurs.

C'est sa grande rusticité, son aptitude à mieux réussir sur les sols pauvres qui le font préférer au sarrasin ordinaire comme plante fourragère.

On peut aussi l'associer au maïs, à la vesce et au pois gris.

A fertilité égale, le sarrasin de Tartarie fournit plus de fourrage vert que l'espèce précédente.

On le cultive comme le sarrasin commun, à cette exception, toutefois, qu'on peut le semer un peu plus tôt et plus tard.

Un hectolitre de sarrasin de Tartarie pèse 50 kilog.

J'ai obtenu, en 1860, 20 000 kilog. de fourrage vert par hectare.

Cette espèce, à l'état vert, est plus nutritive que le sarrasin commun. Ce fait résulte de ce que ses tiges contiennent moins d'humidité, qu'elles sont plus rustiques et moins altérées par les chaleurs pendant les mois de juillet et d'août que les tiges du sarrasin ordinaire. J'ajouterai que quand on fauche le blé noir de Tartarie les graines sont déjà bien formées, et que ces semences augmentent par leur partie amylacée la valeur alimentaire des tiges et dés feuilles.

On utilise aussi les semences du sarrasin de Tartarie dans l'éducation et l'engraissement des animaux domestiques et des volailles, mais avec moins de succès que celles du sarrasin commun. C'est que ces graines contiennent moins de parties farineuses et plus de son que celles de l'espèce commune.

Les graines de cette variété ne font pas partie des semences qui servent à l'alimentation de l'homme.

SECTION XXII.

Spergule.

(De *spargere*, répandre; allusion à la facilité avec laquelle elle répand ses graines.)

SPERGULA ARENSIS, L.

Plante dicotylédone de la famille des Caryophyllées.

Anglais. — Spurry.   *Flamand.* — Spurrie.
Allemant. — Sporgel.

Historique. — Climat. — Mode de végétation. — Variété. — Composition. —
Terrain : nature, préparation. — Semis : époque, exécution, récolte en
vert. — Conversion des tiges vertes en foin. — Rendement. — Récolte
des graines. — Valeur nutritive. — Bibliographie.

Historique. — La spergule est cultivée depuis longtemps
dans la Westphalie, le Hanovre, la Belgique, etc. On l'appelle souvent *morgeline, espargoute, spargoute.*

Climat. — On ne cultive la spergule que dans les contrées
où le *climat est brumeux ou humide.* Elle redoute trop les sécheresses pour qu'on puisse la regarder comme une bonne
plante dans les provinces du Midi, à moins qu'elle ne soit
cultivée sur des sols frais ou des terres arrosées.

Mode de végétation. — Cette plante (fig. 42) a une tige
ascendante, haute de 0^m,30 à 0^m,65, et des feuilles étroites,
linéaires, fasciculées, pubescentes, un peu charnues et mu-
nies à leur base de stipules membraneuses. Ses fleurs sont
blanches et disposées en panicule lâche. Ses graines sont
globuleuses, noires, petites et finement chagrinées; elles
sont contenues dans des capsules globuliformes à cinq valves.

Elle accomplit toutes ses phases de végétation avec une
grande promptitude, et elle exige seulement 1100° de chaleur, ou 75 à 90 jours pour mûrir ses graines.

Cette plante ne résiste pas aux gelées.

Variété. — On cultive dans la Courlande et dans la Livonie une variété qui se distingue de la spergule commune par ses tiges, qui s'élèvent jusqu'à un mètre de hauteur. Cette plante est connue sous le nom de *grande spergule, spergule géante*. Reichenbach l'a nommée *spergula maxima*. Cette variété dégénère assez facilement.

Composition. — Le docteur Lehmann a constaté que la spergule en fleurs contenait les principes suivants :

	État vert.	État sec.
Matières protéiques solubles dans l'eau....	1,62	13,98
— — insolubles dans l'eau..	1,34	
— non azotées....................	9,66	45,57
— grasses......................	0,85	4,02
— ligneuses......	5,30	25,02
— minérales.....................	2,42	11,41
Eau.............	78,81	» »
	100,00	100,00

Terrain. — A. NATURE. — La spergule doit être cultivée sur des sols sablonneux et frais. Elle végète mal sur les terres calcaires et les terrains argileux : les premières sont trop sèches, les seconds sont trop compacts. D'ailleurs, cette plante ne croît naturellement que sur les terres légères et siliceuses. Elle réussit très-bien sur les sables de la Campine.

Il n'est pas nécessaire, lorsqu'on cultive la *spergule commune*, que le sol soit riche, car cette plante n'est pas exigeante. Il n'en est pas de même de la *spergule géante*; elle demande que la terre soit fertile pour atteindre une hauteur de 0^m,90 à 1 mètre. C'est pour ce motif que cette variété, qui est connue depuis près d'un demi-siècle, n'a pas été acceptée de préférence aux vesces, pois gris, maïs, etc., comme plante fourragère d'été.

B. PRÉPARATION. — On prépare le sol au moyen d'un labour et d'un hersage. Il est rare qu'on se trouve dans la nécessité de donner à la terre une préparation plus complète qu'un déchaumage. J'ai dit que la spergule devait être cultivée sur des terrains sablonneux naturellement meubles.

Semis. — A. Époque. — On sème cette plante à deux époques : 1° au commencement du printemps lorsque la température a atteint $+ 8°$; 2° vers la fin de l'été, c'est-à-dire en août. C'est à tort qu'on a recommandé de faire des semis successifs. Ces ensemencements ne sont possibles que lorsque le sol et le climat sont naturellement frais ou que l'on peut compter pendant l'été sur des pluies fréquentes. Ainsi, c'est en vain qu'on exécuterait dans l'Ouest des semis pendant le mois de juillet, avec l'espérance d'obtenir vers la fin d'août ou pendant les premiers jours de septembre un fourrage vert abondant.

En résumé, pour déterminer l'époque des semis on doit plutôt avoir égard à la fraîcheur du sol et à l'humidité de l'atmosphère qu'à la nature et à la fertilité du sol.

Fig. 42. — Spergule.

B. Exécution. — On répand de 12 à 15 kilog. de graines par hectare.

Quand on redoute des sécheresses on doit en semer de 16 à 18 kilog.

C'est à tort que Schwerz indique 80 à 100 litres.

Un hectolitre de graines de *spergule ordinaire* pèse 63 à 64 kilog. La *spergule géante* pèse 58 kilog. seulement.

Les semis se font à la volée et on recouvre les semences à l'aide d'un hersage léger, ou d'un roulage, ou au moyen d'un fagot d'épines.

Récolte en vert. — On fauche ou on arrache la spergule quand ses petites fleurs blanches commencent à s'épanouir, c'est-à-dire 50 jours environ après l'époque des semis. On ne doit pas attendre que toutes les fleurs soient développées, car la rapidité avec laquelle elle végète ne permettrait pas de la donner verte aux animaux.

Le plus ordinairement on la fait consommer sur place par les bêtes à cornes ou les moutons.

Les vaches qui, en Belgique, la consomment sur place sont attachées à un piquet à l'aide d'une corde.

Donc, suivant l'époque des ensemencements, on peut la faire manger en mai ou en juin, en septembre, octobre ou novembre.

Conversion des tiges vertes en foin. — Le fanage de la spergule est assez long et difficile, parce que ses tiges renferment beaucoup d'humidité.

Généralement on la fauche et on la met le même jour en petits meulons qu'on abandonne à eux-mêmes pendant une ou deux semaines; lorsqu'elle est sèche, on la rentre en vrague ou après l'avoir fait botteler.

Il faut attendre pour la faucher, lorsqu'on veut la transformer aisément en foin, que ses tiges aient pris une teinte jaune doré, c'est-à-dire qu'elles aient perdu sur pied une partie de leur eau de végétation.

Quoi qu'il en soit, on ne fait consommer cette plante à l'état sec que très-accidentellement.

Rendement. — Il est difficile de préciser la quantité de tiges et feuilles vertes qu'un hectare peut fournir. Cette production résulte de la légèreté et de la fraîcheur de la couche arable.

Dans les circonstances ordinaires, c'est-à-dire sur les terres où prospère la spergule, la production moyenne varie entre 10 000 à 12 000 kilog. de fourrage vert, soit 3000 à 4000 kilog. de foin sec.

Voici les produits moyens inscrits dans la statistique belge depuis 1851 jusqu'en 1856 :

Provinces.	*Produit.*
Anvers................	6 000 kil.
Brabant	6 800
Flandre occidentale......	5 300
Flandre orientale........	8 200
Limbourg	32 000
Moyenne.....	11 600 kil.

Les chiffres suivants indiquent les rendements moyens qu'on peut espérer :

Récolte très-bonne......	25 000 kil.
Bonne récolte...........	15 000
Récolte assez bonne.....	9 000
— médiocre	4 000

Récolte des graines.—Lorsqu'on veut obtenir des graines on laisse les plantes sur pied jusqu'à ce que les capsules soient en partie arrivées à maturité. On doit s'empresser de récolter les tiges aussitôt que les semences sont noirâtres, car elles s'égrènent très-facilement.

La spergule ne mûrit pas toujours ses graines dans la province du Limbourg (Belgique).

Quand les tiges sont sèches et les graines complétement noires, on procède au battage. Cette opération se fait à l'aide du fléau.

On nettoie ensuite les semences au moyen d'un crible ou d'un tarare.

Valeur nutritive. — La spergule verte convient à tous les animaux. En Belgique, elle est cultivée principalement pour les vaches laitières, parce qu'elle favorise particulièrement la production du lait. Le beurre qui provient du lait fourni par les vaches qui se sont nourries de spergule est connu dans le Brabant sous le nom de *beurre de spergule* (spurrie butter). Il a la propriété de se conserver frais plus longtemps que le beurre ordinaire.

Les chevaux ne mangent pas très-bien la spergule.

D'après Sprengel cette plante contient 75 pour 100 d'humidité. Voici, d'après la pratique, les chiffres qui représentent sa valeur alimentaire :

Block...........	366	Pabst.............	325
Flotow ....:	500	Polh...............	450
Lehmann..........	281	Royer.............	423
		Moyenne.......	390

Le foin de spergule est aussi nutritif que les tiges sèches du lentillon.

La graine de cette plante n'est pas alimentaire.

BIBLIOGRAPHIE.

De Sutières. — Cours complet d'agriculture, 1788, in-8, t. 1, p. 230.
Dubois. — Feuille du cultivateur, 1793, petit in-4, p. 301.
Lullin. — Traité des prairies artificielles, 1819, in-8, p. 288.
Bosc. — Cours complet d'agriculture, 1823, in-8, t. XIV, p. 106.
Ohle de Linderole. — Le Cultivateur, 1829, in-8, t. I, p. 15.
V. Albroeck. — Agriculture de la Flandre, 1830, in-8, p. 172.
Olincourt. — Le Cultivateur, 1838, in-8, t. XIV, p. 269.
Schwerz. — Culture des plantes fourragères, 1842, in-8, p. 197.
Boltard. — Traité des prairies artificielles, in-8, p. 243.
Lecoq. — Traité des plantes fourragères, 1844, in-8, p. 350.
Colombel. — Journal d'agric. prat., 1845, gr. in-8, 2e série, t. III, p. 22.
De Gasparin. — Cours d'agriculture, in-8, t. IV, p. 487.
Vilmorin. — Bon jardinier, 1856, in-12, p. 618.

SECTION XXIII.

Moutarde blanche.

(De σίναπι, nom grec du Sénevé.)

SINAPIS ALBA, L.

Plante dicotylédone de la famille des Crucifères.

Anglais. — Mustard.	*Italien.* — Mostarda.
Allemand. — Mustert.	*Espagnol.* — Mostaza.
Hollandais. — Mostaard.	*Portugais.* — Mostarda.
Danois. — Sennep.	*Russe.* — Gortschiza.
Suédois. — Senap.	*Arabe.* — Khirdal.

Historique. — Climat. — Mode de végétation. — Terrain. — Semis. — Récolte. — Rendement. — Valeur nutritive. — Bibliographie.

Historique. — Il y a un demi-siècle seulement qu'on cultive la moutarde blanche comme plante fourragère. Depuis trente années sa culture a pris beaucoup d'extension dans le nord de la France. On la connaît sous les noms de *moutardon*, *moutardin*, *herbe au beurre*.

Elle se distingue des autres plantes fourragères par la rapidité avec laquelle elle se développe.

Climat. — Cette plante peut être cultivée en Europe sous toutes les latitudes; mais elle ne résiste pas aux premières gelées d'automne.

Mode de végétation. — La moutarde blanche a une tige droite, cylindrique, rameuse, hérissée de poils roides et haute de 0m,65 ; ses feuilles sont pennatifides, à lobes dentés ; ses fleurs sont jaunes et ses siliques sont bosselées, à valves munies extérieurement de trois nervures saillantes. Quant aux graines, elles sont jaunes et presque globuleuses.

Dans les circonstances ordinaires, cette crucifère fleurit 40 ou 50 jours après la germination des graines.

Terrain. — La moutarde blanche réussit très-bien sur les terres argilo-calcaires, silico-calcaires et les sols d'alluvion. Elle végète aussi très-facilement sur les terres siliceuses quand ces sols sont profonds et de bonne qualité.

On la sème ordinairement sur les terres qui ont produit du froment ou de l'avoine. Alors, on les déchaume à l'aide d'un léger labour et on complète cette préparation par un hersage ordinaire.

On peut remplacer la charrue par un scarificateur lorsque les terres ne sont pas très-argileuses.

Semis. — La moutarde blanche se sème pendant tout l'été, depuis les premiers jours de juillet jusque vers la fin d'août.

On peut répéter les semis tous les 15 jours.

On répand ordinairement de 12 à 15 kilog. de graines par hectare. Les semis se font à la volée.

Un hectolitre de graines pèse 78 kilog.

C'est par un hersage qu'on enterre les semences.

Récolte. — On fauche la moutarde blanche avant la formation des siliques qui proviennent des premières fleurs, c'est-à-dire lorsqu'elle commence à fleurir.

Cette récolte commence vers la fin d'août et se continue jusqu'en novembre, si des semis successifs ont été exécutés. Dans les environs de Paris, on en fait consommer jusqu'à l'apparition des premières gelées d'automne.

Quand la moutarde a été semée en juin et juillet et que ses tiges ne dépassent pas 0^m,30 d'élévation, on la fait quelquefois consommer sur place par les bêtes à cornes.

Cette plante ne fournit qu'une coupe. •

(Voir, pour les autres détails de culture, t. VII, LES PLANTES INDUSTRIELLES.

Rendement. — Lorsque la moutarde blanche est cultivée

sur de bonnes terres à blé, en récolte dérobée, elle fournit de 15 000 à 25 000 kilog. de fourrage vert. Plathner porte son produit moyen à 20 000 kilog.

Valeur nutritive. — Cette plante convient spécialement aux vaches. Elle est saine, rafraîchissante et nutritive, mais on évite d'en nourrir exclusivement ces animaux, parce qu'elle est laxative. Les vaches qui en consomment beaucoup journellement donnent un lait qui fournit du beurre ayant une saveur un peu âcre.

D'après Vœlcker, elle contient à l'état vert :

Gomme, sucre.... . .	4,40
Albumine, etc.........	2,87
Fibres végétales.......	4,39
Matières minérales.....	2,04
Eau...............	86.30
	100,00

Sa valeur nutritive n'a pas encore été déterminée, mais il est très-probable qu'elle est équivalente à celle du colza.

BIBLIOGRAPHIE.

Schwerz. — Culture des plantes fourragères, 1842, in-8, p. 191.
Fremans. — Revue agricole, 1842, in-8, p. 107.

SECTION XXIV.

Colza.

(De *bressic*, nom celtique du chou.)

BRASSICA CAMPESTRIS OLEIFERA.

Plante dicotylédone de la famille des Crucifères.

Le colza est cultivé depuis longtemps comme plante fourragère.

Cette crucifère a des tiges ramifiées, des feuilles radicales pétiolées et légèrement découpées, et des feuilles caulinaires entières, sessiles et cordiformes, les unes et les autres sont lisses et d'un vert glauque. Ses fleurs sont jaunes et ses graines sont renfermées dans des siliques bosselées à deux valves convexes.

On connaît deux variétés : le *colza d'hiver* et le *colza de printemps*. On ne cultive que le colza d'hiver comme plante fourragère.

Cette plante se sème au mois d'août, sur les terres qui ont porté une céréale, et que l'on a préparées au moyen d'un labour et d'un ou plusieurs hersages. Elle demande un sol un peu argileux.

En général, elle réussit très-bien sur toutes les terres à froment.

Les semis se font à la volée, à raison de 4 à 6 kilog. de graines par hectare. Les semences doivent être recouvertes par un hersage léger.

Quelquefois on sème le colza en juin, pour avoir du fourrage en août ou en septembre. Alors on l'associe au pois gris ou au maïs.

Cette crucifère fleurit ordinairement vers la fin de mars ou pendant le mois d'avril, lorsqu'elle a été semée en août et qu'elle est restée sur place jusqu'au printemps.

On doit la couper au moment où elle commence à fleurir. Fauchée quand ses fleurs sont entièrement épanouies, les tiges sont souvent trop dures pour que les animaux puissent facilement les manger.

Le colza que l'on associe à d'autres plantes fourragères et que l'on sème en juin ou au commencement de l'été, montre rarement ses fleurs avant l'époque de la fauchaison. Celle-ci a lieu soit à la fin d'août ou septembre et octobre, suivant les espèces avec lesquelles il a végété.

Le colza fournit aux bêtes à cornes un excellent fourrage vert.

On peut le faire consommer sur place en automne par les bêtes à laine ou les bêtes à cornes.

On ne doit pas oublier qu'il météorise les ruminants qui en mangent beaucoup.

Ce fourrage vert a autant d'action sur la production du lait que les têtes ou les feuilles de choux.

Les tiges et les feuilles de colza contiennent 82 pour 100 d'eau. D'après Pabst, leur valeur nutritive est égale à 475. Ainsi 48 kilog. de tiges et feuilles de colza données à des bœufs ou à des vaches peuvent remplacer 10 kilog. de foin de prairies naturelles.

SECTION XXV.

Navette.

(De *bressic*, nom celtique du chou.)

BRASSICA NAPUS OLEIFERA.

Plante dicotylédone de la famille des Crucifères.

On cultive dans quelques provinces la navette comme plante fourragère, à cause de sa rusticité et de son aptitude à végéter sur des sols calcaires de médiocre qualité.

Cette crucifère diffère du colza par ses feuilles qui sont découpées, hispides, rudes au toucher et d'un vert bien moins glauque.

On la sème en septembre à la volée, à raison de 10 à 12 kilog. de graines par hectare. Les semis doivent être faits sur des terres bien ameublies par la charrue et la herse.

Selon les circonstances, on dispose la terre en billons, en planches ou à plat. La navette redoute l'eau stagnante pendant l'hiver.

Au mois de mars ou d'avril, selon les latitudes ou elle est cultivée, elle épanouit ses fleurs. Alors ses tiges ont de 0^m,40 à 0^m,75 de hauteur, suivant la fertilité du sol. C'est à cette époque qu'on la fauche pour la donner aux bêtes à cornes ou aux moutons. Il faut la couper de bonne heure, c'est-à-dire lorsqu'elle commence à fleurir, parce que ses tiges et ses ramifications durcissent très-vite.

D'après Sprengel, la navette est aussi nutritive que le colza. Elle convient très-bien aux bêtes à laine.

LIVRE V.

FOURRAGES MÉLANGÉS.

J'ai décrit, dans les pages qui précèdent, la culture des plantes fourragères isolées les unes des autres. J'observerai qu'il est souvent utile d'en associer plusieurs. En effet, lorsqu'on doute de la réussite complète d'une plante fauchable, on peut la cultiver en concurrence avec d'autres. Ainsi, les vesces de printemps, ou les pois gris, le maïs et le sarrasin réussissent mieux sur les sols secs et dans les années sèches, associés que cultivés isolément.

Ces mélanges sont connus et mis en pratique depuis fort longtemps. Les Romains les désignaient sous le nom de *farrago*. C'est de cette dénomination que dérive le mot *farrage* qu'on employait en France au temps d'Olivier de Serres, c'est-à-dire au seizième siècle, pour désigner les cultures composées de plantes fourragères. Aujourd'hui ces mélanges sont connus dans les plaines du Nord sous les noms de *dragées, dravière, hivernage, warats, mélarde;* dans les contrées de l'Ouest sous celui de *coupage.* Dans les plaines de la Provence on les nomme *barjelade, veillade, pasquier.*

Il est nécessaire pour que ces mélanges soient réellement utiles, de les composer de plantes ayant les unes et les autres la même durée d'existence. On ne doit pas associer une plante bisannuelle à une plante vivace, une plante annuelle à une plante bisannuelle. Il faut en outre que les plantes appartiennent à des familles différentes. On obtiendrait difficilement un bon résultat si deux ou trois plantes cultivées simultanément appartenaient au même genre. Plus ces plantes sont dissemblables les unes des autres, plus elles se protégent mutuellement.

Voici quels sont les mélanges que l'on peut former :

1° Vesce ou pois gris et seigle.
2° Vesce ou pois gris et avoine.
3° Pois et vesce.
4° Trèfle incarnat et avoine d'hiver.
5° Trèfle incarnat et ray-grass.
6° Vesce de printemps et lentillon.
7° Lentillon et spergule.
8° Féverole, avoine et vesce.
9° Féverole, pois gris et avoine.
10° Maïs et colza.
11° Maïs, colza et sarrasin.
12° Pois gris, vesce et sarrasin.
13° Sarrasin, colza et moutarde blanche.
14° Moha de Hongrie et sarrasin.
15° Maïs, moha et pois gris.
16° Moha, vesce et colza.

En général il est utile, sur les sols sujets à souffrir des grandes chaleurs, d'associer aux plantes qui se développent d'abord lentement, comme le moha, le maïs, le pois gris, etc., un ou plusieurs fourrages qui couvrent promptement le sol, comme par exemple : le sarrasin, le colza, la moutarde, etc. Ces plantes, par la rapidité de leur première végétation, ombragent la couche arable, s'opposent à l'évaporation de l'humidité qu'elle contient et contribuent puissamment à assurer la réussite des plantes fourragères auxquelles elles ont été associées.

Ainsi, lorsqu'on sème sur un champ, au mois de juin, du maïs, des pois gris et du sarrasin, c'est ce dernier qui lève le premier et que l'on remarque d'abord sur le sol. Plus tard on voit apparaître les cotylédons des pois gris; enfin vingt jours environ après le semis, on observe que le maïs montre ses premières feuilles.

Dans les circonstances ordinaires le sarrasin paraît d'abord végéter au détriment du maïs et des pois gris; mais il arrive bientôt une époque où la bisaille et le maïs dominent le blé noir. Ce dernier continuera à végéter, mais son développement ne sera jamais assez considérable pour arrêter la croissance des deux autres plantes. Un tel mélange fournit toujours un fourrage vert très-abondant et aussi alimentaire que possible. On observe les mêmes faits lorsqu'on associe le maïs, le colza et le sarrasin.

Ces mélanges que l'on a considérés bien à tort dans ces derniers temps comme une découverte moderne, méritent d'être pratiqués. Les agriculteurs qui les ont exécutés après les avoir bien étudiés, se sont toujours loués de les avoir adoptés.

Pour qu'un mélange soit réellement utile, il faut qu'il soit formé de plantes essentielles et d'une ou deux plantes accessoires.

J'appelle *plantes essentielles* toutes celles qui se distinguent par l'abondance et la qualité du fourrage qu'elles fournissent; je nomme *plantes accessoires*, les végétaux que l'on associe aux plantes essentielles, dans le but de rendre leur végétation plus rapide et plus active. Ces plantes sont celles qui germent promptement et possèdent des feuilles larges et nombreuses.

Les plantes essentielles entrent pour 1/4, 1/3, 1/2, 2/3 dans la formation des mélanges; les plantes accessoires n'y participent que dans la proportion de 1/10, 1/8, 1/6, 1/5.

Supposons qu'on veuille sur une surface de 4 hectares associer le maïs, le pois gris, le moha et le sarrasin dans les proportions suivantes :

Maïs perle..... ,..   5/10
Pois gris.........   3/10
Sarrasin..........   2/10

on déterminera facilement la quantité de graines qu'il faudra semer en exécutant les calculs suivants :

Maïs..... 100 ares : 100 litres :: 50 ares : $x = 50$ litres $\times 4 = 200$ litres
Pois gris. 100 — : 200 — :: 30 — : $x = 60$ — $\times 4 = 240$ —
Sarrasin.. 100 — : 100 — :: 20 — : $x = 20$ — $\times 4 = 80$ —

On sèmera d'abord les semences de maïs et de pois gris. Lorsqu'elles auront été enterrées par un hersage, on répandra les graines de sarrasin, que l'on enfouira par un nouveau hersage. Cette opération complétera l'enfouissement des graines des deux premières plantes.

Lorsqu'on fauche un fourrage composé de plusieurs plantes, on doit avoir égard, pour déterminer l'époque à laquelle il faut opérer, au mode de végétation des plantes essentielles ou principales. Souvent, dans le but de les récolter vertes ou sèches et pour qu'elles soient aussi nutritives que possible, on fauche avant que les plantes accessoires ou secondaires aient atteint leur complet développement. Si l'on agissait inversement on obtiendrait certainement un produit herbacé plus considérable, mais le fourrage qu'on récolterait ne serait pas aussi alimentaire. En général, dans la culture des fourrages mélangés, on sacrifie presque toujours un peu la quantité à la qualité.

LIVRE VI.

FEUILLES D'ARBRES.

Depuis les temps les plus anciens, on recueille dans un grand nombre de contrées, pendant l'automne ou au plus tôt vers la fin de l'été, les feuilles de plusieurs arbres ou arbrisseaux, et on les administre, après qu'elles sont sèches ou lorsqu'elles sont encore vertes, aux bêtes à cornes et aux moutons. Ainsi, les Romains, d'après Pline, Columelle et Caton, faisaient de grandes provisions de feuilles d'orme, de frêne, de peuplier et de chêne, pour les donner l'hiver aux animaux domestiques. Olivier de Serres recommandait vivement l'emploi des feuilles d'arbres ; il voulait que les bœufs et les chèvres en reçussent l'hiver, *non tant pour allongement de fourrage que pour friandise de pasture, laquelle le bestial aime autant que l'avoine.*

On donne à ces aliments les noms de *feuillards, feuillées, ramées, broust* ou *brout.* En général, les feuilles des arbres constituent une bonne nourriture lorsqu'elles ont été recueillies avec soin, et il existe en France beaucoup de localités où elles sont indispensables pour la nourriture des animaux domestiques pendant l'hiver, mais principalement des bêtes à laine et des chèvres.

Espèces. — 1° *Feuilles d'acacia.* — Les feuilles du robinier faux acacia (*Robinia pseudo-acacia*, L.) sont légères et nombreuses, et le bétail les mange avec avidité, qu'elles soient sèches ou nouvellement cueillies. Toutefois, comme les jeunes branches de cet arbre sont armées de fortes épines ou aiguillons qui peuvent blesser le palais des animaux, on doit les détacher ou les briser avant d'administrer les rameaux au bétail.

2° *Feuilles de vigne.* — Les feuilles de la vigne (*Vitis vinifera*, L.) sont larges, minces; leur couleur est verte pendant l'été, et durant l'automne elle varie du jaune au rouge. On les regarde comme nutritives, toniques et rafraîchissantes; elles doivent cette dernière propriété à leur acidité. Dans beaucoup de vignobles, on les enlève des pampres après la vendange, et on les réserve pour les vaches. Les bêtes à laine aiment aussi beaucoup ces feuilles, qui les préservent de la cachexie aqueuse. M. Magne a constaté, dans les environs de Lyon, que les chèvres qui fournissent le lait pour les fromages si estimés du mont Dore, en consommaient pendant une très-grande partie de l'année avec le plus grand succès.

Les feuilles de vigne qui ont leur surface inférieure garnie de filaments blancs sont moins estimées que celles qui l'ont glabre. On ne doit pas faire sécher ces feuilles.

Un hectare de vigne peut fournir de 1500 à 2000 kilog. de feuilles vertes.

3° *Feuilles de peupliers.* — Les feuilles du peuplier pyramidal ou d'Italie (*Populu fastigiata*, L.) et du peuplier noir (*Populus nigra*, L.) servent aussi à l'alimentation du bétail, mais elles sont généralement moins estimées que les autres ramées. Nonobstant, en Lombardie, dit Burger, et spécialement dans le royaume de Naples, on préfère les feuilles de peuplier à celles des autres arbres. D'après Block, les feuilles du peuplier du Canada (*Populus monilifera*, Ait.) seraient plus nutritives que celles des autres espèces. Les feuilles du peuplier du Canada sont beaucoup plus grandes que les feuilles des peupliers d'Italie et noir. Olivier de Serres regardait les feuilles de peuplier comme *les plus délectables pour le bestail menu.*

4° *Feuilles d'orme.* — Les feuilles de l'orme commun (*Ulmus campestris*, L.) sont de moyenne grandeur, d'un vert foncé et un peu rudes en dessus. Elles sont très-nutritives, très-recherchées de tous les animaux, quoiqu'elles soient un peu détersives. En Suède et dans les Cévennes, on les fait cuire et on les donne aux porcs à l'engrais. Dans l'Anjou, les Vosges, le Jura, etc., on cueille les feuilles de cet arbre avec beaucoup de soin, et lorsqu'elles sont sèches, on les conserve pour les donner l'hiver aux vaches et aux moutons. Quelquefois, quand les fourrages verts sont peu abondants, on les fait consommer à l'état vert pendant les mois d'août et septembre. Les feuilles de l'orme se dessèchent facilement et conservent très-bien leur couleur verte, quand elles ont été desséchées à l'abri des rayons solaires.

5° *Feuilles d'aulne.* — Les feuilles de l'aulne commun (*Alnus glutinosa*, Gœrt.) ne sont consommées par les animaux qu'à l'état sec ; ces feuilles sont glutineuses et détersives. En général, on ne récolte les feuilles de l'aulne que lorsqu'il est impossible d'en avoir d'autres, car le bétail ne les mange pas avec avidité.

6° *Feuilles de charme.* — Les feuilles du charme commun (*Carpinus betulus*, L.) sèches ou vertes sont très-recherchées des animaux ; elles sont lisses, d'un vert foncé en dessus et légèrement cotonneuses en dessous. Les moutons sont très-friands de cet aliment, qui a, comme la feuille d'orme, une action remarquable sur la production du lait des vaches et des chèvres. Ces feuilles se dessèchent et se conservent très-bien.

7° *Feuilles de chêne.* — Les feuilles du chêne rouvre (*Quercus robur*, L.) du chêne pédonculé (*Quercus pedunculata*, Ehrh.) ne constituent pas un très-bon aliment : vertes, elles sont astringentes ; sèches, elles plaisent peu aux animaux.

8° *Feuilles de bouleau.* — Les feuilles du bouleau blanc (*Betula alba*, L.) sont légères, minces, d'un goût amer; les chèvres les recherchent quand elles sont jeunes. Elles se dessèchent très-facilement, et produisent un excellent fourrage sec que tous les animaux consomment avec plaisir.

9° *Feuilles d'érable.* — Les feuilles de l'érable champêtre (*Acer campestre*, L.) fournissent une feuillée très-abondante et très-estimée du bétail. En Italie, cette feuillée est très-recherchée.

Les feuilles de l'érable faux-platane (*Acer pseudo-platanus*, L.) fournissent aussi un fourrage salubre et nutritif.

10° *Feuilles de frêne.*— Les feuilles du frêne commun (*Fraxinus excelsior*, L.) plaisent à tous les animaux, quoiqu'elles soient un peu amères; mais le lait que donnent des vaches qui en consomment journellement une forte quantité a un goût peu agréable. On doit éviter de récolter les feuilles des arbres qui sont chargées de cantharides. On sait que le frêne est leur arbre de prédilection, on sait aussi que ces coléoptères, quand ils sont employés, à l'intérieur dans une grande proportion, peuvent occasionner, à cause de leurs propriétés vésicantes, des accidents très-graves aux animaux.

11° *Feuilles de tilleul.*— Les feuilles du tilleul d'Europe (*Tilia europæa*, L.) sont assez larges et minces; on les regarde comme très-nutritives et constituant un fourrage précieux. On ne doit donc pas s'étonner si ces feuilles sont si recherchées de tous les animaux. Ces feuilles contiennent beaucoup de sucre et de gomme, et le bétail les digère très-facilement. M. Boussingault a constaté qu'elles renferment autant de principes azotés que le bon foin de prairies naturelles.

12° *Feuilles de pin.* — Les feuilles du pin d'Écosse (*Pinus sylvestris*, L.) et celles du pin maritime (*Pinus maritima*, L.) plaisent aux moutons. Non-seulement ces feuilles les nourrissent, mais elles les préservent, pour ainsi dire, de la pourriture ou cachexie aqueuse. On ne les donne pas sèches aux animaux ; ceux-ci ne les consomment que quand elles sont fraîches. On comprend, dès lors, l'indispensable nécessité de couper les branches au fur et à mesure des besoins. C'est l'hiver que ces feuilles sont données aux troupeaux ; l'été, les moutons n'y touchent pas.

De Morogues a constaté que les moutons mérinos les consommaient difficilement, mais que, par contre, les bêtes à laine indigènes se jettent sur cette feuillée avec avidité quand elle est fraîche, et qu'elles y ont été accoutumées.

Récolte des feuillards. — La récolte des feuilles d'arbres destinées à l'alimentation des animaux est facile en ce que, le plus généralement, les arbres qui produisent ces fourrages sont réduits à l'état de têtards.

1° Le procédé le plus simple consiste à émonder, après la séve d'août, les jeunes branches chargées de feuilles et à les placer sous des hangars à l'abri de l'action directe du soleil. Ainsi situées, les feuilles se sèchent promptement et restent adhérentes aux branches.

Quelquefois les jeunes ramifications, après leur enlèvement des arbres qui les ont produites, sont liées en petits fagots que l'on fait sécher en les exposant debout au soleil. Cette manière d'agir n'est pas toujours favorable à la feuillée. Quand le soleil est ardent, ou lorsque les fagots restent exposés soit à la pluie, soit à la rosée, les feuilles ou se crispent, ou prennent une teinte brune, et alors elles sont mangées avec moins d'avidité par le bétail.

Si l'exploitation n'avait pas de hangars ou autres bâtiments propres à la dessiccation des feuillards, il faudrait laisser les ramifications sur le sol pendant quelques heures seulement ; lorsque les feuilles seraient flétries ou à moitié sèches, on les réunirait en fagots que l'on transporterait immédiatement à la ferme. Pour que les feuilles soient aussi alimentaires que possible, on doit choisir un beau temps, pour les récolter, et ne pas les laisser à l'action de la pluie lorsque leur dessiccation est commencée.

2° Quand on veut conserver les branches aux têtards, on procède autrement. Dans le courant de septembre, plusieurs semaines avant l'époque de la chute des feuilles, et lorsque celles-ci sont encore très-vertes, on détache toutes les parties foliacées portées par les ramifications. Ainsi on applique contre le tronc une échelle légère et assez longue pour que toutes les feuilles puissent être facilement détachées, et une femme ou un enfant, en glissant la main tout le long d'une branche légèrement serrée entre le pouce et l'index, enlève toutes les feuilles qu'elle a produites et les dépose dans un panier suspendu à l'échelle, ou dans un tablier ou une grande poche de toile attachée à la ceinture.

Dans l'Anjou, ce sont généralement les femmes qui procèdent à cette récolte, et elles déposent le plus ordinairement les feuilles qu'elles ont détachées dans un sac pendu à leur ceinture et d'une longueur suffisante pour descendre jusqu'à terre.

Au fur et à mesure que les paniers ou sacs sont remplis, on les vide sur de grandes toiles, au moyen desquelles on transporte les feuilles à la ferme. Alors on étend celles-ci sur une aire de grange en couche peu épaisse, on les visite

et on les remue fréquemment afin que leur humidité s'é-
vapore promptement et que nulle fermentation ne puisse
s'y établir. Quand la dessiccation est rapide et lorsque la
feuille a été récoltée par un jour chaud et sec, les feuillards
conservent une belle couleur verte.

Conservation. — Les feuillards qui ont été placés, après
leur dessiccation, dans un local sec et bien sain se conservent
parfaitement. Les bâtiments humides doivent être regardés
comme mauvais. Dans de tels locaux les feuilles noircissent, moisissent même, et perdent leur saveur et l'arome qui
les fait rechercher des animaux domestiques.

Dans quelques localités, les feuilles d'arbres ne sont pas
gardées sèches. Aussitôt que la cueille a eu lieu, on les place
dans des cuves ou des tonneaux remplis d'eau salée ou légèrement acidulée, dans lesquels elles se conservent très-bien
jusqu'au printemps. D'après Grognier, dans les environs de
Lyon, où l'on conserve, pour la nourriture des chèvres, une
très-grande quantité de feuilles, dont la majeure partie est
fournie par les vignes après les vendanges, on jette les feuillards dans des fosses bétonnées pouvant contenir parfois plus
de 20 mètres cubes, et situées le plus ordinairement dans un
cellier ou sous un hangar, mais toujours dans un lieu couvert.
Au fur et à mesure que les feuilles sont jetées dans ces sortes
de citernes, elles y sont foulées et pressées avec la plus grande
force par 12, 15 et 20 travailleurs, et arrosées d'une petite
quantité d'eau.

Quand la fosse est remplie, on la couvre de planches sur
lesquelles on place de fortes pierres. Au bout d'environ deux
mois, on découvre la fosse pour en tirer les feuilles, qui ont
alors contracté un goût acide sans aucune apparence de putri-
dité. Leur texture a conservé son intégrité; leur couleur est
d'un vert plus foncé que quand elles étaient fraîches; elles

sont fortement agglutinées entre elles. L'eau qui surnage est roussâtre, d'une odeur désagréable, d'une saveur acide, et cependant les chèvres la boivent avec plaisir.

Dans quelques parties de l'Italie, d'après Burger, les cultivateurs enterrent les feuilles enlevées aux arbres dans des trous faits exprès, et les couvrent de paille, sur laquelle ils mettent ensuite du sable ou de la terre grasse. Voici comment, dans le Véronais, on conserve ces substances alimentaires : on ouvre une fosse large et profonde; après l'avoir remplie à moitié de feuilles, on y met une couche de sarment de vigne encore verte de 0^m,66 d'épaisseur, ensuite une autre couche de feuilles de la même épaisseur, et une autre de sarment, et ainsi alternativement jusqu'à ce que la fosse soit pleine ; la fosse est ensuite bouchée afin de garantir les feuilles du contact de l'air extérieur. Par cette méthode, non-seulement les feuilles ne s'échauffent pas, mais elles s'imprègnent du suc du feuillage vert de la vigne, qui leur donne une qualité qui plaît beaucoup aux bêtes à cornes et aux bêtes à laine puisqu'elles les mangent avec avidité.

On peut encore placer les feuilles de vigne dans des cuves ou des baquets aussitôt qu'elles ont été cueillies, en les saupoudrant légèrement de sel. M. Vallet de Villeneuve regarde ce procédé comme très-favorable, si les futailles ont été bien fermées.

Distribution. — Les feuillards doivent être réservés pour l'hiver, à moins qu'il n'y ait nécessité de les faire consommer lorsqu'ils sont verts. Quand on a coupé, lors de la récolte, les jeunes branches chargées de feuilles, on place les fagots dans les râteliers et on les délie. Lorsque les moutons ont consommé la plupart des feuilles et quand ils ne peuvent plus atteindre celles qui existent au milieu du râtelier, le berger doit retourner les branches, de manière que les animaux puissent enlever toutes les autres feuilles. Le repas terminé, on enlève le bois restant, on le relie en fagots, et on le sort du bâtiment. Les bergers doivent avoir le soin de ne pas laisser dans les bergeries les ramifications dépouillées de leurs feuilles et celles qui doivent servir à l'affouragement des troupeaux ; car la laine des toisons s'accroche facilement aux branches qui ont perdu leurs feuilles, et les animaux consomment très-difficilement la feuillée qui a touché les matières excrémentitielles. Le bois qui reste après le repas peut servir de combustible.

Les feuilles qui ont été détachées des branches sans que celles-ci aient été coupées, sont distribuées aux animaux dans les mangeoires ou les auges. Quand les bâtiments ne comportent pas de mangeoires et que les feuilles doivent être consommées par les bêtes bovines, on leur administre ces aliments, quel que soit leur état, dans des paniers ou des baquets.

Il est toujours avantageux, si les feuillards sont secs, si les feuilles n'ont pas été conservées dans des tonneaux ou des réservoirs dans lesquels on a jeté une certaine quantité d'eau, de les arroser avec de l'eau salée avant de les donner au bétail, ou de les saupoudrer avec un peu de sel. Cette salaison augmentera notablement la valeur alimentaire de ces fourrages.

Valeur nutritive. — Les feuillards sont alimentaires, constituent des aliments précieux, peuvent être donnés aux vaches laitières, aux brebis nourrices, aux agneaux et aux bœufs à l'engrais ; mais on ne doit pas les leur donner en grande abondance, surtout en commençant, car ils peuvent occasionner des irritations gastriques. Pour éviter tout inconvénient, il faut les administrer aux animaux quand ils reçoivent des racines ou autres fourrages humides, ou bien ne les leur donner que quand ils peuvent aller au pâturage. Leur valeur nutritive est représentée par les chiffres suivants :

Feuilles de peuplier.		*Feuilles d'orme.*	
Block	67	Pabst	125
Pabst	100	Royer	67
Moyenne	84	Moyenne	96
Feuilles de tilleul.		*Feuilles d'acacia.*	
Block	73	Block	83
Pabst	125	Pabst	105
Moyenne	99	Moyenne	94

D'après Pabst, la valeur nutritive des feuilles de chêne, d'érable, d'aulne, égalerait 125.

Suivant M. Boussingault, les feuilles vertes contiennent :

	Eau.	*Azote.*
Feuilles de tilleul	55,0	1,45
— de vigne	74,7	0,95
— d'acacia	53,6	1,02
— de peuplier	62,5	0,86
— de chêne	57,4	0,92

M. Isidore Pierre a obtenu les résultats suivants en analysant les feuilles fanées :

Feuilles de vigne	1,55 pour 100 d'azote.
— d'orme	1,66 —
— de peuplier	2,79 —

Ainsi, en général, les feuillards ont une valeur alimentaire presque aussi grande que le foin des prairies naturelles qui contient 1,15 pour 100 d'azote. Ce sont donc des fourrages que les cultivateurs doivent récolter et conserver avec soin dans les années de disette. Dans l'Anjou, le Berry, la Sologne, la Normandie, etc., les feuilles d'orme sont regardées comme un moyen excellent d'alimentation, et dans la Bourgogne, le Lyonnais, la feuille de vigne est recherchée avidement par les animaux herbivores, dont elle assure l'existence pendant une grande partie de l'hiver.

LIVRE VII.

PLANTES PROPOSÉES COMME FOURRAGE

MAIS NON ACCEPTÉES ENCORE PAR LA PRATIQUE.

(Les plantes suivies du signe ◉ méritent d'être expérimentées de nouveau.

A. — PLANTES VIVACES.

Agrostis d'Amérique (*Agrostis, dispar*, Mich.). Cette graminée est la plante que les Américains ont nommée *Herd grass*. Elle doit être cultivée sur une terre fraîche. Le foin qu'elle fournit est très-abondant et de bonne qualité, quoique un peu gras.

Sa graine est très-fine. C'est pourquoi les semis réussissent toujours difficilement.

On la cultive fort peu en France.

Anthyllide vulnéraire (*Anthyllis vulneraria*, L.). Plante légumineuse à tiges un peu couchées, que l'on rencontre principalement sur les terres calcaires et arides.

Cette plante a été proposée au commencement de ce siècle comme plante fourragère. On disait qu'elle végétait avec vigueur sur les terres pauvres et sèches, et qu'elle plaisait aux chevaux, aux bêtes à cornes et aux moutons. Sa culture ne s'est pas répandue. L'avait-on expérimentée dans de bonnes conditions ? Nul détail n'a été publié à cet égard.

Les Allemands, après l'avoir essayée pendant plusieurs

années, la regardent comme une plante précieuse pour les sols pauvres et les terres de fécondité moyenne. Ils la désignent sous le nom de *trèfle jaune des sables* (sand klee).

MM. Vilmorin-Andrieux, voulant en 1860 s'assurer de sa valeur fourragère et contrôler les observations publiées en Allemagne, ont prié M. Leloup, cultivateur à Chartres, de l'expérimenter en grand. Les résultats obtenus par cet habile cultivateur ont été très-satisfaisants. Il est vrai de dire que cet essai a été fait sur une terre de bonne qualité. Nonobstant, l'anthyllide a été fauchée deux fois, et le foin qu'on en a obtenu a conservé une belle couleur verte. Ce fourrage a été mangé avec avidité par le bétail.

Cet essai permet de recommander l'anthyllide vulnéraire aux cultivateurs qui exploitent des terres pauvres et sablonneuses. Peut-être trouveront-ils dans cette légumineuse une plante fourragère ayant une grande valeur. — ◉.

Astragale fausse réglisse (*Astragalus glycyphyllos* , L.). Plante légumineuse que l'on trouve dans les sols sablonneux un peu frais. Elle a été proposée comme plante fourragère par de La Thourette et André Thouin.

Berce de Sibérie (*Heracleum sibericum*). Cette ombellifère fournit un fourrage précoce et très-abondant ; mais elle se multiplie difficilement.

Bistorte (*Polygonum bistorta*, L.). Cette polygonée est commune dans les montagnes du centre et du midi de la France. On la cultive, dit-on, dans le Jura et les Alpes.

Cette plante est commune dans les prairies fraîches et humides. Je l'ai vue, en 1860, végéter très-vigoureusement dans des prairies arrosées situées dans la Provence.

Ses tiges sont droites et garnies de feuilles sessiles, grandes et cordiformes.

Cette renouée fleurit au mois de juin.

Les bêtes bovines le mangent avec avidité quand elle est verte. — ◉.

Boucage à grandes feuilles (*Pimpinella magna* , L.). Cette plante est indigène, croît dans les bois montueux et appartient à la famille des ombellifères. Sprengel recommande de la cultiver comme plante fourragère parce qu'elle résiste très-bien à la sécheresse.

Buglose toujours verte (*Anchusa semper virens*, L.). Cette plante est originaire d'Espagne et elle appartient à la famille des borraginées ; elle fournit un fourrage précoce. — ◉.

On la fauche en avril, lorsque ses tiges ont de 0^{m}40 à 0^{m}50 de hauteur.

Les feuilles qui se développent pendant l'automne résistent très-bien aux gelées.

Bunias d'Orient (*Bunias orientale*, L.). Plante de la famille des crucifères, originaire de l'Asie Mineure, proposée par A. Young, Thouin, Pictet et Regnier, comme plante fourragère. Les animaux la mangent difficilement. On ne la cultive plus, pour ainsi dire.

Consoude hérissée (*Symphitum echinatum*). Cette borraginée végète avec une très-grande vigueur sur les terres profondes et riches. Elle fournit peu de graines. — ◉.

Consoude à feuilles rudes (*Symphitum asperrimum*, Sims.). Cette espèce est originaire de Sibérie ; elle a été introduite en Angleterre, en 1799. Les animaux ne mangent pas avec avidité les feuilles qu'elle fournit ; on la multiplie par éclats de pieds, parce qu'elle produit peu de semences.

Coronille variée (*Coronilla varia*, L.). Cette plante a été proposée par Yvart ; elle appartient à la famille des légumineuses et croît en Europe dans les lieux secs et arides. Les animaux ne la recherchent pas.

Cytise faux ébénier (*Cytisus laburnum*, L.). Cet arbuste est connu depuis fort longtemps. Chaque année, pour ainsi dire, depuis un siècle, on propose de le cultiver en taillis sur les terres pauvres , siliceuses ou crayeuses pour utiliser ses feuilles et ses jeunes rameaux comme fourrage.

Galega officinalis (*Galega officinalis*, L.). Plante de la famille des légumineuses, indigène dans les parties méridionales de l'Europe. Ses tiges et ses feuilles ne plaisent pas au bétail.

Lotier velu (*Lotus villosus*, Th.). Cette légumineuse a des tiges de 1 mètre de hauteur ; elle est commune dans les bois de l'Europe. On la cultive avec succès à Grand-Jouan sur des terres froides, humides et arides. Elle y a donné de très-bons produits.

Cette plante est la seule légumineuse fourragère qu'on rencontre sur les terrains tourbeux et les sols encore acides. On peut l'associer au ray grass et à la houlque.

Lorsqu'on la sème seule, on répand de 8 à 10 kilogr. de graines par hectare.

Les semis se font en mars ou en avril. — ◉.

Paspale stolonifère (*Paspalum stoloniferum*, B.). Cette graminée est originaire du Pérou ; elle a été recommandée par Bosc, pour les provinces méridionales. Ses graines n'arrivent pas toujours à parfaite maturité.

Orge bulbeuse (*Hordeum bulbosum*, L.). Cette graminée croît naturellement en Italie et en Afrique. Ses tiges sont dressées en touffe et hautes de 0^m 60 à 1^m ; elles sont renflées à la base en forme de bulbe. Cette orge est précoce, on peut la faucher vers la mi-mai. Elle fournit un abondant fourrage vert. — ◉

Panis élevé. (*Panicum altissimum*, Desf.). Cette graminée a été désignée sous le nom d'*Herbe de Guinée*. Elle est cultivée très en grand en Amérique. Ses tiges ont 1 à 2 mètres de hauteur.

On l'a expérimentée depuis 1820 dans diverses contrées de la France; mais, quoiqu'elle soit rustique et très-productive, sa culture ne s'est pas répandue, parce qu'elle fournit très-peu de graines. On la multiplie par rejet ou par division des pieds. — ◉.

Sanguisorbe officinale (*Sanguisorba officinalis*, L.). Cette plante appartient à la famille des rosacées; elle est commune dans les prés secs des montagnes. C'est Dumont de Courset qui a proposé de la cultiver comme plante fourragère. Elle produit très-peu de bonnes graines.

Sarrasin vivace (*Polygonum cymosum*). Cette polygonée fournit un abondant fourrage, mais elle produit très-peu de graines.

Le sarrasin vivace a des tiges très-developpées garnies de feuilles très-larges.

Chaque pied produit un grand nombre de tiges formant une touffe très-forte.

Je ne connais pas de plante fourragère plus vigoureuse que cette polygonée.

Elle périt l'hiver quand elle végète sur des terres froides et humides. — ◉.

Sarrasin de Siébold (*Polygonum Sieboldi*, R.). Cette plante est cultivée comme fourrage dans tout l'empire Japonais. Elle a été importée en Europe par M. Van Siebold. Elle est très-traçante; en Allemagne, elle commence à pousser au commencement d'avril et sa tige s'élève déjà à un mètre vers le 15 de mai. Le foin qu'elle fournit est aussi nutritif que le foin de trèfle rouge. — ◉.

Spirée ulmaire (*Spirea ulmaria*, L.). Plante indigène de la famille des rosacées dont la culture a été recommandée par Bosc. On la connaît sous le nom de *reine des prés*.

Trèfle des montagnes (*Trifolium montanum*, L.). Cette légumineuse est cultivée en Prusse. Dorsh l'a recommandée aux agriculteurs de la France; elle végète naturellement sur les coteaux et les lieux secs. Ses tiges ont en moyenne 0^m,32 de hauteur.

B. — PLANTES BISANNUELLES.

Mélilot blanc (*Melilotus alba*, Lam., *Melilotus leucantha*, Koch). Cette légumineuse a été proposée par Daubanton et André Thouin; elle est originaire de la Russie. On la désigne souvent sous les noms de *mélilot de Sibérie*, *trèfle de Bokhara*. Les animaux la mangent difficilement. Ses tiges sont très-dures.

Cette légumineuse a été recommandée de nouveau en 1860 comme plante fourragère.

C. — PLANTES ANNUELLES.

Gesse de Tanger (*Lathyrus tingitanus*, L.). Cette légumineuse est originaire de la Mauritanie; elle a été proposée par Sonnini. On ignore sa valeur nutritive. Elle ne peut être expérimentée que dans les provinces du Midi.

Ivraie multiflore ou pill (*Lolium multiflorum*, L.). Cette graminée croît en abondance dans les moissons des provinces de l'Ouest; elle infeste les terres sur lesquelles on la cultive lorsqu'elle y mûrit ses semences.

Tout cultivateur doit se garder de l'introduire sur son exploitation.

Lupin blanc (*Lupinus albus*, L.). Cette plante appartient à la famille des légumineuses; on l'associe quelquefois au trèfle incarnat dans les provinces du Midi. Elle végète très-difficilement sur les terres calcaires.

Vesce de Narbonne (*Vicia narbonnensis*). Cette légumineuse végète avec vigueur; mais ses graines germent lentement et très-irrégulièrement. Elle est commune dans les contrées du Midi.

LA MÉTÉORISATION.

Les bœufs et les vaches auxquels on donne une abondante nourriture verte, et ceux qui vivent en liberté ou attachés à un piquet dans une prairie naturelle abondamment fournie d'herbe, ou sur un trèfle, ou une luzerne, sont souvent *météorisés* ou *gonflés*.

La météorisation est une indigestion gazeuse. C'est dans le *rumen* ou la *panse* qu'elle a principalement lieu. Elle est caractérisée par le gonflement du flanc gauche, qui s'élève souvent au-dessus de l'épine dorsale, et par une gêne extrême de la respiration. L'animal météorisé tend ordinairement le cou et reste presque immobile.

Lorsque l'indisposition se présente avec de tels symptômes, on doit en toute hâte secourir l'animal.

D'abord il faut lui maintenir la bouche ouverte au moyen d'un gros lien de paille, dans le but de faciliter la sortie des gaz, puis le couvrir d'une toile imbibée d'eau froide et le promener.

On doit réitérer les aspersions aussi souvent que possible.

On a proposé d'administrer aux animaux météorisés de l'éther ou de l'ammoniaque; ce moyen, que j'ai plusieurs fois employé, est souvent efficace en ce qu'il condense les gaz; mais il faut y recourir le moins possible, parce que la viande des bœufs et des vaches qui succombent par suite de la météorisation traitée par l'éther ou l'ammoniaque, n'est pas mangeable.

Lorsque la maladie débute rapidement, quand les moyens indiqués sont insuffisants pour la combattre, il faut le plus tôt possible opérer la ponction de la panse, c'est-à-dire du rumen. Cette opération se fait à l'aide d'un *trocart*, instrument qui se vend 6 à 7 francs, et que toutes les fermes doivent avoir.

Voici, d'après la notice que j'ai publiée il y a vingt ans, comme on opère :

On se place sur le côté gauche de l'animal ; *on met le petit doigt de la main gauche sur la dernière côte, et le petit doigt de la main droite sur la pointe de la hanche; alors, en réunissant les deux pouces sur le flanc, on détermine le point où la ponction doit être faite.* Une fois cet endroit connu, on incise la peau avec un couteau pointu ou un bistouri, on tient dans la main gauche le trocart, revêtu de sa canule, on place son extrémité effilée sur l'ouverture pratiquée, et, par un coup donné avec la paume de la main droite, on fait entrer cet instrument dans le rumen.

Il faut agir avec force, afin que le trocart puisse d'un seul coup traverser les parois abdominales et celles du rumen.

Lorsque cette première partie de la ponction est faite, on retire vivement le trocart, et on fixe la canule autour du corps de l'animal au moyen d'une ficelle ou d'un ruban.

Aussitôt que l'ouverture est établie, le gaz et quelquefois aussi des aliments sortent en abondance, et l'animal est sauvé.

Quand la météorisation a cessé, on retire la canule, on fait rentrer l'animal à l'étable et on le soumet pendant plusieurs jours à la diète.

On conseille, lorsque l'ouverture est grande, de la fermer à l'aide d'une suture à bourdonnets. J'ai souvent fait des ponctions sur des bœufs et des vaches météorisés, et jamais je n'ai mis ce moyen en pratique. Je n'ai pas encore perdu un seul animal.

Quand la météorisation est très-intense et la suffocation considérable, on doit prendre un gros drap, le plier en deux ou en trois dans le sens de sa longueur, et s'en servir pour soutenir l'animal qui chancelle à chaque instant. Cette opération exige le concours de quatre aides.

Le trocart est un instrument simple et très-utile, mais malheureusement il est encore peu répandu. Tout agriculteur éclairé se doit à lui-même d'en posséder un. Son emploi m'a permis de sauver en quelques minutes deux vaches qui étaient très-météorisées au même moment.

Tous les médecins vétérinaires indiqueront certainement comment on peut se procurer un trocart.

Les *agriculteurs* qui pratiqueront pour la première fois la ponction du rumen, feront une chose utile en appelant un vétérinaire immédiatement après. Ce médecin indiquera les précautions à prendre dans le cas où la ponction n'aurait pas été bien faite.

APPENDICE.

Page 153. — **Pomme de terre.**

On a signalé, il y a quelques années, un nouveau procédé de culture concernant la pomme de terre. Cette méthode consiste à planter les tubercules sur des monticules de terre séparés les uns des autres de un mètre. En 1857, les pommes de terre cultivées suivant ce procédé auraient produit en moyenne 320 hectolitres, en 1858, 259, et en 1859, 218 hcctolitres. M. Genty, l'auteur de cette prétendue découverte, affirme qu'elle est très-économique, que la maladie n'apparaît jamais sur les pommes cultivées suivant sa méthode, etc., etc. Je n'ajouterai qu'un mot : M. Genty enseigne sa méthode de cultiver la pomme de terre à des prix modérés, mais il ne garantit pas qu'on obtiendra un rendement semblable aux produits qu'il dit avoir été obtenus en 1857.

Page 383. — **Chou lannilis.**

J'ai oublié de mentionner le chou *lannilis* en indiquant les variétés de choux non pommés qu'on peut culliver en grand. Ce chou a beaucoup de rapport avec le chou cavalier; toutefois sa tige est souvent renflée comme celle du chou moellier.

CALENDRIER AIDE-MÉMOIRE

ou

TABLEAU SYNTHÉTIQUE DES TRAVAUX A EXÉCUTER MENSUELLEMENT.

(Le nombre qui précède chaque article indique le numéro de la page qu'il faut consulter.)

JANVIER.

Semailles.

25 Semer les betteraves sous châssis suiv. la méth. Kœchlin
352   —   le trèfle sous la neige.

Soins d'entretien.

20 Conduire du fumier pour les cultures printanières.
290 Défricher les vieux sainfoins.
271   —   les vieilles luzernières.
251 Épierrer les luzernières.
254 Fumer les luzernières en couverture.
358   —   les trèfles en couverture.
18 Labourer les terres qu'on destine aux plantes sarclées.
254 Marner les luzernières sur les sols non calcaires.
42 Visiter les silos de racines et de tubercules.

Récoltes.

188   Arracher les topinambours.
300   Couper et piler l'ajonc marin.
393   —   les choux moelliers.

FÉVRIER.

Semailles.

500   Semer l'avoine de printemps.
 22   —   les betteraves (région du Midi).
224   —   les choux cabus.
129   —   —   raves.
474   —   le fenugrec (région du Nord).
452   —   la féverole de printemps.
447   —   les pois gris (région du Midi).
 81   —   le panais.
120   —   le rutabaga en pépinières.
352   —   le trèfle sur la neige.

Plantations.

125   Mettre en place les rutabagas porte-graines.
186   Planter les topinambours.

Soins d'entretien.

252   Herser les luzernières.
253   Labourer les luzernières (région du Midi).
253   Plâtrer les luzernières (région du Midi).
253   Répandre des cendres sur les luzernière.
358   —   —   tréflières.
314   —   du guano, etc., sur le ray-grass.

Récoltes.

109 Arracher les nabusseaux en fleurs.

188   —   les topinambours.

300 Couper et piler l'ajonc marin.

393   —   les choux moelliers.

394 Effeuiller les choux non pommés.

400 Faire pâturer le pastel par les bêtes à laine.

MARS.

Semailles.

500 Semer l'avoine de printemps.

22   —   les betteraves.

64   —   les carottes.

389   —   les choux non pommés ou choux à vaches.

224   —   —   cabus.

129   —   —   raves.

131   —   —   navets.

474   —   le fenugrec.

335   —   la chicorée sauvage.

212   —   les citrouilles (région du Midi).

452   —   la féverole du printemps.

332   —   le fromental ou avoine élevée.

440   —   la gesse cultivée (région du Centre).

461   —   la lentille d'Auvergne.

457   —   le lentillon.

462   —   la lentille ers.

378   —   la lupuline.

242   —   la luzerne.

81   —   le panais.

399   —   le pastel.

339   —   la pimprenelle.

Plantations.

Soins d'entretien.

Récoltes.

109 Arracher les navets d'hiver en fleur (région de l'Ouest).

394 Couper les choux non pommés.

522 Faucher la navette d'hiver.

521 — le colza d'hiver.

400 Faire pâturer le pastel.

AVRIL.

Semailles.

504 Semer l'alpiste (région du Midi),

299 — l'ajonc marin.

500 — l'avoine de printemps.

22 — la betterave.

64 — la carotte.

68 — — en culture dérobée.

335 — la chicorée sauvage.

389 — les choux non pommés.

212 — la citrouille et les courges (région du Midi).

452 — la féverole (région du Nord).

332 — le fromental.

440 — la gesse cultivée (région Septentrionale).

461 — la lentille d'Auvergne.

457 — le lentillon.

462 — la lentille ers.

378 — la lupuline.

470 — le lupin jaune.

242 — la luzerne.

485 — le maïs (région du Midi).

478 — le moha (région du Midi).

399 — le pastel.

Plantations.

Soins d'entretien.

253 Plâtrer la luzerne.

358 — le trèfle rouge.

394 Couper les choux branchus et frisés.

521 Faucher le colza.

261 — la luzerne (région du Midi).

522 — la navette d'hiver.

399 — le pastel.

315 — le ray-grass (région du Midi).

295 — le sainfoin d'Espagne.

497 — le seigle d'automne.

412 — le trèfle incarnat (région du Midi).

109 Terminer l'arrachage des nabusseaux (région de l'Ouest).

MAI.

Semailles.

504 Semer l'alpiste.

299 — l'ajonc avec le sarrasin.

64 — la carotte.

212 — les citrouilles et les courges (région du Centre)

462 — la lentille ers.

470 — le lupin jaune.

485 — le maïs.

478 — le moha de Hongrie.

97 — les navets tardifs en culture spéciale.

399 — le pastel.

447 — les pois gris.

120 — en place le rutabaga.

506 — le sarrasin de Tartarie.

466 — la serradelle (région du Nord).

494 Semer le sorgho sucré.
353   — le trèfle sur les terres ens. en chanvre et en sar.
426   — les vesces.
22 Terminer les semis de betterave (région du Nord).

Plantations.

198 Mettre en place les boutures de batate.
151 Terminer la plantation des pommes de terre.
30 Transplanter les betteraves.
129   —   les choux raves.
131   —   —   navets.
225   —   —   cabus.
390   —   —   non pommés.
151   —   les pommes de terre provenant de semis.
121   —   les rutabagas.

Soins d'entretien.

254 Arroser les luzernes (région du Midi).
28 Biner les betteraves semées en place.
67   — les carottes.
28 Éclaircir les betteraves semées en place en mars et avril.
213   —   les citrouilles.
82   —   les panais.
159 Herser les pommes de terre plantées en avril.
187   —   les topinambours plantés en mars.
253 Plâtrer les luzernes (région du Nord).

Récoltes.

394 Couper les choux non pommés.
500 Faucher l'avoine d'hiver (région de l'Ouest et du Sud).
335   —   la chicorée sauvage.

521 Faucher le colza.
502 — l'escourgeon (région du Midi).
332 — le fromental.
441 — la gesse cultivée (région du Midi).
261 — la luzerne.
343 — l'ortie dioïque.
339 — la pimprenelle.
448 — les pois gris d'hiver associés au seigle.
315 — le ray-grass.
286 — le sainfoin (région du Midi).
466 — la serradelle.
412 — le trèfle incarnat ou farouch.
361 — le trèfle ordinaire.
497 — le seigle.
430 — la vesce d'hiver (région du Midi).
427 — la vesce associée au seigle.
327 — le vulpin des prés.
379 Faire pâturer la lupuline.
467 — la serradelle semée en septembre.
514 — la spergule semée en mars.
432 — la vesce d'hiver.

JUIN.

Semailles.

299 Semer l'ajonc marin avec le sarrasin.
504 — l'alpiste.
 64 — les carottes (région du Midi).
521 — le colza.
470 — le lupin jaune.
244 — les luzernes sur les terres ensem. en sarrasin.
485 — le maïs.

478 Semer le moha de Hongrie.

97 — les navets en culture spéciale.

108 — — sur les terres ensem. en sarrasin.

399 — le pastel.

339 — la pimprenelle.

447 — le pois gris.

120 — le rutabaga en place.

506 — le sarrasin ordinaire et de Tartarie.

498 — le seigle de la Saint-Jean.

494 — le sorgho sucré.

353 — le trèfle sur les terres ensemencées en sarrasin.

426 — les vesces de printemps.

Plantations.

197 Terminer la mise en place des batates.

131 Transplanter le chou navet.

129 — — rave.

121 — le rutabaga.

30 — les betteraves.

225 — les choux cabus.

390 — — non pommés ou choux à vaches.

151 — les pommes de terre provenant de semis.

Soins d'entretien.

33 Arroser les betteraves (région du Midi).

227 — les choux pommés.

391 — — non pommés.

254 — les luzernières (région du Midi).

160 — les pommes de terre (région du Midi).

314 — les ray-grass.

28 Biner les betteraves semées en place.

67 Biner les carottes.

213 — les citrouilles et les courges.

228 — les choux cabus.

391 — — non pommés.

81 — les panais.

159 — les pommes de terre.

159 Butter les pommes de terre (région du Midi).

381 Défricher la lupuline.

256 Détruire la cuscute dans les luzernières.

259 — l'eumolpe —

28 Éclaircir les betteraves semées en place.

213 — les citrouilles et les courges.

214 Tailler les citrouilles et les courges.

Récoltes.

394 Effeuiller les choux cavaliers.

500 Faucher l'avoine de printemps.

502 — l'escourgeon.

453 — les féveroles d'hiver.

332 — le fromental (région du Nord).

443 — la jarosse.

261 — la luzerne (2e coupe, région du Midi).

262 — — (1re coupe, region du Nord).

461 — la lentille d'Auvergne.

457 — le lentillon d'hiver.

487 — le maïs (région du Sud).

448 — le pois gris d'hiver.

339 — la pimprenelle.

315 — le ray-grass.

286 — le sainfoin.

361 — le trèfle.

413 Faucher le trèfle incarnat à fleurs blanches.
329 — le timothy des prés.
430 — les vesces d'hiver.
430 — les vesces semées en mars.
514 Faire pâturer la spergule semée en avril.
305 Récolter les graines d'ajonc marin.
395 — de choux.
380 — de lupuline.
111 — de navet.
317 — de ray-grass.
125 — de rutabaga.
288 — de sainfoin.
415 — de trèfle incarnat.

JUILLET.

Semailles.

 64 Semer les carottes (région du Midi).
389 — le chou cavalier.
520 — le colza.
470 — le lupin jaune.
485 — le maïs.
518 — la moutarde blanche.
478 — le moha de Hongrie.
 97 — les navets en culture spéciale.
506 — le sarrasin ordinaire et de Tartarie.
498 — le seigle de la Saint-Jean.
408 — le trèfle incarnat (région du Midi).
426 — les vesces.

Soins d'entretien.

198 Arroser les batates.
214 — les citrouilles et les courges.

254 Arroser les luzernières (région du Midi).
314 — le ray-grass.
204 Bouturer l'igname de Chine.
 29 Biner les betteraves.
 68 — les carottes.
228 — les choux cabus.
391 — — non pommés ou choux à vaches.
213 — les citrouilles.
100 — les navets.
 82 — les panais.
122 — les rutabagas et les choux navets.
198 Butter les batates.
214 — les citrouilles et les courges.
159 — les pommes de terre.
187 — les topinambours.
359 Chauler les trèfles semés au printemps.
256 Détruire la cuscute dans les luzernières.
360 — — les tréflières.
360 — l'orobanche dans les tréflières.
100 Éclaircir les navets.
 67 — les carottes.

Récoltes.

394 Effeuiller le chou cavalier.
500 Faucher l'avoine de mars.
453 — les féveroles de printemps.
457 — le lentillon de printemps.
471 — le lupin jaune.
487 — le maïs (région du Midi).
448 — le pois gris de printemps.
315 — le ray-grass (2ᵉ coupe).
495 — le sorgho sucré (région du Midi).

430 Faucher les vesces semées en avril.

188 Faire pâturer les tiges et feuilles du topinambour.

531 Recueillir les feuillards.

315 Récolter les graines d'ajonc marin.

72   —   de carotte.

336   —   de chicorée sauvage.

395   —   de choux.

111   —   de navets.

443   —   de jarosse.

448   —   de pois gris d'hiver.

125   —   de rutabaga.

434   —   de vesce d'hiver.

AOUT.

Semailles.

389 Semer le chou cavalier.

520   —   le colza.

474   —   le fenugrec (région du Midi).

485   —   le maïs.

518   —   la moutarde blanche.

106   —   les navets sur chaume.

97   —   —   en culture spéciale.

343   —   l'ortie dioïque.

506   —   le sarrasin (régions du Centre et du Midi)

513   —   la spergule.

407   —   le trèfle incarnat.

Soins d'entretien.

254 Arroser les luzernières.

314   —   les ray-grass.

29 Biner les betteraves.

69 Biner les carottes en culture dérobée.
228 — les choux cabus.
391 — les choux non pommés.
100 — les navets en culture spéciale.
122 — les rutabagas.
228 — Butter les choux cabus.
391 — les choux à vaches.
159 — les pommes de terre.
359 Chauler les trèfles semés au printemps.
256 Détruire la cuscute dans les luzernières.
360 — — les tréflières.
360 — l'orobanche dans les tréflières.
107 Herser les navets cultivés sur chaume.

Récoltes.

165 Arracher les pommes de terre hâtives.
394 Effeuiller les choux cavaliers.
504 Faucher l'alpiste.
335 — la chicorée sauvage.
470 — le lupin jaune.
261 — la luzerne (3ᵉ coupe, région du Midi).
262 — — (2ᵉ coupe, région du Nord).
487 — le maïs.
479 — le moha de Hongrie.
343 — l'ortie dioïde.
339 — la pimprenelle.
448 — les pois gris semés en mai.
286 — le sainfoin chaud (2ᵉ coupe).
507 — le sarrasin semé en mai et juin.
495 — le sorgho sucré.
361 — le trèfle (2ᵉ coupe).
434 — les vesces semées en mai.

531 Recueillir les feuillards.

 72 Récolter les graines de carottes.

453   —   de féveroles.

472   —   de lupin jaune.

268   —   de luzerne.

480   —   de moha de Hongrie.

 83   —   de panais.

317   —   de ray-grass.

368   —   de trèfle.

434   —   de vesces de printemps.

188 Faire pâturer les tiges et feuilles du topinambour.

SEPTEMBRE.

Semailles.

500 Semer l'avoine d'hiver (r. du Cent., de l'Ouest et du M.).

520   — le colza d'hiver.

335   — la chicorée sauvage.

502   — l'escourgeon ou orge d'hiver.

474   — le fenugrec (région du Midi).

452   — la féverole d'hiver.

332   — le fromental.

443   — la jarosse.

460   — la lentille d'auvergne.

462   —   —   ers.

457   — le lentillon.

378   — la lupuline (région du Midi).

242   — la luzerne (région du Midi).

518   — la moutarde blanche.

106   — les navets sur chaume (région du Midi).

109   — les navets d'hiver (région de l'Ouest).

522   — la navette d'hiver.

343 Semer l'ortie dioïque.

399   —   le pastel.

339   —   la pimprenelle.

447   —.   les pois gris d'hiver ou bisaille.

311   —   le ray-grass.

283   —   le sainfoin.

506   —   le sarrasin (région du Midi).

497   —   le seigle d'hiver.

466   —   la serradelle (régions du Midi et de l'Ouest).

513   —   la spergule.

407   —   le trèfle incarnat.

352   —   le trèfle ordinaire (région du Midi).

425   —   la vesce d'hiver.

Soins d'entretien.

228 Butter les choux cabus.

390   —.   —   non pommés.

101   —   les navets semés en ligne.

122   —   les rutabagas.

373 Défricher les tréflières.

290   —   le sainfoin.

343 Repiquer l'ortie dioïque.

Récoltes.

198 Arracher les batates (région du Midi).

 37   —   les betteraves.

108   —   les navets.

165   —   les pommes de terre.

229 Commencer l'arrachage des choux cabus.

391 Effeuiller les choux non pommés.

 36   —   les betteraves.

504 Faucher l'alpiste.

521 Faucher le colza semé en juin.
470 — le lupin jaune.
261 — la luzerne (4ᵉ pousse, région du Midi).
262 — — (3ᵉ pousse, région du Nord)..
487 — le maïs.
479 — le moha de Hongrie. -
518 — la moutarde blanche.
316 — le ray-grass.
361 — le trèfle rouge (2ᵉ pousse).
286 — le sainfoin (2ᵉ pousse).
507 — le sarrasin.
498 — le seigle de la Saint-Jean.
495 — le sorgho sucré.
316 Faire pâturer le ray-grass.
466 — la serradelle semée en mai.
514 — la spergule.
531 Recueillir les feuillards.
49 Récolter les graines de betterave.
72 — de carottes.
472 — de lupin jaune.
480 — de moha.
288 — de sainfoin.
368 — de trèfle.

OCTOBRE.

Semaille.

500 Semer l'avoine d'hiver (région de l'Ouest et du Midi).
502 — l'escourgeon d'hiver.
452 — la féverole d'hiver.
440 — la gesse cultivée (région du Midi).
443 — la jarosse (région de l'Ouest).

460 Semer la lentille d'Auvergne.
462 — — ers.
457 — le lentillon d'hiver.
378 — la lupuline (région du Midi).
244 — la luzerne (région du Midi).
106 — les navets en culture dérobée (région du Midi).
502 — l'escourgeon (région du Midi.
447 — les pois gris d'hiver.
311 — le ray-grass.
283 — le sainfoin (région du Midi).
497 — le seigle d'hiver.
466 — la serradelle (régions de l'Ouest et du Midi).
352 — le trèfle (région du Midi).
425 — les vesces.

Plantations.

389 Repiquer le chou cavalier.

Soins d'entretien.

411 Assainir le trèfle incarnat.
271 Défricher la luzerne.
290 — le sainfoin.
373 — le trèfle.
49 Mettre en place les betteraves porte-graines.

Récoltes.

37 Arracher les bettéraves.
69 — les carottes.
229 — les choux cabus.
104 — les navets.
82 — les panais.
198 — les batates.

NOVEMBRE.

Semailles.

Plantations.

Soins d'entretien.

411 Assainir les terres semées en trèfle incarnat.

 43 Construire les silos pour les racines et tubercules.

 48 Choisir des racines porte-graines.

251 Épierrer les luzernes semées au printemps.

314   —   les ray-grass.

357   —   les trèfles semés au printemps.

411 Fumer le trèfle incarnat en couverture.

Récoltes.

 69 Arracher les carottes.

104   —   les navets.

 82   —   les panais.

204   —   les rhizomes d'igname de Chine.

123   —   les rutabagas.

188   —   les topinambours.

189 Couper les tiges sèches des topinambours.

300 Couper et piler les pousses de l'ajonc marin.

293 Couper les choux moelliers.

391 Effeuiller les choux non pommés.

103 Faire consommer les navets sur place.

261 Faucher la luzerne (5ᵉ pousse, région du Midi).

268 Faire pâturer la luzerne (région du Nord).

215 Rentrer les citrouilles ou les courges.

 84 Récolter les feuilles du panais.

229 Terminer la récolte des choux cabus.

DÉCEMBRE.

Soins d'entretien.

 20 Conduire du fumier pour les cultures printanières.

290 Défricher les vieux sainfoins.

Récoltes.

BIBLIOGRAPHIE DES PLANTES FOURRAGÈRES.

A. — Traités généraux.

Cours théorique et pratique sur les prairies artificielles, par Billard ; Vesoul, in-8, 1809.

Culture des plantes fourragères, par Schwerz ; Paris, in-8, 1842.

Des prairies artificielles, par Simon-Philibert de La Salle de L'Étang ; Paris, 1762.

Des prairies artificielles d'été et d'hiver, par Ch.-J.-M. Lullin ; Paris, in-8, 1819.

Essai sur la culture des prairies artificielles, par P.-D. Bonneau ; Paris, in-4, 1807.

Essai sur les prairies artificielles, par Stapfer ; Berne, in-12, 1761.

Essai sur les prairies artificielles, par Machard ; Besançon, in-8, 1847.

Instructions sur les prairies artificielles, publiées par ordre du Roi ; Metz, in-8, 1786.

La culture des prairies artificielles, par de Bengy-Puyvallée ; Bourges, in-8, 1842.

Mémoire sur diverses plantes propres à servir de fourrage, par Louis Clouët ; Erfurt, in-4, 1780.

Mémoire sur les prairies artificielles, par D.-J. Quenin ; Aix, in-8, 1812.

Mémoire sur les prairies artificielles, par E.-L. Faure ; Paris, in-8, 1814.

Petit traité pratique des prairies artificielles, pour pâturage en vert, par Robert Parent; Paris, in-8, 1846.

Traité des prairies artificielles et de l'éducation des moutons de race anglaise, par de Mante; Paris, in-4, 1778.

Traité des prairies artificielles, par Gilbert; Paris, in-8, 1826.

Traité élémentaire sur les plantes propres à former les prairies artificielles, par Saint-Amans; Paris, in-8, 1797.

Traité sur les prairies artificielles, par Cretté Palluel; Paris, in-8, 1801.

Traité des prairies artificielles, par Boitard; Paris, in-8, avec planches.

Traité des plantes fourragères, par H. Lecoq; Paris, in-8, 1844.

B. — Traités spéciaux.

1° Plantes cultivées pour leurs racines et leurs tubercules.

Culture du topinambour, par P. Delbetz; Bruxelles, in-12, 1856.

De la culture des betteraves et des rutabagas, par W. Cobett, traduit de l'anglais; Paris, in-8, 1835.

De la culture des plantes-racines, par Max. Le Docte; Bruxelles, in-12, 1853.

Essai sur la pomme de terre, par Saulnier d'Anchald; 1830, in-12.

Histoire de la pomme de terre, par Godard; Paris, in-12, 1847.

Histoire et culture de l'igname de Chine, par J. Decaisne; Paris, in-8, 1855.

Instruction concernant la propagation, la culture et la conservation des pommes de terre, rédigée par une commission; Challan, rapporteur; Paris, in-8, 1829.

Instruction sur la culture de la betterave, par Tessier; Paris, in-8, 1812.

La culture en rayons des turneps, par J.-B. Huzard fils; Paris, in-8, 1828.

Mémoire sur la culture de la racine de disette, par de Commerel; Paris, in-8, 1786.

Mémoire sur la culture du chou navet de Laponie, par Sonnini de Manoncourt; Paris, in-8, 1788.

Mémoire sur les pommes de terre, par Mustel; Rouen, in-8, 1767.

Mémoire sur la culture du navet de Suède, par Sonnini; Paris, in-12, 1804.

Mémoire sur les espèces de choux et les raiforts cultivés en Europe, par de Candolle; Paris, in-8.

Mémoire sur les topinambours, par Bagot; Paris, in-8, 1806.

Notice sur le Dioscorea Japonica, par Pépin; Paris, in-8, 1854.

Notice sur l'igname de Chine, par M. Frilet; Paris, in-8, 1855.

Nouvelle manière de cultiver les betteraves, par M. F. Midy; Paris, in-8, 1853.

Traité sur la culture des batates, par Vallet de Villeneuve: Paris, in-8.

Traité pratique de la culture de la betterave, traduit de l'allemand; Dijon, in-8, 1854.

Traité pratique de la culture de la betterave, par N. Basset; Paris, in-12, 1837.

Traité de la culture des pommes de terre, par ***; Caen, in-12, 1795.

Traité sur les pommes de terre, par Parmentier; Paris, in-8, 1795.

Traité de la culture de la pomme de terre, par Rey de Plazanu ; Meaux, in-4, 1786.

Traité de la pomme de terre, par Payen et Chevallier ; Paris, in-8, 1836.

Traité de la culture de la pomme de terre, par J.-J. May, Paris, in-8, 1839.

Traité de la culture des turneps, par Rey de Planazu ; Troyes, in-4, 1786, 1 planche coloriée.

Résultat d'expériences sur la carotte et le panais, par François de Neufchateau ; Paris, in-12, 1804.

2° Plantes cultivées pour leurs tiges et leurs feuilles.

Culture du lupin à fleurs jaunes, par de Gourcy ; Paris, in-8, 1856.

Culture du chou à faucher, par Commerel ; Paris, in-8, 1792.

Culture du sainfoin, par *** ; Paris, in-12, 1797.

Culture du trèfle, de la luzerne et du sainfoin, par Barbé-Marbois ; Metz, in-8, 1798.

Du trèfle et de sa culture, par Blanchot ; Paris, in-12, 1786.

Expériences et observations sur la culture de la spergule, par Bouvier ; Paris, in-12, an VI.

Instruction sur la récolte et l'emploi des feuilles d'arbres, par de Servières ; in-8, 1786.

La richesse des cultivateurs, ou dialogue sur la culture du trèfle, de la luzerne et du sainfoin ; Metz, in-8, 1793.

Mémoire sur la manière de ramasser la graine de trèfle, par C. Chaves ; Berne, in-8, 1775.

Mémoire sur l'ajonc ou genêt épineux, par Étienne Clavel ; Paris, in-8, 1808.

Mémoire sur la culture du chou à faucher, par de Commerel ; in-8.

Mémoire sur le faux seigle ou fromental, par Dom Miroudot; Nancy, in-8, 1769.

Mémoire sur les avantages de la grande ortie, par Chalumeau; Paris, in-8, 1803.

Mémoire sur la grande pimprenelle, par l'abbé Lefebvre; Paris, in-8.

Mémoire sur la culture du timothy et de la pimprenelle, par Barthél. Roch.; Paris, in-12, 1767.

Mémoire sur la culture du sainfoin, dans la haute Champagne, par France de Vaugency; Amstersdam, in-12, 1764.

Mémoire sur la culture du sainfoin, par Rigaud de Lille, Paris, in-8, 1769.

Mémoire sur le moha, par L.-D. B.; Metz, in-8, 1823.

Mémoire sur l'avantage de semer du trèfle, par Ferrand; Paris, in-12, 1769.

Pratique raisonnée de la culture du trèfle et du sainfoin, par A. Barnot; Paris, in-8, 1817.

Recueil de faits et d'expériences sur la culture du sainfoin, par ***; Paris, in-12, 1806.

Sur les avantages de la culture du trèfle, par Isoré; Paris, in-8, an III.

Théorie de la culture du trèfle, par Fromel; Lauzanne, in-8. 1784.

C. — **Maladie des plantes.**

Histoire de la maladie des pommes de terre, par J. Decaisne; Paris, in-8, 1846.

Recherches sur la pomme de terre depuis 1768, par le Roy-Mabille; Boulogne-sur-mer, in-8, 1853.

Les maladies des pommes de terre et des betteraves, par A. Payen; Paris, in-12, 1853.

D. — Articles publiés sur les plantes parasites.

1° Rhizoctone.

De Candolle. — *Mémoires du Muséum*, 1809, gr. in-8, t. II, p. 209.

De Dombasle. — *Annales de Roville*, 1839, in-8, t. VII, p. 39.

Decaisne. — *Journal d'agriculture pratique*, 1848, 2ᵉ série, t. V, p. 121.

2° Cuscute.

Bonafous. — *Mémoire de la Société d'agriculture*, 1827, t. I, p. 179.

Philippar. — *Lettre à M. Desaive*, 1843, in-8.

Decaisne et Pépin. — *Annales de l'agriculture française*, 1843, t. XVIII, p. 445.

De Chambray. — *Le cultivateur*, 1845, t. XXII, p. 648.

Benvenuti. — *Mémoire de la Société centrale d'agriculture*, 1850, p. 338.

FIN DES PLANTES FOURRAGÈRES.

TABLE ALPHABÉTIQUE

DES PLANTES MENTIONNÉES DANS CE VOLUME.

(Les *noms latins* ou *scientifiques* sont en *italiques*; les *genres* formant des sections ont été imprimés en petites **normandes.**)

FIN DE LA TABLE ALPHABÉTIQUE.

TABLE DES MATIÈRES.

LIVRE IV.

     TABLE DES MATIÈRES.

LIVRE V.

LIVRE VI.

LIVRE VII.

FIN DE LA TABLE DES MATIÈRES.

Paris — Imprimerie de Ch. Lahure et Cie, rue de Fleurus, 9.

COURS

D'AGRICULTURE PRATIQUE

Paris. — Imprimé par E. Thunot et Cⁱᵉ, 26, rue Racine.

LES
MATIÈRES FERTILISANTES

ENGRAIS

MINÉRAUX, VÉGÉTAUX ET ANIMAUX, SOLIDES, LIQUIDES, NATURELS ET ARTIFICIELS

PAR

GUSTAVE HEUZÉ

Adjoint à l'inspection générale de l'Agriculture
Professeur d'agriculture à l'École impériale de Grignon
Membre de la Société impériale et centrale d'Agriculture de France

---

QUATRIÈME ÉDITION

REVUE ET AUGMENTÉE

avec quarante et une vignettes sur bois

PARIS

LIBRAIRIE AGRICOLE DE LA MAISON RUSTIQUE

26, RUE JACOB, 26